民國建築工程期刊匯編

MINGUO JIANZHU GONGCHENG QIKAN HUIBIAN

16

《民國建築工程期刊匯編》編寫組 編

廣西師范大學出版社
GUANGXI NORMAL UNIVERSITY PRESS
·桂林·

第十六册目録

工
程

工程

二十六年二月一日　第十二卷第一號

第六屆年會論文專號(上)

中國工程師學會發行

DEMAG

台麥格電力吊車

爲合理化之起重及搬運貨物之機械備有各種大小之能力適合于各種用途連有撳鈕開關無論何人使用應手且售價低廉敝公司可免費試裝倘蒙　垂詢當派專家接洽不另取費

二噸能力以下常備現貨

貨棧用電力吊車

裝貨設備用電力吊車

獨家經理

上海江西路一三八號

謙信機器有限公司

電話　一三五九〇號

請聲明由中國工程師學會『工程』介紹

請聲明由中國工程師學會『工程』介紹

請聲明由中國工程師學會『工程』介紹

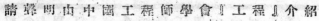

地球牌
完全國貨
註冊商標
耐火度 SK35(攝氏1770°)
抗壓力 281.9 Kg/cm²
吸水率 9.35%
火磚
火泥
現貨 玻璃用坩堝及築炉材料·琺瑯用坩堝及築炉材料·各種平形式及斜形式火磚·絃白火坭
定製 各種汽鍋用特型火磚·水泥迴轉窑用特型火磚·各種電炉磚·其他耐火材料
發行所 上海北京路四九二號 電話一一九五五
製造廠 上海勞勃生路二一九號 電話二〇九一〇
中國窑業股份有限公司出品

7653

METROPOLITAN Vickers ELECTRICAL CO. LTD.

OVER 150

英國茂偉連座透平發電機已裝置者數逾壹百五拾！曷故？

因

價廉

可省廠房建築及底脚費

用汽少而經久耐用

附件不用馬達拖動不受外電應響

開車簡便可省工人

可供給低壓汽爲烘熱之用藉以省煤

及其他種種利益

欲知此種透平發電機之詳細情形請駕臨

安利洋行機器部

總行 上海沙遜房子三樓（電話一一四三〇）

分行 漢口 天津 重慶 香港

請聲明由中國工程師學會「工程」介紹

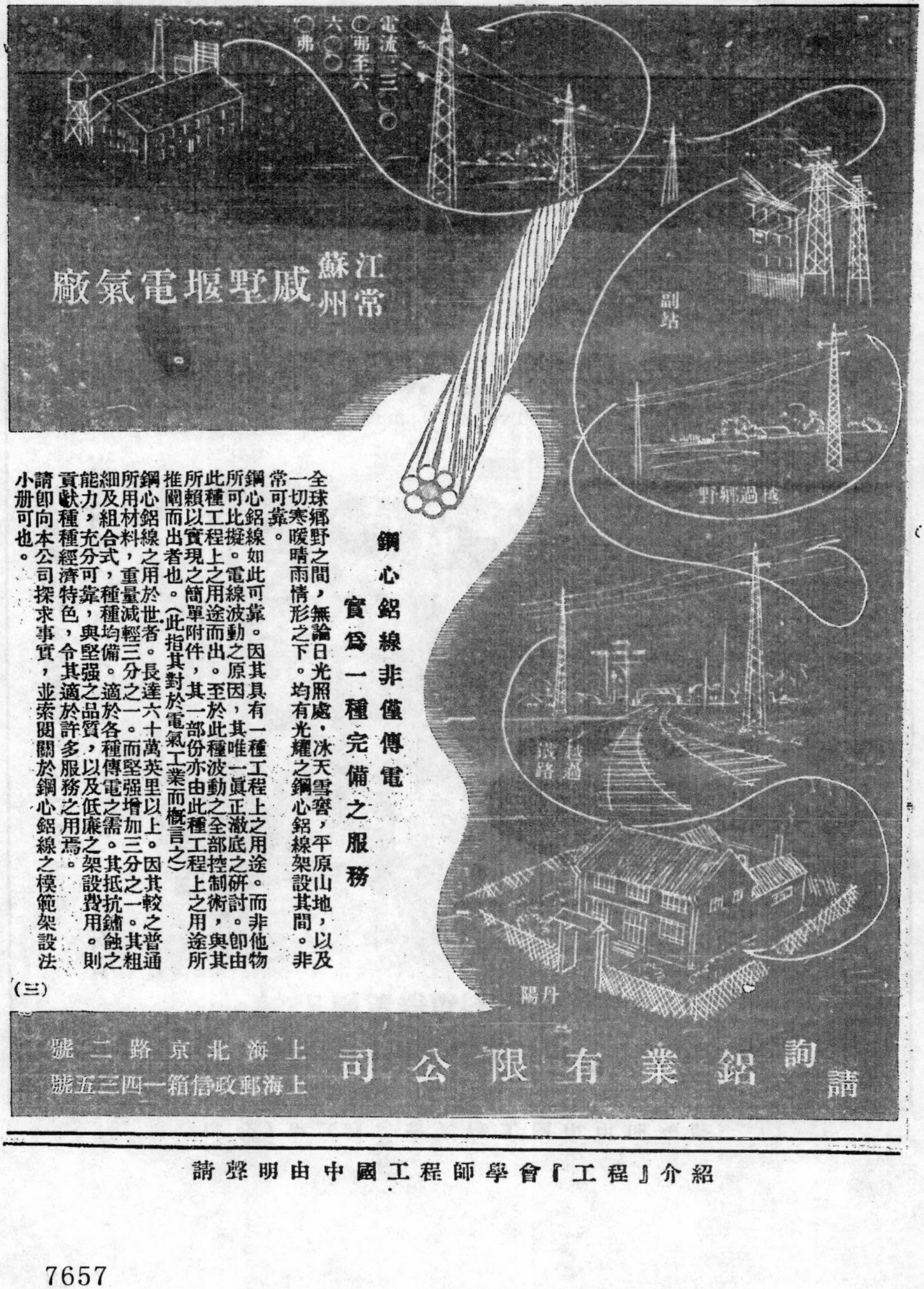

電流三三〇〇〇弗至六六〇〇〇弗
江蘇常州戚墅堰電氣廠
副站
橫過鄉野
越過鐵路
丹陽
鋼心鋁線非僅傳電
實爲一種完備之服務
全球鄉野之間，無論日光照處，冰天雪窖，平原山地，以及一切寒暖晴雨情形之下。均有光耀之鋼心鋁線架設其間。非常可靠。
鋼心鋁線。如此可靠。因其具有一種工程上之用途。而非他物所可比擬。電線波動之原因，其唯一眞正澈底之研討。卽由此種工程上之用途而出。至於此種波動之全部控制術，與其所賴以實現之簡單附件，其一部份亦由此種工程上之用途所推闡而出者也。(此指其對於電氣工業而概言之)
鋼心鋁線之用於世者。長達六十萬英里以上。因其較普通所用材料線重量減輕三分之一。而堅强增加三分之一。其粗細及組合式，種種均備。適於各種傳電之需。其抵抗鏽蝕之能力充分可靠，與堅强之品質，以及低廉之架設費用。則貢獻種種經濟特色，令其適於許多服務之用焉。
請卽向本公司探求事實，並索閱關於鋼心鋁線之模範架設法小册可也。
(三)
請詢鋁業有限公司
上海北京路二號
上海郵政信箱一四三五號

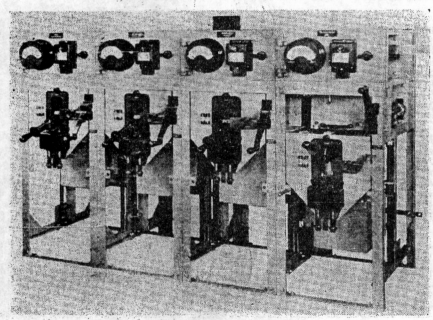

探梅旅行

請到臨平(超山)杭州(靈峰)無錫(梅園)吳縣(張園)

快遊名區　飽看香雪一舉兩得

本路願竭誠服務并代為設計

京滬滬杭甬鐵路管理局啓

中國工程師學會會刊

工程

第十二卷　第一號

(第六屆年會論文專號上)

目　　錄

中國工程師學會發行

7661

工程編輯部啓事

(一) 關於本刊刷新內容,增加「外論譯雋」,「工程新聞」,「書報評論」等欄一事,本擬自本期起實行,祇因中國工程師學會第六屆年會論文,篇幅繁多,亟待專號刊行,以快先覩。而截至本期發稿時止,各方對於擬闢各欄尙未有投寄稿件者,故本期及下期專登上項論文,刷新內容計劃當自第十二卷第三號(二十六年六月一日出版)實施,尙祈讀者鑒諒!

(二) 工程第十一卷總目錄已編印,隨本期附送,請讀者注意。

(三) 本刊繼續徵求「論著」,「外論譯雋」,「工程新聞」,「書報評論」等稿件,徵稿辦法已載入工程第十一卷第六號啓事欄內,敬希國內工程界源源惠寄鴻文,以光篇幅,不勝盼企之至!

中國工程師學會會員信守規條

(民國二十二年武漢年會通過)

1. 不得放棄責任,或不忠于職務。
2. 不得授受非分之報酬。
3. 不得有傾軋排擠同行之行爲。
4. 不得直接或間接損害同行之名譽及其業務。
5. 不得以卑劣之手段競爭業務或位置。
6. 不得作虛僞宣傳,或其他有損職業尊嚴之舉動。

如有違反上列情事之一者,得由執行部調查確實後,報告董事會,予以警告,或取消會籍。

清華大學機械工程系之航空風洞

(中國工程師學會第六屆年會第一名得獎論文)

王士倬　馮桂連　華敦德　張捷遷

國立清華大學機械工程系

按風洞為研究航空必要之設備,而在我國,尚屬罕有。本文先述風洞之功用,方式,設計要點,及「賴氏係數」與「能量比率」兩名詞之意義,次述清華大學所備風洞之構造要點。該風洞之最大直徑為十英尺,最小直徑(即試驗部份)為五英尺,對於普通之飛機,可製成十二分之一至十六分之一之模型,而舉行試驗。雖其最高風速及能量比率,與世界最著名之風洞比,究竟如何,尚有待於精確之測定,而其各部份,除用以轉動螺旋槳之電氣馬達係購自外國外,其餘一切,均由該校自行設計製造,即所用之自動平衡式天秤五具,亦由該校工廠自製,對於研究航空之提倡,自有重大貢獻。

中國工程師學會第六屆年會論文複審委員會附識

第一圖　風洞之試驗部份,直徑為五呎,與身長相仿。

1. 風洞之功用

風洞(見第一圖)為研究空氣動力學者所必需之設備,世界各國,或由政府建立,或由大學製置,現已完成之大小風洞,不下數十個。風洞之用途,亦不下十餘類;要在使航空機器如飛機,如氣艇,或其某一部份,與流動空氣所發生之各種變化,能於試驗室中,予以科學的研究而已。研究之法,可以一個簡單的機翼試驗為例(見第二圖)將飛機之翼,做成小模型,置於風洞之試驗部份(Test Chamber),以鋼線懸挂模型,務使支

第二圖 飛機機翼試驗

持固定,鋼線之上端則繫接於天秤(見第三圖)。風吹動時,空氣經過此固定之模型,猶如飛機行動於固定空氣之中,惟其發生之力與力距,得由天秤而測量焉。由小模型測量之結果,可以推知大型飛機所需要之種種條件,而其速度,高度,安定程度,靈敏程度,及其他性能亦得以計算預定。設計或改良飛機者,賴以參考。

第三圖 清華大學自製之天秤

航空進步,日新月異,苟無研究,曷克臻此?且凡一切偉大之建築新奇之設計,莫不需費浩繁,非可率爾嘗試者。然而不予嘗試,又烏能進步?一般聰明之工程師,遂致力於小模型之試驗。風洞者,航空工程師新計劃及大建築之胚胎處,亦即日新月異之航空進步之發源地也。

風洞研究之利益,不僅經濟而已也。飛行為比較的危險之工作,常人皆知。新奇之飛機飛行時更無把握,故宜利用風洞。為避免喪身隕命而先作風洞之試驗,其利益顯然。凡航行時所不可達到之危險狀態,風洞試驗時,均可行之,並可考究其危險之由來,而預謀防止之道。

2. 風洞之歷史

空氣動力學之研究,在風洞未發明前,每於窗戶之口,或高牆之旁,利用天然風力以行之。但因風速甚低,且不勻整,此法旋即放棄。歷史上最早之風洞,為英人斐利浦 (Phillips) 所造,時一八八四年也。斐氏之風洞,用蒸汽噴頭製之,外表視之,不過一直徑較大之鐵管耳。

迨一九〇九年法人愛佛爾(Eiffel) 在巴黎建一風洞,作極有價值之研究。愛氏式風洞,如第四圖所示,至今猶多沿用者。同時,德人普蘭脫(Prandtl)在哥廷根建築普氏式風洞,如第五圖所示。今日清華大學之風洞,卽脫胎於普氏式。上述二式之重要分別,卽愛氏

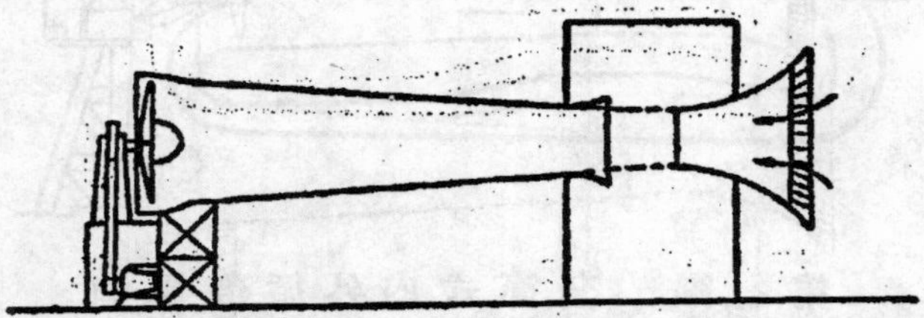

第四圖　愛氏式風洞,氣流散入大氣中。

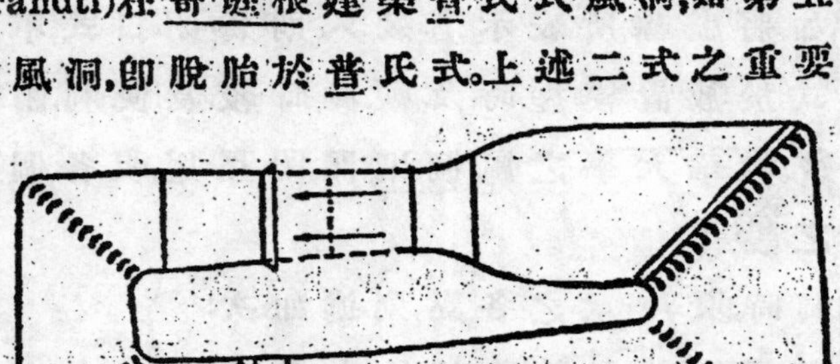

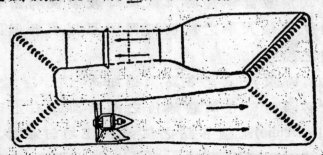

第五圖　普氏式風洞,氣流循環於風洞中。

7665

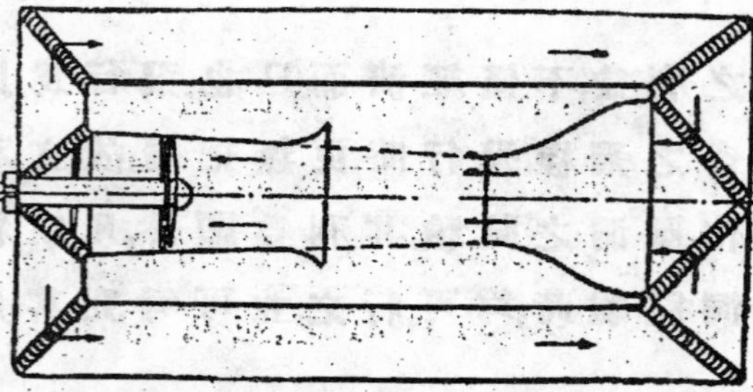

第六圖　兩路循環式風洞

式風洞中之氣流,散入大氣中,而普氏式則循環流轉於風洞之中。愛普二氏之研究,引起世人注意,自是以後,各國相繼建築風洞,大都沿襲愛式普式,而略予以變化,如第六圖第七圖所示。要之風洞皆利用馬達以轉動螺旋槳,激動空氣,使流經一個或數個文求利式之管子(Venturi Tubes)。復利用各種篦子,以使氣流勻整。風洞之

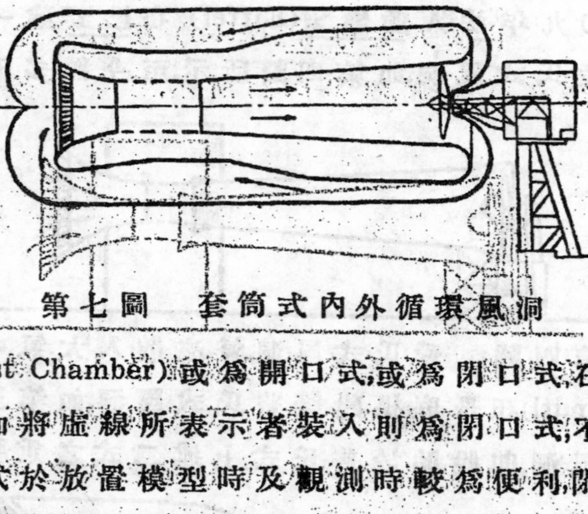

第七圖　套筒式內外循環風洞

試驗部份(Test Chamber)或為開口式,或為閉口式在第四第五第六第七圖中,如將虛線所表示者裝入則為閉口式,不裝則為開口式大凡開口式於放置模型時及觀測時較為便利,閉口式則風速較大,各有利弊。清華大學之風洞,則開閉互用,視各個試驗而異。

3. 風洞之設計

設計風洞時,須注意之各點,列述如次:

a. 風流必須勻整。在試驗部份之横斷面左右上下,劃定各點,用畢托管(Pitot Tube)試驗各點之風速,務使均勻相等。

b. 風速不可變化。卽在同一點上,經過相當時間,測驗風速,無

驟緩驟急之弊。

c. 一切裝置務宜便於試驗。觀測處光線必須充足,凡須用手工作之處,手之伸縮必須留有餘地;凡須人身進出之處,或坐或立或臥,均宜留有餘地。

d. 試驗部份,不可太小。俾製造模型時,得以與實用飛機,不失比例上之準確。(按飛機上用之鋼線等,縮小十分之一的模型,不易製造)。

e. 風速乘洞徑之積(Velocity×Diameter),宜力求其大;此點與賴氏係數有關(Reynold's Number)。另於第四節詳論之。

f. 轉動螺旋槳所需之馬力,宜力求經濟;此點與能量比率(Energy Ratio)有關。另於第五節詳論之。

4. 賴氏係數(Reynold's Number)

在流體動力學中,流體之速度(Velocity)(用V字符號)與固體之寬長(Dimension)(用D字符號)及流體之「動力滯性係數」(Coefficient of Kinematic Viscosity)(用γ字符號)皆足以影響一個固體在流動液體中所發生之變化。惟其變化之方式,至今猶未能以簡單之數學表而出之。科學家在試驗時,最好將模型之寬長,流體之速度與其「動力滯性係數」,造成$\frac{VD}{\gamma}$之比率,使與飛機在空氣中飛行時之$\frac{VD}{\gamma}$比率相等。上述之$\frac{VD}{\gamma}$比率,即為賴氏係數(Reynold's Number),乃英人賴諾所提示,至今在航空與水利學界,均發生極大之研究上的困難。

在試驗室中造成與飛機在天空中同樣之賴氏係數,事實上除非投擲極大之資本,不可能也。即投鉅大之資本以求賴氏係數之擴大,其道惟二:一曰建築極大之風洞也;使風洞之試驗部份能容整個飛機(不用模型),今在美國蘭雷飛行場之航空顧問委員會,已造成直徑40英尺之風洞,以實踐此種理想。二曰利用大壓力空氣也;使空氣之密度培增而減小其「動力滯性係數」γ之值。(按動力滯性係數,即以液體之密度ρ除普通滯性係數μ, Coefficient of Viscosity所得, $\gamma=\frac{\mu}{\rho}$), 如此則模型縮小之比率可與密度增大之比率,約略相等,而維持賴氏係數於不變。此種壓力風洞,亦首由美國蘭雷飛行場之航空顧問委員會實行,今英國之國家物理試驗所亦已造成。

上述三個風洞,為可以造成賴氏係數與飛行時相等之設備。捨此而外,舉世皆無辦法;吾國財力薄弱,更無論矣。清華大學之風洞,賴氏係數較低,固意中事;刻下尚未詳作比較,惟據作者推測,較之吾國從西洋購置之一具,則略為優勝云。

5. 能量比率(Energy Ratio)

凡百科學設計,均求以最小之努力,獲得最大之效用。今言風洞,則以最小馬力之馬達,在一定直徑之風洞以內,求得最高速度之氣流是也。氣流之功率(Power)可以空氣流經風洞之試驗部份時,每一秒鐘之動能量(Kinetic Energy)為基本。

$$(KE)_0=\frac{1}{2}\rho V_0^3A_0$$

上式中 $(KE)_0$ 為空氣每秒鐘之動能量

ρ 為空氣之密度

V_0 為空氣經過試驗部份之速度

A_0 為試驗部份橫斷面之面積

能量比率(Energy Ratio)者,即以馬達之功率(即馬力數) P_M,除空氣之功率,所得之比也,

$$E.R.=\frac{(KE)_0}{P_M}=\frac{\frac{1}{2}\rho V_0^3A_0}{P_M}$$

能量比率為設計風洞者最宜注意之一事。比率愈高愈妙。惟望讀者注意者,即能量比率,並非即效率(Efficiency)之謂。蓋能量比率,每可超過100%,最新式之風洞,其比率已達5.5即550%也。

6. 清華風洞之設計

作者於設計清華風洞之先,曾將各國現有之著名風洞,詳為比較,尤注意其能量比率與賴氏係數情形,茲列表如次。

附表

國別	地點	試驗部分直徑 D_0(公尺)	風速 V_0 (公尺/每秒)	馬力 H.P.	賴氏係數 V_0D_0/γ	能量比率 E.R.
法國	巴黎近郊莫利村	3.00	80.0	1,000	16,000,000	3.02
仝上	巴黎近郊麻登鎮	16×8	50.0	4,000	33,000,000	2.50
英國	倫敦近郊太丁敦(高氣壓風洞)(國立物理研究所)	1.83	27.5	500	83,000,00	2.30
仝上	倫敦近郊方邦若鎮(屬皇家航空研究所)	7.30	54.0	2,000	26,000,000	2.50
德國	哥廷根大學	2.24	58.0	300	8,650,000	2.17
仝上	柏林(屬國立航空研究所)	5×7	65.0	2,700	23,000,000	2.20
美國	蘭雷飛行場(屬國立航空顧問委員會)	6.10	49.4	,000	20,100,000	1.48
仝上	仝上	18.3×9.2	51.5	6,500	63,800,000	2.20
仝上	仝上(高氣壓風洞)	1.55	22.5	250	46,500,000	1.40
仝上	加省理工大學	3.05	88.0	750	18,000,000	5.50
意大利	羅馬	1.60	80.0	360	8,000,000	2.38
蘇聯	莫斯科(屬中央氣力及水力研究所)	3.00	78.0	820	15,600,000	3.60
日本	川西機械製作所	2.00	50.0	200	6,650,000	1.64
仝上	帝國海軍省	2.52	50.0	400	8,400,000	1.30

觀上表所列,其能量比率最高者當推美國加州工業大學之風洞。該風洞為馮卡門教授(Von Karman)所設計,乃由普蘭脫式改良,堪稱當代最經濟之建築。清華風洞,大致仿該式設計。查清華風洞中費用最大之一項,即為電氣馬達,亦即其中惟一之外國製造品(見第八圖),既擲重資以購原動力,自必須盡力使效率增高,其他皆屬次要矣。試驗部份之直徑規定為5英尺,俾普通之飛機,可製1/12至1/16之模型而試驗焉。

清華風洞在試驗部份之風速,大概可得每點鐘120英里(初試證明為可能)。其賴氏係數 $\frac{VD}{\gamma}$ 即為5,500,000*較之世界著名之風洞,相差不遠。

* V=176 呎/秒, D=5 呎, γ=.000159 (見 Warner: Airplane Design P. 165)。

第八圖、航空風洞打風用交直電流變換器——95Kw

7. 清華風洞之構造

清華風洞之最大直徑為10英尺,最小直徑(即試驗部份)為5英尺,(見第九圖),用 $\frac{1}{8}''$ 及 3/16″ 鋼板電銲製成,共分十九節。節與節

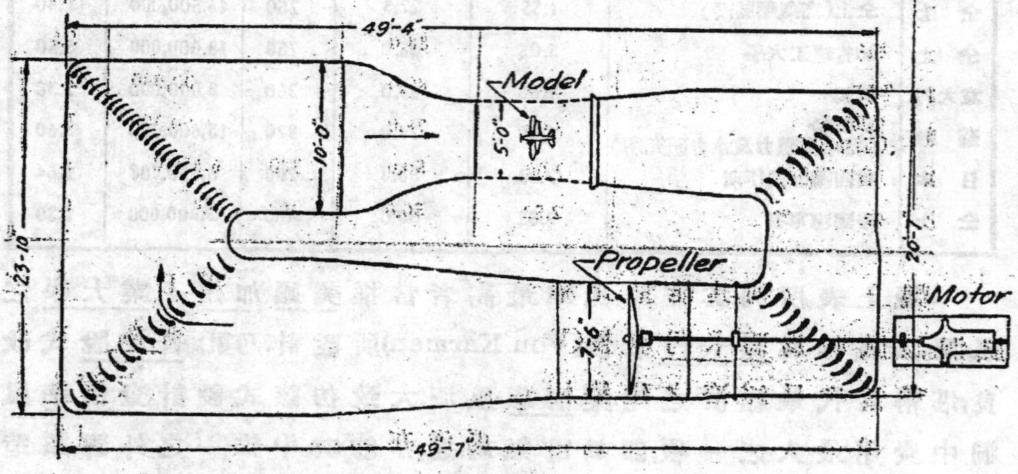

第九圖 清華風洞平面圖

間用2″法蘭盤(Flanges)及螺絲釘緊接,可以拆卸裝運。法蘭盤兼可使薄板構造堅固,亦即用以支持此風洞於二十個柱子之上。(見第十圖)螺旋槳直徑七英尺半,用胡桃木及花梨木(北平產)製成,凡四葉,均由2公分厚之板片,疊層膠合,人工刨刮,頗費時日。尤以吾國木材,市上無適當之處理,應用時極感困難。作者並自製小型烘木室(Kiln),以烘乾木材。螺旋槳裝於16呎長鋼軸之一端,由70馬力

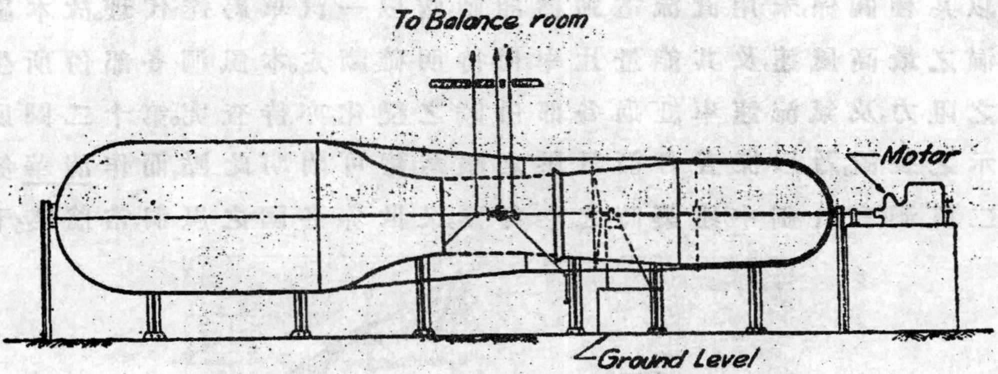

第十圖　清華風洞側面圖

之直流電動機轉動之;電動機置於風洞之外,用"Leonard Ward Control"控制,俾其速度勻整,而快慢變化,可以操縱自如。天秤共計五具,亦由清華大學之工廠自製;秤爲自動平衡式,其秤錘之移動,由一螺絲長軸之左右旋轉而進退,而螺絲軸之旋轉方向,則依天秤之左傾或右傾而變化也。天秤置於風洞試驗部份之樓上,用鋼絲吊挂模型,以測量模型上力之變化。氣流經過轉角之處,最易發生旋渦,而造成混亂狀態,故於風洞之四角,各置篦子一個(見第十一圖)。篦子係用若干1/32"厚鋼片,彎作月牙形之柱體,並列裝成。在整個風洞之構造過程中,以此項轉角及篦子之銲製,最爲困難。

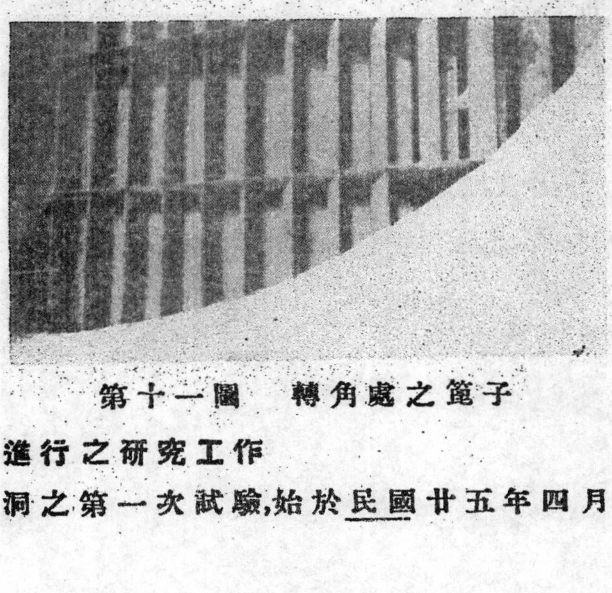

第十一圖　轉角處之篦子

8. 尚待進行之研究工作

清華風洞之第一次試驗,始於民國廿五年四月廿四日。當時以某種關係,未用直流電動機開動,暫以一汽車馬達代理。故本風洞之最高風速,及其能量比率,尙待明確斷定。本風洞各部份所生之阻力,及氣流速率經過各部份時之變化,亦待查究。第十二圖所示之裝置,乃以探查各節氣壓之漲落,藉可闡明此點,而作清華第二風洞(在計劃中)建築時之參考焉。又世界各國之風洞,常將若干

第十二圖 用火酒測量三十二點之氣壓

標準模型,作標準之試驗,互較結果,以資觀摩。本風洞亦亟宜進行此項標準試驗,庶可對於航空科學,有所貢獻。

末了,希望海內明達,友邦先進,隨時賜教,俾清華風洞得盡其應盡之效用,則幸甚!

黃河史料之研究

(中國工程師學會第六屆年會第二名得獎論文)

沈怡

本篇對於黃河史料搜求詳盡,敍述明顯,數千年來之變患,概括於五六千言中,綱舉目張,可供從事黃河治理之參攷。

中國工程師學會第六屆年會論文複審委員會附識

一.引言

黃河素以難治著稱,泛濫變遷,代有所聞,近年以來,水災頻仍,故其治理,益爲朝野所重視。夫治水之事,如治病然,必須先究其致病之原,然後方可對症下藥。李儀祉先生嘗曰:『我人欲治黃河,必先知黃河』。黃河史料之研究,卽爲知黃河之一道。余於民國十三年旅德時,曾草中國之河工一書,內論黃河之治理,並附河決統計,此爲余研究黃河史料之始。十四年秋由歐渡美,晤費禮門先生,殷殷以研究黃河歷史相勗,並言茲事責任在中國之工程師,非外人所得而代庖。十五年二月間,先生致余信中,更有句云:『中國河工歷史中有不少往例,必須首先熟悉,然後所下判斷,始有根據』;余於是有繼中國之河工後,編一黃河年表之志。十五年由美歸國,閒居北平,逐日在方家胡同前京師圖書館搜集資料。十六年秋,於役滬上,編纂之事,因而中輟,直至二十二年,賴趙君敎甫之增補整理,始克成書,現由資源委員會印行。茲擇其較可注意各點,分別作概括之介紹如后:

二.黃河之改道

自唐堯八十年(公元前2278)大禹治水成功,至今四千餘年,黃河凡六改其道(參看歷代黃河變遷總圖),其隨決隨即挽囘故道者,概未計入焉。

一.第一次變遷自唐堯八十年(前2278)至周定王五年(前602)

史稱唐堯七十二年(前2286)命禹治河。禹貢:『導河積石,至於龍門,南至於華陰,東至於底柱,又東至於孟津,東過洛汭,北過降水,至於大陸,又北播爲九河,同爲逆河,入於海。』禹治水八年成功,是爲唐堯八十年(前2278)。

後世艷稱禹治河後千數百年無水患,細考之,殊非事實。史稱:夏帝少康三年(2077)十一月,使商侯冥治河,可見是時河患已復作,距禹治河功成,纔二百年耳。少康十三年(2067)商侯冥死於河,足徵此次河患之不小。又商自湯至武乙,因河患數遷其國都;如湯元年(前1783)始居亳;仲丁六年(前1557)遷於囂;河亶甲元年(前1534)遷於相;祖乙元年(前1525)相圮,徙都於耿;九年(前1517)耿又圮,徙都於邢;可見當時河患之一斑。

按隄防之作,起自戰國,戰國以前,一任河水所趨,毫無限制,固由於當時兩岸居民之無多,尙無築隄以防洪水之必要,但河道無大變化則已,一遇大變化即根本無法挽囘,故周定王五年宿胥口一決,改道之勢遂成,是爲黃河在歷史上第一次之改道。

二.第二次變遷自周定王五年(前602)至新莽始建國三年(11)

戰國時諸侯紛爭,築隄決水之事,屢見不鮮,略舉一二事實如下:

周顯王十年(前359)楚師決河水,水出長垣之外;

周赧王三十四年(前281)趙決河水伐魏氏;

秦始王二十三年(前225)王賁考魏,引河溝,灌大梁。

當時治水之人,目光亦皆短淺異常。例如有白圭者,嘗語孟子曰:『丹之治水也,愈於禹。』孟子曰:『子過矣!禹之治水,水之道也;是故禹以四海爲壑,今吾子以鄰國爲壑。水逆行,謂之洚水;洚水者,洪水也仁人之所惡也。吾子過矣!』

賈讓治河策論當時河患之由來有云:

歷代黃河變遷總圖
摘要
1.禹河故道 即禹治水後之河道
2.第一次變遷 即由禹至周定王五年河決宿胥口之河道凡歷一千六百七十六年
3.第二次變遷 即由周定王五年至新莽始建國三年河決魏郡之河道凡歷六百一十三年
4.第三次變遷 即由新莽始建國三年至宋仁宗慶歷八年河決商胡之河道凡歷一千○三十七年
5.第四次變遷 即由宋仁宗慶歷八年至金章宗明昌五年河決陽武故隄之河道凡歷一百五十六年
6.第五次變遷 即自金章宗明昌五年至明孝宗宏治七年所成之河道凡歷三百年
7.第六次變遷 即由明孝宗宏治七年至清咸豐五年河決銅瓦廂之河道凡歷三百六十一年
北平
天津
大沽口
濟南
東
山
江
蘇
安
徽
徐州
南京
鎮江
合肥
六安
龍口
蓬萊
烟台
威海衛
臨沂
淮陰
沂河
泰山

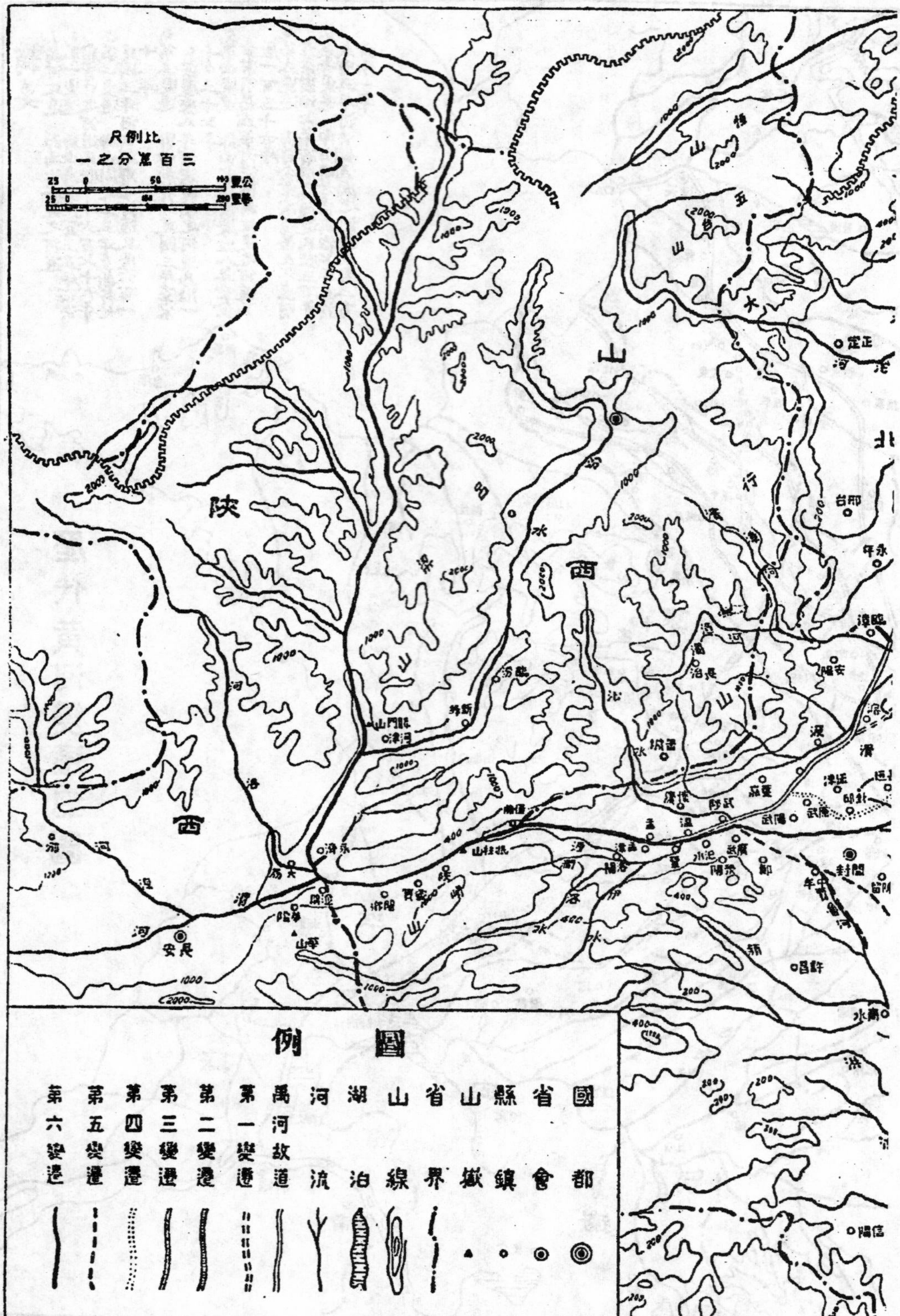
比例尺
三百萬分之一
公里
華里
陝西
山西
長安
圖例
國都
省會
縣鎮
山嶽
省界
山線
湖泊
河流
禹河故道
第一變遷
第二變遷
第三變遷
第四變遷
第五變遷
第六變遷

『蓋隄防之作,近起戰國,壅防百川,各以自利。齊與趙魏,以河爲境。趙魏瀕山,齊地卑下,作堤去河二十五里,河水東抵齊隄,則西汎趙魏;趙魏亦爲隄去河二十五里。雖非其正,水尙有所游盪,時至而去,則塡淤肥美,民耕田之。或久無害,稍築室宅,遂成聚落,大水時至,漂沒則更起隄防以自救,稍去其城郭,排水澤而居之;湛溺自其宜也!』

總之,戰國時彼此唯知自利,唯知以鄰國爲壑,不知其結果彼此均蒙其害。賈讓論當時河之形勢有云:『百餘里間,河再西三東,迫阨如此,不得安息。』賈氏有鑒於此,乃有『徙冀州之民當水衝者』之計劃,並以之爲當時之上策,孰知三策無一得行,徒貽後世筆墨之爭。是時河道益壞,浸至王莽始建國三年(11),乃有魏郡之決,未隄塞,河遂南徙,是爲黃河第二次之改道。魏郡決口未塞之原因,據漢書王莽傳所載『先是莽恐河決爲元城塚墓害;及決東去元城不憂水,故遂不隄塞』,祇可視爲一部分之原因。實則其時內有州郡之起兵,外有匈奴之入寇,無暇及此未始非更重要之原因。此次改道距周定王五年(前602)第一次之河徙,凡六百十三年。

三.第三次變遷自新莽始建國三年(11)至宋仁宗慶歷八年(1048)

後漢光武建武十年(34)張汜上言:『河決積久,漂沒郡縣,宜改修堤防,以安百姓』時值兵燹之後,民力凋敝,未遑施工。迨至明帝永平十二年(69)夏,始發卒數十萬,命王景修渠築堤,自滎陽東至千乘海口千餘里,翌年夏渠成。後漢書王景本傳有云:

『景乃商度地勢,鑿山阜,破砥績,直截溝澗,防遏衝要,疏決壅積,十里立一水門,令更相洄注,無復潰漏之患。』

李儀祉先生近作後漢王景理水之探討一文,對景治河方法,有極詳盡之研究,堪供參考。

五代之際,政治紊亂,開自古未有之局,干戈疊起,黠者復蹈戰國時利用河水之故智,如:

唐昭宗乾甯三年(896)四月河圮於滑州,朱全忠決其堤,因為二河,散沒千餘里;

後梁末帝貞明四年(918)梁將謝彥章攻楊劉,決河水以限晉兵瀰漫數里,為曹濮患;

後梁末帝龍德三年(923,段凝以唐兵漸逼,乃自酸棗決河,東注於鄆,以限唐兵,謂之護駕水,決口日大屢為曹濮患。

宋承五代之後,頗能勵精圖治,於治河亦然。如宋太祖乾德五年(967)正月,帝以河隄屢決分遣使行視,發畿甸丁夫繕治,自是歲以為常,皆以正月首事,季春而畢,歲修之制蓋始於此。又如太祖開寶五年(972)正月,詔課民種榆柳及土地所宜之木頗能從根本着想,惜宋代多外患不能專心內政。仁宗慶歷八年1048)六月,河決澶州商胡埽(在今河北濮陽縣東北三十里),而改道之勢又成,是為第三次。計自新莽始建國三年(11)迄宋仁宗慶歷八年(1048),而漢唐之河道遂廢,凡一〇三七年。除禹河外,時期之久遠,未有逾於此也,

四 第四次變遷自宋仁宗慶歷八年(1048至金章宗明昌五年(1194)

初商胡決河,自魏之北至恩冀乾甯入海,是謂北流;二股河自魏恩東至於德滄入海,是謂東流,是時廷臣分北流東流二派,各不相下,逮神宗熙甯二年(1069)大河東徙,北流淺小自閉乃止。宋時君臣頗熱心河事,但其見解未必盡當,如:

宋神宗熙甯五年1072)閏七月,帝語執政:「聞京東調夫修河,有壞產者河北調急夫尤多,若河復決奈何?且河決不過占一河之地,若利害無所較,聽其所趨如何?」

神宗元豐四年1081又謂輔臣曰:「水性趨下,以道治水,則無違其性可也如能順水所向,徙城邑以避之,復有何患?」

神宗熙甯十年1077)河道南徙東滙於梁山張澤濼分為二派:一合南淸河入淮,一合北淸河入於海。元豐元年(1078)退絕南流,河復歸北,仍由二股河東流入海,是時又有主張分水者蓋以分水

爲名,發回河東流之議,如文彥博呂大防等皆主之。哲宗元祐三年(1088)六月乃有回復故道之詔,不久又取銷之。

古今治河,未有依違兩可,舉棋不定如宋代者,蓋自神宗熙甯十年(1077)河決,以至於哲宗紹聖元年(1094)共十七年,東流或北流之爭,依然未決。紹聖元年(1094)冬,河北流哲宗元符二年(1099)六月,河決內黃口,東流遂斷絕。自是以後,宋所遭遇之外患,益形嚴重,不久全河陷爲金人所有,是時河道愈壞,至金章宗明昌五年(1194),河決陽武,遂成第四次之改道,計自宋仁宗慶歷八年(1048)以來,凡一四六年。

五.第五次變遷自金章宗明昌五年(1194)至明孝宗弘治七年(1494)

宋亡於金,金不久又亡於元。世祖至元十七年(1280)命都實爲招討史,往探河源,是冬還報,并圖其位置以聞,可謂開研究黃河之新紀元。元自入主華夏,其勢已衰,政治亦日趨腐敗,但順帝至正十一年(1351)因丞相脫脫之薦,發民十五萬人,軍六萬人,命賈魯治河,不可謂非偉舉。故元雖亡,明襲賈魯之遺澤,居然維持河道至一百四十餘年之久,蓋自金章宗明昌五年(1194)至孝宗弘治七年(1494),已三百年矣。

六.第六次變遷自明孝宗弘治七年(1494)至清咸豐五年(1855)

明嘉靖四十四年(1565),河決沛縣,命潘季馴與朱衡共開新河。萬歷六年(1578)季馴以故道久湮,雖治復,其深廣必不能如今河,條上六事,如塞決以挽正河,如築隄防以杜潰決,如止浚河工程以免靡費,皆其犖犖大者。總季馴一生凡四治河,前後二十七年,河賴以大治,顧其事功僅限於蘇皖一帶。推究其故,是時朝廷之於治河,其目的在保安徽鳳陽之祖陵,而不在人民之生命財產,故季馴雖屢以豫河爲慮,終無法引起君主之注意,誠可歎也!崇禎十五年(1642)李自成決河灌開封,水入渦達淮,故道涸爲平地,次年興工修築,未奏績而明亡矣。清康熙時,命靳輔治河,一秉季馴之遺規,黃河頓呈小康之狀。乾嘉以後,政治漸趨腐敗,未幾有太平之變,益置河事於不顧。咸豐五年(1855)河決銅瓦廂,奪大清河入海,不塞遂徙,距明弘治七年(1494),凡三百六十一年,爲黃河第六次即最後一次之改道。

七.茲爲明瞭起見,列表(第一至第三表)說明如下:

第一表 黃河改道之次數

變遷	起 迄	公 元	年 數
1	唐堯八十年——周定王五年	前2278——前602	1676
2	周定王五年——新莽始建國三年	前 602——11	613
3	建國三年——宋仁宗慶歷八年	11——1048	1037
4	宋慶歷八年——金章宗明昌五年	1048——1194	146
5	金明五年——明孝宗弘治七年	1194——1494	300
6	明弘治七年——清咸豐五年	1494——1855	361

第二表 黃河變遷與當時政治之關係

變遷	年 代	政 治 情 形
1	周定王五年(前602)	周室衰微,定王元年楚觀兵周疆,問鼎輕重,諸侯爭霸,互相征伐。
2	新莽始建國三年(11)	王莽甫篡漢祚,匈奴入寇,州郡兵起。
3	宋仁宗慶歷八年(1048)	外患重重。
4	金章宗明昌五年(1194)	黃河以北之地雖陷於金,但金又爲蒙古所阨。
5	明孝宗弘治七年(1494)	宦豎專權,政治黑暗。
6	清咸豐五年(1855)	太平天國之變。

第三表 黃河變遷久暫與當時治河方法之關係

變遷	年 數	治 河 方 法 舉 要
1	1676	唐堯八十年,大禹治河功成。
2	613	戰國時,攻戰以河水爲武器,治水以鄰國爲壑,其後雖有賈讓之三策,但未果行。
3	1037	漢明帝永平十二年,王景治河,十里立一水門,令更相洄注,兼師大禹播同之義,分爲八河,合於千乘入海,禹河以後,此爲最久。
4	146	宋君臣喜論河,惜踏淡遛爾可舉棋不定之弊,故爲時最暫。
5	300	元至正十一年,賈魯治河,疏浚塞三者並用,成效大著。
6	361	明嘉靖時潘季馴治河,主塞旁決以挽正流,以隄束水,借水攻沙。清靳輔因之,頗呈小康之狀。

三 決溢統計

根據現有關於黃河之資料,即已包括於黃河年表中者,統計如第四表:

第四表(甲)　黃河決溢統計(以河道變遷爲次截至民國二十二年爲止)

變遷	起　迄	年代	溢	決	大水
1	唐堯八十年——周定王五年	1676	6	1	
2	周定王五年——新莽始建國三年	613	5	10	62
3	始建國三年——宋仁宗慶歷八年	1037	70	91	330
4	宋慶歷八年——金章宗明昌五年	146	34	53	65
5	金明昌五年——明孝宗弘治七年	300	170	305	129
6	明弘治七年——清咸豐五年	361	120	494	314
	清咸豐五年——民國廿二年	78	17	197	73
總數	唐堯八十年——民國廿二年	4211	422	1151	973

由第四表(甲)自周定王五年(前602)河徙砱礫(今河南滑縣)起,至今二千五百三十餘年,已有決溢一千五百七十三次,大水九百七十三次,共計二千五百四十六次,平均每一年一次(作者以前所發表每四五年決溢一次之說,根據目前統計,已不能成立),由是可見黃河爲患之頻。

第四表(乙)與第四表(甲)性質相同,惟一則以河道變遷爲次,此則以朝代爲次。由此項統計,可以注意者有二點:(一)政治較清明,則黃河亦比較安定。(二)年代愈近,記載亦愈豐富,然不能即此斷定近代之河患較古爲烈。

更以地爲單位,統計各地之決溢次數,而得第五表,由是可知有史以來,河患以何地爲最烈。例如河南杞縣決溢計一百〇八次,列第一,次則開封計八十三次。

總之黃河自孟津以下,入於平原,山東半島橫亘其前,不啻一大三角洲,河流非北行,即南流,故歷史上河患以河南一帶爲最頻,而河南尤以杞,開封,陽武等縣,佔最多數。

7681

第四表(乙) 黃河決溢統計(以朝代爲次)

朝代	年數	溢	決	大水
夏	439	1		
商	644	5		
周	867	1	1	
秦	40	1		
漢	213	3	9	62
新莽	15		1	
漢	195	2		
魏	46	1		
晉	52	1		2
北漢(前趙)	26	1		
北魏	49	1		
北齊	28	1		
隋	29			70
唐	289	23	8	181
後梁	17			4
後唐	14	2		
後晉	11	4	12	9
後漢	4		3	
後周	9		14	3
宋	167	66	98	115
金	108	2	19	11
元	134	77	191	55
明	276	138	316	246
淸	268	83	397	209
民國	元年至廿二年	9	92	6
總數	4211	422	1151	973

苟能就每次決口及氾濫原因,作成統計,更可知黃河以何種原因,最易釀成災變;此事於河防上極有裨益。所惜我國對於此類

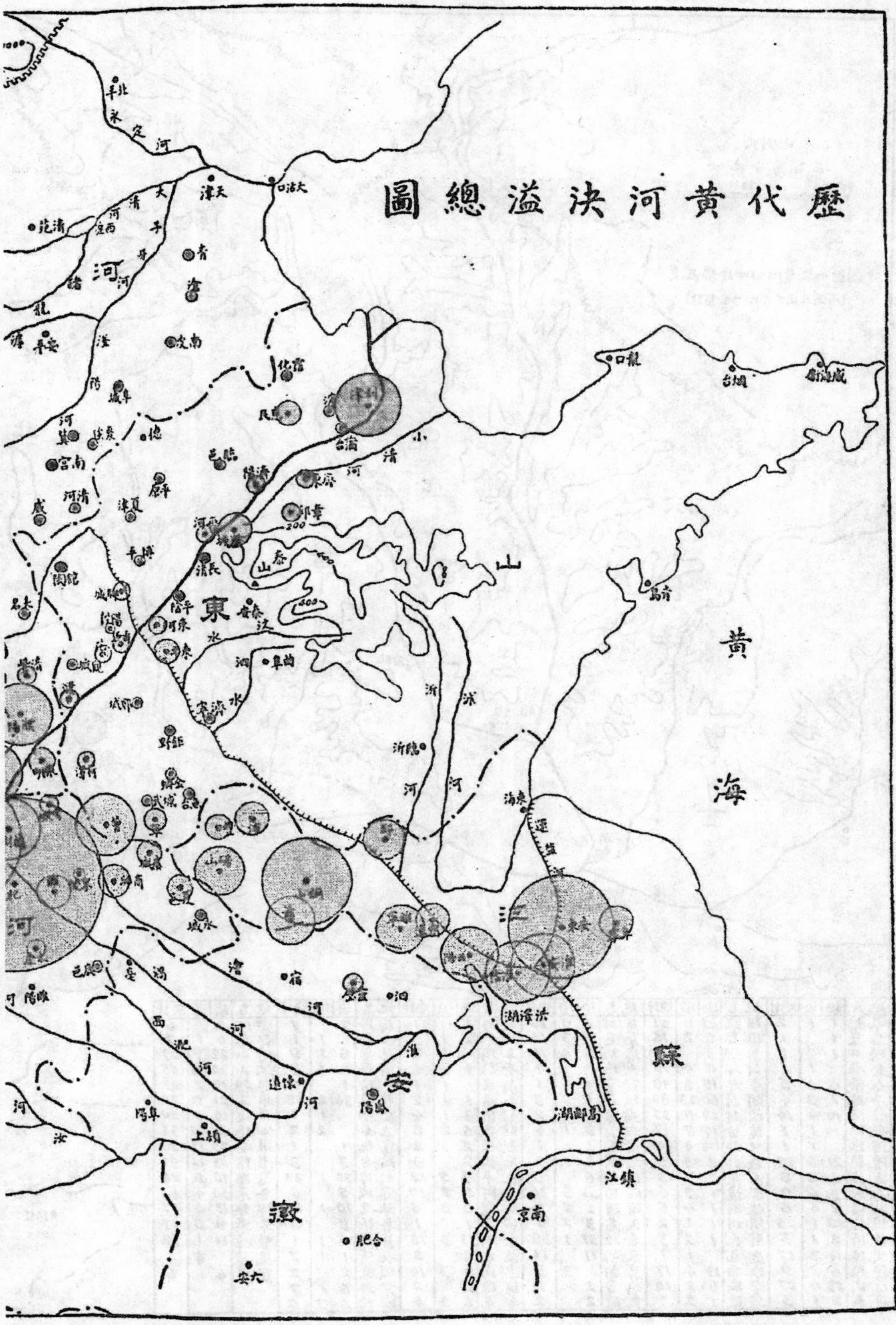
歷代黃河決溢總圖
北平
永定河
天津
大沽口
龍口
烟台
威海衛
青島
小清河
山東
泰山
曲阜
黃海
洪澤湖
高郵湖
鎮江
南京
合肥
六安
安徽
蘇

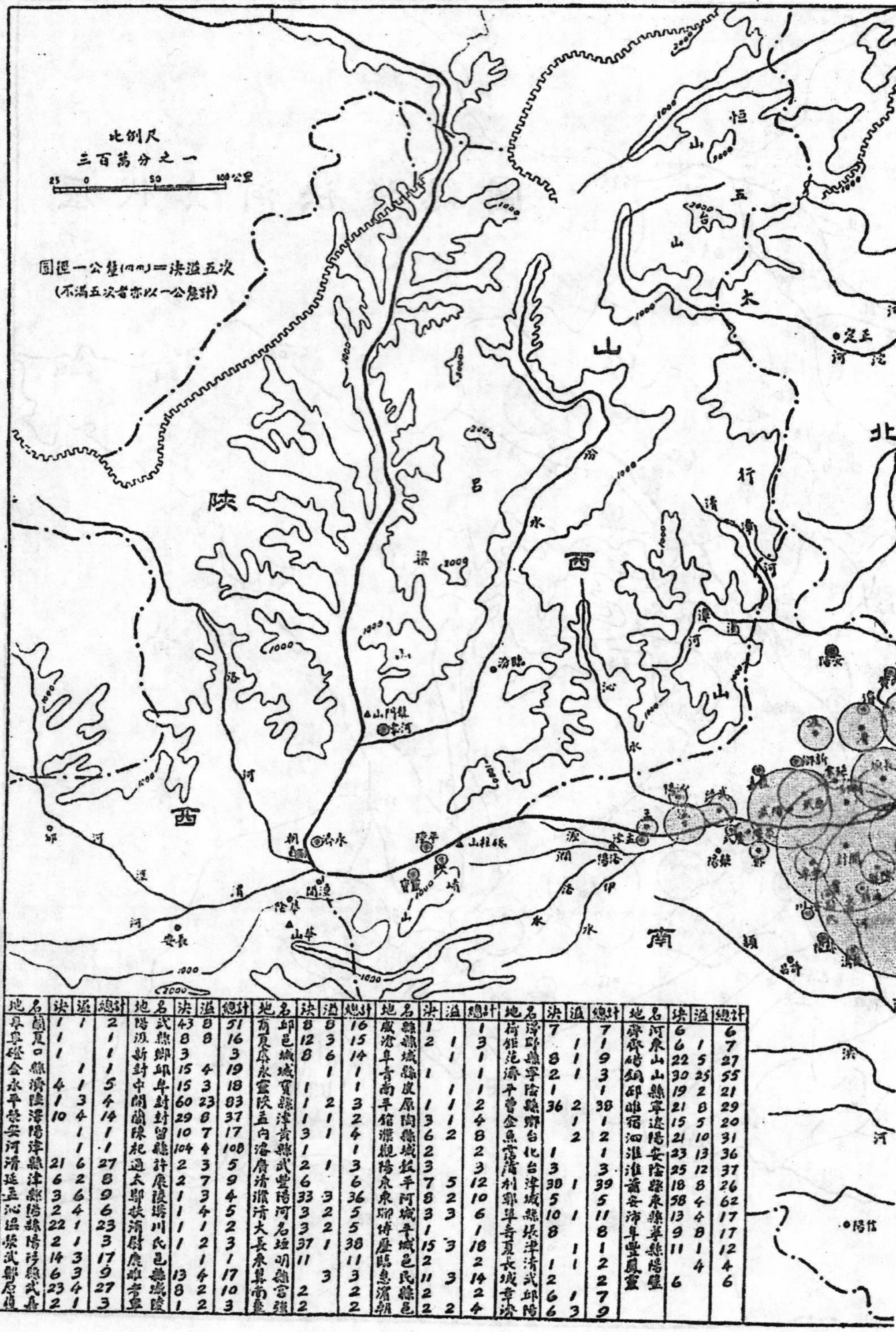

地名	決	溢	總計	地名	決	溢	總計	地名	決	溢	總計	地名	決	溢	總計	地名	決	溢	總計	地名	決	溢	總計
皋蘭	1	1	2	陽武	43	8	51	商邱	8	8	16	獻縣	1		1	荷澤	7		7	齊河	6		6
寧夏	1		1	汲縣	8	8	16	夏邑	12	3	15	滄縣	2	1	3	鉅野		1	1	齊東	6	1	7
磴口	1		1	新鄉	3		3	虞城	8	6	14	阜城		1	1	范縣	8	1	9	碭山	22	5	27
金縣		1	1	封邱	15	4	19	永城		1	1	青縣	1		1	濟寧	2	1	3	銅山	30	25	55
永濟	4	1	5	中牟	15	3	18	靈寶	1		1	南皮		1	1	平陰	1		1	邳縣	19	2	21
平陸	1	3	4	開封	60	23	83	陝縣	1	2	3	平原	1	1	2	曹縣	36	2	38	睢寧	21	8	29
滎澤	10	4	14	蘭封	29	8	37	孟津	1	1	2	館陶	3	1	4	金鄉		1	1	宿遷	15	5	20
安陽		1	1	陳留	10	7	17	內黃	3	1	4	濮縣	6	2	8	魚台		2	2	泗陽	21	10	31
河津		1	1	杞縣	104	4	108	濬縣	1		1	觀城	2		2	霑化	1		1	淮安	23	13	36
滑縣	21	6	27	通許	2	3	5	廣武	2	1	3	陽穀	3		3	蒲台	3		3	淮陰	25	12	37
延津	6	2	8	太康	2	7	9	清豐	6		6	東平	7	5	12	利津	38	1	39	蕭縣	18	8	26
孟縣	3	6	9	鄢陵	1	3	4	濮陽	33	3	36	東阿	8	2	10	鄆城	5		5	安東	58	4	62
沁陽	2	4	6	扶溝	1	4	5	清河	3	2	5	聊城	3	3	6	單縣	10	1	11	沛縣	13	4	17
溫縣	22	1	23	洧川	1	1	2	大名	3	2	5	博平	1		1	壽張	8		8	阜寧	9	8	17
滎陽	2	1	3	尉氏	1	2	3	長垣	37	1	38	歷城	15	3	18	夏津		1	1	豐縣	11	1	12
武陟	14	3	17	鹿邑		1	1	東明	11		11	臨邑	2		2	長清	1	1	2	鳳陽		4	4
鄭縣	6	3	9	睢縣	13	4	17	鉅鹿		3	3	惠民	11	3	14	城武	2		2	靈壁	6		6
原武	23	4	27	考城	8	2	10	南宮	2		2	濱縣	2		2	章邱	6	1	7				
偃師	2	1	3	寧陵	1	2	3	棗强	2		2	朝邑	2	2	4	濟陽	6	3	9				

第五表　各地決溢統計(參看歷代黃河決溢總圖)

地名	決	溢	總計	地名	決	溢	總計	地名	決	溢	總計	地名	決	溢	總計	地名	決	溢	總計	地名	決	溢	總計
阜闕	1	1	2	陽武	43	8	51	商邱	8	8	16	咸縣	1		1	雷澤	7		7	黃河	6		6
濟源	1		1	汲縣	8	8	16	夏邑	12	3	15	滄縣	2	1	3	鉅野		1	1	齊東	6	1	7
磴口	1		1	新鄉	3		3	虞城	8	6	14	阜城		1	1	范縣	8	1	9	碭山	22	5	27
金縣		1	1	封邱	15	4	19	永城		1	1	青縣	1		1	濟寧	2	1	3	銅山	30	25	55
永濟	4	1	5	中牟	15	3	18	寶豐	1		1	南皮		1	1	平陰	1		1	邳縣	19	2	21
平陸	1	3	4	開封	60	23	83	陝縣	1	2	3	平原	1	1	2	曹縣	36	2	38	睢寧	21	8	29
榮澤	10	4	14	蘭封	29	8	37	孟津	1	1	2	館陶	3	1	4	金鄉		1	1	宿遷	15	5	20
安陽		1	1	陳留	10	7	17	內黃	3	1	4	濮縣	6	2	8	魚台		2	2	泗陽	21	10	31
河津		1	1	杞縣	104	4	108	濬縣	1		1	聊城	2		2	霑化	1		1	淮安	23	13	36
滑縣	21	6	27	通許	2	3	5	廣武	2	1	3	陽穀	3		3	蒲台	3		3	淮陰	25	12	37
延津	6	2	8	太康	2	7	9	清豐	6		6	東平	7	5	12	利津	38	1	39	蕭縣	18	8	26
孟縣	3	6	9	鄢陵	1	3	4	濮陽	33	3	36	東阿	8	2	10	鄆城	5		5	安東	58	4	62
沁陽	2	4	6	扶溝	1	4	5	清河	3	2	5	[illegible]城	3	3	6	單縣	10	1	11	沛縣	13	4	17
溫縣	22	1	23	洧川	1	1	2	大名	3	2	5	博平	1		1	壽張	8		8	阜寧	9	8	17
滎陽	2	1	3	尉氏	1	2	3	長垣	37	1	38	歷城	15	3	18	夏津		1	1	豐縣	11	1	12
武陟	14	3	17	鹿邑		1	1	東明	11		11	臨邑	2		2	長清	1	1	2	鳳陽		4	4
鄭縣	6	3	9	睢縣	13	4	17	冀縣		3	3	惠民	11	3	14	城武	2		2	靈璧	6		6
原武	23	4	27	考城	8	2	10	南宮	2		2	濱縣	2		2	章邱	6	1	7				
獲嘉	2	1	3	寧陵	1	2	3	棗強	2		2	朝縣	2	2	4	濟陽	6	3	9				

記載，素甚忽略，而向日觀念，無不認河患爲天災，非人力所能挽救，觀於二十四史中，河患列於五行志之一部分，卽可知之。因此之故，此項資料，無法搜集，至爲可惜。

四.結論

黃河爲華北第一大河，流域達十餘省；黃河治，則華北數千萬同胞，可以安居樂業；反之，則餓死溝壑，挺而走險不釀大亂不已；是故我國數千年來之治亂，不能謂與黃河無相當關係也。我國歷史上，爲治河一事，焦頭爛額，無代無之；惟有一例外，卽在宋代南遷以後，黃河流域爲金人所陷，從此河患亦不復需宋人之操心。如黃河第四次大變遷，卽發生於金章宗明昌五年，時黃河以北，已不復爲宋人有，然而顛沛流離之人民，固猶昔日大宋之百姓也。今者國難日深，其情況之嚴重，不亞於當年之宋代，作者執筆至此，不得不首祝黃河之長爲我中國所有，次不得不希望我中國工程師，須立志在我輩手中，消除此數千年之水患。夫以二十世紀科學之昌明，苟能統一事權，假以時日，寬籌經費，利用科學方法，積極治河，河雖難治，必能迎刃而解，蓋有可信。此實我輩當前報効國家之責任，我中國工程師其念之哉！

鑄鐵鑄鋼之研究與試驗

(中國工程師學會第六屆年會第三名得獎論文)

國立中央研究院工程研究所

本文爲國立中央研究院工程研究所五年來研究及試製鑄鐵鑄鋼之報告。內容分(一)鑄模砂土之研究(二)特種鑄鐵之研究(三)普通鑄鋼之研究(四)錳鋼之研究(五)不銹鋼之研究(六)高速度鋼之研究等六節,對於各種鑄鐵鑄鋼之成分,性質,製法,用途,及該所實驗試製情形,均有詳細之論述,自爲極有價值之報告,足供研究及製造鋼鐵材料者之參鏡。

中國工程師學會第六屆年會論文複審委員會附識

本所研究鋼鐵,自民國廿年五月間,電爐開始鑄鍊以迄現在,歷時正五載,經試製成功之鋼鐵凡十餘種。所有研究工作之緊要經過情形,曾陸續載在國立中央研究院總報告中。茲彙輯以成是篇,敬祈指正。數年來相與共同擔任研究工作者,爲專任研究員,嚴恩棫,馬光辰,胡嗣鴻;副研究員丁鎮,張延祥;技師張本茂諸先生,合併誌焉。

所長周　仁謹識

(一)鑄模砂土之研究

製作鑄模採用之砂泥等材料,關係出品之優劣甚鉅。此項研究,注重在國產材料。惟一般翻砂廠對於所用材料向乏有系統之考察,無可借鏡,嗣經陸續試驗之結果,尋得一適當辦法:即將順昌石粉廠之矽砂200磅(經過30網眼以下者),滲以上海自來火公司舊火磚粉 100 磅,蘇州白泥15磅,糖漿12磅,此項混合泥砂所作之砂模,能耐頗高之溫度。自試用以來,鑄模工作,頗稱順利。又本場範鑄鋼性鐵之模砂,亦與普通生鐵翻砂廠所用者不同。蓋鋼性鐵範鑄時之溫度,較普通生鐵高。且因所含氣體較多,須使有宣洩之利便。故用以下混合物所澆之鑄件,絕少砂眼及氣孔等弊,而質地亦與普通生鐵鑄件不可同日而語也。法用江蘇六合縣所產之紅砂200磅,已用之舊紅砂200磅,滲以甯波黃砂三十磅,黑鉛粉10磅及木屑3磅。此項混合泥砂,用於範鑄高矽耐酸鐵之鑄件,亦甚相宜。最近因鑒於以上砂模須經烘乾後方可使用,非特製造麻煩,且亦不甚經濟。故擬改用濕模,以免焙烘手續,且可節省用料。查濕模之製造,多用天然產料,或滲以若干成分火泥,便有適當膠合能力,且能受適當較高溫度。本所經試用者計有以下二種:(一)順昌石粉廠砂砂100磅(經過20網眼以下者)滲以火泥15磅,糖漿3磅。(二)甯波黃砂100磅,滲以水泥十磅。經過相當乾燥後(約三日至五日)卽可使用。以上二法之結果均佳,尤以水泥所製者為甚,故今後本所之砂模,必漸側重於濕模之製造也。

茲將本所化驗各地國產及國外砂砂分析成分列表(第一表)如下,以資比較:

第一表　鑄模材料分析

化學成分(以百分計算)	品名			
	宿遷砂砂(未揀)	宿遷砂砂(揀淨)	大連砂砂	英國砂粉
燃灼損量(Ignition loss)	1.20	1.08	2.70	
氧化矽 (SiO_2)	85.58	89.07	97.13	96.24
氧化鋁 (Al_2O_3)	10.71	7.51	3.18	3.40
氧化鐵 (Fe_2O_3)	1.03	0.32	2.66	0.89
氧化鈣 (CaO)	0.12	0.16		
氧化鎂 (MgO)	極微量	極微量		
硷類 (Alkalies)	未定	未定		
總計	98.64	98.14	100.67	100.53

(二)特種鑄鐵之研究

特種鑄鐵,計有數種,就其固有之化學成分,以調節炭素矽素者,則有低炭素鑄鐵及高矽鑄鐵。若於其固有之化學成分外,加以別種合金料者,則有含鎳鑄鐵,含鉻鑄鐵,含鎳鉻鑄鐵等之合金鑄鐵。其製造所用之鎔爐或為坩堝,或為「古巴拉」爐,即俗稱為冲天爐或為反火爐,或為旋轉爐,或為電力爐,內以冲天爐為最普通,而電力爐為最妥善,茲將本所所鑄之特種鑄鐵分別說明如下:

(一) 低炭素鑄鐵　查尋常鑄鐵有各種缺點,故對於機械上特殊部份,往往不能適用。近年來冶金學家,鑑於製鋼術之猛進,遂對於鑄鐵一門,亦別尋途徑,以創辦堅性鑄鐵。其強力,韌力,耐磨力及微小之燒漲性,俱足表示優異性質,斷非尋常鑄鐵所能及。蓋自金圖學上組織言之,鑄鐵與鋼之主要分別,悉視其基塊是否雜有炭精(Graphite)以為辨。按鑄鐵之基塊大概與鋼相似,惟普通鑄鐵含有多量炭素,故在澆鑄時因矽素之存在,及凝結之遲緩,受其影響,大部份成為片狀炭精,散在基塊內,致基塊被其截斷,喪失固有之團結狀態,而強度因以減少也。至於炭精以外之炭素乃炭化物。如在基塊重量百分之0.9以內,則與純鐵所成之「弗立體」(Ferrite)相夾雜,成為「巴力體」(Pearlite)組織,再與獨立之「弗立體」並存,成為鑄鐵之基塊,如炭化物之炭素在百分之0.9以上,則於「巴力體」以外,又有獨立炭化物,名「雪門體」(Cementite)者,散存基塊內。過多則基塊有硬脆之嫌,如炭化物之炭素正在百分之0.9左右,則鑄鐵之基塊全為「巴力體」,性極堅韌。由是言之,欲製堅韌之鑄鐵即普通所稱之高試力鑄鐵(High test iron)須備以下三條件,第一,基塊之全部或大部分須為有均勻組織之「巴力體」,第二,基塊內之炭精須不過多。第三,基塊內之炭精須為均勻散佈之細粒。備此三種條件者即為堅性(或稱低炭素鑄鐵或稱高試力鑄鐵)鑄鐵。含有適量之矽以促生適量之炭精。或在含矽不多者則將砂模烘熱,使鐵之凝結故意遲緩而炭精得以分生。且當鎔化鑄鐵時溫度宜高至攝氏一千五百度以上,庶生鐵塊內原有之炭精俱溶解於鐵汁。迨凝結時逢至過冷狀態,鑄鐵內所突生之炭精,俱爲細粒而非薄片。否則溫度不足,致原有炭精之一部份留存於鐵汁內。迨凝結時新生炭精又將附着於舊者,漸成片狀炭精。或舊存炭精片促生新片。此非高試力鑄鐵所宜有也。高試力鑄鐵之研究濫觴於「古巴拉」爐,然其所得結果仍可應用於電爐。玆將「古巴拉」爐所製之高試力鑄鐵,擇其重要者數種,列述如下:

(a) 蘭芝鑄鐵(Lanz cast iron)。 含炭約低,含矽甚少,如用尋常澆鑄法,則得白口鑄鐵,如將砂模烘熱至相當溫度,或用不易散失熱氣之砂模,而再以極熱之鐵汁澆鑄之,則鐵之凝結自必遲緩。促生適量之細粒炭精,並得組織均勻之「巴力體」基塊。故蘭芝鑄鐵,又名「巴力體」鑄鐵也。蘭芝鑄鐵含炭2.9%至3.5%;含矽0.9%至1.5%,當視鑄件之厚薄,以酌定化學成分。(在厚者C+Si=3.5%,在厚薄適中者C+Si=4.0%在薄者C+Si=4.6%。如用一定化學成分之鑄鐵,以澆鑄厚薄不同之件,則砂模烘熱程度又須隨之酌定。)

蘭芝鑄鐵非徒具高出尋常之抗漲力及抗灣力,且有極好之耐衝力,耐磨力;而燒漲性亦極小,至於所製鑄件無縮孔氣孔之患尤爲可貴。惟製法略繁不無缺憾,自別種高試力鑄鐵發明後,已不能長此專美矣。

(b)「愛曼耳」鑄鐵(Emmel cast iron)。 其製法用「古巴拉」爐配置二層風管,裝料內加入多量之廢鋼;工作上予以特別之注重,對於化學成分內之矽錳二者,用鐵矽及鐵錳以調節之。如是所得鑄鐵,其含炭量可隨意節制,分爲三種:

(A) 甲種「愛曼爾」鑄鐵,含炭約2.5%,含矽約2.5%,合約5.0%。蓋含炭既頗低含矽自不得過少,否則炭精不能分生。此種低炭素鑄鐵強度極好,且鑄件厚薄不同部分之組織未見有粗細疏密之異,厚薄相差極大部分之交界處,亦無縮空之患。如鑄件過薄而成白口鑄鐵,則可用尋常退火方法,以分解鐵內之炭化物,使生軟炭細粒,在攝氏溫度八百五十度左右連續退火十二三小時,即得類似可鍛性鑄鐵,即俗稱爲馬鐵(Malleable cast iron)之製品,斯誠冶金術之捷徑也。惟此種鑄鐵含炭既少,鐵汁自易受冷;縮性亦大。故澆鑄時須特別注意焉。

(B) 乙種「愛曼爾」鑄鐵。含炭約3.0%;含矽1.3%至2.1%平均約1.7%;强度頗好。鑄件之厚薄不同處能緻密相等。厚薄相差極大部分之交界處,亦無縮空之弊。所含炭素較甲種爲高,故澆鑄工作上殊覺便利也。

(C) 丙種「愛曼爾」鑄鐵含炭約3.3%,含矽約1.5%,强度略次於甲乙兩種。質地緻密不失爲高試力鑄鐵之一種。

除以上數種外,又有德國克虜伯廠之星牌鑄鐵,美國魯司米漢廠之米漢南鑄鐵,及其他種種類皆用「古巴拉」爐藉特別方法以製造高試力之低炭素鑄鐵。若用電爐鎔鐵,則化學成分之節制,鎔化溫度之提高俱易辦到。祇須視强度,硬度,緻密度,耐擻力,耐燒漲性等等之需要若何,略做甲乙丙三種之「愛曼爾」鑄鐵,以酌定化學成分可矣。

(二) 高矽鑄鐵　尋常鑄鐵屢次受燒,則氫氣侵入內部,致生鐵氫化合物,體積逐漸膨漲,强度隨之減少,此種現象謂之燒漲,常於汽爐燒火床之爐排見之。尋常鑄鐵含矽愈小,其燒漲性亦愈少;而以白口鑄鐵爲最著。低矽之含鉻鑄鐵,或含鉻鎳鑄鐵,其燒漲性亦極小。近時英國之鑄鐵研究社發明一種高矽鑄鐵,名「雪老兒」(Si-lol),有極小之燒漲性。含矽約5%以上(至7%爲止)含炭約2.8%以下。强度雖不甚高,較之普通鑄鐵尚不見弱。質地稍硬,然仍可車鉋。此種鑄鐵之所以有極小燒漲性者,因其組織爲「弗立體」及細粒炭精。此種組織緻密異常,故受燒時熱空氣不易侵入內部自無燒成鐵氫之患。再矽在鑄鐵中爲固體,溶液能使變生「巴力體」之臨界溫度移高,故將高矽鑄鐵燒至攝氏七八百度後徐待其冷,則及其冷時亦不能生「巴力體」者是,鑄鐵之組織不隨冷熱而變動,故體積澎漲之現象亦無從發生。此種鑄鐵既不易漲,又不易生鱗片,故於爐排鉻渦等處用之最宜。

(三) 含鎳鑄鐵　合金鑄鐵中最重要者爲含鎳鑄鐵。大別有三類:含鎳量在1—2%者,金圖學組織爲「巴力體」(Pearlite);含鎳達5—7%者,其組織變爲「馬丁體」(Martentite),自此以上,漸變爲「奧司登體」(Austanite),含鎳至20%以上,則完全爲「奧司登體」。

三者之中,以有「巴力體」組織者爲用最廣,蓋此種鑄鐵所造之機器,卽各部份厚薄極不相同,而質地之緻密仍能均勻略等,非若尋常鑄鐵厚處粗鬆,薄處細密,或竟至脆硬不可車鉋。此種鑄鐵又有優美之强度及耐磨力,故在上等機器如柴油引擎之汽缸及油甑,或汽車之汽缸座等往往用之。「巴力體」含鎳鑄鐵之化學成分,除鎳質外大體與高試力鑄鐵相似。獨有一端所當注意者,鎳之對於鑄鐵內固定炭素之作用略似矽素,能使炭精分生,故如加鎳1—1.5%,須同時減矽0.3—0.5%,是卽鎳之作用約當矽之三分之一。此類含鎳鑄鐵往往又含少量之鉻,以增加其强度及耐磨力。尋常鎳與鉻之比爲2.5:1至4:1,又有一種含鎳鉻之鑄鐵,名「阿台買體」(Adamite)者,含鉻(0.5—1.5%)多於含鎳(0.25—1.0%),加以特別熱煉工作之後,面層變爲堅硬異常,此乃專利之製造法也。

鑄鐵含鎳達5—7%者,其組織變爲「馬丁體」,有極大之耐磨力,然質硬異常,非高速度鋼所能車鉋,必須用「衛地亞」合金(Widia)刀具以車鉋之,或用磨機以磨耗之。如欲免除此種不便,可將含鎳減少,略加以鉻,使鑄鐵內之炭精及固定炭素各得其當,而鑄鐵亦易於車鉋,待車鉋後再用適當之熱煉方法以變硬之。此種方法,與向所熟知之淬鋼法略同。不徒含鉻鑄鐵爲然,卽在其他種鑄鐵亦多可應用之,此乃鑄鐵製造法之新闢途徑也。

鑄鐵含鎳達20%以上者,其組織變爲「奧司登體」,有非磁性(non-magnetic)。現時所用者,爲製造上經濟及其他原因起見,其一部分之鎳往往用錳或銅以代之。英國之著名電流變壓器製造家法蘭替公司(Messrs Ferranti)造出一種「奧司登給鎳鑄鐵」牌名「臬麥格」(Nimag)得有專利權,含鎳10%,含錳5%,或再用銅以代一部分之鎳,加鋁少許,則爲Ni 5.0%, Mn 5.0%, Cu 5.0%, Al 1.0%「臬麥格」鑄鐵有優越之非磁性,極好之澆鑄性質,誠電器製造家之要品也。第二種之「奧司登體」合鎳鑄鐵,其一部份之鎳亦代之以銅,另有少許鉻質,其成分如下:總炭素2.5—3.0%,矽1.25—2.0%,錳1.0—1.5%,鎳12.0—15.0%,銅5—7%,鉻1.5—4.0%。此種鑄鐵牌名「臬毛爾」(Nimol),又稱「蒙奈爾」鑄鐵(Monel Cast iron),有特別之耐熱性及耐浸蝕性,除硝酸外,凡有機酸及無機酸,俱不易浸蝕之,其性質略與含有高鉻之不銹鋼相同。

(四) 含鉻鑄鐵　含鉻鑄鐵視鑄件之厚薄及鑄件之是否需車鉋,以酌定鉻量多少,其範圍自0.5%至5.0%。在含鉻1%以上者,質地極硬,大抵不易車鉋,縮空性極大,澆鑄頗難。欲除此弊,當酌減鉻量,另加以鎳,是爲含鎳鉻鑄鐵,已於含鎳鑄鐵項下備述之。含鉻鑄鐵之含矽不多者,非徒有耐磨力,且有耐熱性,故可供特別之用途。

(三)普通鑄鋼之研究

鑄鐵製品須從冶煉及翻砂工作二方面着手研究。關於翻砂工作已如前述。而冶煉工作又可分二種方法進行之。即所謂鹼性與酸性法是也。茲分別說明如下:

(甲) 鹼性法　鹼性電爐最適於製造各種特別鋼,如炭素工具鋼,錳鋼,鎳鋼,鉻鋼,鎳鉻鋼,不銹鋼及高速鋼等。工作方法,係根據於普通原則,即藉氧化渣以去磷,藉還元渣以除硫去氧。而於去氧一端,更用鐵矽鐵錳及金屬鋁以爲補助。惟此原則之實際應用,如所用造渣料及合金之多少,加料前後之次序,在國外電爐廠亦非有一成不變之例。本所參酌別處實例,依據經驗所得,暫定一種成規,以爲製造鑄鋼之基礎方法。試用以來,尚稱滿意。既可獲得適宜之化學成分,又可完成迅速之冶煉工作,爰撮其大要述之於後。至於特別鋼之製造,則另詳於合金鋼之煉製也。

製煉鑄鋼宜先將砂模預備充足,能敷煉鋼數爐之用。尋常日間煉鋼二爐,夜間停煉。連續工作二三日,或四五日不等。如是,則爐磚之破損及熱量之耗費,皆得稍減。否則忽煉忽停最不經濟。若能連續日夜煉鋼,最爲合理。凡連續數日煉鋼,宜預於第一日之前夜,用木炭將冷爐烘暖。翌晨七時左右,舖入焦炭,用電弧烘燒。至攝氏溫度一千度左右,再行裝料。按木炭烘爐,祇第一夜爲之。電弧烘爐,則每於日間第一次煉鋼時爲之。如非預將冷電爐漸漸烘熱至相當溫度,始行冶煉工作,則冷爐之頂磚牆磚將受驟熱而碎裂;而最初融化之鋼汁,將凝結於冷爐底上,不易受熱重化。此皆冶煉工作上所宜避免之缺點也。

尋常裝料用市間購來之廢鋼約 300 公斤,及本場製造時所得廢料如澆口鋼氣口鋼等,約 100 公斤。裝料時所宜注意者數端:電極附近範圍內所裝廢鋼,不宜過大過長,廢鋼有銹,宜先裝入輥筒內打淨之。澆口鋼及氣口鋼附有砂粒,宜先爲鑿淨。裝料入爐,宜使充實妥貼不可有空處。配用石灰約七公斤,宜舖於電極範圍以外。凡此皆所以保電之通流無阻也。

最初開煉時,係用55弗脫之電壓。斯時電極在裝料內向下猛錐,電流極不穩定。及至電極下錐約深 200 公厘,再換用壹百拾弗脫之電壓。斯時電弧長大,融化迅速。電極漸漸回上,電流亦漸臻安定。如其仍不安定,則加石灰少許於電極下,以造成薄渣浮層於鋼汁之上,藉阻電極之與鋼汁有直接電觸。融化時,可開足電力,俾得進行迅速。待融化完竣後,再換用55弗脫之電壓,使電弧接近爐糟上面,而鋼汁易於燒熱。待過相當時間後,再用鐵扒將鋼汁攪拌,使底部較冷者浮泛至上,亦得由電弧之火力以燒熱之。如是,爐糟全部鋼汁,可以燒熱至所要之溫度而止。

本場用以製造鑄鋼之原料,含燐本不過高。故融化時之氧化作用,除廢鋼自身之少量銹屑外,並不另加鐵鑛,錳鑛或鍜冶工場所用之銹片,以增加其功效。惟此少量之氧化渣,仍宜於加入還原渣以前去除淨盡,否則氧化渣內之燐將受還原渣之作用,復歸鋼汁內,而去氧工作亦必為之稽延。再去除氧化渣務必工作敏捷,以免鋼汁失熱過多,致加入還原渣後作用遲緩,或竟至爐底結生冷鋼焉。氧化渣除去以後,當加入還原渣,以去氧除硫。為求去氧作用迅速起見,同時加入去氧用之鐵矽及鐵錳。尋常裝料 400 公斤所用還元渣及合金之重量及其加入次序大略如下:鐵錳小塊 1.5 公斤,鐵矽細塊 1.0 公斤混雜一起,先為加入,石灰小塊八.二公斤,螢石末 2.7 公斤,無煙煤末一.一公斤。預為拌勻,隨後加入。平舖於爐精面上使鋼汁不至露見。再用無煙煤末少許蓋於還元渣之上。然後緊封爐門,開足電流以融化而燒熱之所用電壓為五十五弗脫。約於半小時至一小時間,還元渣漸漸造成。去氧除硫之效,漸漸顯著。於是用鐵扒將鋼汁攪拌,使下部之受還元作用,尚未完全者浮泛至上以與還元渣接近。而於原有之還元渣面上,加舖石灰及無煙末之混合料少許,以保持其氧化作用。先所加入之鐵錳煤鐵矽,現已漸成錳氧及矽氧,以入還元渣中。惟錳氧仍受還元渣之作用,復變為錳歸入鋼汁中。待去氧作用達至相當程度,爐內融化之還元渣靜不起泡,爐蓋上電極洞之沿邊,亦無盛氣發出,於是用鐵勺取鑄小樣,以驗去氧程度及熱度之若何。斯時大抵於鋼汁內,又加鐵矽半公斤,並調節其熱度。待十分至十五分鐘以後,再取小樣驗之。須待二次驗樣,俱能滿意後,始自爐內放鋼至桶內。而於放鋼時,再加鋁片少許於桶內,以助去氧作用。尋常對於鋼汁每 100 公斤,用鋁約 25 公厘。以上所述為鑄鋼用尋常炭素鋼之製造方法。含炭約 0.30—0.40%。若欲炭素稍高,則於配造還元渣時,用無烟煤略多。或於還元渣造成後,酌加淨煉生鐵。又若製造合金鑄鋼,如鉻鋼者,則於還元渣之工作完全時,加入合金。再過約十五分鐘待完全融化,始行放鋼。

(乙) **酸性法**　酸性電爐所煉之鋼,多用於普通鑄鋼機件,取其成本低廉,煉時迅速,而質地亦不亞於鹼性法所煉製者。惟因此法不克提淨原料內之硫燐有害雜質,故用料須審愼。硫磷須低,方可得到上乘鑄件。此則酸性法之美中不足。故各種高貴鋼,須用鹼性電爐煉製,因除硫去磷及去氫工作,可獲適當之結果。

酸性法乃一渣法,且在裝料後,無須另加造渣原料之必要。蓋所成之浮渣,係由裝科之汚雜物,及爐壁與爐底矽化物而來。因酸性爐之爐壁,爐頂,及爐底,全係矽磚砌成,及矽砂舖墊。

酸性法裝料手續,亦與鹼性法同。惟融化時間,則較鹼性法短。自接通電流後,約一小時至一小時半,卽可全部融化。非若鹼性法需二小時以上也。裝料融化後,卽用鐵耙上下攪動,並取樣裂視,而定炭素之高下。設炭過高,則加鐵鑛少許以氧化之;若炭過低,則加生鐵少許以提高之。並在此時加入鐵錳約3公斤,鐵矽約四分之一公斤,以助去氧工作。約十五分鐘後,再取樣裂視,設無氣孔之存在,而炭素成分適當,卽可放鋼澆鑄矣。通計自接通電流時起,至放鋼時止,多不過二小時十五分鐘,至速一小時半,較之鹼性法,需三小時至六小時以上不等,則迅速多矣。因此之故,酸性法所用電力,平均不過350啓羅小時,而鹼性法,平均則需600啓羅小時。此酸性法成本較輕之由來也。

酸性法之化學作用亦較簡單。蓋所控制之原素祇有三個,卽炭,錳,與矽。但在鹼性法中,則有五個,因硫與磷,亦在控制之例。裝料融化後,所有氧化作用,亦與鹼性法同。裝料融化時,所有帶入之鐵銹,鐵屑,及所加入之鐵礦,卽將融鋼內之錳與矽,先行氧化,使成矽酸錳,加入浮渣。而極小部分之鐵質,亦成矽酸鐵,與浮渣混合。炭素則被氧化,成一氧化炭,由電極空間上升散去。酸性法之氧化工作,已如上述。但對於鋼之精煉方面,則較氧化作用更爲重要者。卽矽素之還原,與浮渣之性質。斯二者,乃酸性法之基本原則。茲申述如下:

氧化矽之還原而成純矽之要素,則為炭與高溫。普通酸性平爐之煉鋼(Acid Open Hearth),常含0.30—0.10%還原矽。若電爐之溫度更高,則氧化矽之還原即為不可避免之事。設溫度不善為控制,則鋼內必有矽素過高之虞。故在精煉時間,電爐溫度須使低至適當境地,以免有過量矽素之還原。矽素之還原與鋼之精煉,關係極巨。蓋還原之矽,即用以除去鋼內之氧化物,與所發生之氣體。而此項還原之矽素,去氧及去氣工作,較所加入之鐵錳及鐵矽合金,更為有效。

酸性浮渣為矽酸鐵及矽酸錳複雜混合體,設有氧化鈣存在,則為矽酸鐵,錳及鈣之混合物。爐內裝料融化後,浮渣成分約如下:氧化矽50—55%,氧化鐵及氧化錳共為40—50%。此項浮渣之酸性程度,恆保持不變。設初成之渣,含鹽基物(即氧化鐵與氧化錳)過高,則不足之矽酸,即由爐壁及爐底取償之,以保持以上50—55%之酸性程度。設矽酸過剩,則餘剩之矽酸,即被還原,仍保持原有酸度之成分。

上述之酸性浮渣恆具氧化性,故欲得精煉鋼質,須消除浮渣之氧化作用,即將渣內所含氧化鐵之成分減至可能之境地是也。惟一之法,即用一種較具強性之鹽基物,以替氧化鐵;同時使所成之新渣,又為非氧化性之矽酸物,此項代替品,即為氧化鈣。但此物分量,切忌過高,因其極易侵蝕爐內襯料也。渣內氧化鐵,既不能全用氧化鈣替補,則餘剩之氧化鐵,可用氧化錳替代之。氧化錳雖具氧化性,但對於鋼之本身,則較氧化鐵更為有利。故在浮渣成立後,常加入少許鐵錳,使渣內氧化錳增高,氧化鐵減低。嗣後加入石灰少許,則氧化鐵更低,而浮渣之氧化能力,益形減弱也。最初成立之浮渣,含矽酸50%,氧化鐵25—30%,氧化錳約20%。但自增加錳質後,氧化錳之成分可增至25%,氧化鈣可增至10%。故最後渣內氧化鐵,可低至15%或以下。渣內氧化鐵既漸次減低,則渣之形色,亦漸減淺淡。最初之浮渣為深黑色,迨氧化鐵達22%時,則為淡褐色。18

—20%時,則爲淡黃褐色。設氧化錳過高,則爲黃綠色。氧化鐵達15%時,則浮渣卽爲灰色,或綠灰色。還原矽及去氧渣,對於鋼之精煉影響,已如上述,炭素之功用亦不可忽視。蓋融鋼內常含若干溶解之一氧化鐵。此物存在之多寡,不能確定,要與渣內之氧化鐵分量成正比例。渣內之氧化鐵,既用上述方法逐漸減低,則溶鋼內之氧化鐵卽向浮渣移動,以恢復其平衡情狀,故亦隨之減少。因此之故,溶鋼內之氧化鐵既一部份進入浮渣,但尙有一部份因鋼之體壓關係,仍寄留於鋼質內,而此一部份之氧化鐵,除還原之矽素提淨外,尙有炭與鐵所成之炭化鐵提淨之。蓋炭化鐵與氧化鐵不與同時存在,若有之則立卽發生反應如下所示: $FeO+Fe_3C=4Fe+CO$,故酸性法鋼之炭素,在精鍊時,常有減低之趨勢,非若鹼性鋼益見增高也。

(丙) 鹼性與酸性之比較

(1) 電爐襯料 鹼性電爐之襯料,極其昂貴。所有爐鼎矽磚,爐壁鎂磚,及爐底鎂石,均須購自外洋。計每爐之襯料,約合國幣180餘元。平均襯料約能經煉15爐,卽行全部拆下,改換新料。酸性電爐襯料之價值,僅約鹼性四分之一,而每爐之襯料,平均可煉300爐。由此可知僅爐磚襯料一項,酸性法之節省已不在小。最近本所曾試製此種酸性火磚爐鼎,結果較舶來品之矽磚相差無幾。而爐壁矽磚,亦將自行試製。故在不久之將來,凡酸性爐之用料,無須仰給於外洋,此則大可告慰者也。

(2) 廢鋼原料 鹼性法既可除硫去磷,則對於廢鋼原料,無須過事苛求。價格方面自可隨之減少。酸性法因無除硫去磷之功用,故原料方面,須有含硫磷較低者,方可使用。此項廢料之硫磷分量,最高不得超過0.04及0.05%。

(3) 鋼之精鍊程度 鹼性渣可去硫磷,酸性則否。故凡高貴合金鋼,及工具鋼等,概用鹼性法製之。且在最後精鍊時,製鋼者對於炭,矽,及錳之分量,可完全控制,而在酸性爐內,此等原素則不能完全控制。但以時間而論,則碱性法自較酸性久長。故在酸性爐內裝料一經融化後,約二十至三十分鐘,卽可出爐,最長時間亦不能超過一小時以上。碱性法之精煉時間,至少需一時半至二時,有時竟至四五小時不等。因此之故,碱性法所用之電力常較酸性法所用者,高出50%以上。

(4)結論由上各情而論,則知下列鋼料,須用碱性法製之:

(a)各種淨炭鋼錠及合金鋼錠。

(b)各項特別合金鋼如高速鋼及不銹鋼等。

(c)含硫磷甚低之鋼。

(d)凡化學成分須與所規定者相差甚微。

(e)製煉之成本無須計較,祇求去氧除氣工作達到極淨境地。

左列各項鋼料可用酸性法製之:

(a)凡鑄件須迅速,且重量在數百磅以內者。

(b)產量須多,而成本須低者。

(c)精煉程度無須過事精良者。

(d)廢鋼原料之硫磷甚低者。

(e)鋼內炭矽及錳之成分範圍較大者。

(四)錳鋼之研究

錳鋼者卽含錳10—14%,含炭1.0—1.4%,或另加鉻1.0—1.5%之合金鋼是也。錳鋼性極硬而韌。凡受衝擊及磨擦之機件用之最宜。故此項鋼件在工業上極爲重要。茲將此項鑄件之製法性質及用途等分別說明如下:

(一)製法　用電爐鍊製錳鋼,其法與普通炭素鋼並無二致,不過酌量配合所需之錳鋼合金,以期化學成分達限數以內耳。但實際較製鍊普通炭素鋼困難殊多;如錳鋼具有較大之收縮性,對於模型須加特別注意,又因熱度甚高,所用之模砂必係純淨(含純氧化矽應在92% 以上)。此種困難,皆非製鍊普通炭素鋼時所遭逢也。

本所製鍊錳鋼之原料,係以廢鋼,或廢鋼參以錳鋼之廢塊,配相當分量之石灰,加入電爐。先用氧化鎔鍊法,除去大部分炭素,至錳矽二質,則幾全去盡。經過二小時後,原料大部份可融解,但爐壁間若仍有鋼塊存在時,則用長柄鐵條撥下,並在爐內攪動,以促全部之鎔解,又兼可藉此試探溫度之高下。若鐵條尾端融去現尖形者,溫度必低;現破爛形者,溫度必高;現整直切斷形者則溫度適中。

爐內原料完全鎔解後,卽取首次鋼樣,化驗炭與錳之成分。取樣方法,係用一長柄鐵杓,先在浮滓部分上下左右移動,使杓面及鐵柄均為浮滓所被護,然後將鐵杓深入爐底與電極之間,滿盛融鋼而出,傾入小鐵模內,冷却後取出,再行鑽取鋼樣化驗。化驗需要之時間,錳約二十五分鐘,炭約二十分鐘。首次鋼樣之平均化驗結果,炭約 0.15% 以下,錳約 0.05%,矽則僅有 0.02—0.04% 而已。氧化鎔鍊終止時,融鐵上部必蓋一層稀薄如水之浮渣。此浮渣當卽傾去,而換加還原渣,以去融鋼內所含少許氧化鐵及氧化錳。

去滓方法,先將爐門提開,然後將爐身略為傾側,使浮渣易於流出。如有未盡者,則以鐵耙耙出之。但此二重浮渣法,多用於普通炭素鋼,對於錳鋼並非必要之舉。蓋錳鋼有時用一渣法鍊成之:卽俟原料鎔解後,加還原渣所需之料,則浮渣自可漸成還原性。此法對於鎔鍊錳鋼廢塊尤為相宜,可免錳質損失過多也。

所謂還原浮渣者,卽浮渣內含有還原劑(Reducing Agent)是。其配製法,用石灰炭末及硃石三種材料,約為3:1:1之重量比例。如用石灰6公斤,則炭末及硃石各為2公斤。先將石灰與硃石混合均勻,加入爐內。卽將爐門緊閉,並密封之,燒三十至四十五分鐘後,俟其巳經融化,再加炭末,復閉爐門燒之,則還元作用漸漸發生。約二三十分鐘後,啓爐門,並取出浮渣少許,傾於地面而觀察之,如現褐色或深褐者,表示還元程度尚淺,則再加炭末及石灰少許,復行鎔鍊。如浮渣過濃,可加礬石少許,使之稀薄。過稀則加石灰少許,使之濃厚。蓋浮渣之濃薄,與所製成之鋼料關係極大,不可不加注意。適當浮渣之形狀,此譬米稀飯,浮泡四起,濃沫滿佈。還元浮渣之功用,在含有炭化鈣(Calcium Carbide),即石灰與炭在高溫鎔成之物俗名電石。如浮渣現白色或近白色,表示所含之鐵氧及錳氧,大部分均已還元,而炭化鈣已着手發生。在此情形之下,可取鋼樣少許,傾入小鐵模內,俟凝固後取出,淬之以水,並擊斷之,則由斷面觀其晶粒之組織,可約略鑒定炭之成分,及有無氣孔之存在。斷面發現氣孔者,則鋼內含氣(炭氧氣)必多,故須加石灰及炭末各少許,並矽鐵及錳鐵各一二公斤以助去氣工作。再行鎔鍊十五分至二十分鐘後,取鋼樣少許如前法擊斷之。如此繼續進行,務使斷面不現氣孔為止。至此則鋼已達精鍊之境,而此時浮渣必現深灰色,且有二炭炔(Acetylene)之氣味,雖遠在十餘尺之外,亦能嗅覺之。融鋼及浮渣,須每二三十分鐘加以攪動,並每次酌加石灰及炭末各少許,使鋼內氧化物如鐵氧及錳氧等,藉攪動之力與還元浮渣接近,而被還元故在炭化鈣浮渣成立約一小時後,鋼內應完全無氧化物存在。此乃電爐鍊鋼之特長除坩鍋法外,較任何他法易得純淨之鋼也。

鋼質鎔鍊純淨後,即可取第二次鋼樣,化驗錳與炭最後之成分以便計算應加入錳鐵合金之重量,及如何調劑炭素之高低。炭素過低,則酌加炭末或生鐵於爐內以提高之。設過高,則用含炭較少之矽錳合金(Silico Manganese)以代一部份之鐵錳。本所用矽錳之合金含錳68.01%,含矽12.64%,含炭2.62%。其炭與錳之比率約1:26,非若鐵錳內炭與錳之比率約1:11也。最妥善辦法,莫若在氧化鎔鍊時,先加錳鑛若干於爐底,即可減少融鋼之炭素,而加鐵錳合金時,自無炭素過高之虞。

還元浮渣之形色及性質既妥,而鋼樣又無氣孔之存在,即可將所需之錳鐵合金分二三次加入,經過十餘分鐘後,可取鋼樣,傾入特製長方形之鐵模內(25.4公厘見方305公厘長),俟凝固後,鍛迅速取出,淬之以水,使兩端夾於鋼架上,用錘由中段擊之,作彎曲之試驗。設鋼質純淨,必能彎曲自九十度至一百八十度不等,視炭與錳之成分及二者之比例而定;否則仍須繼續鎔鍊,或加炭末及石灰各少許,使成相當之浮渣,或加矽鐵若干,以助去氣工作,必使彎曲程度,能如上述,而斷面現銀絲色,並無斑爛之著色,則此時錳鋼已鍊妥,可出爐矣。

鐵錳合金加入之量,可由含錳成分及爐內鋼量原有錳質之成分合而定之。例如爐內有鋼400公斤,除去16公斤損失(4%)外,尚有384公斤,含炭0.2%,錳0.45%。今製成12%錳鋼,含炭1.2%,鉻1.5%,則應加入鐵錳,可依下法計算之。查所用鐵錳合金含錳76.8%,含炭7%,故加入鐵錳合金之量,爲$\frac{384(0.1200-0.0045)}{0.7680\times0.1200}=\frac{44.35}{0.648}=68.44$公斤鐵錳。又用下法可證明計算所得之量無誤:蓋$68.44\times0.6780=52.562$公斤純錳。而爐內之鋼原含$384\times0.0045=1.728$公斤純錳,故純錳之總重爲$52.562+1.728=54.290$公斤。以$(384+68.44)$公斤之錳鋼除54.290公斤之純錳,則每公斤鋼內含錳0.12公斤,即鋼內含錳爲12%。此時爐內鋼量之總額已增加68.44公斤,即由384公斤增至452.44公斤,須含鉻1.50%,則應加之鉻當爲$452.44\times0.0015=0.67866$公斤。鐵鉻合金含鉻71.5%,炭4.8%,故應加鉻鐵合金爲$0.67866\times0.715=9.493$公斤。再爐內原有鋼量384公斤,含炭0.2%,即0.768公斤,加用鐵錳68.44公斤,含炭7%,即4.79公斤,連9.493公斤鐵鉻所含之炭在內,共得炭6.013公斤。以461.93公斤總重量除之,得炭1.3%,與實際所規定者,相差甚微。

(二)錳鋼之化學成分　普通所謂錳鋼者,其化學成分常在下列限度以內:炭1.0—1.4%,錳10—14%,矽自0.3—0.8%,磷0.05—0.08%。硫在錳鋼內幾全絕跡,蓋因有如許錳之存在,則硫與之化合成硫化錳加入浮渣矣。除上所述標準錳鋼外,尚有低錳素之錳鋼,含錳0.7—2%不等。此種錳鋼,較標準錳鋼之彈性高,但延性略低。在製鍊時,切忌炭量過多,務使炭與錳之比例數能超過「十」數爲宜,否則冷却時,內部易起裂痕,非目力所能窺見者。低錳素鋼大都用作建築材料,汽車軸幅,火車車輪,車輪箍,步鎗及機關鎗管,春模砲彈殼,彈簧等茲將各鋼之化學成分,列表(第二表)於下,以供參考。

第二表

化學成分 / 用途類別	炭%	矽%	錳%
車輪箍	0.30至0.40	0.10至0.20	1.30至1.40
車輪	0.15至0 20	0.10至0.20	0.70至0.90
步槍管	0.45至0.55	0.20至0.30	1.25至1.50
礮彈殼	0.50至0.60	0.10至0.20	0.70至0.90
炭)酸瓶	0.25至0.30	0.10至0.20	1.40至1.45
舂模	0.40至0.45	0.20至0.30	1.00至1.25
彈簧	0.40至0.50	0.20至0.30	1 60至2.00
鋼稻	0.40至0.45	0.50至0.60	0.90至1.00

(三) 錳鋼之性質　錳鋼乃極堅韌而自硬之鋼,此性質係由錳之成分所致,非普通熱處理之結果,因錳鋼雖經溫鍊及受極緩冷却,終不能使之變軟也。錳鋼性既堅韌,故不能以普通工具鋼車刨之,只可用砂輪磨光,或用特製工具如「韋堤亞」(Widia)刀具以車鑽之。錳鋼之收縮性頗大,故鑄造時對於模型須寬放2.5%。錳鋼最顯著之特性,即幾完全無透磁性及感磁性。

未經溫鍊之錳鋼,質地雖極堅硬,但延性甚微,一經淬之以水則增加其韌性,鎚擊之或銼鑿之,僅有窪痕而不斷折,延性亦大爲增加,而其增加之程度,非他種合金鋼所可比擬。其20公分長之鋼條,可伸長至50%。此種溫鍊淬水方法,名曰錳鋼水韌法。

用材料試驗機試驗錳鋼拉力時,其斷面收縮數較伸長數小,與普通炭素鋼及他種合金鋼適得其反,蓋此種鋼之斷面收縮數與伸長數約大三倍以上也。又錳鋼被拉時,全部均爲之伸長,他種鋼則於斷口處伸長特大。錳鋼之彈性界甚低,且不甚顯著。因錳鋼被拉時係徐徐屈讓(Yielding),無顯着之特點,可稱爲屈讓點(Yield

Point)，但若加鉻少許,則錳鋼之彈性界卽爲之大增,且極顯著。本所代各處製錬之錳鋼鑄件,均參加 1.5% 鉻在內。普通含炭 1.2%，錳 13 % 之錳鋼,經溫淬後可得每平方公厘張力 110 公斤。彈性界約 45 公斤,伸長約 50%，斷面收縮約 40%。

(四) 錳鋼之範鑄　範鑄錳鋼較普通炭素鋼困難尤多,須經驗宏富者方得良好之結果.鑄件大小及各部厚薄不同之處之設計,更爲重要,故設計者,對於錳鋼之性質須有透澈之了解。錳鋼鑄件不可驟然有厚薄不勻之處,若能使各部厚薄一律,則最佳。如須留出孔眼待後車整,則較大者,可置軟鋼管短段,較小者預置軟鋼條於該處。俟澆鑄後再行鑽去。澆口 (Feeders) 及氣口 (Risers) 之形狀位置及其大小,對於錳鋼鑄件極關重要。設未經妥爲注意則鑄件必不完善。灌注錳鋼之澆口及氣口,均須較普通炭素鋼略高,同時並須烘熱。範鑄錳鋼模形之模砂,其耐火性須强。並須有自由洩氣之功效,及自然凝固之能力,苟澆鋼時,溫度適中,澆口及氣口之位置及大小均適當,則用此類模砂,可得良好之鑄件。澆鑄時之溫度,在可能範圍內,以較低爲宜,並在數口同時灌注,俾各部冷却均勻。鑄件完成後,折斷其澆口及氣口亦屬困難之事,蓋澆成後,未經溫錬之錳鋼,性極堅脆,因有多量之「雪門體」存在也。若用錘擊,雖可折斷,但此種方法極易將鑄件本身之一部震碎。本所所用之方法,係於範鑄後鑄件尙在紅熱時,用乙炔氣或炭精電極燒去之,然後以熱砂掩覆鑄件,任其緩緩冷却。經過水韌之錳鋼,其原有勃立納氏硬度數(Brinell Hardness No.)並不甚大,約在 180 至 210 之間。錳鋼所以有特異之抗磨力,實由於開始使用後,因受衝擊擠壓之結果,以致表面上發生工作激硬 (Work Hardening) 之功效,而硬度數增至 450 至 600, 此乃錳鋼特具之性質也。

(五) 錳鋼之溫鍊法　先將鑄件除淨泥砂,放置於溫錬爐內,並密封之,然後逐漸加熱。溫錬時,熱度不可驟增,否則鑄件卽有破裂之虞,但增加過緩,則鑄件外表卽有一厚層氧化鐵屑,殃及所欲製成之厚度也。加熱時最初徐徐燒至暗紅色,然後將熱度升至攝氏表982度,俟全體燒透後,再升至1050度。在此熱度下,須使全體燒透,各部均勻。至所需之時間,則依鑄件之形狀及厚薄而定。鑄件全體燒透後,立卽由爐內取出,傾入冷水中(愈冷愈佳)。此種動作須極敏捷,蓋數秒鐘之延宕,能影響成品之優劣,而於薄片鑄件尤甚。淬水工作愈快,則結果愈佳。鑄件冷却後,由水內取出,卽可使用。如有須磨光部分,可用砂輪磨光之。溫鍊及淬水時常感熱度不勻之困難。因此錳鋼鑄件之厚度,常爲此二者所限。最大厚度不宜超過127—140公厘(5吋至5½吋)。

未經溫鍊之錳鋼,其內部之組織乃「奧司登」體及「雪門」體(Austenite and Cementite)合而成之。其脆性則因有「雪門」體存在所致。雪門體之多寡,須視範鑄時冷却快慢而定,而能彎曲之程度如何,亦以此爲轉移。冷却較快之鑄件,彎曲之度數較多,蓋因其所含雪門體較少也。奧司登體性極堅韌,故凡含此較多之鋼,必堅韌耐用。溫鍊錳鋼之目的,乃在使全部組織變成奧司登體。設將此鋼緩緩冷却,則組織改變,而有多量之雪門體產生,若再熱至982度,則又變爲奧司登體矣。保守奧司登體之法,須使炭化鐵融解於鐵質內,卽將此融解體在928度以上時,急速浸入水中,使炭化鐵不及分離而成雪門體。設再將此鋼熱至700度,則所有之奧司登體,卽行消滅而成雪門體矣。

(六)錳鋼之用途　錳鋼之用途甚廣,約略言之,凡開鑛機,碾磨機,採石機,鑿石機,掘工機,濬泥機,鐵路鋼軌,泥砂衝擊機,保險箱,金銀庫及農具等,無不以錳鋼爲製造之原料。蓋此等機件,須質地堅韌,抗磨力强,而錳鋼適合其條件也。錳鋼既耐磨擦,則用於軋石機,轆碎機,旋轉軋石機,及其他同類之機件上,最爲相宜。但用時速度不可過高,因錳鋼屈讓點甚低。恐有變形之虞。此亦錳鋼美中不足之缺憾也。故錳鋼可製極佳之輪盤,如鑛車所用者,但若用於火車則不相宜,因火車行駛速度甚高也。鐵路上之叉道,道尖,彎軌及其他特種鋼件,用錳鋼鑄製,極其相宜。現今此項鋼件幾全用錳鋼製造。錳鋼所製之保險箱及金銀庫等。從未經盜賊鑽穿或破壞,因錳鋼既不可以鑽鋸,又不能炸毀,故銀行之大銀庫均用錳鋼板製成。

錳鋼無透磁性,故起重磁鐵之外殼鋼板,均以錳鋼製之,因磁鐵吸取廢鋼及重鐵等件時常受極大之衝擊,故用錳鋼作外殼鋼板以保護之。此種錳鋼板並不阻礙磁鐵之吸引力。現在海輪指南針外殼,亦用錳鋼爲之者。因其不影響磁針之動作也。此種用途甚有科學之意義。錳鋼在工業方面之用途,以鑄件居多,然亦有經輾軋者,如鐵路鋼軌,倉庫斜巫之墊板,及碎石之篩機等。焦炭之篩機,乃用錳鋼條爲之,較用普通鋼所製者壽命可增加百倍。蓋凡金屬與焦炭接觸易受磨損。錳鋼因質地堅韌,雖受擦磨亦能支持甚久。農具亦多以輾軋之錳鋼鋼板爲之,如犁鋤等,須能耐久不易擦壞,故錳鋼用於製造是項工具者甚多。輾軋錳鋼最大之用途,卽鐵路鋼軌是也。此類鋼軌,係用普通鋼軌機輾成之。復加淬淬,卽其壽命較普通鋼軌可大十倍以上。概括言之,凡受衝擊及磨擦之機件,如各種鋼錘,槍砲之擋板,及機器上之齒輪等,莫不以錳鋼爲之。故自錳鋼發明以來,各種機器之製造,更加精美,亦科學進步之一特證也。

(五)不銹鋼之研究

(甲) 導言 現世各國冶金家,對於各種特別鋼鐵之製煉,研究成功者甚夥,而關不銹鋼之發明尤多。據英國著名冶金家 Hatfield 氏推想,全世界每年爲金屬腐蝕而耗費之金錢,約值七萬金鎊。又據 Gregory 氏謂,照近年用量計算,全世界之鐵礦,不出二百年卽將告罄。故不銹鋼之發明,實有極重要之意義。不銹鋼之英文原名爲 Rustless steel,但廣義言之,不銹鋼不祇具不生銹之性質,且具有特別之抗蝕,及耐熱性,因在其光滑之面上不生污點,英文又稱之Stainless steel，卽係無汚點之鋼也。不銹鋼之特徵爲含多量之鉻，或鉻與鎳，而炭素成分甚低，錳，矽，硫，磷均極微。不銹鋼發明迄今不過二十餘年，而現今已有之種類竟多至數十，玆擇要略述如後：

(乙) 種類　不銹鋼之種類，市場上已極夥，且有逐漸增加之勢。各國製造不銹鋼廠，對其用料之成分及熱處之方法，大都嚴守祕密，致用者咸莫明其究竟。實在不銹鋼之種類，可分以下八類：

第一類爲普通不銹鋼。含鉻12—14%，含炭0.2—0.3%。其機械性質可由熱處方法及炭素量而變動，此與普通炭素鋼相若，惟另有腐蝕抵抗力爲其特異之點耳。普通刀具用不銹鋼，卽屬此類，含炭約0.3%，本所曾經製煉。

第二類含鉻12—14%，含炭0.1%以下。其機械性質略與軟性炭素鋼相當，惟具有腐蝕抵抗力。往往稱之爲普通之不銹鐵。

第三類含鉻16—20%，含炭0.2%以下，可稱爲高鉻不銹鐵。質地不甚堅强，在衝擊力下殊見脆弱，惟腐蝕抵抗力較第一第二兩種稍大。故此種不銹鐵之製成薄皮，並經烘軟(退火)者，尤適於家常器具及裝飾品之用。

第四類爲含鉻16—20%之不銹鐵，另含鎳約2%，此之普通不銹鐵，有較大腐蝕抵抗力，比之第三類之高鉻不銹鐵則可用適當之熱處理方法，及調節其含炭量，以獲適宜之機械性質。(一)

第五類含鉻約25—20%，含炭約0.5%以上，質硬而能耐熱，曾由本所製煉。

第六類爲含鉻與鎳之「奧司登體」不銹鋼。最先發明之「克勝伯」廠V.2A爲此類之代表。含鉻20%，含鎳0.7%，含炭約0.2%。另有一種標準成分，爲含鉻18%，含鎳8%，通行市場，本所爲廣東建設廳製煉甚夥。此類「奧司登體」不銹鋼有特殊之腐蝕抵抗力，用途頗廣。

第七類爲上項「奧司登體」不銹鋼之另含銅，鉬，矽或鎢等金屬。對於劇烈腐蝕劑有强大抵抗力。

第八類亦爲「奧司登體」不銹鋼，惟含鎳更多。在高溫度時，富有強力而又能抵抗酸化。含鉻之量視其用途而異。時或另加矽或鎢，以增高其特別性質。

（丙）製煉　不銹鋼之製煉略與高速鋼同，但在加入鐵鉻合金後，切忌融鋼與炭化物接觸，因鉻極易吸收炭素，致鋼內炭素有增高之虞。設裝料之一部份為不銹鋼之廢料，則不可用氧化方法以減低融鋼內炭素成分，因鉻之被氧化先於炭素，而氧化鉻則進入浮渣，實難使之還原。因此之故，鉻之損失必大。不銹鋼之精煉程度影響其功用甚鉅，故在未放鋼出爐前，對於浮渣之情狀，及融鋼之試樣，極須注意。設鋼之去氧工作未臻完善，則所鑄成之鋼錠，必有氣孔存在。對於抗蝕之能力，為害尤甚。不銹鋼傾注於鐵模手續，亦與普通炭素鋼同，但不銹鋼既為高貴鋼之一，則所鑄之鋼錠，須無表面缺點，以便利鍛煉工作。故鐵模之內面，須使光滑，且四角成圓形，以便鋼錠易與鐵模分離，而在鍛煉時亦可減少表面裂痕也。

（丁）鍛煉及輾軋　不銹鋼之種類既多，性質自異，但自風硬之點(air hardening)觀察，則種類繁多之不銹鋼，可概括分為四類。

（一）在鍛煉後極易風硬者，普通刀具不銹鋼屬之。含鉻約14%，含炭在0.1%以上但他種含鉻較高不銹鋼（如含鉻16—20%者）鍛後亦有風硬性，因除鉻質外尚有少量鎳及其他合金之存在故也。

（二）低炭不銹鐵，鍛後亦具風硬性。惟不若第一類之甚，其撲氏硬度(Brinell Hardness)約在300至350之間。

（三）奧司登體鎳鉻不銹鋼，即V.2A之類。

（四）複雜合金不銹鋼，及含高鎳者，此類不銹鋼亦為奧司登之構造，並具有耐熱性。

以上四類不銹鋼之鍛煉及輾軋溫度，約在攝氏1000至1200度之間。設第一類不銹鋼於鍛煉或輾軋後，任令在空氣中冷却，則風硬必甚，而第二類之風硬性，則較次之。但第(三)及第(四)類之不銹鋼，雖在同樣情形之下，絕無風硬現象發生。故在鍛煉或輾軋第(一)及第(二)類之不銹鋼之前，須極注意預防因風硬而發生內部之裂痕,而第(三)及第(四)類不銹鋼則絕無此項危險發生之可能。設欲消除第(一)及第(二)類不銹鋼於鍛煉或輾軋後風硬之危險,則最妥善方法,莫若將鍛成或輾成之熱鋼條,鋼胚,及他其形狀者,置於預熱之爐內,或熱灰及石灰之地窟中,聽其徐緩冷却。普通含鉻不銹鋼之臨界點(Criticalpoint),在徐緩冷却時約在攝氏600至750度之間。故鋼在此溫界時,必須令其極緩冷却,大約每小時不得超過攝氏50度。設在此溫界時,冷却情形善為控制,則鋼必成軟性,且過溫界後,冷却快慢即可任意為之。再欲知此項不銹鋼是否已過或未過臨溫限,可用磁鐵試之。因在臨界溫限以上無磁性,而在臨界溫限以下則有之。第一類之不銹鋼,可在攝氏900至1200度間迅速鍛煉,卽無分裂之虞。但在900至850度以下時,則漸成風硬,設在此時重擊之,卽有破裂之虞。但第(二)類不銹鋼之鍛煉溫度範圍較廣,雖低至800度時鍛擊之,亦少破裂現象。第(三)類不銹鋼之鍛煉溫度亦在攝氏900至1200度之間。但在900度以下時,鋼性頗硬。故此時不可鍛擊及輾軋之。第(四)類之不銹鋼之鍛煉工作尤感困難。蓋除第三類之鎳鉻外,尙有他種金屬之參加。此類不銹鋼在鍛煉時極易破裂。蓋因在高溫時,仍甚堅硬,而耐熱或者尤甚,故此類鋼在最初鍛煉或輾軋時,祇可稍使縮小,分數次進行,以達最後所需之尺寸。

具風硬性之不銹鋼,其鍛煉溫度雖經規定在攝氏900至1200度之間,但若較小之鋼條,則可在攝氏750度時鍛煉之。設在此溫度時,用高壓錘擊,使數擊之結果,卽可得到大約一寸見方之鋼條,則並無破裂之危險,並可在空氣中冷却之,蓋因此時之溫度,已在低臨界溫限以下也。用此方法之鍛煉,實等於冷作(Cold Working),蓋鋼條內之晶仁,已向鍛擊方向伸長,而鋼之拉力,亦因此略能增高。

(戊)　**不銹鋼之熱處情形**　不銹鋼之種類既夥,故熱處方法自亦隨之各異,現所討論者,僅及其大概耳。第(一)類之風硬不銹鋼,經鍛煉或輾軋後,大都體質甚硬,故欲車鉋及銼鑿,須先使之變軟。

此項變軟方法甚屬簡單,祇將鋼條熱至最高之回煉溫度(Tempering temperature),任令在空氣中冷却,或油淬及水淬均可。純鉻不銹鋼之回煉溫度,約在攝氏700至750度;設有 1—2% 鎳質存在,則此溫度最高不得超過700度,但可低至650度。純鉻不銹鋼,經過回煉後,其樸氏硬度約在150至270之間(即每平方英寸拉力爲35至60噸),視其化學成分而定,且極易車鉋。

含炭較高之純鉻不銹鋼,則可用溫煉方法(Annealing)使之軟化。溫煉溫度約高出低臨界點(Acl Point),50度以上,俟全體透熱後,即令徐緩冷却至600度,然後可任意冷却之。溫煉時間,約在二小時左右,但由750度冷至600度之冷却速率,每小時不得超過50度。經過此項溫煉後,則含 12—14% 純鉻不銹鋼之樸氏硬度,可低至170—200。

純鉻不銹鋼已成之工具,須經最後之熱度工作,方可使用。此類不銹鋼之變軟方法已如前述;設欲使之硬化,亦能極易辦到。硬化溫度約在900至950度之間,隨即令在空氣中冷却,或在油內或水內硬淬,視情形而異。設鋼條之截面並不甚大,而需要之硬度亦不甚高,則可在空氣中冷却之。但所需之硬度若高,而截面形又頗大,則可用油淬法加硬。設截面形狀均齊(Symmetrical),且鋼條能受較大之應力,則可用水淬法加硬,如刀片鋼等是。純鉻不銹鋼之硬化能力,須視鉻之成分而定。含鉻在10及14%及炭0.07至0,10%之不銹鋼,自攝氏950度時,能在油內加硬,而小鋼條則可在空氣中硬化之。所得之樸氏硬度約在250至350之間。設鉻質成分較高,則硬化能力即漸下降。故含鉻16%之不銹鋼,雖在冰內硬淬後,仍不能達到樸氏硬度250度也。

純鉻不銹鋼一經硬化後,即應施行回煉工作,以消除因硬化所發生之內部應力,致生破裂之虞。故在硬化工作完畢後,不必待鋼冷却,再行回煉。硬化純鉻不銹鋼之構造,係由奧司登體在攝氏150度至400度之間變成馬丁色體,視鋼之化學成分及硬化之溫度而定。奧司登體之變化完畢後,則鋼即可重熱回煉。硬化之鋼,若欲保持其硬度,則回煉之溫度可在200至400度之間。鋼經回煉後,則硬化時所受之應力即可減除,且韌性亦大爲增加,而硬度依然不變。純鉻不銹鋼之硬度,對於回煉既不發生任何影響,則硬化與回煉工作即可同時舉行。法將鋼條由硬化溫度淬入一種融解鹽液中,則其溫度即在150至250度之間。此種辦法,對於硬化後易碎之鋼尤爲有利。所須注意者,即鹽液之最高溫度,不得超過奧司登體之低變遷點否則鋼在融液中,仍然保持該體之組織,而在冷却後,仍爲硬性,易生裂痕。

奧司登體不銹鋼之熱處工作,並不感覺十分困難。所最要者,即鋼質須熱至較高溫度,方可使之完全軟化,故此類鋼不易發生硬化後之裂痕,如風硬純鉻不銹鋼所常遭遇者。不銹鋼之熱處方法計分二項:第一項之工作,係在完成軟化性質,即將鋼質熱至頗高溫度,隨令迅速冷却,使所得之構造完全爲奧司登體。此種熱處之溫度視鋼之成分而定,約在攝氏1000至1200度之間。第二項之工作,係專爲冷作鋼件而用,即將鋼質回熱至較低溫度,約在攝氏500度之下。此種熱處之功效,僅在恢復冷作後晶粒所受之損傷,與普通冷軋鋼條經過溫煉之工作無異。無論何項奧司登體不銹鋼,在最後熱處工作時,不得熱至攝氏500至900度之間,或由高溫度任其徐緩冷却。設有上項情事,則鋼之晶粒間,必有炭化物存在,致在使用時易受損傷,故仍須依照第一項之熱處方法重行處理之。此點對於化學應用上之器皿尤關重要,蓋在製成器皿時,常有一部分鋼質經焊接時熱至500度900度之間,或較高之溫度。鋼之經過此項工作者,對其用途常發生極大之危險,而於化學用品爲害亦烈。因此之故,凡焊接之鋼,或一部份曾經熱至500至900度之間者,務須依照第一項熱處方法重行處理之。

(己)不銹鋼之用途 不銹鋼之用途頗多,玆將重要者略述之:

機械工程上之用途　機械工程上用途之最要者,爲原動力廠所用之蒸汽透平機葉子。製造此種葉子之材料,須具有三個條件。第一,在蒸汽所有之溫度時,須有適當之機械性質。近代透平機都用高溫度之蒸汽,故其葉子材料須有特別之抗爬力(creep strength)。何謂抗爬力?卽普通金屬材料在高溫度時,受得一定之相當負重,則隨其經過時間,作微小之伸長。故經過時間愈久,其伸長愈大。及至最後變形愈著,面積亦愈小,遂不復可用。此種現象卽所謂高溫度時之金屬爬動。在抗爬力強大之金屬,此種爬動至極微小。第二須有腐蝕及磨蝕之抵抗力。否則葉子變其原形,而透平機失其效能。第三,須葉子之製造及裝配便於施工。按照以上條件,用於透平機葉子之不銹鋼,計有五種,卽前述之第一,第二,第四,第六及第七類,各有適用目的,略不具述。

機械工程上第二重要用途爲汽油或柴油引擎上之廢氣「凡爾」(exhaust valve)。此種「凡爾」,在高溫度時須有高度之强力,卽抗張力及抗擊力。倂不生銹皮及其他條件。當不銹鋼發明之後,歐戰卽起。於是大部分之不銹鋼用於製造飛機發動機之廢氣「凡爾」。因其成績優良,後來各種石油發動機,遂皆做用焉。用於廢汽「凡爾」之不銹鋼,亦有數種,視其廢汽溫度及「凡爾」設計而分別選擇。第一類之普通不銹鋼亦可應用,或將普通不銹鋼酌改其成分,或用前述第七第八類之特別「奥司登體」不銹鋼亦可。

機械工程上第三重要用途,則關於飛行器工程,卽飛行器構造之一部分。尤其在水陸飛機,或飛艇之構造與海水接觸之部分,應以不銹鋼製造。普通採用者爲第二與第六類。飛機上其他部分,可用不銹鋼者,尙有若干處焉。

機械工程上之第四用途是在蒸汽工程,或水力工程機件之一部分。例如蒸汽或水力之「凡爾」(valve),本一尋常之物,如用普通鋼鐵或黃銅製造,則用不甚久,卽易穿漏,致招種種不便,而適宜之不銹鋼所製者,則反是。水力機上之活塞(Ram),亦有此種經驗。因不銹鋼有優良之磨蝕抵抗力,故能特久耐用。普通所用者,為第一與第四類。

化學工業上之用途　化學工業上所遇之各種液體,氣體,往往對於普通鋼鐵有腐蝕作用。而別種之抵抗腐蝕材料,如鉛,耐酸矽鐵等,其物理性質每有若干缺點。再化學工業之器具,時或須在高溫度時,能有優良之抗張力。凡此種種之需要,非不銹鋼不能合用。化學工業上之用途極廣,其器具之製造,可用種種式樣之不銹鋼材料,如鑄件,煅件,輾壓製成之鋼條,鋼板,鋼皮,鋼絲,鋼管等。何種化學工業用器具,應用何種不銹鋼製造,當視其腐蝕劑之種類,器具之製法及使用時之情形而異。此化學製造廠與鍊鋼廠所當共同研究者也。

儀器製造上之用途　度量用器,或機器廠內所用之校驗規(gauge),欲求其不受腐蝕作用,而失其正確,往往用不銹鋼製造。在上海之五金店內已可購不銹鋼所製之捲鋼皮尺。科學儀器上之用不銹鋼者,亦日見其多。物理研究所亦曾用此間鋼鐵試驗場所製之不銹鋼,以造電視(Television)用儀器上之小鏡。

刀具製造之用途　如西餐用之食桌刀,尋常洋刀,剪刀,外科醫生用具,可用第一類製造。

傢具製造之用途　如食桌用之叉匙,及各項廚房內所用盛器,可用第二第六類製造。

裝飾上之用途　在外國地方,屋內屋外之裝修,往往採用不銹鋼,以增美觀。近來上海之上等大建築,亦漸倣效。如國際大飯店及"Broadway Mansion"內可以見之。

鑲牙之用途　向來鑲牙都用黃金之合金,價殊昂貴。現在每多改用「奧司登體」不銹鋼。此項實用方法,亦由德國克虜伯廠所研究成功。

(六)高速度鋼(簡稱高速鋼或風鋼)之研究

現世機械製造,日臻發達,而製造廠所用之新式機械工具,轉動加速,向所習用之炭素工具鋼之刀具,易於發熱變軟,割速不能過高。故於鉅量生產之廠,非求更善之利器不可。此利器爲何,即所謂高速度鋼是也。高速鋼之割速及割量,固爲普通炭素工具鋼之所不能及,而在紅熱時,能自動變硬,使割速能力益加堅强,尤爲其寶貴之特性,世俗所以名之曰風鋼者,蓋即因其具有此風硬之特殊性質也。高速鋼之種類不一,主要者大都含鎢,鉻,釩等,其他尚有含鈷,含鉬及鈷鉬幷含者。本所所製之高速鋼,計分二種,即所謂14與18%鎢質者是。玆將兩者之化學成分列下:(一)炭0.65—0.75%,鎢13—15%,鉻4—5%,鎢1.75—2.25%,錳與矽俱在0.3%以下,硫磷共爲0.05%以下。(二)炭0.7—0.8%,鎢16—18%,鉻4—5%,釩0.75—1.25%,所有錳矽硫磷分量與第一類同。玆將本所製煉高速鋼之經過情形略述如下:

(一)高速鋼之融煉 高速鋼之融煉,可用坩堝或電爐爲之。前法產量小,煉費貴,又不能利用高速鋼之廢料,以煉出成分正確之新貨。雖數十年來,爲唯一之高速鋼融煉法,及至近今十餘年,已由電鍊法取而代之。電鍊法中電弧爐最爲盛行。而近數年來,高週波感應電爐又有新穎之發展。世所通行之高速度鋼融鍊法,大概與他種優等合金鋼之融鍊法相類。玆略述如下:

電爐裝料可分二種辦法:或純用不含合金之廢鋼,或配用高速鋼廢料約三分之一至四分之三,其餘爲不含合金之廢鋼。無論用何配法,其所用不含合金之廢鋼,則須同時裝入石灰石,約當廢鋼重量之3—4%(本所爲便利起見,改用石灰,約當石灰石之一半)。通電融化後,稍加螢石或石英砂,以造成適宜之氧化渣,而鋼內含矽之大部份及磷,錳,炭三者之一部,隨之燒去。待融鋼達適當溫度,即將氧化渣速爲扒淨,代以均勻拌妥之還原渣配料,平舖於融鋼面上。其配合量大抵爲新鮮之小塊石灰約當鋼料之4%,螢石細塊約當鋼料之1%。還原渣在爐內感受電熱後,約可於十五分鐘左右融成薄層,覆被鋼面,於是再以焦炭或白煤之細末舖於融渣上,其量約當鋼料之0.5%。隨將爐門密閉,開足電流,使還原渣發生强烈作用。約三十分鐘後,融渣面上密佈浮泡,乃鐵氧,錳氧等被炭還原之徵。再過三十五至六十分鐘後,融渣內之浮泡漸少,取出渣樣視之,冷後呈淡灰色,蓋已還原完畢。於是將石灰一分,炭末一分,或石灰三分,炭末二分所配拌之料,以適量加入爐內,務宜靠近電極。再開足電流,燒十餘分鐘,則融渣內生有炭化鈣,此渣即稱爲炭化鈣渣。有强烈之還原力。每隔二十分鐘,將融鋼攪動,則與融渣之接觸面屢經變換,得以逐漸去氧。斯時融鋼內應加之鐵鎢,鐵鉻等,可分二三次堆置爐門後,待其烘熱,再行推入融鋼內攪拌之,加入此種合金原料時,融鋼須極熱,免致加料以後,底部融鋼有稍稍固結之虞。如工作合度,則二十分鐘後,加料當盡融化。取樣以驗炭,錳,鎢鉻等質,後二者當與擬定之成分相去不遠,錳當在定數以內,炭有不足,須爲增補。於是加入鐵矽,以完成最後之去氧工作。加入淨鍊鐵或瑞典生鐵,以補足炭分。至於所需釩質,則因鐵釩易於氧化,須待至倒鋼前十分至十五分鐘,始行加入。再鐵釩質輕,恐細小之塊或有夾雜於融渣內,不得達至融鋼,故往往酌配少量之鐵鎢,裝入鐵皮製之小匣內,俾得確實浸沈鋼內特種高速鋼,時或含有鈷,鉬。惟鐵鉬合金,在紅熱時,易於氧化揮發,故當以小量分次逕加爐內,不必預爲烘熱。凡此皆應注意之點也。

如裝料內配有高速鋼之廢料,則融鍊時不可用氧化渣,而當逕用還原渣,以保留廢料內之貴重合金。融化後之主要化學成分,宜速驗出,以便計算應加之各項合金材料。其餘辦法,與前述者無異。當澆鑄鋼錠時,融鋼須有適當之溫度。惟融體之高速鋼,性殊粘滯,非素有經驗者不易辨識溫度之高低。溫度若過高,則鑄成鋼錠內之脆性,共融體(Eutectic)極其粗大,須經多次煆鍊工作,始能改善鋼質;且融鋼過熱易於發生氣孔,與鋼質之本身益爲不利。如溫度太低,則鋼錠上部易於凝固,雖有特備之保熱加頭置於頂上,該處融鋼中途被阻,仍不能往下注流,致鋼錠中部縮成空縮處,即爲管形(Piping)之弊。高速鋼之鋼錠,以小爲宜。小者約100公厘見方,中者約150公厘見方,大者約200—250公厘見方。自此以上祇用於特別之處。鋼錠之於長向略有斜度;上大而下小亦所以減小管形之患。方鋼錠之四角宜帶圓形。鋼錠亦有完全圓形者,以便煅製前之鏇割焉。

(二)高速鋼之煆製　高速鋼之鋼錠,在鑄成狀態時,其組織殊嫌粗疎,不能逕作工具之用;須加以機械工作,使成緻密。此項工作連同所需預備及其他附帶工作可分數步行之:即(甲)鋼錠之預備,(乙)鋼錠之初步煆鍊,(丙)鋼坯之檢驗,(丁)鋼條之製成,(戊)鋼條之軟烘,(己)鋼條之檢驗,(庚)工具之熱處。

(甲)鋼錠之預備　高速鋼之鋼錠於凝固時所生之柱狀結晶,質脆易碎,又有脆性之共融體,散存於內部結晶之界線間,結合力更弱,而此鋼於攝氏表800度時,即使冷却速度不大,亦能變成「馬丁色體」之組織,體積膨脹致生强大之內部應力。在此種種情形之下高速鋼之鋼錠,非經相當預備方法殊難於初步煆鍊時免除破裂之患。預備方法,有三種,可視各種情形擇一行之。

(一)鋼錠凝固方畢。待範鑄之鐵模除去後,即埋置於乾灰中或置於預先烘煖之坑穴內,令其緩緩冷却。此後處置法有二,(1)將鋼錠移置於預烘爐內(Preheating furnace)緩緩烘熱至攝氏600度然後移至正式之烘熱爐(heating furnace);(2)將鋼錠錠入軟烘爐內(Annealing furnace),用全軟烘或半軟烘之法以烘軟之。前法須緩緩烘至攝氏915度,併保持此溫度數小時之久。然後緩緩冷却至650度。過此以後可隨意冷却之。後法緩緩烘熱至攝氏750度後,乃隨意冷却之。用以上二法烘軟之鋼錠,其初步煆鍊前之預烘時間可略縮減,惟仍不可有激驟之溫度變化,致招破裂。全軟烘法能使鋼錠原有之粗疎組織,變成緻密,而所需時間約不過十五至二十小時,乃最妥善之預備方法。

(二) 鋼錠凝固方畢,將鐵模脫去尚在紅熱時,卽將鋼錠移裝於軟烘爐內,其溫度預先烘熱至攝氏700度。此後爐內略燒小火,使在十小時內,緩緩冷却至290度,再於十小時內緩緩烘熱至745—760度,然後移至正式之烘熱爐。

(三) 本所試驗場內,高速鋼之煆製工作不常有,而每次煆製之量亦不多。故上述(一)法之小條可變通行之。蓋每次煆製時正式烘熱爐原本凉冷。如將冷鋼錠裝入,緩緩烘熱,則預烘工作,卽爲正式烘熱爐所兼任矣。

用以上(一)(二)(三)三法烘軟之鋼錠,待正式烘熱後,卽可作初步之煆鍊或輾軋工作。惟歐州鋼廠,往往採用圓形鋼錠。在軟烘以後初步煆煉或輾軋以前,先置於鏇床上粗鏇之,以去不良之外皮,此乃更進一步之預備法也。

(乙) 鋼錠之初步煆煉——高速鋼之煆煉程序,既與鋼廠之設備規模有關,又視所用鋼錠及製成鋼條之大小而定。在規模較大之廠,備有大型汽錘及輾軋機者,可用200公厘見方或再較大之鋼錠,經汽錘之初步煆製,縮成90公厘見方之鋼坯。在規模較小之廠,備有中型小型汽錘者,用中型錘以作初步鍛鍊,用小型錘以製成鋼條。本所試驗場非正式之製鋼廠,故祇用764公斤之小錘一座,以兼作初步煆煉及最後製造,其動力由壓縮空氣供給。照普通之例,自鋼錠製成鋼條,其斷面之縮小度,約在百分之九十左右。如是,鋼錠內之脆性共融體,可以擠軋分散,不致爲害。惟小鋼錠內之共融體爲狀亦小,故煆製時之縮小度不妨略減。若製造工具時,須用較大之鋼料,則照縮小度百分之九十推算。鋼錠之烘熱爐,大抵用烟煤爲燃料。吹入壓風,使爐內氣壓較外間大氣壓稍高。爐內之火須燒成還元性之有煙長焰。如是鋼錠不至氧化,煆鍊時自不易破裂。爐旁設門數個,鋼錠自最後之門裝入。逐漸移前,使得增高溫度。每次移動時,可轉換向上之面,俾鋼錠四面俱得均勻烘熱。如初裝鋼錠處之溫度高出攝氏650度外,宜先將烘熱爐略爲凉冷,以達適宜之溫度爲止。鋼錠宜緩緩烘熱,務使內部透澈,亦不宜久處於煆鍊所需之高溫度下,致受不良影響。尋常初步鍛煉,再分數次行之。第一次烘熱至約攝氏1050度。因鋼錠原有組織粗疎易碎,故四面錘擊切勿過重。及溫度漸低,再入爐內烘熱之。第二次之煆鍊,可在攝氏1100度左右爲之,予以較重之擊力。待溫度退至約930度,再入爐烘熱。第三次之鍛鍊溫度,約在攝氏1175度。斯時鋼錠已經受過二次煆鍊,重新結晶,原有脆弱組織大改面目,故能耐受更重之擊力。待溫度退至攝氏約930度再爲烘熱,以作第四次之煆鍊。其法與三次無異。此是,200公厘見方之鋼錠,經過四次初步煆煉後,可縮小至90公厘見方。如用較小之鋼錠,其煆鍊方法與此略同,惟次數照減耳。大概第一次鋼錠切面之縮小度極微,以後三次每次縮小度約當面積百分之二五至三十。初步煆鍊時,有最當注意之一事,卽鋼錠往往於橫截方向發生裂縫,尤易在四角邊上見之。斯時當用特製之鋼刀按置該處,藉汽錘之力,以擊刀背。凡破裂處不難一一剜去,免至後來煆鍊時更見展伸。此鍛工所當注意之重要工作也。含炭不及0.75%,含鎢不及18%之高速鋼,其鋼錠斷面不及130公厘見方者,可用初步輾軋法,以代初步煆鍊。其最初一二次之縮小度宜極小,以後逐漸略增,不得過百分之二五。輾軋時發生之裂縫,不能如煆鍊時可立卽用刀剜去,故每展伸愈廣須待以後檢驗時一一用砂輪磨去之,工作上之不便自可想見。高速鋼之含鎢較多,鋼錠尺寸較大者,務須藉初步煆鍊工作,以逐漸改善其組織,始可再用輾軋工作以完成其製造。否則輾軋時之用力,難於自由控制,鋼錠易致破裂,欲速反不達矣。鋼錠經初步鍛鍊或初度輾軋至相當程度而止,稱爲鋼坯。鋼坯倘在暗紅熱時,須卽埋置於乾灰內或裝入保暖之坑穴內,使其緩緩涼冷。免致後來工作時易致破裂。最妥之法,莫如軟烘,與鋼錠之預備法略同。

(丙)鋼坯之檢驗　鋼坯製成後,照尋常辦法,祇須再經一次烘熱,數次輾軋或其兩端各經一次之烘熱煆鍊,卽可成爲所需之鋼條。鋼坯與鋼條之大小相去較多者時,或需數次之烘熱煆鍊,以製成鋼條。在此後部機械工作以前,當先令鋼坯涼冷,以檢驗表面之瑕疵。此瑕疵之來源,不論其為鋼錠原有者,抑為煆鍊或輾軋時發生者,均須設法除去,以免發現於後來製成之鋼條上。其法或用壓氣鑿鑿之,或用砂輪磨之,或用鏇床粗鏇之。第二法工作便利,用者最多。如鋼坯未經軟烘,則乾磨時用力須輕,免致發熱生裂。否則改用溼磨之法,亦可免去此弊。且濕磨時速度小而輪砂細,卽極細裂縫,亦易檢出。欲求乾磨時不生裂縫,最好先將鋼坯完全軟烘,如是鋼坯能作局部屈讓,卽磨時發熱至生藍色,亦可無意外破裂之虞。如逕用鋼坯以製鋼條,則檢驗時之磨工,須遍及全體。如鋼坯須先經重行煆鍊或輾軋,以製成小鋼坯,然後用小鋼坯以製成鋼條者,則檢驗第一次鋼坯時,祇須將粗大瑕疵除去,待檢驗第二次鋼坯時始作全部之磨工。凡微細裂縫,難於發見。簡易之法,可用硫酸或鹽酸溶液以浸蝕鋼坯外皮,使隱藏之瑕疵畢現。

(丁) 鋼條之製成　鋼坯已經檢驗後,欲製成鋼條,可用汽鎚以煆煉之,或用輾軋機以輾軋之。前法大抵用在小鋼廠內,因襲古時炭素工具鋼之製造術,英文稱為"tilting"。後法工作便利,規模較大之廠多用之。製造鋼條時所當注意之點有二:卽鋼坯之烘熱及最後完成時之溫度。

(1) 烘熱鋼坯之法,大抵與烘熱鋼錠無異。前述各項要旨,俱宜注意及之。總之,烘熱工作當緩緩進行,以達攝氏275度為止。既不可令其久處於規定最高溫度之下,又不可用過高之溫度。否則鋼質變弱,煆鍊或輾軋時易致破裂。照尋常經驗,自低溫度烘熱至規定溫度,所需時間隨鋼坯之對徑或邊長而定,每25公厘約需一小時,故75公厘見方之鋼坯,約需三小時烘熱之。

(2) 最後完成時之溫度。是否適當,影響於鋼條之組織者至關重要。凡用煆煉或輾軋法,以使鋼坯變形,其最後一次工作,當在攝氏975度以下為之。如鋼坯烘熱至1100度左右以後,不加以變形工作或變形工作以後,其溫度仍在 975 度以上,則鋼之晶粒自然長大,以後無論予以何種熱處理法,或爲軟烘,或爲淬硬,俱不能改變其組織。此種鋼條之破面,因其結晶面較大,易於反射光線,故較正則高速度鋼,尤覺明耀,其質脆弱,殊非良品也。

欲求鋼條製造合法,當注意上述(1)(2)二項,而最適宜之設備,莫如輾軋機。計有四利:(1)溫度遞減合宜,而易控制。(2)嶄面之縮小度,得以正確節制。(3)縮小工,作易於施行。於烘熱後卽得完成製造。(4)鋼條之尺寸正確均勻。若用汽錘,情形自異;對於鋼條之小者,薄者不便尤多。

(戊) 鋼條之軟烘 鋼條製成時,卽令緩緩冷却,亦不能完全變軟,而檢驗鋼條時。須用銼鑿,製造工具時,又需鏇割,若不將鋼條先爲烘軟,必至工作不便。軟烘所用設備,爲軟烘爐及容納鋼條之鐵管。軟烘爐可用電熱,煤氣,柴油或煙煤烘熱之。爐底之構造,恰似可以移動之車,以便裝卸鐵管。鐵管直徑約 200—250 公厘,長比鋼條約多 1000 公厘。管內務宜裝滿鋼條,使易於互相傳熱。鋼條之間是否另加填物,可隨意爲之。如不用填物,則鐵管只能避軟烘時之積生燒片 (Sealing)。如用適宜之填物,則軟烘鋼條時所生之硬質燒片亦得還原變軟,呈暗灰色,而鋼條冷却時,空氣不至過分侵入;卽有少量之空氣,大抵用於燃燒填物,其能侵及鋼條以作氧化者,殆亦無幾。填物可用細煤灰三份至六份,焦炭,木炭,或半燒,煤之粉末一份,以配合之。鑄鐵之末屑亦爲有效之填物。如用上述灰炭所配之填物,則侵入管內之空氣待溫度稍低時,卽不燃燒炭末,而仍能氧化鋼管。故鋼條上生有薄層之氧化物,略染紅色。若用鐵末作填物,則侵入之空氣必先與鐵末化合,無從侵及鋼條,故鋼條常作暗灰色也。軟烘所需之溫度及時間,大抵視鋼條之大小及化學成分並鐵管之大小而定。照普通之例,如高速鋼,含鎢 18%,鋼條之直徑或邊長 25—50 公厘,鐵管之直徑 200 公厘者,則當費八小時,以烘熱至攝氏 915 度,再費八小時以保持此溫度,然後在六小時至十二小時之間,漸漸冷却至600度。自此以下,任令其在爐內冷却,不妨稍快。普通冷却速度,每小時約降25—50度。如對於特種高速鋼,欲令其冷却速度特別遲緩,則可在爐內稍留餘火,使在760—600度之間,每小時只降6—9度。在此範圍以外,仍照前法冷却之。普通高速鋼之已經軟烘者,其硬度爲樸氏228度。高速鋼之含鎢13%者,辦法稍異。其最宜之軟烘溫度爲攝氏840度,過高則組織變粗,過低則不能烘軟。

(已) 鋼條之檢驗　鋼條製成軟烘後,尚須於出售以前,嚴密檢查,以驗其尺寸,斷面,硬度組織之是否合度。

(1) 實在尺寸每與規定尺寸稍有出入,當有一定限度,是謂限差。在方,圓,或八角形者,其直徑或邊長之差限,大抵在+2.0%至−1.0%之間。

(2) 斷面係指橫向斷面而言,可以驗晶粒之粗細外層之是否失炭(decarburazation),及內部之有無管形或其他空虛破裂情狀。在失炭程度之尙淺者,不易用斷面法以檢出之。最善之法,莫如取鋼條一小段,投入融鹽槽內,熱至攝氏1260度,取出,淬於油槽內,則失炭部分可用銼刀銼脫,非若正則部分之硬若玻璃。如是,失炭程度之深淺,不難正確驗明。

(3) 高速鋼之已經軟烘者,其硬度爲樸氏228或248度,視其軟烘之程度而異。如鋼條之最後機械工作停止時,其溫度猶在975度以上,則軟烘後之硬度往往在樸氏250度至260度之間,可知製造方法之失當也。

(4) 欲檢驗組織,可截取鋼條一小段,淬硬後剖視其縱斷面。在正則之鋼,不應有木紋之狀(Woodiness)。此種弊病,肇端於鋼錠內存有過量之共融體,未經充分之機械工作,使之分散不違,遂致此脆弱之質,展伸成條。如木紋狀焉。如欲確知共融體之炭化物如何分佈,當用金屬顯微鏡以檢驗之。

(庚) 工具之熱處理　高速鋼與普通高炭素鋼相較,雖有許多優點,並另具幾許之特性,但熱處方法,在原則上,二者尚大致相同。高速鋼工具大都用已經溫煉(annealed)之鋼條或鋼塊製成,取其硬度低以利便割製工作也。工具既製成以後,其熱處手續可分為三步:(a)加熱,(b)淬硬,及(c)回煉。茲分別述其概略如次:

(a)加熱　經溫煉之高速鋼,其結晶組織為弗立體基塊,散佈其中者,為細粒複式炭化鐵鎢(Fe_4W_2C)。加熱之目的,在求得一固體溶液,即奧斯丁體,使細粒之炭化鐵鎢溶解於其中,以達最高可能限度為止。普通炭素鋼為淬硬而加熱,其溫度大都不超過攝氏850度。而高速鋼則最高可達攝氏1315度。加熱溫度愈低,及保持時間愈短,則所造成奧斯丁體中含溶解之炭化鐵鎢愈少。由此奧斯丁體經淬硬後所產生之馬丁色體將因含炭及其他合金太少,而硬度甚低.因此,高速鋼之淬硬溫度,如低至攝氏870度亦足以淬硬,而普通採用之溫度,必在攝氏1250—1315度之間者,以求最高之硬度耳。採用高溫度之有利,雖甚明顯,但其害處亦不可忽視。蓋加熱溫度及保持此溫度之時間,有種種危害限制之。第一,溫度太高,足以使炭化體近邊之金屬體發生初步溶解,而造成脆性共融體。第二,若爐中之氣體並非中性,溫度太高及保持之時間過久,則鋼之表面將起銹殼。第三,若受熱處之工具有尖細部分,則恐被燒燬或使變鈍。溫度太高及時間太長足以使晶粒長大,而致鋼件發生脆性。故加熱最宜之條件為達最高之溫度,及最適當之時間,而不使發生上述四項之危害。再則大凡受熱處之工具,不免有尖細之部分。在爐中加熱時,熱力由外而入。工具之溫度必外高而內低。因是,設欲保護尖細部分,並阻止上述四項弊端之發生,或減少其發生之機會,應將加熱工作分成兩步進行。第一步,先將工具漸漸烘熱至攝氏850度左右,並使全體熱至透澈。然再加熱至近攝氏1315度。至應採用之最宜溫度,及保持最高溫度之時間,均須視工具之大小及其形狀依經驗所得,而謹慎考定之焉。

(b)淬硬(Quenching)　高速鋼亦稱為風鋼,因加熱後雖置於流動之空氣中亦能淬硬也。普通炭素鋼在加熱後造成之奥斯丁體,若不急速冷却,則變成之硬性馬丁色體不能保持,而復轉成較軟之結晶體,高速鋼則不然,奥斯丁體轉成馬丁色體,其改變之速度甚低。故用油或流動空氣冷却之,均能得硬性之馬丁色體。

(c) 回煉(Tempering) 高速鋼之回煉與普通炭素鋼回煉之意義大致相同。不過高速鋼之回煉溫度達攝氏600度左右時,發生所謂副硬(Secondary hardness)作用。故高速鋼之回煉溫度與所得之硬度,並不成正比例。如回煉溫度在攝氏480度左右時,硬度最低。蓋已成之馬丁色體,一部分漸次轉成較軟而韌之脫司太體(troostite)。若升至攝氏600度時,則硬度又復轉高。蓋在此時,所有尚未變化之奥斯丁體。亦漸次變成馬丁色體也。是以欲得最硬之工具,而同時減低其脆性,必須在淬硬後回煉至攝氏600度左右焉。

平漢鐵路改善軌道橋樑之概況

陳　瑺

平漢鐵路直貫冀,豫,鄂三省,實我國溝通南北之最重要幹綫。關於鐵路一切設備之良窳,舉國人士均極注意。且以客,貨運輸數量甚鉅,列車之載重及速率益須增大,故軌道橋樑設備之改善,尤屬當務之急,然記載不詳,難資研討,爰將近二年來改善情形縷述如次:

(一) 歷年狀況及改善準備

幹綫全長1214.493公里,枝綫串軌等項合計1720公里。考自西曆一八九八年開始興築,一九〇四年四月一日正式通車,迄今巳届三十二年。當時由外商承建,因限於時間及經濟,所有工務設備,如橋樑,軌道,車站等項均屬草創,略具規模。迨民十三年至十七年間,國家多故,戰爭頻仍,路款挪用一空,修養日需材料未能即時籌購,路紀廢弛,行車紊亂,以致行車事變不一而足,險象環生。爲安全計,經於全綫薄弱橋樑設置慢行號誌計七十四處,更低減行車速率(黃河南客車三十公里,貨車二十公里),維持行車。自民十七年以後至廿二年,路政漸上正軌,收入較增,亟將損壞最烈之橋樑,鋼軌,枕木加以修理抽換,勉力維持,仍不能積極進行,然巳將行車速率改定爲客車五十五公里,貨車三十公里。自二十三年始,部路一再派員親赴沿線考察,會以勘查所得,應事勢需要,在路局財力允許範圍內,會同擬定七年計劃。所有軌道橋樑等項,估計需費總約一千五百餘萬元,擬將全綫腐爛枕木,破裂鋼軌,循序抽換,五公尺以上鋼樑,悉數依次改建或加固。將來完成之後,不特緩行號誌概可取銷,而行車速率亦得加增,裨益於鐵路營業良非淺鮮。

(二) 軌道之更新

(甲)鋼軌　鋼軌之種類,原有十四種。重量:最重者每公尺42.2公斤,最輕者29.8公斤;長度:長者10.06公尺,而短者僅7.31尺。至製造廠名之繁多,更無法勾稽,致配件複雜,修養籌購均感困難。最近勉將幹綫上各種鋼軌中數量特少者以及輕軌等竭力清查調換,改成42,40,37公斤(每公尺)及8.5磅(每碼)四種(表一)。其中以37公斤者約占63.3%,42公斤者約占25.8%,故平漢之標準鋼軌,可稱爲27及42公斤兩種,長度則爲9公尺。

表　(一)

鋼軌種類(公斤)	舖設里數(公里)
37.7	769.009
42.0	313.557
40.7	92.320
85磅	39.607
共計	1214.493

40公斤鋼軌長僅7.31公尺,魚尾鈑既短而輕(每對17公斤,長528公厘),并無切口(Slot)可按道釘,爬行甚劇,修養困難,擬用電銲方法,將二節或三節銲成一根,改用大型魚尾鈑以資堅牢。經電銲數節,試驗成績尚屬良好,但費用過鉅,每接頭計須工料洋4.86元,殊不經濟,故尚未實行。現就庫存他種大型魚尾鈑加工改善,實地使用以來,成績尚佳,爬行漸減,將來俟有大批鋼軌到後,即行更換。新鋼軌係遵照部定標準,採購12公尺,43公斤者,以資一律。

鋼軌折損情形,亦曾詳細統計,現已換者詳見表(二),其應待更換者爲數甚多。惟近二年來,損壞已漸減少,足證修養釜形努力,軌道狀況略見改善。其他鋼軌疵病,如低接頭,爬行等,亦均極力調整。魚鈑尾及螺栓三年來全綫平均更換之數,爲魚尾鈑七百副,螺栓約四萬個(因螺栓多已鏽死且銹損,故應換者頗多)。

表(二) 近三年來鋼軌損壞統計

重量及廠別		22年		23年		24年	
		損壞	横斷	損壞	横斷	損壞	横斷
重量	42	163	3	101	4	262	3
	40	141	5	103	——	44	——
	37	3551	18	1708	21	2607	25
	其他	——	——	10	——	18	4
廠別	漢陽	3587	24	1866	24	2678	28
	外洋	268	2	56	1	86	4
	未詳	——	——	——	——	149	——
計占全綫百分數		1.08%	0.01	0.54	0.007	0.80	0.008

(乙) 枕木　凡9公尺鋼軌,下鋪十二根道木,其尺寸爲部定標準(23×15×244公分)。鋪路之始,概用日本橡木及一部分國產枕木,近五六年來,則多以美松枕木替換,但質紋粗惡。在漢口原設有蒸木廠,以硫酸銅液蒸製,每根計須工料價一角三分,加入總務費等,則爲二角五分。此項蒸製法雖屬陳舊,缺點頗多,但經蒸製者確能延長二三年壽命。據統計所得,美松在北段乾燥地帶可用八年,而南段潮濕地帶則僅六年。全綫幹支及串道等枕木共計二百四十萬根,內有鋼枕地段140公里,計有186620根,扣除後爲2,213,380根。

如平均壽命以七年計,則每年約須抽換三十二萬根。惟現時沿路枕木腐壞爲數甚鉅。據二十三年調查,急待更換者,爲 941,000 根,已籌購大批枕木,積極更換。再一二年當可達通常良好狀況。洋灰枕亦經設計一種,試鋪於幹綫及蘆溝橋石家莊站內(圖一)鋪用一

圖(一)　平漢路鋪洋灰枕地段

年以來,成績良好。設計原意,係利用多年存庫未用而爲數在二十餘萬個之道釘襯 (La garniture Lakhovsky),每根工料合計需洋五元,並係利用廠工餘閑及存餘材料,現金支出不過一元上下。考道釘襯之作用,係於枕木使用相當時期後釘眼擠大時,趁木質尙未腐爛,將其嵌入木眼內,以延長枕木壽命,但其結果不良,以致多年廢棄,殊屬可惜。至改用洋灰枕,仍感費用過鉅,尙在力謀節減。此種洋灰枕,以之用於車站排水不良等處,當愈可表現其成績。又鑒於枕木壽命,尙無正確統計,且更換地點亦不詳細,爲抽換根數易於考查起見,爰編登記册一種,所有鋼軌由北而南,在左股上按公里數一律分別標明根數,並將全綫鋪用枕木縝密調查後,登記册內,以後更換新枕時,卽依次登載。每年另作統計表,以資考核。

(丙) 道釘　平漢標準道釘,係用螺紋道釘,式樣約分兩種。因多年未經購換,沿路銹損情形,已達極點。除近二年抽換之新枕,能均配兩個或三個新道釘外,以往則百分之九十仍爲銹損道釘。本

來道釘與枕木之作用,互爲表裏,不能歧視。不過枕木腐朽,事實顯然,易引人注意,道釘銹損隱在暗處,每易忽略。在平漢路直接影響於道釘之壽命者約有下列五點:

(a)藍礬蒸木　平漢路以往所有枕木,均用藍礬蒸過,以求耐腐。藍礬即硫酸銅液內之純性硫酸(free acid),有浸蝕鋼鐵之作用,是以道釘在藍礬蒸製之道木內,易受純性酸之浸蝕而銹剝。但進一步言之,蒸製枕木時,藍礬溶液應極爲稀薄,及枕木鋪入路上,一部分之藍礬勢必溶於雨水而失去,其餘者即有浸蝕道釘之作用,亦爲力不强,故藍礬蒸製之枕木對於道釘壽命雖有影響,但未必顯著。

(b)雨水養化作用　道釘上入枕木內,數年之後,釘眼擴大或枕木腐朽,雨水流入,水漬內之養氣浸蝕鐵面,遂使道釘銹化,漸漸剝蝕,損壽實大。

(c)枕木木質　枕木堅鬆,對於道釘壽命不無影響。蓋枕木堅硬若(橡木之類),釘眼不易擴大,枕木又復耐朽,釘眼存水,漸進剝蝕時,該枕木及道釘早已經過十數年,而該道釘換下之後仍能使用。若枕木鬆軟,容易腐朽,三二年後,朽眼漸漸擴大,雨水流入,發生銹蝕,六七年後,枕木更換,該道釘即已銹剝矣。仍以之用於鬆質枕木上,十年之內,該道釘必受兩次釘眼腐朽雨水浸蝕之影響。

(d)道碴及氣候　雨水及濕氣之輕重,道碴及氣候原有關係。道碴若潔淨,不含泥土,洩水迅速,雨後數日,枕木即已乾燥,道釘便少銹化。反之,若石碴包含泥土,雨水不能流出,則枕木幾終年被潮濕泥土包圍,並加以腐朽,其助長銹化,勢所必然。至氣候乾燥或潮濕,影響於道釘之銹蝕者,與石碴正同。

(e)有効壽命　據各段調查所得,標準之螺紋道釘(176×14公分)可耐用十五年。

銹損之螺紋道釘,若不堪使用,而勉强用之,其弊甚大:

(a)抽換新枕木,若利用銹蝕無紋之螺紋道釘,每不能旋入。

勉強安上,不過幾時,卽被鋼軌震動而拔出,釘眼弛鬆,雨水流入,枕木朽爛愈速。

(b) 螺紋道釘既已銹蝕,上入枕木內,已屬無力。經鋼軌震動而拔出,於是脫離軌底,其效用僅有阻止鋼軌旁弛之力,而不能制止鋼軌之爬動。鋼軌一經爬動,則路綫上之病態叢生,養路之費用加重。平漢路北段鋼軌之爬行,道釘銹損無力,實為一大原因。

(c) 沿路所失去之道釘,除有特別情形外,多因道釘銹損過甚,螺紋消失,故與枕木之附着力較弱,經軌道震動後,則易拔出,以致時常遺失。

綜觀以上各點,嗣後採購新釘,必應按照新枕所需數目同時交貨,同時更換,方可使軌道維持良好狀况。至螺紋道釘與狗頭道釘之利害比較,論者多認前者比後者為佳,此處限於篇幅,未能詳論。就管見所及,在硬質枕木(如橡木,紅木,楸木等),纖維細密,釘眼不易鬆弛,道釘上入,縮力極大,以用螺紋道釘為宜。若就松枕言,二者似無軒輊,因松枕纖維粗鬆,釘眼既易擴大,本身又不耐腐朽,不待道釘如何鬆弛,而自身腐朽,已須更換矣。(松枕腐朽,多由於底部粉蝕,每有表面完好,而底部已粉碎不堪者。橡枕或楸木枕,確於釘眼處腐朽,每有軌底部分腐爛不堪,而底部完好如初者。名目上同為腐朽,然實有不同之處。)若專以壽命言,狗頭道釘或能較螺紋道釘稍長,自當於更換枕木時查配木質,參互用之。

(丁) 清理並補充石碴 以平漢路沿綫石碴,百分之八十為碎石,其餘元石,均極堅硬,大小合宜,以前未能隨時補充,且多年未經清理過篩,以致污穢處所在在皆是。職此之故,軌間積水不易宣洩,夏季野草叢生,既不雅觀,而枕木壽命勢必因而減少。路基之修養,尤欠妥當。近年已嚴令各工段督飭所有工棚均將道碴一律清理過篩,限期完成。幸工棚工作勤奮,於短時期內將歷年積土掃除一空。又石碴不足之處,亦經大量補充,故路面道床,均已適合規定,尙形清潔。

(戊) 利用電銲 平漢路於二十四年購到電銲機兩架,牌號爲英國之 Holman 及美國之 Wilson 各一架,分配於南北段,一面設法僱用精良銲匠,一面挑選年富力强,腦經靈敏者,分赴機廠實習。近數月來電銲工作情形見表(三)及(四):

表 (三)

岔心	岔尖
32個	24個
每個 26–32元	每個 11–13元

表 (四)

電銲鋼軌接軌用費(五個合計)

汽油,銲條,機器油	16.01元
電銲匠,幫匠	5.10元
棚工	3.20元
每個	4.86

近擬將薄弱之八公尺橋,完全以電銲法加固,再大橋之不易增加鋼料及大號帽釘處所,一律使用電銲,以資救濟。惟電銲匠手藝嫻熟者極爲重要,因其工作既屬可靠,而對於價昂之銲條亦知省儉,但此種人才頗不易覓耳。

(己) 工段之組織 工段組織,計分三總段,十二分段。分段管轄里程,自96公里至169公里,其下置監工二人至五人。(表五)每監工管轄工棚六棚至十三棚不等。現遇監工出缺,均以實習期滿之土木系交大生補充,全綫三十八人中,已占有十人。新升之交大生,先派在分段長所在地之監工段,以便隨同分段長歷練,俟事務嫻熟,再行他遷,故對於技術人員直接管工暨技術改進上頗著成效。每工棚管四公里,北段棚首一人,棚工五人,南段則爲六人。遇有工作較繁處,則置副棚首一人。茲爲鼓勵工段努力工作,互相砥礪計,按每監工下用評點方法拔選標準棚,發給獎品,以增其工作效率,每年擇期舉行一次。又實行年老退休後,棚工遺缺,須經審核,方予補充,而採用時亦係公開考驗,並經相當試用時期,成績優良,乃改補長工。又因年老工人多不識字,乃編極淺近白話附具圖解之

「棚工須知」,由監工於查候時,負責召集各棚,逐項加以解釋考問。又錄取新工時,識字程度亦屬要件之一。現每棚內已有一二人可粗解文字,故報告工作及開領工具材料均能由各棚自辦,尙形便利。對於提高工人敎育及技術,尙日在注意之中。

表(五)　平漢路工務分段所轄公里表

分段名稱	幹線	支線	共計	監工人數
長辛店	96	73	169公里	5人
保定	116	6	122公里	3人
石家莊	96	——	96公里	2人
高邑	80	16	96公里	3人
順德	97	——	97公里	3人
彰德	81	20.559	101.559	3人
新鄉	100	——	100	3人
鄭州	114	——	114	4人
郾城	120	——	120	3人
信陽	120	——	120	3人
廣水	96	——	96	3人
江岸	98.493	——	98.493	3人
	1214.493	平均	32公里	38人

附註:道清支線未包括在內。

(三)橋梁之加固及改建

(子)概說　全綫鋼橋,就製造國而言,約可分爲兩大類,即保定以北,原爲蘆保鐵路,英國承辦,保定以南者法比承辦,保定北,平間者荷重較强,餘均薄弱。民六以前,罕有注意及此者,歷次添購機車,又輒增加重量,而行車速度亦竟達六十公里以上。迨至公里937+077處北端一孔三十公尺上承桁梁及公里1109+515處中部兩孔三十公尺下承桁梁,先後於民六,民七兩年冬季被主動輪軸,重116.4噸之鞏固式(Consolidation type)機車壓斷後,當局對於鋼梁,方加重視,認爲由保至漢之鋼梁,確屬薄弱,而以桁梁尤甚。是以自八年起,全綫十五公尺以上桁梁,均設慢行牌,以防危險,一面研究加固辦法。嗣因軍事頻興,路帑不裕,祇於十一年間,將公里842+557處原有之十五公尺下承桁梁,試用鐵筋洋灰圍護主要桁梁,此爲平漢路加固橋梁之起始(圖二)。十四年後,對於鋼梁一項,不特毫無改進,且每因內戰摧毀,沿綫大橋,無一倖免,勉強修復,以維行車。廿二年冬,鑒於舊有法比橋梁設計簡陋,接聯之處,概屬輕率,核與平漢路現有重大機車比較,實已超過各項橋梁之載重率,但欲加固或新建,首須切實明瞭全綫各大小橋之現狀,并將各部份之強弱,考驗推算後,方可依據最新規範及經濟原則,而樹立整理全綫橋梁計畫。乃組織全路橋梁視察隊,以四閱月之時間,逐橋均經檢驗,編成橋梁載重率計算詳表,茲撮其大要,列爲表(六)及(七)。

圖(二)

表(六)　平漢路橋梁分段統計

跨度(公尺)	式樣	漢口郾城間	郾城黃河南間	黃河北石家莊間	石家莊北平間	總計
15	上承		1			1
	矮桁梁	6				6
20	上承	6		3		9
	矮桁梁	4	2			6
25	上承	2				2
	矮桁梁	7				7
30	上承	18	5	10		33 } 130
	矮桁梁	33	10	19	35	97 }
40	上承					
	矮桁梁	4		3		7

參閱表(六),可知平漢路薄弱桁梁橋,以三十公尺爲數最多,共計一百三十座(黃河橋除外)。分段而論,漢口郾城間薄弱桁梁最爲繁雜,而此段貨運,尤屬擁擠,因廣水信陽間,坡度險陡,需用補助機車並減少噸位,所有該段橋梁加固更新,尤屬刻不容緩。整理辦法先就漢口至郾城段着手。並分爲二期。第一期先將漢口信陽段實行,依次至郾城,漢郾段整理完竣,以次及郾城至黃河南;再次及石家莊至北平一段,再次及黃河北至石家莊一段。

表(七)　平漢路全線橋梁載重率

	主要部分		聯接部分	
E-載重率	橋梁孔數	百分率	橋梁孔數	百分率
5	0	0	68	16.92
10	107	10.29	189	47.02
15	148	14.23	27	6.[illegible]2
20	121	11.63	68	16.92
25	262	25.20	4	1.00
30	138	13.27	3	0.75
35	104	10.00	17	4.20
40	89	8.55	18	4.48
45	67	6.44	8	1.99
50	2	0.19	0	0
55	1	0.10	0	0
60	1	0.10	0	0
	1040	100.00	402	100.00

〔附註〕一、此表僅表明跨度在十公尺或更長之橋梁之載重率
二、一部分橋梁其聯接處之載重率未及計算

就表(七)所列橋梁薄弱情形,可知立即加固或改建,實屬要圖,對於施工程序及大綱規定如次:

a. 加固方法

(一)凡上下承桁梁橋其縱梁之[illegible]者,可以改成一[illegible]或作上承[illegible]

7733

之用。其載重率,加固至古柏氏荷重E-40級。

(二) 凡橋台高度在十公尺以下,而基礎地質良好,洩水面積可以減少者,均擬添建新橋墩於中部,改用上承鈑梁二座,以代原有薄弱桁梁。

(三) 下承及矮桁梁橋,無法添建新橋墩者,則更換新鋼梁。

(四) 橋梁各部份,最小之載重率,擬暫定為E-25,如有低於E-25者,即須設法加固,俾載重約可適量,而平漢路現有機車可以通行。

(五) 電銲方法,為近今加固橋梁最新穎之途徑,既無須拆卸原有橋梁,就地施工,需費自屬較廉,但各種施工問題,如死重應力,須先設法解除,然後再用電銲,俾各部受力平均等等均有研究之必要。而工匠手藝之精良可靠,與加固後橋梁之安全,尤關重要。

總之,對於研究各種橋梁加固方法,務期集思廣益,不厭求精。至其詳細設計,力求合乎規範,及經濟原則;且須堅強可靠並根據學理者,方敢採用。

b. 部製及改造梁鋼工作

平漢現有南北橋工段員工,計一百餘人,雖可從事鋼梁改造工作,惟充其量,每年祇可製就桁梁橋四五座之譜。且職司養橋工作,又須奔馳全路,隨時隨地,施工修理。如欲改造大批橋梁,工作繁多,橋工段勢難兼顧。建造橋梁工廠,則需費浩大;按之現在經濟情形,一時似難辦到。欲求迅速,似可由橋工段製就合併梁一二座,藉作觀摩之用。其餘改造工作,悉數逐一招標承辦,所有應需新料由路供給。施工時期,再行派員切實監造。查修改舊梁,較諸新造,尤見煩瑣。倘不合法,或草率從事,均可害及鋼全部,而大減其載重率。至於虛耗材料,猶其餘事。

c. 訂購新梁

鐵路新梁,均購自外洋。為節省路帑起見,對於舊有鋼梁,務求充量利用,以期減少現金支出。至於訂購新梁,均擬按照鐵道部規定,以古柏氏荷重E-50級為標準。設計悉按中華國有鐵路鋼橋規範書辦理。凡跨度在三十公尺以下者,均用鈑梁;三十公尺以上者,均用桁梁;跨度在三十公尺者,雖亦可採用桁梁,以求減少鋼料;惟詳加研究,仍以採用鈑梁,較為適宜。蓋鈑梁之過量載重,如設計合法,可達百分之五十,而不致發生任何危險。且修理及油漆,亦較桁梁為易。

d. 橋工估價

第一期加固之橋梁,為漢信一段,計已訂購六十二孔新鋼梁,計重2307公.

噸,預估全段完成工料合計需洋八十萬七千元。

第二期籌借區段,須購新鋼梁五十五孔,重2362公噸,另鋼料178公噸,預估費用902,000元。

(丑) 更換及加固橋梁之實例

(甲) 十五公尺上承雙桁梁

十五公尺上承雙桁梁E-40計換三孔,玆將公里912+562處更換手續略述於後:

(一) 橋台改造　新舊梁高低寬狹各異,橋台須重行改造,各部改造工作之先後,如圖(三)。

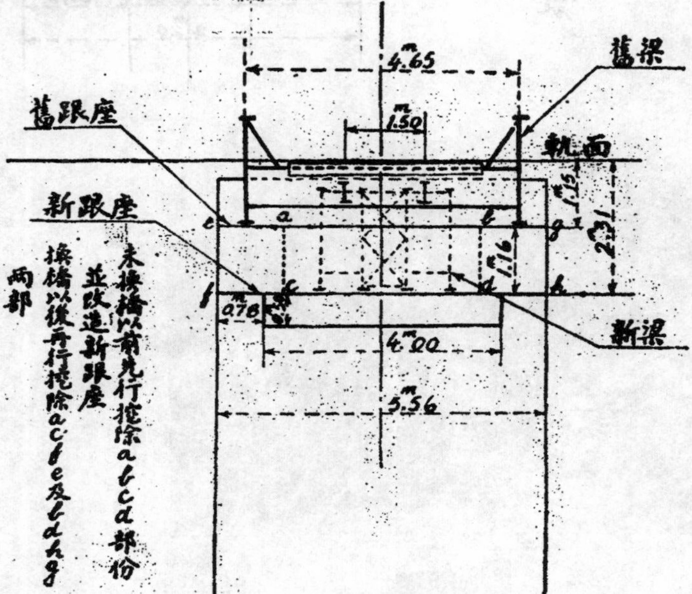

圖　(三)

(二) 新梁拼製工作　新梁係用兩架舊桁梁拼成,其拼製辦法,略如圖(四),所有拼製工程,計需工費二千元,料費二千一百元。

(三) 新舊梁互換工作　拼製工作,係在附近車站拼就後,整架由車站裝車運往更換地點,直接卸於舊梁之木架上,再令徐徐放在適宜部位,俾與舊梁互換。圖(五)示新梁下放時之情形,互換工作需時兩點半鐘。圖(六)示完全竣工後之情形。

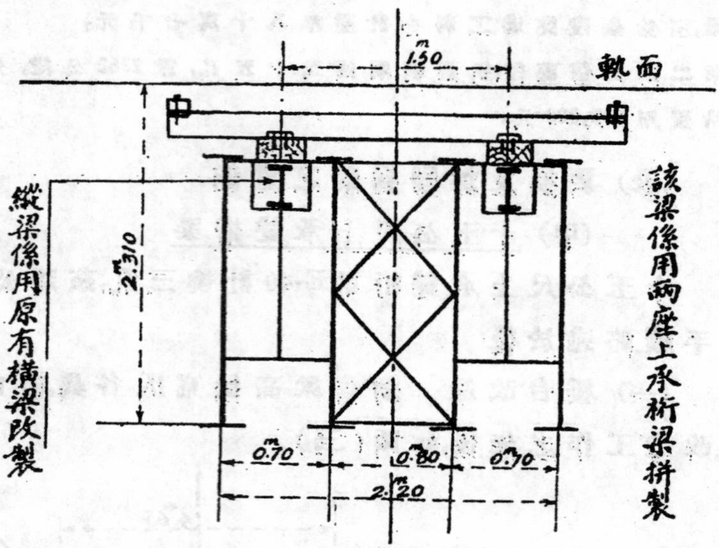

圖（四）

圖（五）

圖（六）

(乙) 十八公尺上承鈑梁。

十八公尺上承鈑梁E45計更換兩孔,一更換於公里1044+761,一更換於公里 1029+547 處,均於廿三年下半季竣工。該新梁係漢冶萍承製,舊存多年,每孔重28公噸,其原有舊梁,則均係二十公尺上承桁梁,橋身甚高,是以更換時頗費手續。茲將公里 1044+761 處橋梁更換手續略述如後:

(一) 橋台改造　原有橋孔本係20公尺跨度,因該處水流不大,故改用跨度18公尺新梁,惟新梁既較舊梁短2公尺,又低 0.853 公尺,因之橋台須全部改造。又該橋橋身既高,且適在千分之十五坡度處,列車經過,勢難緩行,故橋台改造,時無論新梁舊梁,均不應使其虛懸,而須切實支墊,甯使改造工作分次辦理,以保安全。圖(七)示改造橋台時之施工手續。

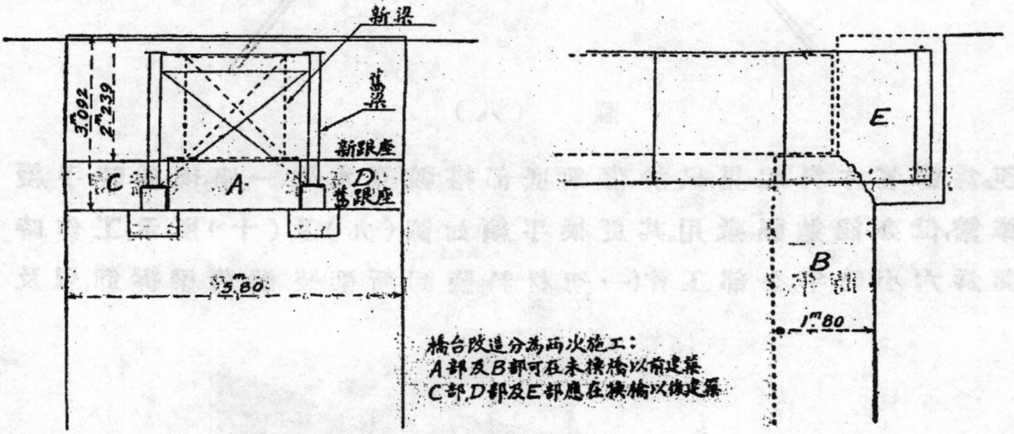

圖 (七)

(二) 新梁裝配　先於舊梁之傍,搭一木架,即在該木架上,從事裝配工作。所有帽釘,均係用壓汽帽釘機鉚成。除搭架外,裝配工作共需費四百三十七元五角二分。(圖八)示公里1029+547處橋梁裝配時之情形。

(三) 新舊梁互換工作　該處新舊梁互換工作,本應搭木架三座,一爲墊起舊梁,一爲裝配新梁,一爲擱置舊梁,各有其用。惟該

梁自軌面至河底高達15公尺,如搭木架三座,則所需木料為數過

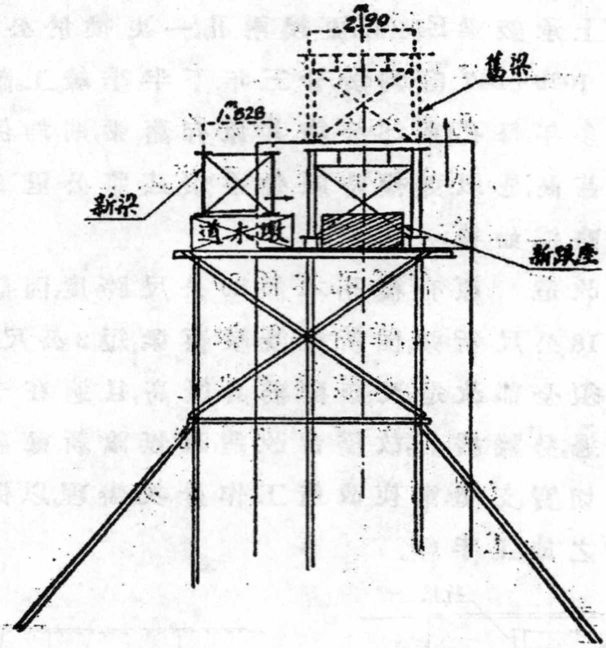

圖　（八）

鉅。為節省木料起見,只於舊梁底部搭較寬木架一座,換橋時手續雖繁,但亦能勉强敷用。其更換手續如圖（九）及（十）所示,工作時間為六小時半。全部工作(一切材料裝卸,新梁裝配,舊梁拆卸,以及

圖　（九）

木架之裝搭及拆卸等項工作），自開工而抵於完成,計需工費一千五百八十一元零五分。圖（十一）係舊梁起高,新梁已推進時之情形,又圖（十二）係完工後之情形。

(丙) 加固1195公里處雙軌鐵橋工作進行狀況

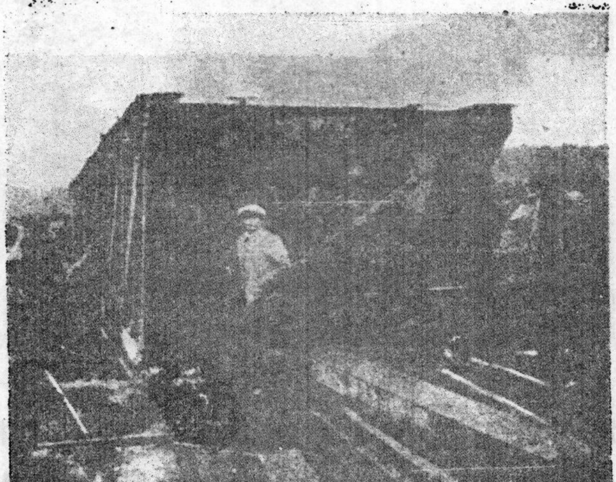

圖（十）

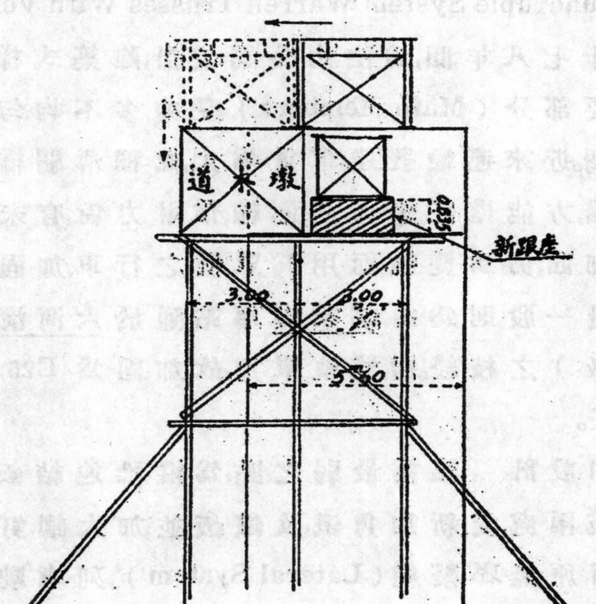

圖（十一）

軌面距河底十六公尺五公寸

圖 (十二)

(一) 概述 1195 公里處雙軌鐵橋(俗稱二道橋),長180公尺,南北兩頭各為30公尺連續梁一座,中間一座長60公尺,均為王氏四連桁橋(Quadruple System Warren Trusses With Verticals),建於前清光緒二十七八年間,為法比公司設計,建築式樣古老,結構不良,以致各主要部分(Main Members)受力多不均勻,所有各連結部份,尤為薄弱。近來運輸發達,車重增大,此種薄弱橋梁,自難勝任,亟應購換新橋,方能擔任繁重之運輸,惟財力尚有未逮,故暫將薄弱之點,設計加固,仍為雙軌,而用為單軌之行車。加固之後,西邊一股為幹綫東邊一股則為由諶家磯車站通於六河溝化鐵廠(即前揚子機器廠)之枝綫。因雙軌單用,故加固為 E25,以應目前之運輸,當能勝任。

(二) 加固設計 該橋最弱之點,為縱梁連結鈑(Splice plate)及橫梁連接鈑兩處,爰新加角鐵及鐵鈑並加大鉚釘以鞏固之。

縱梁上面原無聯繫網(Lateral System),列車駛過,易於擺動。此次加固,附以聯繫網,以資穩固。

橋面原鋪有 6 公厘厚鐵板以便行人,惟列車駛過,響聲甚鉅,故將其完全拆除。

鋼軌原置於縱梁鋼墊板上,現將墊板拆去換用厚20公分寬30公分之橋梁枕木用角鐵連繫於縱梁(Stringers)上。

(三)工作情形　加固工作業於民國二十四年九月一日興工,全部計須剷除大小帽釘四萬八千餘枚,鑽眼十一萬數千箇,新加各式鐵板五千四百四十八塊,角鐵二千二百零四塊,應打帽釘四萬五千四百八十枚,工作既極繁巨開工之前未有充分籌備,且此種重大加固工作,尚屬初次,一切工具設備俱不完全,而設計圖樣於工作之時又發現多點不能施工,故開工之後發生種種困難,初時進行不免因之稍緩,隨時改善工作漸速,預計十六個月完工。平漢路橋工段之組織原為修養橋梁而設人數不多,一切設備均極簡陋,工具多不完備,遇有重大工程工作進行非常困難。例如最為重要之剪板機衝眼機及鑽孔機等項均極簡陋,全用人力,效率自微。此橋加固費用計員工薪金共約二萬八千元,新添鐵板角鐵帽釘等項約需一萬二三千元,汽油煤焦及一切雜料約需四千元,總計約需四萬五千元之譜。如將舊橋換為E-50之雙軌新橋,則撤舊換新,添設便道,則至少應需洋十二三萬元。(參閱圖十三)

圖(十三)

(丁)小橋臨時加固

廣水李家寨間新橋未到,亟須行駛雙掛機車。為救急計,將該段內所有8,10,12公尺不及E-40級之鋼橋,全用木架撐頂,以資應用(參閱圖十四至十六)。

(貳)新橋橋工進行紀畧

(甲)新樂大橋

新橋全長係六孔40公尺之下承鋼桁橋,按照鐵道部最近設計之標準圖樣辦理。橋台橋墩基礎用鐵筋混凝土井筒(Open Caisson)各一個沉井至最低水位下17公尺。各項工程設計詳細說

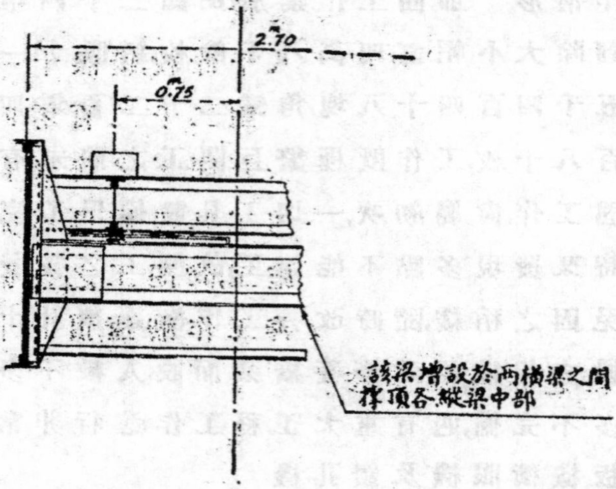

圖　(十四)

圖　(十五)

明載於工程「橋梁及輪渡專號」(上),「平漢鐵路建築新樂橋概要」內。此項橋基工程,於二十三年三月開工至二十四年十一月竣工,計歷時二十一個月。鋼梁亦已訂購,預計二十六年雨季以前當可裝配齊全。橋基及修理滑坡等項工程,以機械陳舊,障礙時

生,井底時有大批石塊及舊沈鋼軌,在設法取出時,又遇山洪突至,工程進行中經過種種困難,方抵於成,實用工程費總數爲國幣 165,483.67 元。此項橋工全用沉井方法至 17 公尺之深度,尚屬罕見。

六(乙) 馮村橋(泜水河)

此項新橋,計分南北兩橋,現定北橋爲五孔四十公尺,南橋爲四孔四十公尺,橋基設計已詳載工程「橋梁及輪渡專號」(下),「平漢鐵路馮村新橋基礎計劃」內。此項橋工於二十四年九月開始,沉井正在進行。原擬兩橋併進,嗣因抽水機不敷應用,只能先就北橋施工。興築以來,亦因機械陳舊,地層內有大圓石,下沉頗難,有時日只 2 公分,現已將北橋之南橋台完成,深度爲 8 公尺。北橋之其他各橋墩,均已次第下沉仍用沉井法(Open Caisson),不另打樁。

圖（十六）

(丙) 花園大橋

花園大橋在公里 1102+977 公尺處,原爲八孔三十公尺下承鋼桁橋,建築年久,樑身薄弱。按原圖計算,載重猶未及古柏氏 E-20 級,故更換新梁急不容緩。惟八座三十公尺新橋,計需鋼料八百噸,約價十八萬餘元。審奪當地情形不若在兩橋墩中間添築新墩,將橋梁跨度縮短一半,改爲十六座 14.25 公尺托式鈑梁,每架重 20.6 公噸,十六架共重 3296 公噸,約值七萬餘元,添建橋墩八座,約價五萬餘元,合計鋼料與橋墩共需洋十三萬元,兩者相較,約可節省五萬餘元。

原有橋墩井筒基礎,下沉最淺者3.8公尺,最深者4.5公尺。新井筒基礎在兩舊墩之間,可與舊橋墩最深者相等。爲審查基礎深度起見,經就新橋墩地址,由探地隊逐一鑽探地質。原有井筒,係雙磚砌井,現改爲一箇鐵筋混凝土井,兩端係半圓形,中用直線相聯,可減少對水流之阻礙。此項井筒工程,已經興築。

民二十年洪水位距軌頂僅1.6公尺,因舊橋爲下承桁梁,水已及橋底,現改爲托式鈑梁,其軌頂至橋座高2.15公尺,故將新橋提高0.6公尺。又更換新橋,擬不建便橋,只將各橋逐次提高(每次不得超過20公分),橋上順成坡度,依次更換,以資撙節。

(卯) 平漢路黃河鐵橋說略

平漢路黃河鐵橋(圖十七)爲四十八孔三十公尺桁梁,暨五

圖　（十七）

十二孔二十公尺鈑梁合組而成,全長三千公尺。當比公司承造時,即認爲臨時橋梁。自完竣後,列車行駛均用小號機車拖牽,並限定經過全橋速度,無論何類列車,其時間不得少於二十分鐘,即每小時速度不得超過十公里。歷年以來,較大機車(重至105公噸)雖可通行,惟爲避免橋身及基樁(Screwpile)(圖十八)過受震動,其駛過時間仍以二十分鐘爲限。遇發水時,河水高漲,流勢猛急,主管工段逐日檢查橋樁四周,原拋以防冲刷之亂石,如有下沉或流失者,即加以補充,實行日久,尚未發生險狀。民二十二年夏季,黃河暴

漲,爲數十年來所未有,其水流方向又變遷無常,勢傾北岸,而經過橋孔竟成斜角,在鐵樁四週,旋渦掏洗,將河沙冲刷,正當急流之數孔,其鐵樁四圍,幾全露空(查各樁長約20公尺,深入沙中約13公尺),亦拋沈巒石圍護基樁,以資救濟,橋樑遂免傾塌,照常行車,而河流狀况又變,河床較前爲深,水平低一公尺餘。至建築新橋,實爲一重要問題其本身設計,如新橋之地址,跨度之長短,橋台之式樣,鋼樑之型式等,均須詳細研究,並經多數中外橋樑專家考查討論,新橋費用已預列七百五十萬元。惟黃河之所以爲患,河道之所以屢遷,間接影響及於橋樑之安全者,水利工程家均認爲其河身太闊之故。蓋河身寬則河流緩,河流緩則所挾泥沙易淤積,如將河身改狹,則水流速度增大,河沙可以暢流。而改狹河身應在兩岸修築堅實護提或滑坡,經屢派測量隊將地形河流詳細測繪對橋址在上下流各定一線,呈部核定。至新橋長度,如有堅固提坡及橋基,則縮短至二千公尺已可敷用矣。

圖(十八)

(四)附言

上述各端,係就軌道橋樑兩部份而言。此外如車站之改建加修,添改廠屋,及增加股道,改善號誌,增加聯鎖,他如防水工作,整理材料,以及改善給水等項,亦均照計畫分別先後次第改良。至管理方面,亦擬採用最新科學方法,逐漸改進,以期日臻完善。至道清支綫接管未久,以前設施,以後改進,均待研討,茲不附列。

奧吐循環引擎改用注射給油之研究

錢邇楨

一.本問題在國外研究之情形 吾人知化汽器之作用,恆視氣壓情形,而異其工作性能。此種變動因數,即藉最完善之化汽校準設備,亦迥勿能控制如意。又據經驗所昭示,即在同一氣壓情形之下,且係單汽缸之引擎,其相續循環間,每一循環所供給引擎之燃質,遑論供給方式,先後不能雷同,即供給之量,亦往往相差甚巨。此種現象所及於引擎之影響,爲必用更饒油比方能達到引擎充極工量,油耗勢必增加。是以國外一般之內燃引擎實驗室,其試驗燃料用之奧吐引擎,大都廢去化汽器,而以用於狄塞爾引擎上之注射給油代之。非特使每一循環內,吸入之燃質,同其量,同其式,且油量之給與,可以準確增減,一如人意。使試驗情形,逼真試驗者之所預期,所得結果,自較準確。

奧吐引擎改用注射給油之研究,美國空軍部於一九二五年即開始其工作。唯自該年份以迄前年底止,該項工作,列入祕密研究項目。直至前年底,始將研究經過發表,并製定試用條例:凡自一九三五年七月一日後所置備之單引擎飛機,均須用以注射給油之引擎。考其研究經歷,初亦以化汽器之浮標裝置,限制該類飛機反覆傾側諸動作之操演能力。負責解決是項困難之人員,苦心焦慮,十易寒暑,方發見用注射給油,可以爲解決之途徑。爰訂定條例,普遍實用。并公開其結果,以爲民用航空之借鏡。說者謂此後飛機因化汽器冰結而失事之慘局,當可減去不少。

美國國立航空顧問委員會曾以不斷之努力,企求每一馬力引擎重量之減低。在其種種企圖中,二循環奧吐引擎亦為研究對象之一。按二循環引擎之工量,不能為四循環引擎工量之二倍,此為事實所限制。唯如何減少此事實上之限制,以達到二循環引擎在理論上所應具之較高工量,實為吾人可以努力之企圖。該會在此種引擎上之研究,在構造上以汽孔司進汽,汽門司排汽。唯利用注射給油於汽缸之機會,使汽油蒸發,降低汽缸氣之溫度與壓力,吸入更多空氣,以增加引擎工量。雖其所得結果,迄今猶僅為每立方英吋活塞衝積,得0.585馬力,前途正多希望,要亦藉給油方法之改善也。

至就現在所通用之汽車引擎,改用注射給油後,其實用價值如何,美國各大學研究所頗多作此項試驗者。觀察各方研究結果,增加引擎馬力,減低汽油消耗,擴展伸縮性能,為一致之結論。而又有希望者,為劣等油類之改用。且注射設備之工作情形,無須具備若工作狄塞爾引擎上之嚴格準確性。注射時間,注射率,遠勿如用於狄塞爾引擎上之需要正確。此點又增加採用此法之便易。說者謂運貨汽車,長途汽車等引擎之改用注射給油,為最近期間之趨勢。現在所感困難者為同等能量之注射設備,其價格高於化汽器,此則復有待於更進一層之研究。唯此法將來普遍採用,注射設備必大量生產,價格低降,要亦意中事耳。

二.注射給油之優點　注射給油之優點何在,可就已往研究之結果,一加考察。茲根據試驗記錄,探求其因此獲得之純益數值,及所依據之理論。

吾人知內燃引擎之工量,實限制於吸入之空氣量,有一定限額,非給油之多寡,在事實上有所不能踰越之範圍也。無論汽化給油或注射給油,在任何引擎上,欲增加給油量超過其所規定額百分之五十以上者,事實上絕無困難。唯增加該一引擎之吸入空氣量,即用最完善之過供器,亦鮮有超過規定額百分之二十以上者,此點足爲上說之證明。奧吐循環引擎改用注射給油後,其馬力增加平均爲百分之七至百分之十一,要視注射地位而定。關於此類增加之理論,則有數端:一,廢去化汽器,減少空氣進入引擎通路之阻力,壓差少,所以吸入量多。二,汽油碎分程度高,混和勻透,空氣可利用之機會增。三,將油直接注射於汽缸者,因汽油無須在進汽管中經過,增加空氣在此管流入之容積。又苟注射時間適當,可以利用汽油之蒸發,減低汽缸氣之溫度與壓力。此二者皆足使空氣之吸入量增多。

減低消耗燃料,爲一般所獲得之事實。唯究能減少若干,則視試驗情形而定,迄今猶無公佈數值。要之,奧吐引擎之以注射給油者,用較瘠油比即能使引擎爲充極負荷之轉動。此種現象,可以多汽缸引擎因燃質分配於各汽缸之勻等與否,而異其所需要之油比作解釋。凡分配不勻等者,必用較饒油比,方能達到引擎在分配勻等時之充極工量。依同一理由,奧吐引擎之以注射給油者,在每一循環期間,均注入等量之油。非若汽化給油,在相續循環間,恆息息差異其吸入油量,自必以多補少,饒其油比,方能使引擎爲充極負荷之轉動。此就循環間油量分配勻等言,解釋注射給油減低燃料消耗之理由。復次,因引擎馬力增,故機械效率優,油耗減低,自屬當然。

茲復從引擎可以轉動之油比言,注射給油能使引擎用更瘠之油比,亦能維持其轉動。換言之,饒瘠兩油比間之相距,可以擴展其範圍。按饒瘠油比之兩極限,決定於空氣燃料混合物之爆發性。過饒或過瘠之油比,均不能使混合物爆炸。倘在火花塞附近,供給僅足以爆發之較瘠油比,而在汽缸其他部份,則給以較此更瘠之油比。如此引擎可以繼續轉動,唯以整個汽缸之油比言,則更屬乏瘠。此法恆稱謂『措準注油』。(Stratification)注射給油所以能降低引擎足以轉動之最瘠油比者藉此。

『措準注油』用於引擎上之實際價值,最顯著者爲當引擎風門開啓極少時,可以增加其循環效率。吾人知當此種情形時,因廢汽淡化燃質之影響加强,必用較饒油比,方能使燃質易於爆發,引擎勻穩轉動。今藉注射給油之『描準作用』,適可反其道而用較瘠油比。油比瘠則愈與『空氣標準循環』相似,循環效率遂增。且風門開啓少,引擎所生之馬力亦少,理應少給汽油,故配分汽油與空氣比量之性能,亦較正確。

注射給油試用於二循環奥吐引擎上,除上所論列諸優點外,尤能便利此類引擎之部份負荷及空車轉動。蓋二循環奥吐引擎之風門節制,向稱謂難於如意控制者。今用注射給油之『描準注油』,在此種作用上,行易而性確。又注射給油可即就原用汽油之奥吐引擎改用柴油。所應變易者,因柴油之抗爆襲值(Anti Knocking Value)低,須將汽油引擎壓縮比減低。唯若在同一壓縮比引擎上,汽油與柴油均不發生『點撞爆襲』者(Detonation),則注射柴油所得之引擎工能,與注射汽油者無處不可頡頏,且預熱汽缸之期間亦不加長。唯用『描準注油』,柴油則常有汚損火花塞,阻礙其發火之能力耳。

三.注射設備之裝置 自奥吐引擎試用注射給油後,其藉以注射之設備,即係利用原用於狄塞爾引擎者。給油幫浦爲濮煦式而係以歪盤司動。噴嘴則係以彈簧司閉油壓司開之閉式。唯用於直接注射至汽缸之噴嘴,則爲特製而具有碎分極細衝進較淺之性能者。至噴嘴之尺寸若干,油壓之力量幾何,各方以尚在試驗期間,迄今猶無公認記錄發表。美國空軍部亦以事關軍事,曾未以注射設備之詳細機構公開說明。唯一致發見之事實,則以爲用於奥吐引擎上之注射設備,其機構可以簡單而較易處理。即或因注射時間未能準確,或注射油量微有差異,要於引擎工能發生極少影響。或者以汽油本身缺少潤滑性,安得不以摩擦損及注射器壽命?欲釋此慮,則美空軍部之汽油注射器,據其公開發表,已連續使用一千小時以上,未加修理,而工作正常,曾未損及引擎工能毫末也。

注射地位，曾分別作汽管注射與汽缸注射二種試驗，均在引擎吸汽行程施行之。而注射至進汽管者，又試驗順流與逆流注射，異同何似。逆流注射至進汽管者，則以油流與氣流相反，助其碎分作用，結果較佳。噴嘴在進汽管中安置之地位，應與空氣在管中流動之波動狀態合其拍奏。吾人知進汽管中之氣流現象，因引擎呼吸間作，一張一弛，有類波動。上文所謂噴嘴安置應與氣流波動合其拍奏者，係言安置地位應恰在氣流速率昂升之一點。此類工作，極其麻煩困難，因進汽管中之氣流波動，至不一律，引擎每一速率及負荷，均各有其特殊之波動狀態，周率異擺距差也。唯據試驗結果，在現在普通輻射式之飛機引擎上，噴嘴安置位置，倘距進汽門不少於7英吋者，結果常優。

直接注射至汽缸之噴嘴，常安置在燃燒室頂部，與火花塞幷列。此類噴嘴應具碎分高衝進淺之性能，前已言之。蓋噴嘴與火花塞幷列，若油霧衝進過深，能使正個汽缸之油比播散，分為饒瘠兩層。鄰近火花塞者油比瘠，遠離火花塞者油比饒。因此失去『描準注射』作用，提高引擎可以旋轉之最瘠油比，損及引擎油耗，故此類噴嘴之衝進性必低者以此。

注射時間應視注射地位定之。在進汽管中注射者，最理想之時間，為當空氣開始自進汽管流入進汽門時，即應開始注油。藉空氣衝動，助長油流。且汽油經歷進汽管之時間長，蒸發機會優，所有一次自噴嘴衝出之油量，迨進汽門關時，已全部汽化，納入汽缸，無有點滴遺留進汽管者。增加油耗經濟，當以此法為最。至直接注射至汽缸者，注射時間曾在每一分鐘作一千轉之引擎上變動其值，起自後上止點30度直至120度。最優結果，應在45度與90度間注油，早於45度及後於90度者，結果皆差。

注射經久一以油比饒瘠，異其久暫。在前每一分鐘作一千轉之引擎上，調節引擎轉動之瘠饒兩絕端油比時，注射經久之變動，約當曲拐轉程19度至25度。汽油注射之設備，大要如是。茲復從試

7750

驗所示,一較汽缸注射與汽管注射之優劣。兩者均能增進汽化給油引擎之工能,前已詳論。唯在比較上言,汽缸注射更優於增進馬力,汽管注射更優於減低油耗。但考汽缸注射,油耗所以不能有同樣減低者,係以火花塞與噴嘴幷列,雖用衝進淺之噴嘴亦無由充分利用攪準注油作用。說者謂倘在汽缸中撼動適當氣渦使全汽缸之油比平均播散,油耗必可減低。次當論者爲注射柴油之試驗。據事實昭示在汽管中注油絕不可能,唯有自汽缸中進之。故全部論斷,奧吐引擎之改用注射給油,似以自汽缸進油較有希望。若施用於多汽缸引擎上時,究以何種裝置爲合宜?據一般意見,可用一個給油幫浦,藉分播器而注油至各個汽缸。是則設備簡單,且無分播油量不勻之弊也。

四,注射給油今後研究之動向　狄塞爾引擎在理論上言,應較同一尺寸汽缸及同一旋轉速率之奧吐引擎,大其馬力,蓋吸入較多空氣量也。唯事實則否。說者謂主要原因,在注射設備未能完善,不能於匆促注射期間,達其應爲之碎分勻播等作用。尤有賴於更進一層之研究,此爲另一問題,當別論之。今所論列者,汽油注射之奧吐引擎,今後研究動向何若。

前節所述,均爲汽油注射在吸氣行程施行之試驗。引擎壓縮比,不能以給油方法改易有所增加,要仍限制於燃料本身之抗爆裂值。此點經爲事實證明。吾人知遲退着火時間,可以增高汽油引擎因壓縮過甚而發生『點擋爆裂』之壓縮比。注射給油之動力,發源於給油幫浦,非藉引擎吸氣以注油,故汽油注射不必定在吸氣行程行之。注射時間,可起自進汽門關閉,遲至壓縮行程之任何一點,要以引擎能繼續轉動爲極限。依遲退着火理由,引擎壓縮比,可藉遲退注射時間以提高。據此種試驗初步報告,限度壓縮比(Critical Compression Ratio)3.5:1之柴油,倘注射時間遲至壓縮行程之後下止點115度時,可用於壓縮比5:1之汽油引擎上。唯此種注射法,因注射時期遲,汽化及勻播之時間,似均嫌不足。故因壓縮比增而所得到之馬力,數量並不大。要有待於更深之試驗。

復次,凡揮發難抗爆裂値高之液體燃料若酒精等,以注射法用於汽油引擎上時,不以揮發不易難其起動,且因抗爆裂値高,可以增加引擎壓縮比而擴其工量。此外注射法可使引擎應用雙料燃料以爆發。在試驗中者若汽油與水之合用,酒精與水之合用等。結果不損引擎馬力,且以燃燒溫度降低免爆裂,勻轉動。至實際試驗記錄,汽油和水至其重量百分之六者,引擎馬力增加最大。唯繼長和水,可以直至汽油重量之百分之三十五,引擎馬力方以和水過多而降低。

爲使汽油注射,便於應用在多汽缸之汽油引擎計,曾試驗連續注射法是否可以採用。此則注射經久,一與引擎轉動,同其起止。關於幫補速率之調節,噴嘴孔隙之變動,在在需據實地試驗,方能配置妥當。照正在開始之試驗言,變動噴嘴孔隙之裝置,係仿化汽器射管校準針之方法,而以真空式控製着火器司其運動。結果如何,以方在試驗未能預卜,要亦可見其趨勢之一斑耳。

據上以觀,汽油注射今後之努力,可以歸納三途:一,汽油引擎因改用注射給油,在本身上可以達到之改進;二,汽油引擎其他燃料來源之試用;三,汽油注射機構上之簡易化實用化。要之,此種研究,係自現有之奧吐引擎,改以注射給油,非將引擎所依工作之循環自奧吐改爲狄塞爾者也。

五本問題在吾國現今之地位 奧吐引擎改善至現今地步,實爲近一二十年間之事實。自引擎完善之程度上言,至少在最近將來間,要可謂已臻飽和之點。以吾國工業落後之國家,各種技術,均須學自外國,在時間及精力之經濟上言,誠唯有努力摹仿努力抄襲而已。所謂前人種樹,後人乘涼,未始非計之得者。但若汽油注射者之新興學術,在他人猶在演進期中,吾必俟人研有結果,坐享其成,自永廁於學術附庸之國,實非所以立國天地之道。所以自學術國格言,吾人應行研究此問題者。

復次汽油注射所涉及之對象,奥吐引擎注射設備而已。此二者完善之程度,在目前可謂已臻頂點。今不過將二者如何連合使用,可以得到最優結果。彷彿材料已備,祇勞配合。非若術繁理奥,吾人力有未逮者。所以在技術容易上言,吾人可以研究此問題者。

國勢阽危,至如此地步。唯有儘速使吾國現代化,方可以與惡運掙扎,免墮沈淪。近年來之建設公路,發展航空,實有深意存焉。但汽油消耗,完全仰諸國外。不必考究進口統計數字,卽已知其事不得了。且若來源斷絕,全國交通命脈,勢必一致陷入停頓。時賢或事鑽探油礦,或事人工造油,或事代油替品,要有由也。汽油注射,可從機械方面,爲解決此一問題之助所以從吾國需要上言,吾人又急需研究此問題者也。

作者草此一文,不敢謂學有心得,或自詡有相當研究。不過就流覽所及,層次敍述,聊當一得之獻。末復貢其愚見,曰應,曰可,曰需,要亦以不敢妄自菲薄,冀勉副時賢所謂各就本位救國之意耳。邦人君子,幸垂鑒焉。

7753

濟南溥益甜菜製糖工廠之蒸氣消耗及其加熱與蒸發設備面積之計算

陸寶愈

濟南溥益糖廠爲國內僅有之甜菜製糖工廠,創於民國十年。當時歐戰以後,糖價暴漲,是爲創設該廠之動機。但自民十一以後,糖價步落,且魯省兵禍連年,金融紊亂,故於民國十六年停業。二十四年春,經前北平市長袁良努力經營,得以復興,是冬開工,出車白糖二萬担,運銷於青,濟,豫,陝一帶,頗受社會上之歡迎。該廠附設酒精工廠一所,利用甜菜糖廢蜜爲原料,每日可出96%以上之酒精3600公升。甜菜糖之製造費,以煤爲大宗,而煤之消耗,與蒸氣之消耗關係至巨。自世界糖業破產以來,各製糖廠努力於蒸氣之節約,以減低製造之成本,蒸發加熱設備,均有長足之進展。溥益因用十餘年前之機械,改革頗感困難,僅就其原有蒸發加熱設備稍爲改良。玆篇所述,卽爲其改良後之蒸氣消耗狀况也。

新式製糖工廠之加熱設備,應以利用各種蒸發罐之汁氣爲原則,蓋如是蒸氣方能兼有蒸發及加熱之功效也。該廠原有設備,除第一,第二炭酸汁,稀汁及粗汁加熱器用第一蒸發罐汁氣外,其餘均用蒸氣或原動力機之廢氣。經改革後,將滲出釜加熱器亦改用第一蒸發罐汁氣與空罐,兼用高壓蒸發罐汁氣及蒸氣,故蒸發能力得以增加,而蒸氣消耗亦較舊法節省15%(對甜菜百分數)。故以每年五萬噸甜菜而論,可省蒸氣7500噸,若每噸煤能發生7噸蒸氣,每年可省煤千噸,値國幣一萬元。蒸氣之消耗,影響於製造費,亦云大矣!

欲計算蒸氣之消耗,先須明瞭各種半製品對甜菜之數量。甜菜糖廠之半製品,爲(1)粗汁,(2)炭酸汁,(3)稀汁,(4)濃汁,(5)一號糖塊,(6)二號糖塊,(7)三號糖塊。甜菜糖廠之廢物,對蒸氣消耗有關者,爲(a)廢渣,(b)廢水。每百公斤甜菜所得之各種半製品之公斤數如下:

(1)粗汁 115公斤;　(2)(3)炭酸汁及稀汁,140公斤;　(4)濃汁 26.8公斤;
(5)一號糖塊 17.8公斤(蒸自濃汁);　5.5公斤(蒸自一號洗蜜);
45公斤(蒸自溶解糖液);　(6)二號糖塊 11.6公斤(蒸自一號洗蜜);
3.6公斤(蒸自二號洗蜜);　(7)三號糖塊 7.09公斤。

廢物對每百公斤甜菜之產量爲(a)廢渣 100公斤　(b)廢水 120公斤

此外原料及廢物之溫度,滲出水之溫度,半製品之溫度及濃度,均爲計算蒸氣消耗之重要數字,玆特列表如下:

(1)甜菜絲溫度 5°C　(2)滲出水溫度 30°C　(3)廢渣及廢水溫度 35°C
(4)粗汁溫度 25°C　預淨溫度 40°C,粗汁加熱器出口 80°C　(5)第一炭酸汁加熱器進口 75°C　出口 90°C　(6)第二炭酸櫃　進 80°C　出 85°C
(7)第二炭酸汁加熱器進口 80°C　出口 90°C　(8)稀汁加熱器進口 80°C 出口 93°C　(9)濃汁通亞硫酸櫃進 55°C　出 75°C

蒸氣及汁氣之分配

滲出釜加熱器用第一蒸發罐汁氣
第一粗汁加熱器用第一蒸發罐汁氣
第二粗汁加熱器用第一蒸發罐汁氣
稀汁加熱器用第一蒸發罐汁氣
第一炭酸汁加熱器用第一蒸發罐汁氣
第二炭酸汁加熱器用第一蒸發罐汁氣
預淨槽用蒸氣
第二炭酸櫃用蒸氣
濃汁通亞硫酸櫃用蒸氣
高壓蒸發罐用蒸氣
第一蒸發罐用原動力機及真空唧筒之廢汽
真空罐三分之二用高壓蒸發罐汁氣

7755

真空罐三分之一用蒸氣

上述各種數字既定以後,第二步工作,即爲計算蒸氣之消耗。

(1) 滲出釜用第一蒸發罐汁氣

甜菜絲 滲出水

(1) 進來熱量 $100\times0.9\times5+215\times30=6900$ 克洛里

廢渣 廢水 粗汁

(2) 出去熱量 $(100+120)\times35+115\times0.9\times25=10287.5$ 克洛里

(2)—(1)=3387.5 克洛里即爲需要之熱量

故第一蒸發罐汁氣之消耗爲 $\frac{3387.5}{540}=6.27$ 公斤 (540 爲第一蒸發罐汁氣之熱量)

(2) 預淨槽用蒸氣

$115\times(40-25)\times0.9=1552.5$ 克洛里; $\frac{1552.5}{500}=3.10$ 公斤(500爲蒸氣可用之熱量)

(3) 粗汁加熱器用第一蒸發罐汁氣

$115\times(80-40)\times0.9=4140$ 克洛里; $\frac{4140}{540}=7.66$ 公斤

(4) 第一炭酸汁加熱器用第一蒸發罐汁氣

$140\times0.9\times(90-75)=1890$ 克洛里; $\frac{1890}{540}=3.3$ 公斤

(5) 第二炭酸槽用蒸氣

$140\times0.9\times(85-80)=630$ 克洛里; $\frac{630}{500}=1.26$ 公斤

(6) 第二炭酸汁加熱器用第一蒸發罐汁氣

$140\times0.9\times(90-80)=1260$ 克洛里; $\frac{1260}{540}=2.31$ 公斤

(7) 稀汁加熱器用第一蒸發罐汁氣

$140\times0.9\times(95-80)=1890$ 克洛里; $\frac{1890}{540}=3.3$ 公斤

(8) 濃汁通亞硫酸槽用蒸氣

$26.8\times0.6\times(75-55)=321.6$ 克洛里; $\frac{321.6}{500}=0.64$ 公斤

(9) 一號糖真空罐用蒸氣

$\frac{9}{0.9}=10.00$ 公斤 (此爲濃汁煮成一號糖膏所需蒸氣)

$\frac{1.62}{0.9}=1.80$ 公斤 (此爲一號洗蜜煮成一號糖膏所需蒸氣)

$\frac{2.10}{0.9}$=2.33公斤(此爲溶解糖液熬成一號糖塊所需蒸氣)

(10)二號糖眞空罐用蒸氣

$\frac{2.3}{0.9}$=2.6公斤(此爲一號蜜熬成二號糖塊所須蒸氣)

$\frac{1.04}{0.9}$=1.1公斤(此爲二號洗蜜熬成二號糖塊所需蒸氣)

(11)三號糖眞空罐用蒸氣

$\frac{1.27}{0.9}$=1.4公斤(此爲二號糖蜜熬成三號糖塊所需蒸氣)

合計熬糖用所需蒸氣=19.23公斤

三分之二供自高壓蒸發罐汁氣即12.82公斤

三分之一供自鍋爐出來之蒸氣即6.41公斤

蒸發罐所用蒸氣可用下表計算之。溥益之蒸發設備,爲一個高壓蒸發罐及一列之四重効用蒸發罐。

高壓蒸發罐	第一蒸發罐 第二蒸發罐 第三蒸發罐 第四蒸發罐	
12.82公斤	滲出筒	6.27公斤
	粗汁加熱器	7.66公斤
	第一炭酸加熱器	3.30公斤
	第二炭酸加熱器	2.31公斤
	稀汁加熱器	3.30公斤
		22.84公斤

假定各罐之平均蒸發水分爲x

則第四罐蒸發x公斤水分　x

第三罐蒸發x公斤水分　x

第二罐蒸發x公斤水分　x

第一罐蒸發x公斤水分　x+22.84

高壓蒸發罐蒸發　x+22.84+12.82−30(30爲百公斤甜菜所得之原動機廢汽)

5x+45.68+12.82−30=113.2(113.2爲應蒸發之水分)

x=16.936公斤

故高壓蒸發罐所需之鍋爐蒸氣爲16.936+22.84+12.82−30=　22.596公斤

第一蒸發罐所需之鍋爐蒸氣爲(其不足蒸氣可用高壓蒸發罐汁氣補充)　30.000公斤

7757

預淨槽,第二炭酸櫃,濾汁迴亞硫酸槽及眞空罐用蒸氣 =11.410公斤
動力用蒸氣 = 2.000公斤
器具及流管之輻射損失熱 = 8.000公斤
將稀汁熱至高壓蒸發罐之沸點 = 2.000公斤
自睃氣排去管及空氣噴筒排出之蒸氣 = 3.000公斤

共計79.006公斤

倘照薄釜原有設備,不加以改良,則滲出釜加熱器,不能用第一蒸發罐之汁氣,高壓蒸發罐亦不能使用,其蒸氣消耗改算如下:

第一蒸發罐之汁氣數量,由22.54公斤減至16.57公斤,因滲出釜加熱器不用此汁氣。

一一蒸發罐之平均蒸發水分應照下表改算

第四蒸發罐蒸發	x公斤水分
第三蒸發罐蒸發	x公斤水分
第二蒸發罐蒸發	x公斤水分
第一蒸發罐蒸發	x+16.57−30 公斤水分

$$4x+16.57-30=113.20$$

x=31.657 公斤水分

故直接蒸氣之補充於第一蒸罐者爲 31.657+16.57−30=18.227 公斤

直接蒸氣之應用於滲出釜加熱氣者爲 $\frac{3387.5}{500}$ = 6.775 公斤

直接蒸氣之應用於眞空罐者爲 12.82+6.41 =19.230 公斤

直接蒸氣之應用於預淨槽,第二炭酸櫃及濾汁迴亞硫櫃爲 3.10+1.26+0.64 = 5.000 公斤

其他蒸氣之消耗 (詳上) 15.000 公斤

計64.232 公斤

原動機廢汽用于第一蒸發罐者爲 30.000公斤

共 94.232 公斤

由是可知,用改良設備,可以節省百分之十五之蒸氣。

熱面之計算:

熱面計算之公式 $\frac{\text{每分鐘之總傳熱量}}{\text{傳率數}\times(\text{蒸氣溫度}-\text{沸騰溫度})}$

高壓蒸發罐之傳熱量 = 22.596×530=11975.88

蒸氣溫度＝122°C；　糖汁溫度＝112°C；一　傳熱率＝50；

故蒸發蒸發罐之熱面積＝$\frac{11975.88}{50\times(122-112)}$＝23.9517平方公尺

但以上爲每分鐘百公斤之甜菜製造量。溥益之製造能方每分鐘爲三百五十公斤，故須將此數乘以3.5；23.9517×3.5＝83.8.0平方公尺(溥益之現有熱面爲138.8平方公尺)。

第一蒸發罐之熱面照同例計算如下

$\frac{36.776\times540}{40\times(112-102)}$＝53.6976平方公尺

53.6976×3.5＝187.9416平方公尺(現有熱面爲324.08平方公尺)

第二蒸發罐之熱面爲

$\frac{16.936\times545}{30\times(102-92)}$＝30.767平方公尺

30.767×3.5＝107.684平方公尺(現有熱面爲138.8平方公尺)

第三蒸發罐之熱面爲

$\frac{16.936\times550}{20\times(92-80)}$＝38.81平方公尺

38.81×3.5＝135.835平方公尺(現有熱面爲138.8平方公尺)

第四蒸發罐之熱面爲

$\frac{16.936\times565}{12(80-55)}$＝31.896平方公尺

31.896×3.5＝111.636平方公尺(現有熱面138.8平方公尺)

故該廠蒸發罐之熱面，除第三蒸發罐外，均有多餘。

加熱器熱面之計算

滲出釜加熱器之總傳熱量爲　3387.5克洛里；　糖汁之平均溫度假定爲65°C；　傳熱率爲5第一蒸發罐之汁氣溫度爲102°C。其熱面之算法如下：

$\frac{3387.5}{5\times(102-65)}$＝18.305平方公尺

18.305×3.5＝64.0675平方公尺

若九個滲出釜工作時，每一個加熱器之熱面應爲$\frac{64.0675}{9}$＝7.118平方公尺(現有熱面11平方公尺)

第一炭酸汁加熱器

$\frac{1890}{5\times(102-80)}$＝17.17平方公尺

17.17×3.5＝60.095平方公尺(現有熱面55.5平方公尺)

粗汁加熱器

7759

$$\frac{4140}{5\times(102-60)}=19.71$$ 平方公尺

19.71×3.5=68.985 平方公尺(現有熱面爲111.1平方公尺)

第二炭酸汁加熱氣

$$\frac{1260}{5\times(102-85)}=14.82$$ 平方公尺

14.82×3.5=51.87平方公尺(現有熱面55.5平方公尺)

稀汁加熱器

$$\frac{1890}{10\times(102-90)}=15.75$$ 平方公尺

15.75×3.5=65.125 平方公尺(現有熱面爲55.5平方公尺)

由是可知,溥益之第一炭酸汁加熱器及稀汁加熱器之熱面稍嫌不足。

眞空罐之熱面:

一號糖眞空罐 $$\frac{14.13\times565}{10\times(112-55)}=14.006$$ 平方公尺

14.006×3.5=49.021 平方公尺

實際上眞空罐操作非連續的故其損失時間甚多,應多加75%

49.021+49.021×0.75=85.786 平方公尺

二號糖眞空罐 $$\frac{3.7\times565}{5\times(112-55)}=7.335$$ 平方公尺

7.335×3.5=25.672 平方公尺

25.672+25.672×.75=44.926 平方公尺

一號眞空罐與二號眞空罐之總熱面爲130.712平方公尺(現有總熱面爲150平方公尺)

三號糖眞空罐 $$\frac{1.4\times560}{5\times(112-65)}=3.336$$ 平方公尺

3.336×3.5=11.676 平方公尺

11.676+11.676×.75=20.333 平方公尺(現有熱面75平方公尺)

故溥益之眞空罐熱面,頗多有餘。

熱力均衡(Heat Balance)之計算,爲一般化學工廠所必須舉行,不特糖廠爲然,即國內之普遍化學工廠,如造紙及洋灰等廠,亦均有熱力均衡計算之必要。當此民窮財盡,外貨壓迫之秋,減低成本,實爲目前辦工廠者之要圖。茲篇所述,對於糖廠製造成本之如何減低,當亦不無小補也。

清華大學二十五萬伏高壓實驗室

顧毓琇　婁爾康

國立清華大學電機工程系

〔摘要〕本文報告國立清華大學高壓實驗室之設備及實驗情形。該室現有之設備,可得 35 秖安 250000 伏之 50 週波交流高壓,150000 伏之直流高壓,220000 伏之人造雷電,及 50000 週波 60000 伏之高頻高壓。已做之實驗,有電暈,飛閃放電,表面放電,球隙放電,衝擊放電等,詳見攝影各圖。

(一) 緒言

近年高壓傳輸之發展,有一日千里之勢。最高輸電線電壓有至 380 秖者。考其緣因,實以高壓實驗之進步,而使絕緣材料應用之經濟所致。以前各項高壓設備之設計,及裝置,全憑經驗,既不能合乎經濟原則,而安全方面亦未必完全可靠。此數十年來,各國對驗室之設立日有增加,高壓實驗之技術日有改進,且有國際高壓會議之組織(去年在巴黎開第八次會議)。還顧我國,土地之廣,水力蘊量之大,陶瓷,油漆出產之富,將來高壓轉輸及絕緣製造工業之發展必有極大希望。以是高壓工程學說之討探,高壓人才之培植,及高壓實驗室之創設,實為目前一急務矣。

國立清華大學高壓實驗室創設於二十四年春,設備僅一奎中公司出品之五美伏高壓試驗變壓器。同時在德國講奎吉公司定購現有之設備,八月運達,二十五年三月始裝置完竣,開始實驗。

(二) 高壓實驗通論

高壓實驗室以各種需要之不同,其設備亦因之而有異。但以實驗之性質而言,約可分為四類:

第一類為低週率(50或60週波)高壓試驗,用以試驗各種絕緣體,變壓器,油開關等平時之高壓工作情況。此為四類中之最重要者。

第二類為高壓直流試驗,其主要功用在試驗電纜。蓋高壓電纜裝置完畢以後,必須加以試驗,然後可以接電應用。所試電壓約為所用電壓之一倍,所加時間至少半小時。但電纜之充電電流(Charging Current)比較頗大,若用五十週波交流高壓以試驗之,其所用變壓器必須有較大之容量,以供此項電流。非特經濟上不合算,即在田野間輾轉搬運亦感不便。若用直流試驗,變壓器之容量可以減小甚多,使之與整流管裝成一套,則非特經濟,且亦輕便。

第三類為衝擊試驗(Impluse test)。近年研究雷電及其他電衝(Electrical Surge)之結果,知高壓傳輸電系(High-tension Transmission System)上之絕緣體,油開關,變壓器,電纜等等,除須能耐50週波之通常高壓以外,更須不為突然而來之電衝所破壞,故必須預cca衝擊試驗。

第四類為高週率高壓試驗。各種絕緣體在高週波時,其介電耗(Dielectric Loss)自當較大,因之其絕緣度亦必較在50週波時為低,故絕緣體若用於高週率高電壓之線路中,(如無線電放射線路)必須另加高週試驗。

各種試驗均有其特殊之設備,詳見下文。

(三) 實驗室之設備

清華高壓實驗室之全部設備如圖(一)所示。圖(二)為所有儀器之接線圖。在實驗時自不必完全連接,每一試驗僅取所須儀

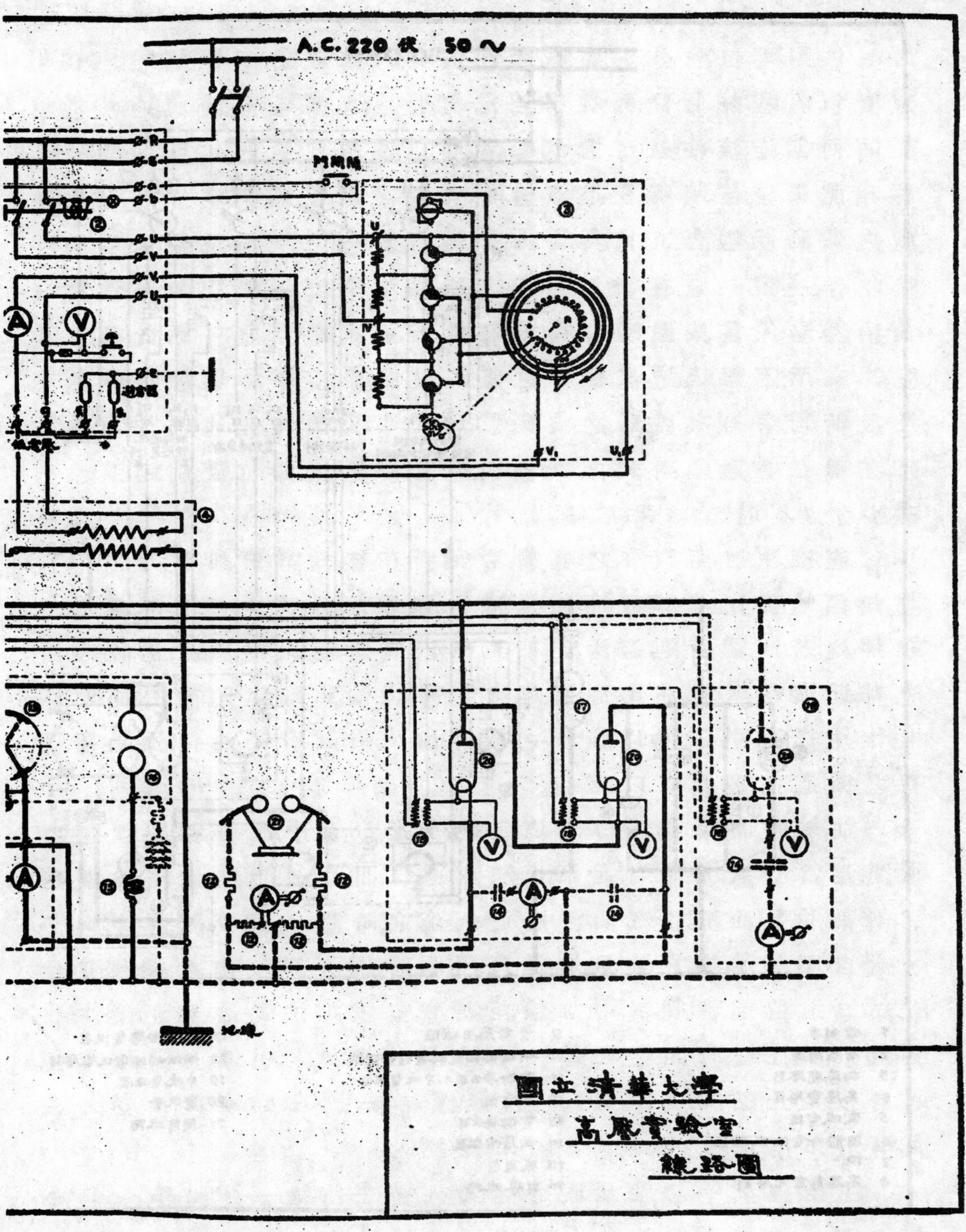

(二)

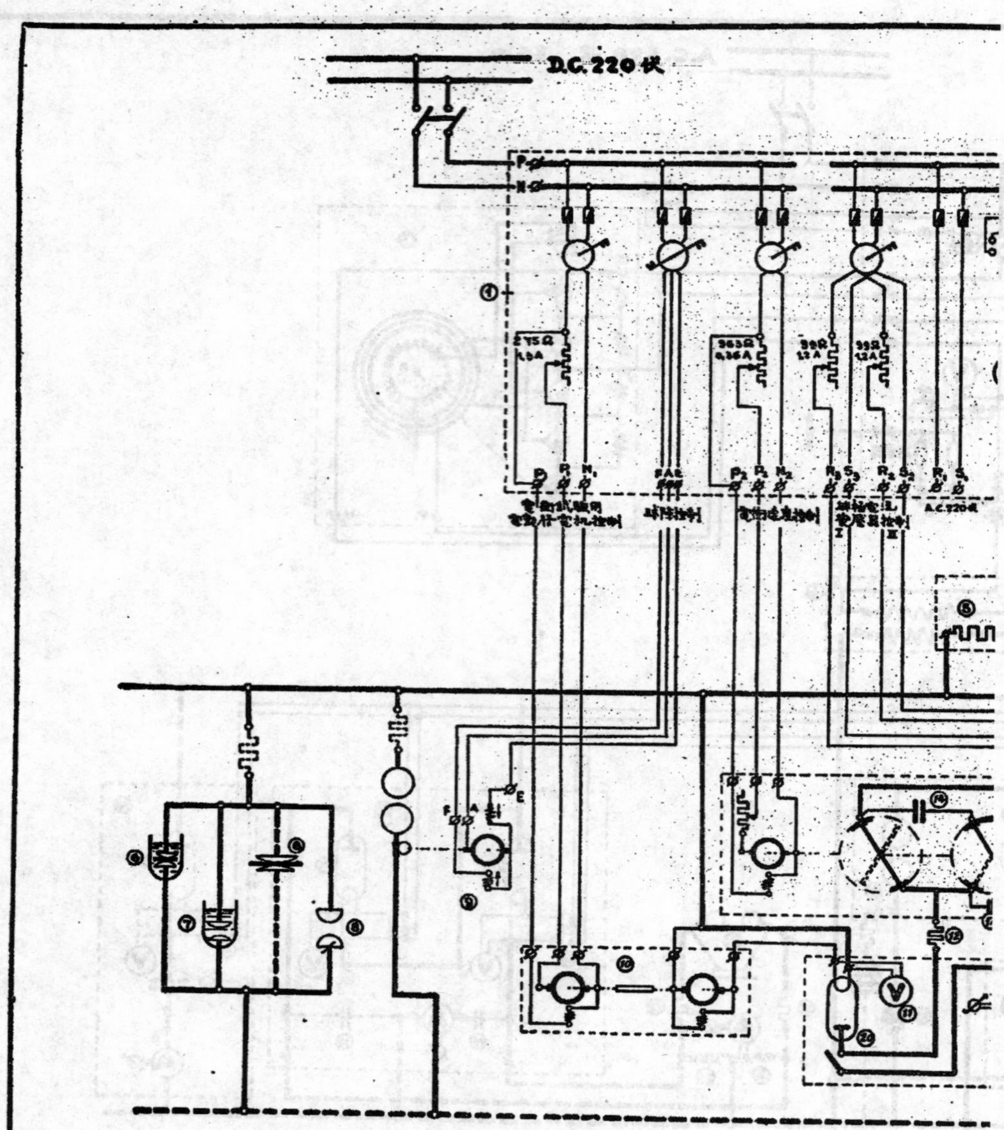

1 控制桌
2 自動開關
3 調節變壓器
4 高壓變壓器
5 汞弧電阻
6 固體介電物試驗器
7 液- - - - - - -
8 高壓靜電電壓計
9 量電壓用球隙
10 供給網極電流電動發電機
11 電衝發生器之半波整流器
12 水電阻
13 電衝發生器
14 高壓電容器
15 感應圈
16 引導球隙
17 半波倍壓整流器
18 供給網極電流變壓器
19 半波整流器
20 整流管
21 開關球隙

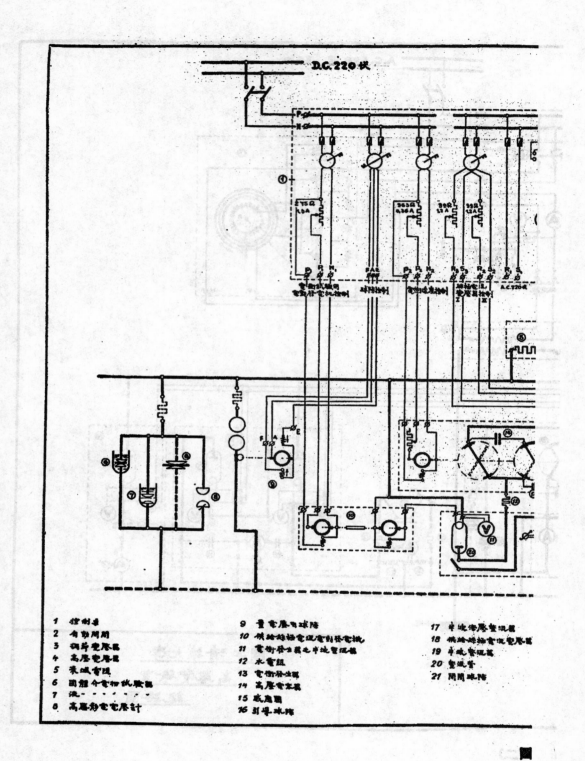

圖

圖一

器置室內,其他則另置別室,以使實驗室內室之空地增多。因在高壓實驗室中,線頭儀器墻壁鐵架等,彼此必須有充分之間隔,同時更須給實驗者對於每一儀器有明晰之觀察也。今將本室各項設備之特性,及應用略述如下:

圖(二)之(4)為 440/250,000 伏之高壓變壓器,容量35 衹安,單相,高壓方面一端接地,一端由一灌油瓷套管引出,套管頂上為一鋁球,中空,與套管通,內亦灌油惟不達頂,使變壓器油受熱而澎漲時不致溢出。此球同時亦作分佈電場之用。低壓方面由一220/0—440 伏之變換接頭式自變壓器調節其輸入電壓。此調節變壓器之容量亦爲35瓩安,共有五圈,每圈110伏,220電源接在U V二點,中有一圈R有接線頭二十六個,與一轉盤相連,起先此圈經變換開關與第一線圈並聯,若將轉盤依次旋轉,則在U_1V_1二點之電壓從0變至110,至此轉盤之另一附件將變換開關轉過90°,則R又於第二線圈並聯,同時轉盤又還至原處,若繼續旋轉,則U_1V_1之電壓又由110伏變至220伏,同理由220伏而330伏而440伏。每次變換之時U_1V_1二點之電壓並不間斷,亦無增減。轉盤旋動一格高壓方面電壓約增2500伏,此種電壓調節法固甚簡單經濟,惟不能得聯續之電壓變換耳。

高電壓由變壓器出來,經一4500歐(5)之衰減電阻(Damping Resistance)通至高壓總線,然後分別接至其他各種高壓器件。

本室高壓直流之來源有二,一爲115000伏半波整流器,一爲230,000伏半波倍壓整流器(Half wave in double connection)。前者爲圖中之(19)及(11),後者爲圖中之(17)。半波整流器所用之高壓整流管(Kenotron)能受之最高逆電壓(Max. Peak Inverse Voltage)爲230,000伏,故交流電壓最高可加至$230,000/2\sqrt{2}$(=81,400)伏。該管之平均直流電流可達50份安。絲極電壓爲12.5伏,由一直立式直流電動發電機供給之。發電機與電動機之中間用絕緣軸連接之。半波倍壓整流器用整流管二,連接法如圖所示。每管之最高逆電壓爲150,000伏,最大平均直流出量爲50份安,故最大之交流電壓僅可加至$150,000/2\sqrt{2}$(=53,000)伏。絲極電壓爲13伏,由二個與地絕緣之變壓器分別供給之。二種整流器中必須加接電容器與試驗物並聯,以維持直流電壓之波形。所用電容器(14)之容量爲0.016粉法,可在110,000伏下工作。

電壓用25公分直徑之球隙(9),或250,000伏之靜電電壓計(8),度量之。球隙之長短則用一串激式直流電動機遙控之。使接地之一球上下升降,且同時帶動一指針使在一圓盤上指示隙長,球升降之速度甚慢,且電動機之控制開關內接有動力制動線路

(Dynamic Braking Circuit),能使開關關閉後球之滑動降至半公厘以下。

靜電電壓計為 Starke-Schroeder 式,為<u>蔣益吉</u>之最新出品,用二大金屬片作電極,於片之中心開一長方小口,中有一不對稱形式之小擳,懸於金屬絲上,翼之背面附一小鏡,另有電燈標尺等物一如普通之電計。當二極間電壓增加,擳受二極間電場之作用,繞絲而轉,所轉之角度,可由燈光之反射在標尺上讀出之。大小與電壓成正比例,而與二極之距離成反比例,故可變換電極之距離而更改所量電壓之範圍。且標尺在一個範圍以內校正後,其他範圍亦可應用,只須乘以適當之數目即可。此電計交直流電壓皆可測量,但對於不對稱電壓(如一端接地)與對稱電壓(如中心接地)則有二種不同之校準。

在控制桌上之低壓電計亦有一高壓尺度,但所示數值因負載情形之不同頗有出入,僅供參考而已。

(13) 為雷電發生器,包括電容器(14)二,電動接聯開關一,及15公分球隙一。當充電時使接聯開關將兩電容器並聯,至相當電壓,電動機一開,接聯開關則轉至別一地位,將兩電容器串聯,於是球隙之二端電壓增加一培,此電壓即突破球隙,經二電阻而放電。其簡圖如圖(三)。當放電之時因R之電阻極高,在整流管之線路內並無甚大影響。在R_e之二端當然有一電壓降落,此即用以作試

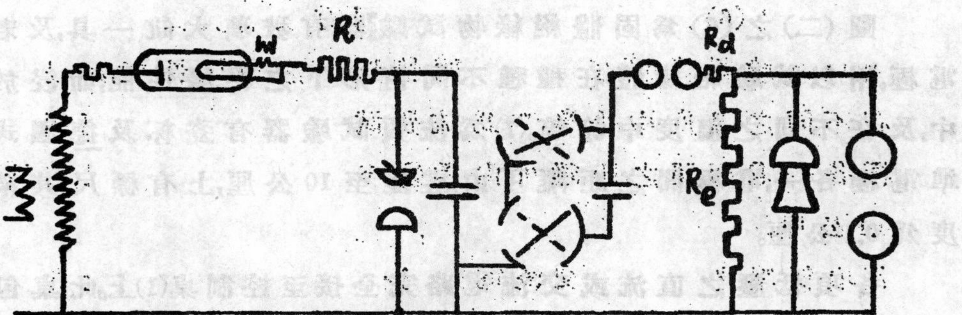

圖(三)

驗之衝激電壓 (Surge Voltage)。如此開關繼續充電,放電,每秒鐘約可得電衝一次。電壓最高當可至220,000伏,波形之變換可以調節電阻 R_d 及 R_e 而得,電壓之正負可由變換整流管之方向而得。如去 R_d 不用,且將 R_e 代以一1份亨感應圈,即得約50,000週波之衰減振盪,其電壓高60,000伏,可作高週率試驗之用。

若不用上述雷電發生器,另用電容器二,電阻四,開關球隙 (Switching Sphere Gap) 一,即可得二十二萬伏之馬克司周路雷電發生器 (Marx-Circuit Lightning Gener ator)。其簡圖如下(圖四):

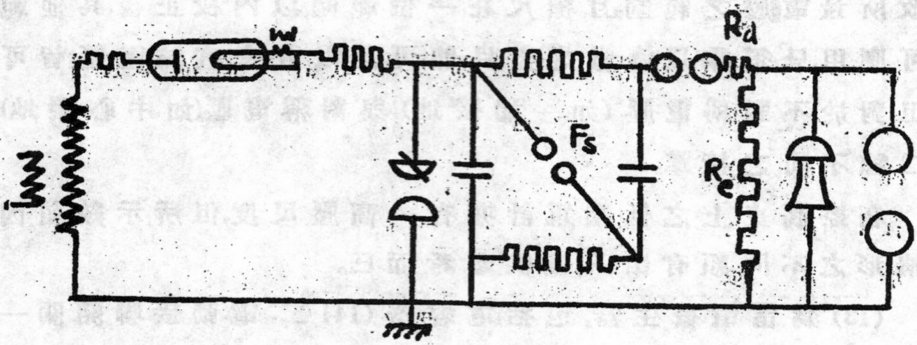

圖 (四)

圖中 F_s 即為開關球隙。

如用圖(二)(17)所示之半波倍壓整流器接法,則在開關球隙之二端得對稱之直流電壓,亦可用以作行走電波(Travelling Wave)之實驗。

圖(二)之(6)為固體絕緣物試驗器,有玻璃大缸一具,及若干電極,用以試驗絕緣體在種種不同情形下之絕緣性能,如浸於油中,及在不同之溫度中等等。(7)為流質試驗器有瓷杯及德國式標準電極各一,電極間之距離可由零變至10公厘,上有標尺,其精確度為0.1公厘。

各項低壓之直流或交流電路完全接至控制桌(1)上。此桌包含各種調節電阻,保險,開關等。更有一200安自動開關(2),當高壓方面因放電而短路時,即自動將電源切斷。在此自動開關之無壓擇放(No voltage release)線圈中,有一串聯開關,裝在欄杆之門上,若此門不關或有人開啓,即能自動將開關跳開,以免危險。桌內更有避雷器二,接於交流線上,使高壓方面因放電而在低壓方面引起電激,則即由此二避雷器導入地中,以免危及其他相聯之低壓組織。

(四) 裝置

一.機件及儀器之排列。 本室各項儀器,機件,連高壓變壓器在內,皆爲移動式,本無所謂排列。但因實驗室房屋較低,故在室之東北角上掘一一公尺深之方井(圖五),置高壓變壓器於其中,使瓷套管頂端電壓最高處與四周任何物體有一公尺以上之距離。(250000伏至少有83公分之距離,爲安全計取一公尺)。其餘雷電發生器,高壓電壓表等亦置放一定地位,勿使移動以其較爲笨重也。此外各項儀器視每種實驗之需要及接線之便利而可任意變動其位置。

二.高壓線。 二條一公分直徑銅管之高壓總線,每條長七公尺,橫掛室之上方,用一公尺長之膠管絕緣柱懸於室頂。二總線相距亦爲一公尺,彼此可以相聯,亦可分開,皆可經衰減電阻(5)而接至高壓變壓器瓷套管之頂端。其餘分線則隨時用 $7\times7\times0.15$ 公厘銅線接至總線,或儀器。接聯時除必要相當之距離外,尖銳之轉角突出之線頭等等,務須免除。高壓線或任何儀器與墻或任何接地之物體在不同之電壓下須有下列之間隔:

電壓	100	150	200	250	千伏
距離	300	470	650	830	公厘

三.低壓線。 所用低壓線全爲地下線,由控制桌至高壓變壓器者爲一1000伏100安之電纜,其餘則爲平常之皮線。

四.地線。 地線之設計與裝置極關重要,因高壓實驗室之工作情況安全問題等等,大都視地線之良好與否而定。本室地線有二條,一條專供工作電路之用,(如高壓變壓器一端之接地,球隙,靜電電壓計一端之接地等等)是爲工作地。線橫臥於室之北墻下

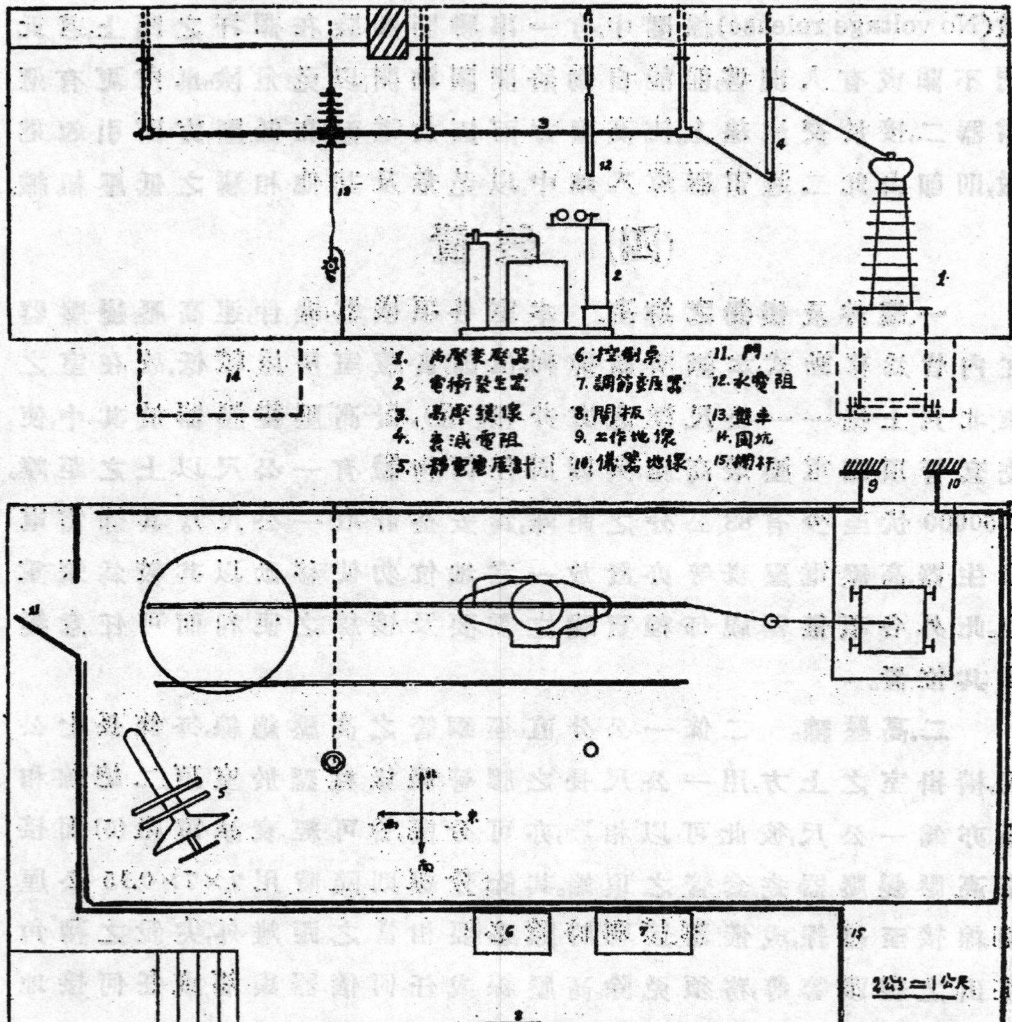

圖 (五)

方,離地面僅 5 公分(圖五)。另一條則爲儀器地線,專供儀器保險之用,如變壓器之外壳,球隙之鐵架,鋼窗,暖汽管等等,金屬物體,全接至此地線。因凡在室內或附近之金屬物體,如無完善之接地,皆可由靜電感應作用而升高其電壓,人偶觸之即有危險。當實驗完畢之時,或中止而欲變換接法,人手欲觸曾加高壓之物件時,亦必須先將一接地棒將此物體接觸一次,使上面之剩餘電荷入地。當用電容器時,此舉尤屬必要。儀器地線與工作地線所以分開之故,則以否則若地線接地棒萬一因年久侵蝕而中斷或受外界之影響而接地電阻忽而增高，則室內接地之處全受有高電壓，其危險將不可思議。

地線接地處皆在緊靠實驗室之空地上，二者之間亦有相當距隔，每線之接地法如下所述：

因欲減少接地電阻故，用四條三公尺長一吋徑之白鐵管打入地內，每管相距亦三公尺，成一Y式之排列。每管之四周更掘一半公尺徑，半公尺深之圓坑，中加食鹽一層，再將土填入打緊。各管間則用1″×⅛″之白平鐵互相接，連而引入室內。

五.欄杆　圖五中之粗線爲欄杆，高壓變壓器通電時不准有人入內。欄外爲控制桌，調節變壓器，閘板等，如圖中所示，不必詳述。

六.油坑　室內有一米深二米直徑之圓坑一，以備盛油作試驗大件絕緣體之用，其旁有盤車及掛鉤一套以供試驗懸垂式絕緣體之用。

(五) 實驗

實驗工作分爲二部，(a)爲課程方面者，供學生實習之用，原理與實際並重。(b)爲研究工作。

(a) **普通基本實驗**　此項實驗甚多，茲擇其要者列述於下：

1. 高壓電之量法 —— 用球隙較準靜電電壓計，同時觀察低壓方面之電壓計，看其變壓比例之變化。

2. 高壓直流之發生 —— 各種整流電路之接法，看所加交流電壓與所得直流電壓之關係，用靜電電壓計較準球隙之直流與隙長之曲線。

3. 空氣在50週波時之高壓特性 —— 用各種形式之電極看其不同之放電程序，及隙間加有障礙物(Barrier)之作用等。

4. 電暈試驗 —— 用各種直徑不同之銅線，試驗二線並行時及置於鐵管中心時發生電暈之電壓梯度(Corona starting voltage

7771

gradient)。由此可得線之直徑,距離,及表面情形之關係,更用直流作同樣之試驗觀察其正負電暈之異端等。

5. 表面放電 —— 表面放電之形式視電場與表面所成之角度而異,試驗電場與表面並行時之放電,及垂直時之放電。(後者包含套管(Bushing)之設計及製造之原理)。又可試驗立許登盤圖(Lichtenberg Figure)之原理等。

6. 瓷絕緣體在50週波時之高壓試驗 —— 各種瓷絕緣體之飛閃(flash-over)及擊穿試驗。飛閃電壓與電極之形狀之關係及放電圈(Discharge Ring)之應用。懸掛式絕緣體(Smpension insulator)之電壓分佈等。各項飛閃試驗在空氣中試驗後更加以標準之人造雨以試驗之。擊穿試驗則將絕緣體浸於油中舉行之。

7. 電衝試驗 —— 各種電衝發生器之接法及波形之預計。各種形式之電極及絕緣體,電衝比率(Impluse Ratio)之求得等。

8. 避雷器之試驗 —— 試驗各式避雷器之性能。

9. 固體絕緣體之試驗 —— 試驗擊穿電壓與絕緣體厚薄之關係,與所加電壓時間之關係,與試驗時溫度之關係以及與不同形式之電極之關係等。

10. 液體絕緣體之試驗 —— 試驗各種純油之擊穿電壓及油中所含水份或雜質之與擊穿電壓之關係,輕重油類與溫度之關係,以及絕緣油之電衝試驗。

11. 高週試驗 —— 試驗各式空氣隙及絕緣體之高週飛閃電壓及絕緣體之高週擊穿電壓。

12. 放電滯度(Spark lag)之量法 —— 用行走波反射之原理以量各種電極及絕緣體之放電滯度。

13. 行走波峻度(Steepness)之量法 —— 量行走波所經導線一部份之電壓降落。以此部份導線之長度除之。

14. 靜電感應之試驗 —— 試驗各式不同形式之電極,觀察其感應電壓。

(1) 電暈及飛閃放電針一針隙，隙長70公分電壓230仟伏

(2) 懸垂式瓷絕緣體之飛閃放電 250千伏 50～

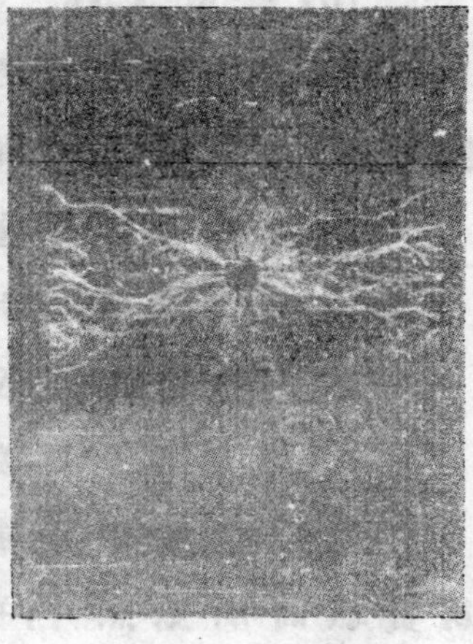

(3) 玻璃鏡面上之表面放電（電場與表面垂直）電壓80千伏

(4) 25公分球隙放電情形，隙長24公分

(5) 電衝發生器工作情形及220,000伏懸垂絕緣體之衝擊放電

(6) 200,000 伏人造雷電由避雷針入地

(7) 200,000伏人造雷電擊中房屋起火

圖　（六）

(b) 研究工作 目前可作之研究工作亦不少,例如:

1. 試驗吾國之陶瓷,動植物油,漆類以及各項麻毛絲織品,及國產紙等,以供自製絕緣材料之參考。

2. 各種複雜電極之放電現象。

3. 電場之直接測量器。

4. 雷電之測量及保護。

5. 直流電暈與交流電暈之損耗等等。

但以創設伊始,未有充分時間,尙無任何結果可以發表。圖(六)為實驗時所攝照片,可供讀者之參考。

(六) 將來之擴充

空氣標準電容器 (Standard Air Condenser) 在高壓測定中之用處極大,本室卽將開始設計製造一100,000 伏之柱式空氣電容器,以備接成許令橋 (Schering Bridge) 以供測定介質損耗,及作分位器 (Potential divider) 之用。

高壓陰極線示波器之應用亦甚廣大,不久擬連同各項必要另件向國外訂購。

將來可添置高壓電容器若干,擴充現有之馬克司式雷電發生器,則本室不難發生百萬伏之高壓電衝。

已在訂購中者有230,000 最高逆電壓之高壓整流管一只,及其另件擬與原有之一套接成倍壓線路。故不久本室卽可發生230,000之直流。

(七) 尾言

最後本室以國內高壓實驗設備之難得,極願與任何工廠,研究機關,學術團體等合作,而作學識上之討探,及實際上之試驗。

又本室之裝置得蒲益吉公司及德籍交換研究生柯立美 (Klimmek) 君之幫助不少,特此誌謝。

鐵路車輛鈎承減除磨耗之設計

封雲廷

鐵路運輸事業日就頻繁,所需車輛,數量既多,使用甚劇。故對於車輛各部機件之保養費用,不可不務求節省,而佔車輛保養費之大宗者,實爲輪緣輪軸軸瓦輓鈎等部。輪緣之磨耗,爲不可避免者;輪軸及軸瓦間因有合金之襯托,磨耗較緩,軸瓦修換亦易,問題尙不嚴重,惟車鈎與鈎托間磨耗極重尙未見有何有效方法以減除之。作者本多年之實地工作經驗深覺車鈎與鈎托間之磨耗,有減除之必要。因有此鈎承之設計(圖一及二)。

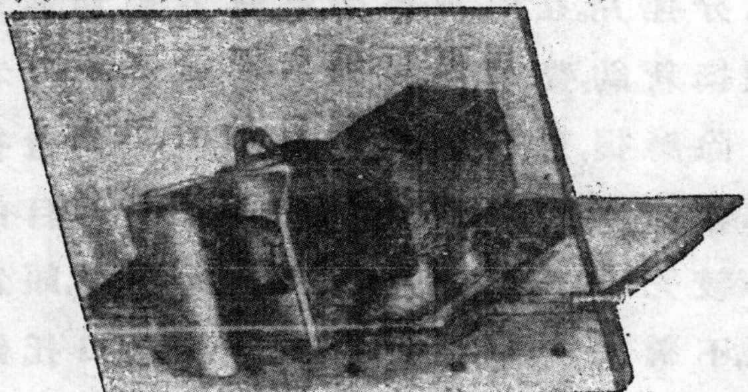

圖（一）

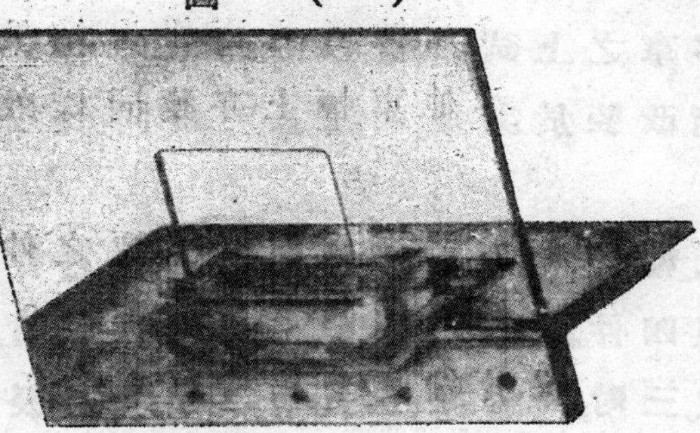

圖（二）

車鈎與鈎托間磨耗之原因 凡有一批車輛入廠修理,常有多數鈎身磨損過限,修理功夫極大,究其原因,蓋爲列車行駛彎道,出入道岔,或開車停車之際,車鈎左右擺動或前後伸縮,鈎頸與鈎口托鐵磨擦不已所致,如圖(三)所示。

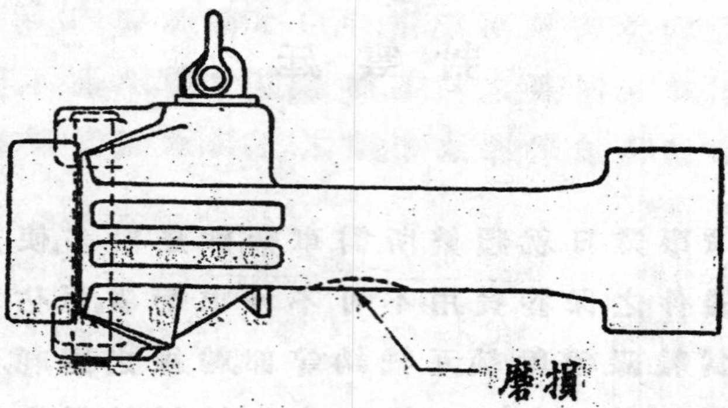

圖 (三)

鈎身磨損,不合使用,即須卸下銲補。零件既多,復多銹結,工人須於車下工作,拆落費時費力,安裝時亦然。以致車輛在廠停修日期延長,不能充分運用。且銲料與所需電力,費用亦屬不小。其鈎身損壞太甚者,須換新鈎,費用更巨,殊失經濟之義。作者曾用種種方法試驗,對於減除磨損,有完全達到目的者,但構造複雜,不易裝置,亦有構造簡單較易裝置者,而僅能達到一部份目的,未能悉臻完善。最近始得一較完善之車鈎托承,裝於鈎頸下,頗爲適合,乃擇用之。裝此設備後,不獨鈎身得以減除磨損,即鈎口托鐵等亦受其惠。因車鈎擺動伸縮二項動作,均由磨擦動作,改爲轉動動作故耳。初製數套裝於客車之上試用。據各方面報告結果,車鈎磨損已能完全避免,現逐漸改裝於其他車輛上,亦獲同樣效果,茲將此鈎承構造,分述如下。

構造 此種鈎承構造極爲簡單。主要之件計有:橫軸一,縱軸二,軸匣一,共僅四件。橫軸以鋼爲之,橫者徑一吋,置於軸匣上槽中,縱軸徑四分之三吋,置於軸匣下槽中。橫軸之長與鈎頸之寬度相等:頸寬五吋者,軸長五吋,頸寬七吋者,軸長七吋。縱軸長二吋,不因任何情形而改變。軸匣以鑄鋼爲之，寬度隨橫軸長度而增減，其他尺寸均可不改變。軸匣上槽角緣之半徑爲半吋，下槽者爲八分之三吋。上槽底爲弧形面，半徑爲三又四分之一吋。橫軸於鈎身無動作之時，因自身之重量，得常位於軸匣之中央。

爲安裝此鈎承，尚須另配附件，以車輛種類不一，結構各異，此零件之形式不盡相同。要之均甚簡單，僅大同小異耳。現裝於客車者，如圖(四)所示，卽釘於端樑及中樑之上，鈎承卽安置於中。

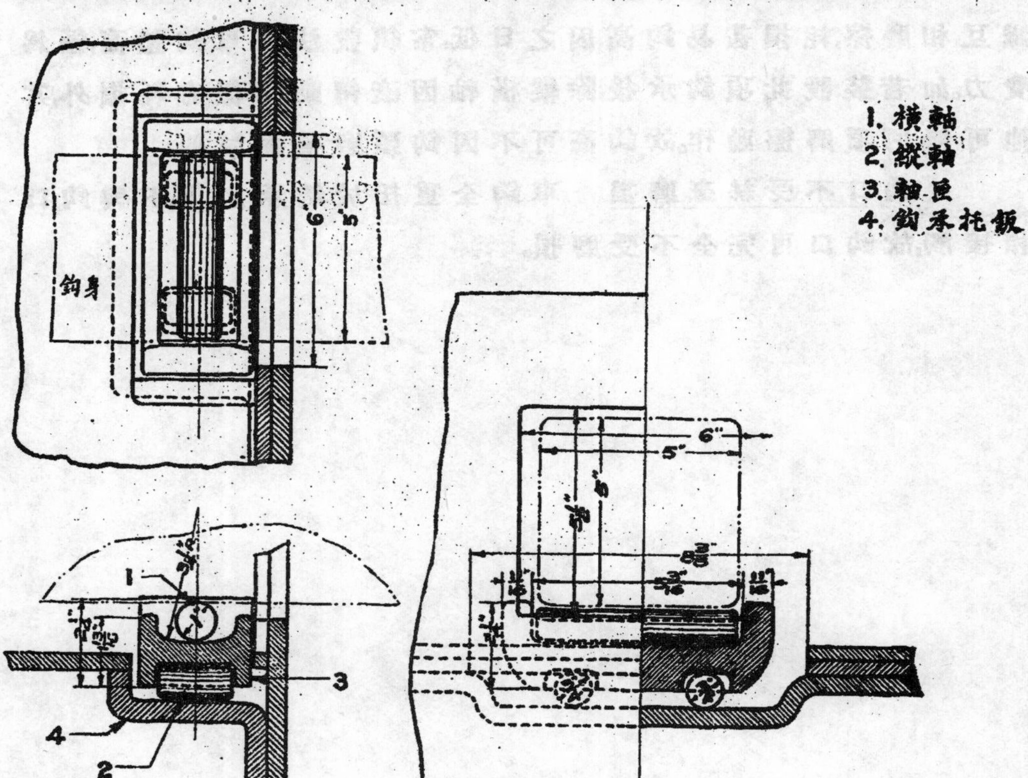

圖　（四）

動作　列車行駛彎道或出入道岔之際，鈎身及鈎匣向左右擺動，滚軸匣下之二縱軸，在托板上滚轉，此時鈎身可不受磨擦動作。當開車或停車之際，車鈎伸縮時，軸匣上槽內之橫軸隨車鈎滚轉，鈎身因橫軸之滚轉，得以前後引移，亦可不受磨擦動作。故無論車鉤前後左右移動,鉤頸下部均可不致耗損。

優點:

1. 鉤身不受磨損　鉤身不受磨損,壽命得以延長,修理費用減少,車輛停廠日期縮短,鐵路運輸量可以增進。

2. 減少車鉤各部傷損　列車行駛彎道或出入道岔之際,車鉤得以擺動自如,各部份因扭轉而受傷損之情形,得以減少。

3. 鉤高不受車鉤影響　凡未裝此項鉤承之車輛,鉤身與托鐵互相磨擦,耗損甚易鉤高因之日低。常須設法將車鉤墊高,極爲費力。如若裝設此項鉤承後,除縱橫軸因滚轉動作微有耗損外,其他可無何項磨擦動作。故鉤高可不因鉤頸磨損而減低。

4. 鉤口不受絲毫磨損　車鉤全重托於鉤承之上,不與鉤口相接觸,故鉤口可完全不受磨損。

7779

7780

7781

7782

7783

上圖爲浙贛鐵路局南萍段贛江正流及
支流之鐵路橋共長二千四百英尺不久
卽可架設鋼梁圖示墩座工程進行狀況

承造者

新中工程股份有限公司

事務所
上海江西路三七八號
電話一九八二四

製造廠
閘北寶昌路嚴家閣
電話閘北四二二六七

機器出品

柴油引擎◉抽水機◉壓氣機◉碾米機

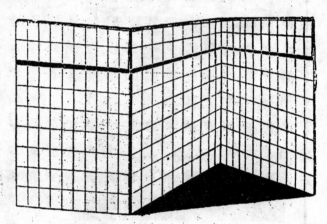

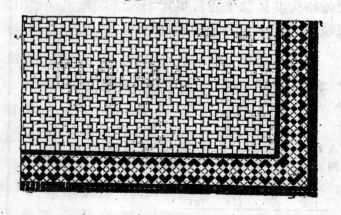

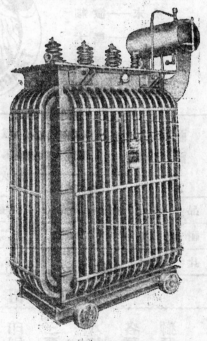

7789

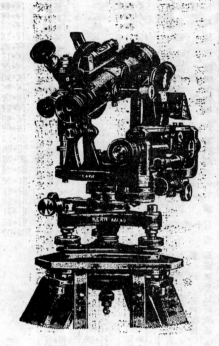

膠濟鐵路行車時刻表

民國二十五年六月一日改訂實行

下行列車

站名	到開	三一次各等	七三次二三等	七一次二三等	二一次各等	一次各等
青島	開	七•二〇		一〇•一〇	一三•二〇	二三•〇〇
大港	開	七•三三		一〇•二五	一三•四〇	二三•一三
四方	開	七•四五		一〇•三三	一三•四八	二三•二五
滄口	開	八•〇四		一〇•四二	一四•〇五	二三•四一
女姑口	開	八•二三		一一•〇四	不停	不停
城陽	開	八•三一		一一•一四	不停	二三•五六
南泉	開	八•四七		一一•二一	不停	〇•一一
藍村	開	八•五五		一一•四八	一四•三五	〇•二四
李哥莊	開	九•〇三		一一•五七	不停	不停
膠東	開	九•一四		一二•一一	不停	不停
膠州	到	九•二六		一二•一四	一五•一〇	〇•五七
膠州	開	九•二九		一二•二七	一五•二〇	一•〇四
芝蘭莊	開	九•四六		一二•三七	不停	不停
姚哥莊	開	九•五五		一二•四四	不停	不停
高密	到	一〇•〇六		一二•五四	一五•四一	一•三五
高密	開	一〇•一八		一三•〇四	一五•五二	一•四〇
康家莊	開	一〇•二八		一三•一六	不停	不停
蔡家莊	開	一〇•四〇		一三•二九	不停	不停
塔耳堡	開	一〇•五七		一三•四一	不停	不停
丈嶺	開	一一•〇九		一三•五二	不停	不停
岞山	開	一一•一九		一四•〇三	一六•四三	二•三〇
黃旗堡	開	一一•二八		一四•二三	不停	不停
南流	開	一一•三六		一四•三二	不停	不停
蝦蟆屯	開	一一•五一		一四•四一	不停	不停
坊子	到	一二•〇四		一四•五二	一七•二八	三•一六
坊子	開	一二•一九		一五•〇三	一七•四二	三•二六
二十里堡	開	一二•三一		一五•一四	不停	不停
濰縣	到	一二•四九		一五•二六	一七•五九	三•四四
濰縣	開	一二•五五	七•四〇	一五•四三	一八•〇七	三•五八
大圩河	開	一三•〇七	七•五五		不停	不停
朱劉店	開	一三•二一	八•〇四		不停	不停
昌樂	開	一三•二八	八•二〇		不停	四•三四
堯溝	開	一三•四七	八•二五		不停	不停
譚家坊	開	一四•〇三	八•三八		不停	不停
楊家莊	開	一四•一〇	八•五五		不停	不停
青州	到	一四•二〇	九•〇六		一九•〇六	五•二九
青州	開	一四•二五	九•二〇		一九•二四	五•四〇
普通	開	一四•三三	九•三五		不停	不停
淄河店	開	一四•四二	九•五五		不停	不停
辛店	開	一四•五五	一〇•一一		一九•五五	六•〇〇
金嶺鎮	開	一五•〇九	一〇•二一		不停	不停
湖田	開	一五•一八	一〇•三三		不停	不停
張店	到	一五•二七	一〇•四八		二〇•二五	六•二一
張店	開	一五•四五	一〇•五六		二〇•三二	六•三〇
馬尚	開	一六•〇四	一一•〇七		不停	不停
周村	到	一六•二五	一一•一八		二一•〇三	六•四六
周村	開	一六•二八	一一•三五		二一•二〇	六•五三
大臨池	開	一六•五五	一一•四六		不停	不停
王村	開	一七•〇五	一二•一九		不停	七•三四
普集	開	一七•一五	一二•三四		不停	不停
明水	開	一七•三〇	一二•五九		不停	不停
棗園莊	開	一七•四二	一三•一五		二一•三一	七•〇七
龍山	開	一七•五六	一三•二三		不停	不停
郭店	開	一八•一一	一三•四二		不停	不停
王舍人莊	開	一八•二三	一三•五六		不停	不停
黃臺橋	開	一八•三五	一四•一一		二二•二六	七•四四
北關	開	一八•四五	一五•一九		不停	七•五五
濟南	到	一八•五〇	一五•二三		二二•三五	八•〇〇

上行列車

站名	到開	三二次各等	七二次二三等	二二次各等	七四次二三等	二次各等
濟南	開	七•三〇		一三•〇四	一四•一〇	二三•一〇
北關	開	七•三八		不停	一四•二五	二三•一九
黃臺橋	開	七•四六		不停	一四•三八	二三•二七
王舍人莊	開	八•〇四		不停	一四•五七	不停
郭店	開	八•二二		不停	一五•〇三	不停
龍山	開	八•二七		一三•三五	一五•一二	〇•〇七
棗園莊	開	八•三五		不停	一五•二三	〇•二〇
明水	開	八•五四		不停	一五•三三	不停
普集	開	九•〇三		不停	一五•四〇	〇•四八
王村	開	九•一二		不停	一六•〇七	不停
大臨池	開	九•二三		一四•四二	一六•二七	一•〇一
周村	到	九•三三		一四•五四	一六•三二	一•一八
周村	開	九•三九		不停	一六•四一	不停
馬尚	開	一〇•〇一		不停	一六•五一	不停
張店	到	一〇•一九		一五•二〇	一七•一七	一•三四
張店	開	一〇•二九		一五•三二	一七•二八	一•四〇
湖田	開	一〇•四六		不停	一七•三二	不停
金嶺鎮	開	一〇•五四		不停	一七•四三	不停
辛店	開	一一•〇九		一六•〇九	一八•〇四	二•一〇
淄河店	開	一一•二一		一六•二四	一八•一九	二•二一
普通	開	一一•三三		不停	一八•二八	不停
青州	到	一一•四四		一七•〇七	一八•四〇	二•四九
青州	開	一一•四九		一七•一〇	一八•五九	三•〇〇
楊家莊	開	一二•〇九		不停	一九•一四	不停
譚家坊	開	一二•三一		不停	一九•二七	不停
堯溝	開	一二•三六		不停	一九•三七	不停
昌樂	開	一二•四八		一七•四九	二〇•一四	三•四八
朱劉店	開	一三•一九		不停	二〇•二六	不停
大圩河	開	一三•三〇		不停	二〇•四三	不停
濰縣	到	一三•四九		一八•二六	二〇•五九	四•一八
濰縣	開	一四•〇一	八•三〇	一八•四〇	二一•〇九	四•三〇
二十里堡	開	一四•一三	八•四〇	不停	二一•二一	不停
坊子	到	一四•三四	八•五五	一九•〇五	二一•三五	四•五〇
坊子	開	一四•四四	九•〇九	一九•一八	二一•四二	五•〇〇
蝦蟆屯	開	一五•〇一	九•二四	不停	二一•五三	不停
南流	開	一五•一四	九•三九	不停	二二•〇七	不停
黃旗堡	開	一五•二〇	九•四七	不停		不停
岞山	開	一五•三二	九•五九	一九•五八		五•四八
丈嶺	開	一五•四一	一〇•一八	不停		不停
塔耳堡	開	一五•五三	一〇•二八	不停		不停
蔡家莊	開	一六•〇四	一〇•三九	不停		不停
康家莊	開	一六•一五	一〇•五一	不停		不停
高密	到	一六•二二	一一•〇三	二〇•三二		六•二六
高密	開	一六•三〇	一一•一五	二〇•四〇		六•三九
姚哥莊	開	一六•四五	一一•二六	不停		不停
芝蘭莊	開	一六•五六	一一•三五	不停		不停
膠州	到	一七•〇八	一一•四六	二一•〇二		六•五九
膠州	開	一七•一九	一二•〇〇	二一•一四		七•〇六
膠東	開	一七•三四	一二•二〇	不停		不停
李哥莊	開	一七•四七	一二•三二	不停		不停
藍村	開	一七•五七	一二•五〇	二一•三四		七•二五
南泉	開	一八•〇六	一三•〇七	不停		七•三二
城陽	開	一八•一四	一三•一四	不停		七•四一
女姑口	開	一八•一九	一三•二八	不停		七•四八
滄口	開	一八•二一	一三•四九	二二•二〇		七•四四
四方	開	一八•二五	一四•〇三	二二•二六		七•四九
大港	開	一八•二七	一四•〇三	二二•三五		七•五五
青島	到	一八•三〇	一四•〇七	二二•四〇		八•〇〇

7790

隴海鐵路簡明行車時刻表

民國二十四年十一月三日實行

上行車

車次 / 站名	特別快車			混合列車	
	1	3	5	71	73
連雲			10.00		
大浦				8.20	
新浦			11.46	9.01	
徐州	12.40		19.47	18.25	19.05
商邱	17.18				1.36
開封	21.36	14.20			7.04
鄭州南站	23.47	16.17			9.4
洛陽東站	3.51	20.23			16.33
陝州	9.20				0.09
靈寶	10.06				1.10
潼關	12.53				5.21
渭南	15.37				8.59
西安	17.55				12.15

下行車

車次 / 站名	特別快車			混合列車	
	2	4	6	72	74
西安	0.30				8.10
渭南	3.15				11.47
潼關	6.36				15.33
靈寶	9.09				18.56
陝州	10.30				20.27
洛陽東站	16.30	7.36			4.11
鄭州南站	20.50	11.51			10.27
開封	22.59	13.40			13.12
商邱	3.02				18.50
徐州	7.10		8.53	10.30	0.15
新浦			16.48	20.04	
大浦			←	20.30	
連雲			18.25		

本路73次與平漢62，72次又本路73，74次與平漢61次在鄭州聯接
本路一次特快與平漢21次又本路二次特快與平漢22次在鄭州相聯接
本路一次及二次特快與滬平通車301，302次在徐州聯接

正太鐵路簡明行車時刻表

民國25年3月28日實行

石家莊至各站距離公里	石家莊至各站三等票價	101 榆太區間各等客車	7 石太混合三等客車	3 石太普通膳車各等	241 石獲區間二三等車	1 石太快車膳車各等	261 石獲區間二三等車	站名 ↓車次 ↑車次	238 獲石區間二三等車	4 太石普通膳車各等	256 獲石區間二三等車	8 太石混合三等客車	102 太榆區間各等客車	6 太石普通膳臥各等	太原站至各站三等票價	太原站至各站距離公里
0	0		7.26	8.03	8.34	11.27	15.00	石家莊	14.27	16.03	21.05	22.02		7.26	3.65	243
17	0.30		8.10	8.33	9.07	11.50	15.36	獲鹿縣	13.57	15.37	20.33	21.33		6.54	3.45	227
44	0.70		9.48	9.36		12.35		南河頭		14.44		20.08		5.24	3.00	199
57	0.90		10.51	10.04		12.58		井陘縣		14.24		19.38		4.54	2.80	186
74	1.15		12.08	10.56		13.48		娘子關		13.45		18.45		3.56	2.55	169
121	1.85		16.08	12.48		15.30		陽泉		12.08		16.41		1.[illegible]7	1.85	122
161	2.45		19.03	14.46		17.25		壽陽縣		10.42		13.54		0.13	1.25	83
218	3.30	13.01	21.13	16.37		19.´6		榆次縣		8.30		10.50	16.26	21.18	0.40	26
243	3.65	13.42	22.00	17.18		19.38		太原		7.45		9.52	15.45	20.16	0	0

榆谷支線

距離公里	2001 混合各等	2003 混合各等	2005 混合各等	站名 ↓車次 ↑車次	2002 混合各等	2004 混合各等	2006 混合各等	三等票價
36	8.40	16.46	21.20	榆次縣	8.20	12.40	20.50	0.55
	9.45	17.51	22.25	太谷縣	7.12	11.32	19.42	

時刻係廿四小時制　除終點站外　均爲開行時刻

注意

各等票價比例	臥車床位票價
二等票價係三等票價之二倍	頭等每夜下鋪 4.50元
頭等票價係三等票價之三倍	二等每夜 { 下鋪 3.00元 / 上鋪 2.50元

中國工程師學會

朱母紀念獎學金委員會徵文廣告

本會現徵求民國二十六年朱母紀念獎學金論文，應徵者希於二十六年二月十一日以前將稿件投寄到會。茲將應徵辦法附錄於後：

(一)應徵人之資格　凡中華民國國籍之男女青年，無論現在學校肄業，或爲業餘自修者，對於任何一種工程之研究，如有特殊興趣而有志應徵者，均得聲請參與。

(二)應徵之範圍　任何一種工程之研究，不論其題目範圍如何狹小，均得應徵。報告文字，格式不拘，惟須繕寫清楚，便於閱讀，如有製造模型可供評判者，亦須聲明。

(三)獎金名額及數目　該項獎學金爲國幣一百元，當選名額規定每年一名，如某一年無人獲選時，得移至下一年度，是年度之名額，即因之遞增一名。不獲選者於下年度仍得應徵。

(四)應徵時之手續　應徵人應徵時，應先向本會索取「朱母紀念獎學金」應徵人聲請書，以備填送本會審查。此項聲請書之領取，並不收費，應徵人之聲請書連同附件，應用掛號信郵寄：上海南京路大陸商場五樓中國工程師學會「朱母紀念獎學金」委員會收。

(五)評判　由本會董事會聘定朱母紀念獎學金評判員五人，組織評判委員會，主持評判事宜，其任期由董事會酌定之。

(六)截止日期　每一年度之徵求截止日期，規定爲「朱母逝世週年紀念日」，即二月十一日，評判委員會應於是日開會，開始審查及評判。

(七)發表日期及地點　當選之應徵人，即在本會所刊行之「工程」雜誌及週刊內發表，時期約在每年之四五月間。

(八)給獎日期　每一年度之獎學金，定於本會每年舉行年會時贈予之。

全國經濟委員會公路處編輯「中國公路建設攝影」展期徵求照片啓事

(一)徵求照片種類

1 工程照片　如路基路面橋梁涵洞護牆輪渡碼頭及測勘施工情形等

2 交通運輸照片　如車輛車站油站修車廠及其他交通運輸設備等

3 風景照片　與公路有關兼風景優美之照片

(二)照片說明　每種照片之後面請註明詳細地點及名稱（如係橋梁須說明跨徑式樣路面須說明寬度厚度及建築材料等）工程較大者並說明建築費及開工完工日期

(三)照片尺寸　照片大小以四寸左右爲宜勿貼在硬紙上並須清晰以便製版

(四)限期　務於廿六年四月三十日前寄南京鐵湯池經委會公路處

(五)報酬　應徵人須詳細書明通訊處凡經選登之照片當載明攝影者姓名並贈送彙覽一本其聲明「不錄仍退」者當將原物寄還

請聲明由中國工程師學會『工程』介紹

工程年曆

中華民國26年

	1	2	3	4	5	6	7	8	9	10	11	12	
○								1 213					○
1		1 32	1 60					2 214			1 305		1
2		2 33	2 61			1 152		3 215			2 306		2
3		3 34	3 62			2 153		4 216	1 244		3 307	1 335	3
4		4 35	4 63	1 91		3 154	1 182	5 217	2 245		4 308	2 336	4
5	1* 1	5 36	5 64	2 92		4 155	2 183	6 218	3 246	1 274	5 309	3 337	5
6	2 2	6 37	6 65	3 93	1 121	5 156	3 184	7 219	4 247	2 275	6 310	4 338	6
○	3 3	7 38	7 66	4 94	2 122	6 157	4 185	8 220	5 248	3 276	7 311	5 339	○
1	4 4	8 39	8 67	5 95	3 123	7 158	5 186	9 221	6 249	4 277	8 312	6 340	1
2	5 5	9 40	9 68	6 96	4 124	8 159	6 187	10 222	7 250	5 278	9 313	7 341	2
3	6 6	10 41	10 69	7 97	5* 145	9 160	7 188	11 223	8 251	6 279	10 314	8 342	3
4	7 7	11 42	11 70	8 98	6 146	10 161	8 189	12 224	9 252	7 280	11 315	9 343	4
5	8 8	12 43	12* 71	9 99	7 147	11 162	9 190	13 225	10 253	8 281	12* 316	10 344	5
6	9 9	13 44	13 72	10 100	8 128	12 163	10 191	14 226	11 254	9 282	13 317	11 345	6
○	10 10	14 45	14 73	11 101	9 129	13 164	11 192	15 227	12 255	10* 283	14 318	12 346	○
1	11 11	15 46	15 74	12 102	10 13	14 165	12 193	16 228	13 256	11 284	15 319	13 347	1
2	12 12	16 47	16 75	13 103	11 131	15 166	13 194	17 229	14 257	12 285	16 320	14 348	2
3	13 13	17 48	17 76	14 104	12 132	16 167	14 195	18 230	15 258	13 786	17 321	15 349	3
4	14 14	18 49	18 77	15 105	13 133	17 168	15 196	19 231	16 259	14 287	18 322	16 350	4
5	15 15	19 50	19 78	16 106	14 134	18 169	16 197	20 232	17 260	15 288	19 323	17 351	5
6	16 16	20 51	20 79	17 107	15 135	19 170	17 198	21 233	18 261	16 289	20 324	18 352	6
○	17 17	21 52	21 80	18 108	16 136	20 171	18 199	22 234	19 262	17 290	21 325	19 353	○
1	18 18	22 53	22 81	19 109	17 137	21 172	19 200	23 235	20 263	18 291	22 326	20 354	1
2	19 19	23 54	23 82	20 110	18 138	22 173	20 201	24 236	21 264	19 292	23 327	21 355	2
3	20 20	24 55	24 83	21 111	19 139	23 174	21 202	25 237	22 265	20 293	24 328	22 356	3
4	21 21	25 56	25 84	22 112	20 140	24 175	22 203	26 238	23 266	21 294	25 329	23 357	4
5	22 22	26 57	26 85	23 113	21 141	25 176	23 204	27 239	24 267	22 295	26 330	24 358	5
6	23 23	27 58	27 86	24 114	22 142	26 177	24 205	28 240	25 268	23 296	27 331	25 359	6
○	24 24	28 59	28 87	25 115	23 143	27 178	25 206	29 241	26 269	24 297	28 332	26 360	○
1	25 25		29 88	26 116	24 144	28 179	26 207	30 242	27 270	25 298	29 333	27 361	1
2	26 26		30 89	27 117	25 145	29 180	27 208	31 243	28 271	26 299	30 334	28 362	2
3	27 27		31 90	28 118	26 146	30 181	28 209		29 272	27 300		29 363	3
4	28 28			29 119	27 147		29 210		30 273	28 301		30 364	4
5	29 29			30 120	28 148		30 211			29 302		31 365	5
6	30 30				29 149		31 212			30 303			6
○	31 31				30 150					31 304			○
1					31 151								1

工 THE JOURNAL OF 程 THE CHINESE INSTITUTE OF ENGINEERS

FOUNDED MARCH 1925—PUBLISHED BI-MONTHLY

OFFICE: Continental Emporium, Room No. 542. Nanking Road, Shanghai.

中華民國二十六年二月一日出版

工程第十二卷第一號

編輯人 沈怡

發行人 裘燮鈞

發行所 中國工程師學會 上海南京路大陸商場五四二號 電話九二五八二號

印刷者 中國科學公司 上海福煦路六四九號 電話七四五七七號

分售處

上海徐家滙蘇新書社

上海四馬路作者書社

上海四馬路上海雜誌公司

南京正中書局南京發行所

濟南芙蓉街教育圖書社

南昌民德路科學儀器館南昌

發行所

南昌 南昌書店

廣州永漢北路上海什誌公司

廣州分店

重慶今日出版合作社

成都開明書店

定報處 上海南京路大陸商場五四二號

收稿處 中國工程師學會會刊經理處 上海本會編輯部

會員及定戶通訊 凡會員或定戶更改地址或有寄報遺失等情請卽函知上海本會

交換書報 凡欲與本刊交換者請向上海本會圖書室接洽並請先寄樣本交換書報槪請逕寄上海本會圖書室收

本刊價目表

全年六册零售每册定價四角

每册郵費 本埠二分 國內五分 國外四角

預定	册數	書價連郵費 本埠	國內	國外
半年	三册	一元一角	一元二角	二元三角
全年	六册	二元一角	二元二角	四元二角

新疆蒙古及日本照國內 香港澳門照國外

廣告價目表

ADVERTISING RATES PER ISSUE

地位 POSITION	全面每期 Full Page	半面每期 Half Page
底封面外面 Outside back cover	六十元 $60.00	
封面及底面之裏面 Inside front & back covers	四十元 $40.00	
普通地位 Ordinary Page	三十元 $30.00	二十元 $20.00

廣告概用白紙。繪圖刻圖工價另議。連登多期價目從廉。欲知詳細情形。請逕函本會接洽。

7796

隴海路終點海港—埠連雲港—全景
初步工程施工情形詳載本期111-154頁

工程

第十二卷第二號　二十六年四月一日

第六届年會論文專號(下)

中國工程師學會發行

7799

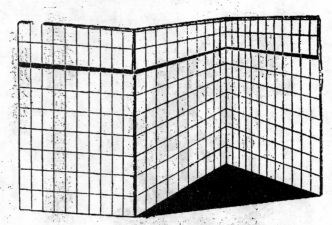

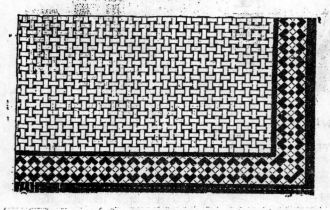

7805

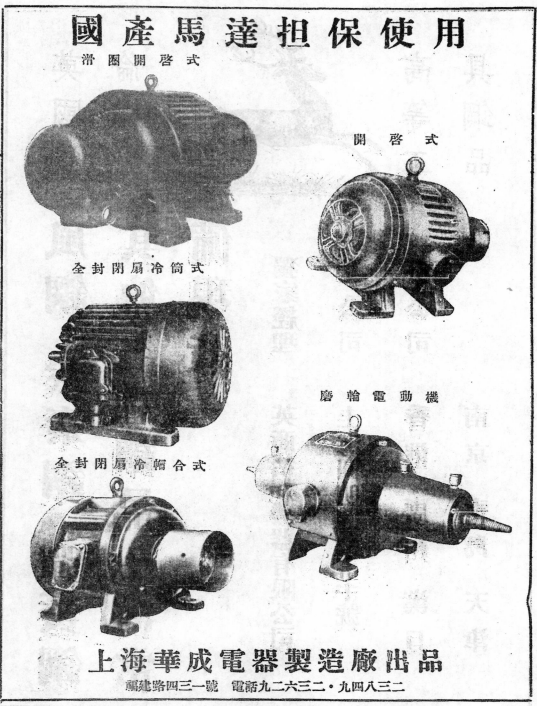

中國工程師學會會刊

工程

第十二卷　第二號
（第六屆年會論文專號下）

目　　錄

中國工程師學會發行

分售處
上海徐家滙蘇新書社
上海四馬路作者書社
上海四馬路上海雜誌公司
南京正中書局南京發行所
濟南芙蓉街教育圖書社
南昌民德路科學儀器館南昌發行所
南昌　南昌書店
昆明市西華大街雲瀛書店
太原柳巷街同仁書店
廣州永漢北路上海雜誌公司廣州分店
重慶今日出版合作社
成都開明書店

工程編輯部啓事

本期及上期雖定爲中國工程師學會第六屆年會論文專號，但以該項論文爲數頗多，只得就篇幅許可範圍內酌量安排，其餘稿件，除錢塘江橋工程一文已另印專號（第十一卷第六號）外，或經分送機械工程，電工，化工及工程週刊，或擬留待本刊以後各期相機刊載，特此聲明。

中國工程師學會會員信守規條

（民國二十二年武漢年會通過）

1. 不得放棄責任，或不忠于職務。
2. 不得授受非分之報酬。
3. 不得有傾軋排擠同行之行爲。
4. 不得直接或間接損害同行之名譽及其業務。
5. 不得以卑劣之手段競爭業務或位置。
6. 不得作虛僞宣傳，或其他有損職業尊嚴之舉動。

如有違反上列情事之一者，得由執行部調查確實後，報告董事會，予以警告，或取消會籍。

隴海鐵路終點海港

劉峻峯

(一) 緒論

三十年來之計劃　在揚子江以北,建築一近代海港之計畫,至少曾經三十年之攷慮。至一九一二年九月廿四日,比利時銀公司與中國政府簽訂建築由甘肅省至海口之隴海鐵路(長約一千八百公里)及東方終點開闢海港合同後,是項計畫始具成規。該合同內第四條條文如下:

> 本項借款,是完全打算供給一條幹路之建築與設備之必需資金。此路將銜接西方甘肅省會之蘭州府,與東方在揚子江口以北之海港;唯得引用汴洛洛潼段鐵路。及或清江浦支路,經過陝西省會之西安府,潼關,河南府,及河南省會之開封,歸德府,徐州府,以及江蘇省。至確定路線測量,與東方終點車站事項,將由代表中華政府之局長,與該公司會同決定。

但在此項合同成立時,訂約之雙方,對於海港之地點,並無成見。時津浦鐵路在南京對過揚子江北岸之終點車站,正恰告竣,而經營清江浦至海門之私人建築公司,又發生經濟上之困難,故曾計畫隴海鐵路或能引用該路已成部分,而在海門或南通州設立終點車站。

在借款合同簽字數月後,法國工程司格鈴奈(Mr. G. Grene)氏曾將江蘇全省海岸,作一廣大測量,並提出三項建議:第一,因西連島天然屏障(由青島至上海間沿海岸之唯一天然屏障)之利,主張在西連島灣內,建成一近代廣大海港;第二建議爲在海州附近之臨洪河內,造成河港;第三建議爲闢一河港於大潮河(圖一)。

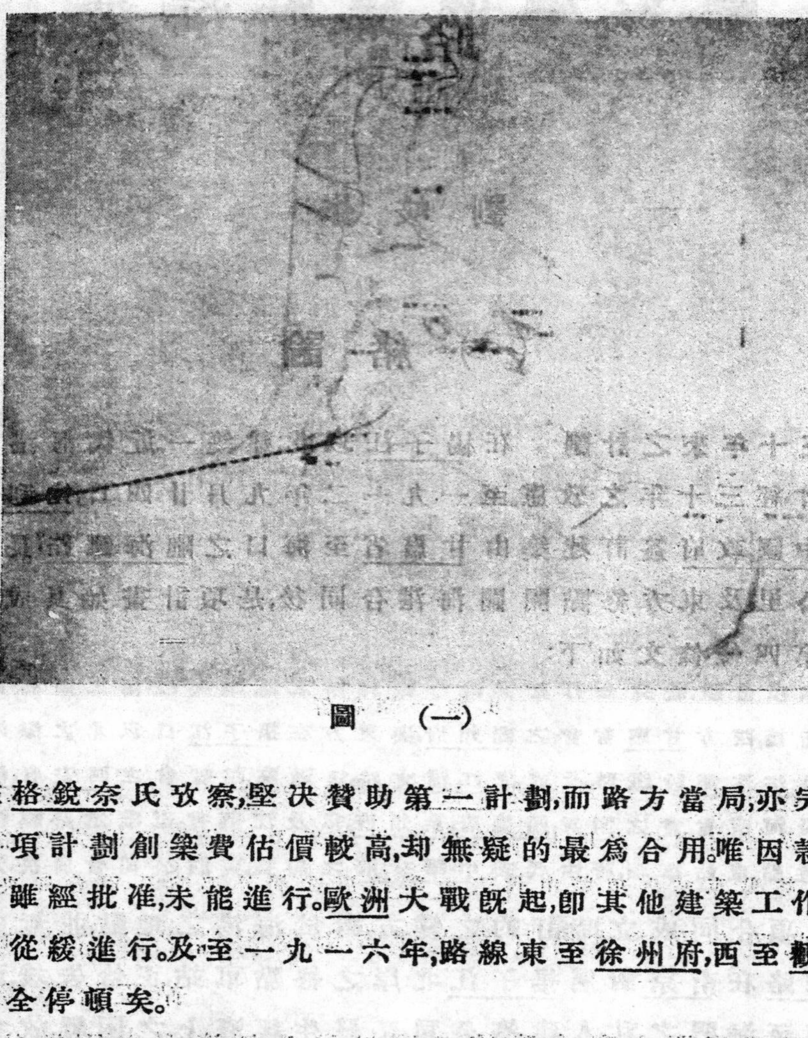

圖 (一)

據格鋭奈氏攷察,堅决贊助第一計劃,而路方當局,亦完全同意;雖此項計劃創築費估價較高,却無疑的最爲合用。唯因款項短絀,計劃雖經批准,未能進行。歐洲大戰既起,卽其他建築工作,勢亦不得不從緩進行。及至一九一六年,路線東至徐州府,西至觀音堂後,乃完全停頓矣。

一九二〇年新合同 爲完成由甘肅至海口及建築海港等工程起見,中國政府代表與比利時銀公司,荷蘭治港公司代表等,於一九二〇年春,在卜魯賽爾 (Brussels) 簽立新約。因之建築工程得於翌年春繼續進行。查是項新約內容爲比利時銀公司之權利,特關於西段之延長;而荷蘭之利益,乃限於接長東段由徐州以至於海。同時荷蘭工程司范德卜魯凱 (Mr. van den Brock) 氏重測西連島港位,謀在同一之地位,得到比第一次計劃估價較經濟之方式,以開闢海港。唯時因中國政治上變化太多,以致在國外籌款,繼續經營爲不可能。迨至一九二五年路線東至臨洪河岸之大浦,西至靈寶全部工程,再度停止。

大浦臨時碼頭　一九二五年至一九三四年,臨洪河畔之大浦,用作爲臨時港口。隴海鐵路一大部分出入貨運,在本期內均由此港經過。唯因經濟困難,與僅屬臨時性質,故無高價設備,如港區船塢及起重機等。其可供給停泊輪船之用者,祇二隻木質躉船而已。況該河之情形灣曲太激,雨後流速甚大,沙灘隨時變動,進口處暗沙亦高,船隻出進,均須等候高潮。附近又無屏障,天氣惡劣時,行船尤感困難。凡此種種,於航行均不適宜。其最不幸者,雖費鉅款保持挖泥工作,而實際上此種情形並不能改良許多。臨洪河發源於山東山脈間,由彼挾下淤土,歲計六十萬立方公尺,而其大部分沈澱於河口,淤塞河道,上溯30公里。若欲保持航道之深度每歲須挖去十二至十五萬立方公尺之淤泥。此種工作,在如此其小之河港,自不經濟。

上述情形,日益加甚,其結果使船隻大感不便,非經多數困難與時間損失,不能移動尺寸;而一方面若干千噸之各色貨物,常囤集於碼頭及貨棧中待運。大浦上海間船隻索取出入大浦各物運費甚高,應由時間損失負其責。因此,由內地經隴海運出貨物,大部轉向浦口,但在物價低落之今日某種貨物,並不能承擔經浦口或大浦之運費。茲試舉一事實爲例:在許多時期中,上海花生市價,確較低於開封(花生出產地)至上海該貨之水陸運費。

遭遇極嚴重之情形,隴海鐵路貨運或有減少之虞,局長錢宗澤氏以時機已至,毅然決定建築最後海港於西連島海灣,據情呈報鐵道部,當蒙顧部長孟餘於一九三三年二月核准,並定新港名稱爲連雲港。

連雲港　新港地點,位於青島上海間西連島海灣,對於良好海港之必需條件,天然具備。自外海吹來之大風,有西連島高 120—150 公尺之石山爲之屏障;在陸地方面,亦有後雲台山脈聳然環抱。附近之水雖稍含泥沙,並無沙條,故時無論晝夜,潮無論高低,船隻出入,均屬易易。港灣本身長約 7 公里,闊約 2 公里,故港區面積可 14 方公里,堪爲巨大之商港。卽以青島而論,大港內港區面積,亦不過 2 方公里。現時海底雖僅在最低潮線下 1.5—2.0 公尺,但挖至 6 公尺亦屬易舉。假設有容納巨輪之必要時,港區內挖至最低潮下 12 公尺或更深均無困難。

據已往四十四年之颶風記錄,此地並不感受被襲危險;自一八九二年到現下,雖共有十七次颶風,在距離西連島 499 公里以內經過,但並未造成任何損失。其僅致輕微損害者,祗一八九七年七月十一日及一九二〇年九月四日之颶風耳。

格銳奈君計畫,儘量利用本港所具天然優美之形勢,故發展所擬議港灣之初步,乃爲將在港區全面積約 14 平方公里挖泥,深至最低潮水下 6 公尺;建築由西連島之西端,銜接陸地之止浪壩,長 3600 公尺,以屏障港區,免受波浪擊襲,及截斷由莚北 20 公里外臨洪河水所挾之泥沙,港之東方則爲石壩二段,由陸地及島邊向海內突出,共長 3185 公尺,中留 300 公尺口門,以便船隻出入;碼頭五座,成平行式,各 500 公尺長 100 公尺寬,同時可容納六千至八千噸輪船四十隻。第二步發展,則爲加築碼頭七座,船塢一座,及另外一小港爲裝卸火油類之危險貨物專用。

按以上計畫,十二座碼頭完成後,此港在中國沿海岸,將首屈一指,同時可容九十六隻大輪船靠傍。若俟全港區挖深至 6 或 7 公尺後,則面積之大,又足加容輪船四十隻在港內拋錨,可藉拖駁起卸貨物。

范德卜鲁凱氏計劃 鑒於鐵路方面經濟拮据,上項計畫,非若干年後,恐未能見諸實施,荷蘭銀公司另行建議一比較規模較小,而適合鐵路目前需要者。范氏計畫,卽根據此點,設一較小港區。

其中僅開一深溝,挖至零下 6 公尺。至止浪壩之建築,與碼頭數目之多寡,概以貨物運輸之實在需要情形爲斷。

現在進行中之工程,祗限於建築碼頭一座,長 450 公尺,寬 60 公尺;止浪壩一段,長 1050 公尺;深水區一方,挖至零下 5 公尺,唯靠近碼頭一段,則爲 6 公尺;煤碼頭一座,長 450 公尺,寬 55 公尺,專供運煤出口之用;港道一條,長約 5 公里,挖至零下 5 公尺,以達深海。兩座碼頭距離爲 260 公尺,由距岸百公尺處向外挖至 1150 公尺,借止浪壩與煤碼頭之東西屏障,形成小港。完成後,四千噸輪船同時可容六隻,足敷目下之需要而有餘。雖此項發展較之原來計畫,未免相形見絀,但此港較之大浦則便利實多,隴海路因之增加出進口貨運不少(見海關報告)。况初步完成,已具規模,再向上發展,自屬甚易。

此次工程,由荷蘭治港公司承辦。中間因技術上之困難,經過數次失敗,幸該公司百折不囘,不惜重資,終得最後之成功,良足珍視。

(二) 施工紀要

圖(二) 一九三二年春未開港前之老窰漁村,由東向西望

圖(三) 一九三二年春未開港前老窰漁村,由西向東望

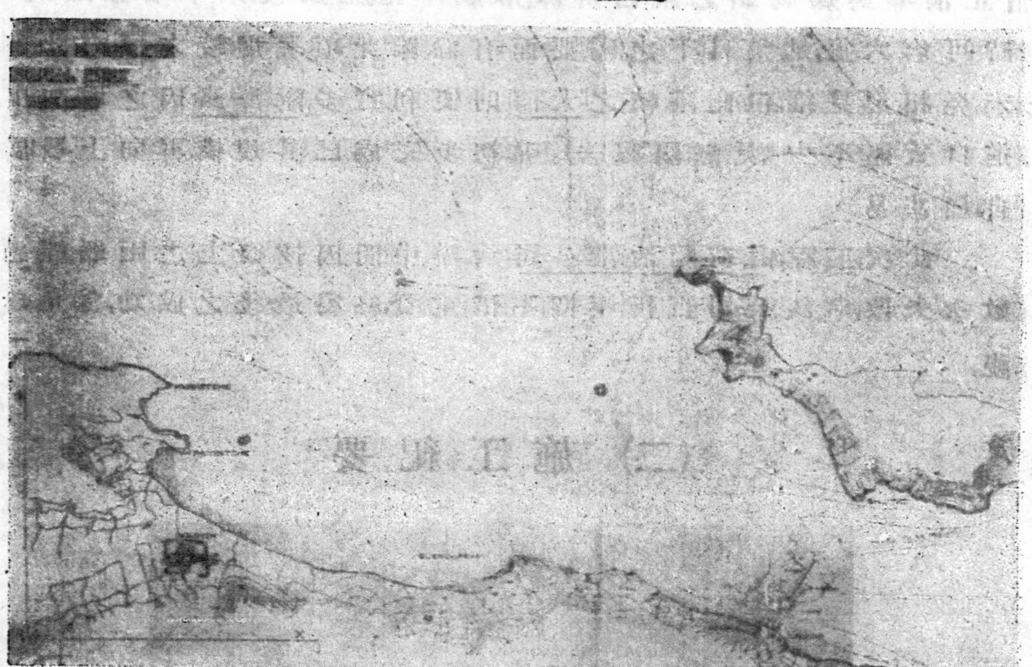

圖(四) 連雲港形勢

(甲)預備工程

合同於 1933 年五月簽定後,承辦人荷蘭治港公司卽行招集職員,赴老窰工地(圖二至四),預備一切,遣調船駁,鳩工庀材,設立工廠,建築房屋。因該地缺乏淡水源泉,並須相度地勢,建築蓄水壩,(圖五及六)收集雨水,安設自來水管,以供工廠及船上一切蒸汽機爐鍋之用。自四月至八月(1933)各項預備工程,先後告竣。而碼頭正

圖(五)　容量一萬二千噸之蓄水池

圖(六)　進行中之水壩工程

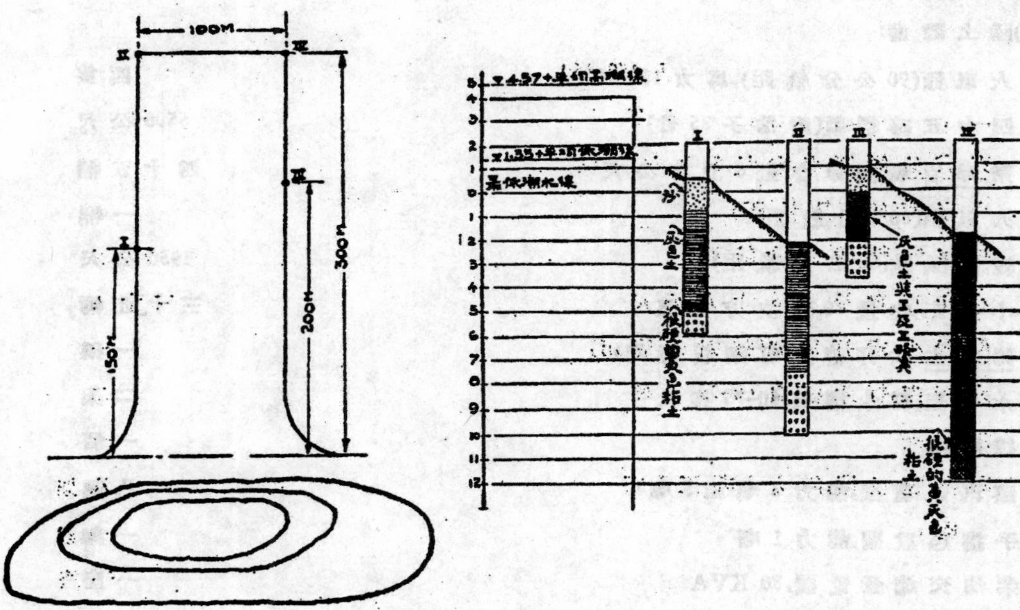

圖(七)　海底地質鑽探結果(一九三二年冬)

工程,於七月一日宣告開工。爲略示工作範圍,以供參攷起見,茲將內部較著機件工具等設備,分載於次:

(一)水面設備:

挖泥船,每小時可挖泥500至600立方公尺	一艘
載泥鐵駁,容量每隻210至350立方公尺	四隻
儲貨鐵駁 (Elevater barge)	一隻
載煤鐵駁	一隻
起重機鐵駁,起重5噸	一隻
水面打樁鐵駁	一隻
平面鐵駁	二隻
傾石鐵駁,容量100立方公尺	四隻
水面起重機,能力60噸	一隻
蒸汽拖輪, 2-250馬力, 1-150馬力	三隻
小柴油拖船,90馬力	一隻
小汽油艇,20馬力	二隻
潛水船	二隻

(二)陸上設備:

火車頭(90公分軌距),馬力150-160	四隻
四十五磅鐵軌(附岔子35付)	5500公尺
克蘭伯傾倒車,容量5立方公尺	四十五輛
火車頭(60公分軌距)	一輛
輕便鐵軌(60公分軌距)	1950公尺
小土車,容量 0.75 立方公尺	三十五輛
麥銳生式打樁架(打鋼板樁用)	一架
木樁架,打木樁自60-75英呎	二架
拔樁機	一個
蒸汽起重機,能力3噸至5噸	八架
手搖起重機,能力1噸	一架
柴油交流發電機,80 KVA	二座
柴油直流發電機,20 KW.	一座
汽油壓氣機,氣鑽設備附	二架
製冰機	一座
機器修理工廠	一所

木工廠　一所
材料零件庫房　五所
公事房　一所
醫院及病房　一所
職員住宅　八所
工人住宅　二棟
蓄水池,容量一萬二千噸　一處

(乙)一號碼頭工程

設計　在成立是該項合同之先,承辦人根據巳往測量設計

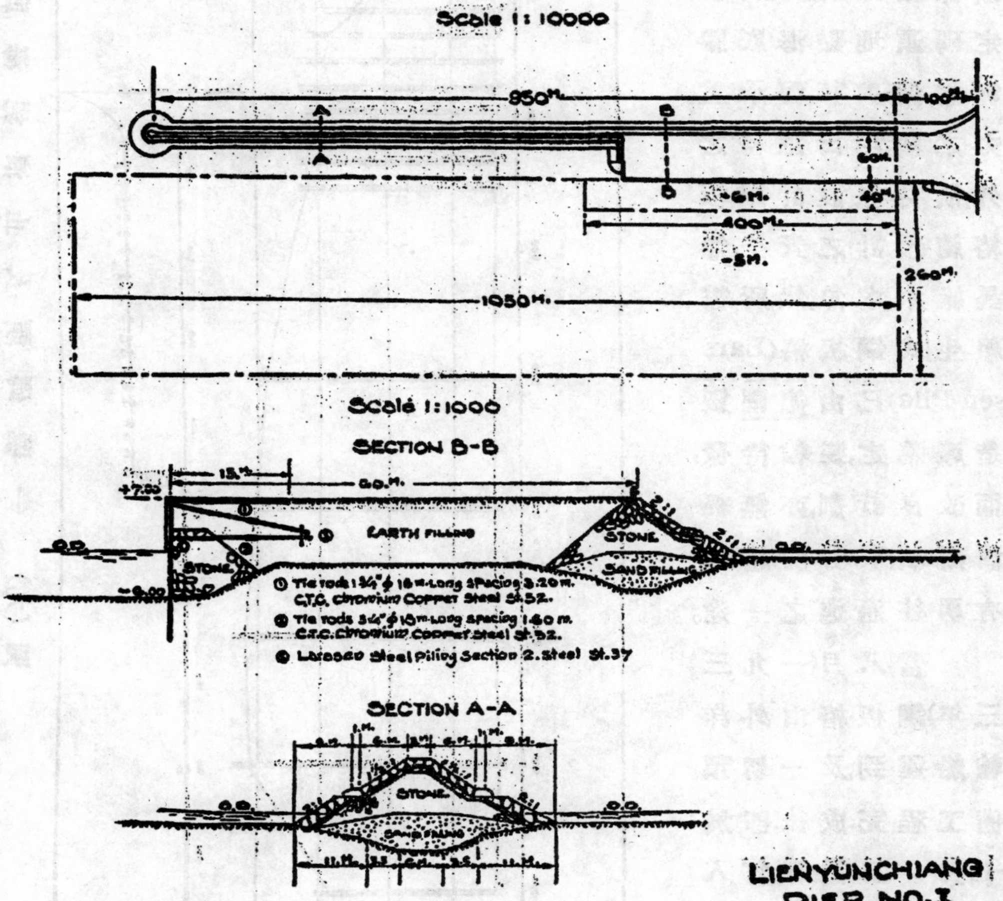

圖(八)　連雲港一號碼頭設計圖

報告,及最近路方供給海底鑽井記錄(圖七),作一號碼頭之設計,見圖(八)。

鑽探海底及施工 在工具運到後,先實行鑽探海底,以證驗以前之報告。據鑽探結果(圖九),預定碼頭地點海底膠泥之深,與該泥承重力之弱,均出意料之外,欲得原設計鋼板樁牆預計之安全,無異緣木求魚。然所需「賴生」式鋼板樁(Larsen Pile)已由德國製造廠購定,裝輪待發,而改良計劃,亦無經濟辦法;事勢所趨,惟有勇往邁進之一途。

當八月(一九三三年)鋼板樁由外洋輪船運到,及一切預備工程完成後,即於十月一日進行打入鋼板樁工作(圖十及十一)。

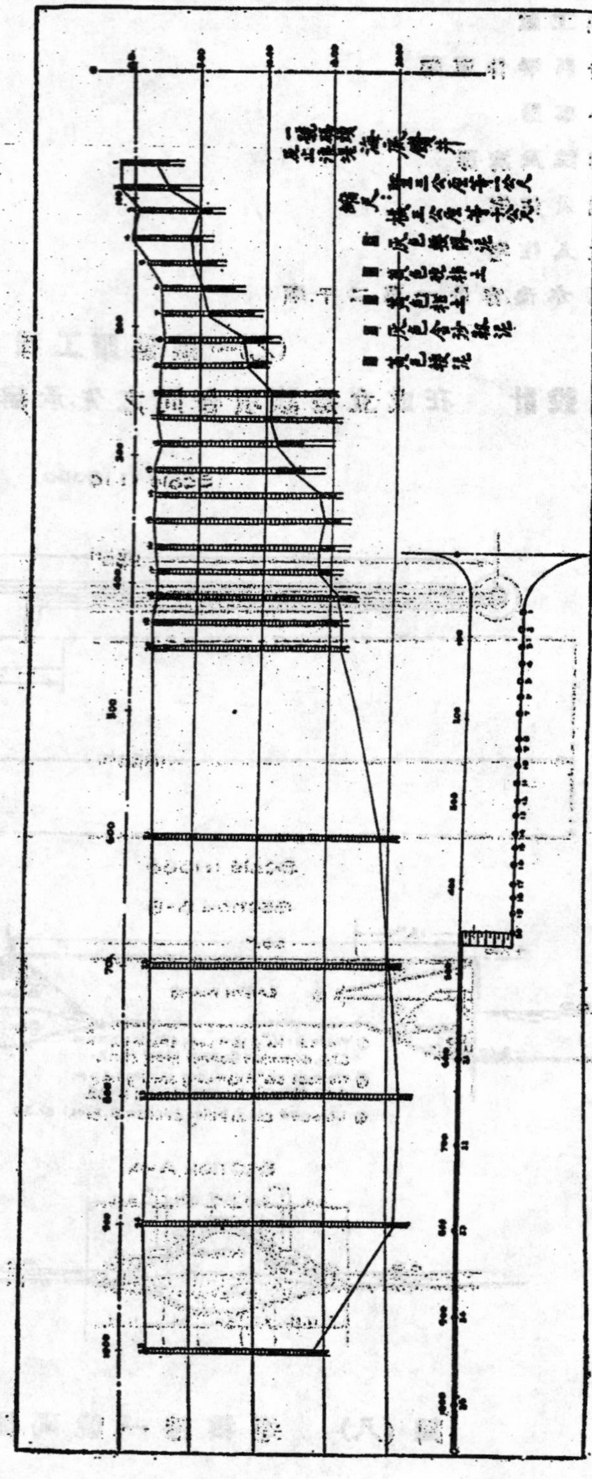

圖(九) 一號碼頭及止浪堤海底鑽井

↑圖(十一)　因鎬牆工作不便將打樁架自板樁後移隴時木架上

←圖(十)　打樁工作開始進行

板樁開始打下部份,因海底黃土硬度太大,需時較久;距岸愈遠,打入愈易。後以其太易恐不堅牢,遂決定自 250 公尺起,用挖泥船將此外基溝膠泥挖去換塡海沙;其深度依海底硬土層漸增(圖十二)。

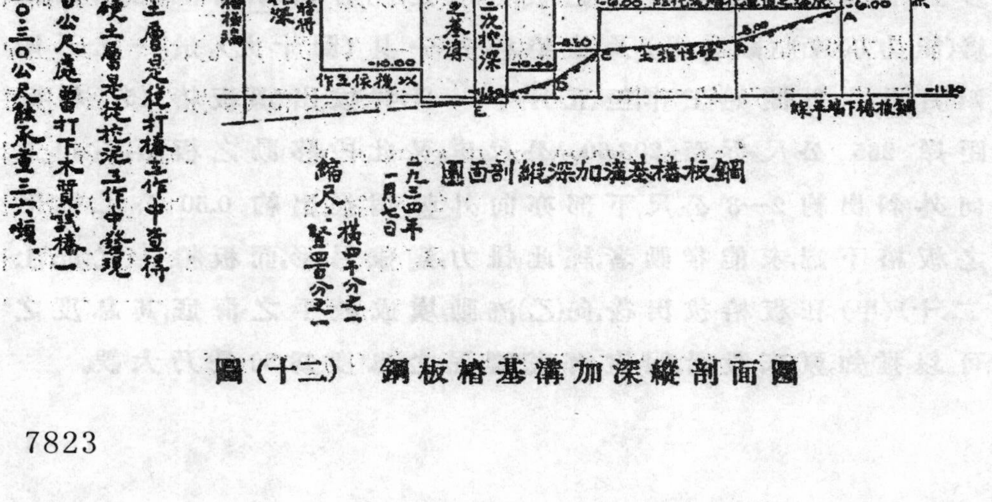

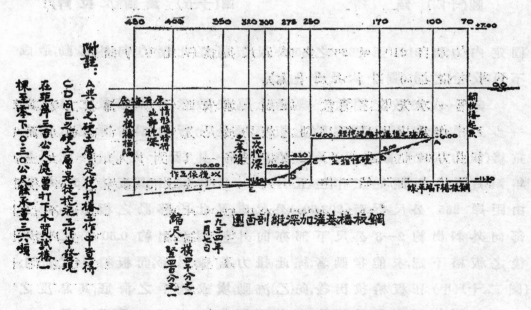

圖(十二)　鋼板樁基溝加深縱剖面圖

圖(十三) 打樁架下之波浪

經此改良,情形當然較佳,板樁照常進行,及翌年(1934)三月八日至 265 公尺處,因風浪太大(圖十三),與背後填石及拉錨(圖十四,十五),未能以同一速度進行,以維持已行打入鈑樁之安全,上部經浪力衝擊,左右搖盪,內部膠泥因以失其

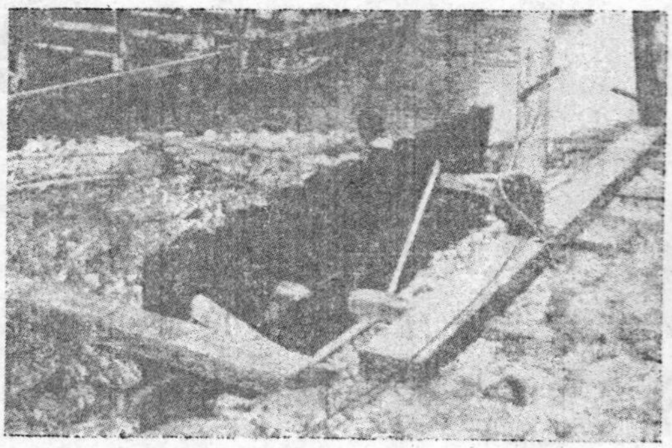

圖(十四) 錨　牆

圖(十五) 錨牆及拉銲

固定內力,自 210 至 265 之55公尺鈑牆,經此壓力,向外移動,造成不可收拾之局(圖十六及十七)。

第一次失敗之補救　經過上述失敗,當力謀補救之道。其第一步工作,為拔出已經移動之板樁。於是先行由烟台調運水面起重機(能力60噸)(圖十八)及拔樁機各一具(圖十九),於一九三四年四月廿六日開始工作,至五月十一日,共拔出鋼板樁 157 根;計由距岸 265 公尺拆至 203.60 公尺處。又此段移動之板樁不但上部向外斜出約 2—3 公尺,下部亦向外整個推出約 0.50 公尺。拔出後之板樁下端,未能推動者,經此扭力,變成弓形,而板樁後之泥土(圖二十)(甲),在板樁拔出後,向(乙)流動,填成較平之海底,其息度之小,可以推知,原來設計,假定海底膠泥之息度為30是乃大誤。

圖(十六)移動後之板牆(一)

圖(十七) 移動後之板牆(二)

圖(十八) 能力60噸之起重機

圖(十九) 拔樁機

第二步工作,爲計劃如何改善設計,與工作方法,庶可使用原有之材料,得到較大之安全。唯查第一次所以失敗之由,完全爲海

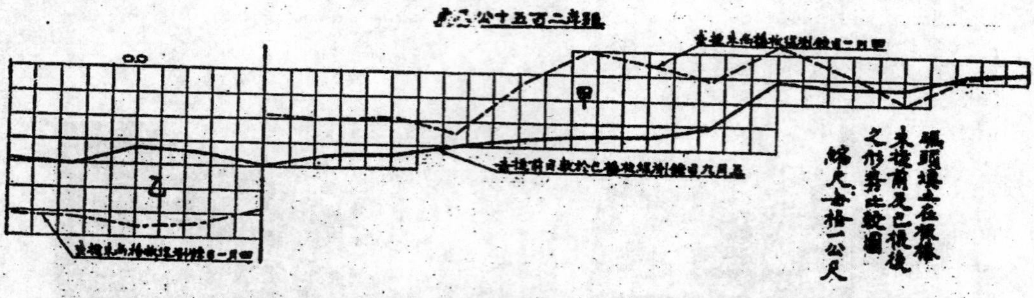

圖(二十) 碼頭填土在板樁未拔前及已拔後之形勢比較圖

底淤泥太深,板樁之長度不及硬底,背後雖有錨牆拉桿,而基本浮動,整個推移;故改善之道,當從牆基上着手,了無疑義.其法祇有將基溝加深,挖去海底輭泥,以至硬土;然後換填海沙(圖二十一)可得

圖(二十一) 風船運沙填基溝

較大之阻力.而背後基溝,亦須加寬,得到較大之承重力,免錨牆下沉與走動,然後可獲較大之拉力,而免板牆內外傾斜.本此原理,改善施工計劃如圖(二十二)。

復根據上項圖樣,按理論計算板樁安全係數,得下列結果:

(一)底在零下 12.50 公尺	板樁安全係數爲 0.89
(二)底在零下 11.00 公尺	板樁安全係數爲 0.79
(三)底在零下 10.00 公尺	板樁安全係數爲 0.98
(四)底在零下 8.50 公尺	板樁安全係數爲 1.24

由此可推知,硬底在零下 6 公尺處,板樁之安全係數,至少當

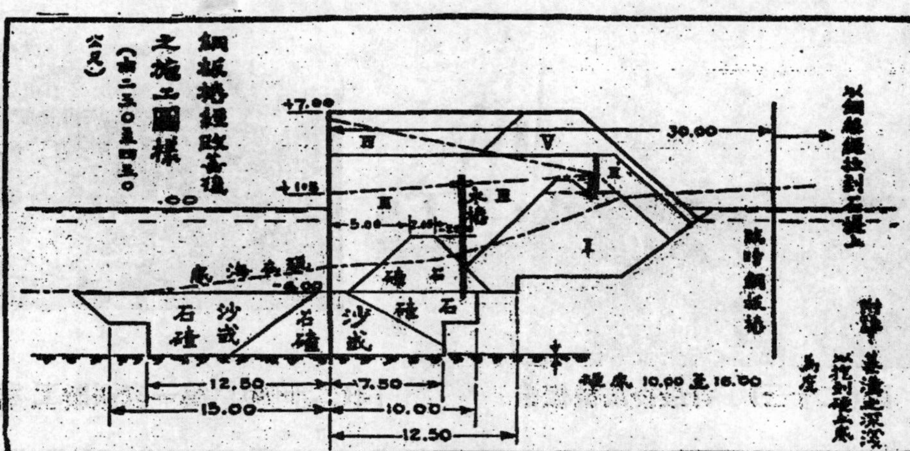

圖(二十二)　鋼板樁經改善後之施工圖樣

較 1.50 爲大，不致再有失敗之虞。而鋼板本身之應力，亦由因輭泥所得 2800 Kg/cm²，經換塡沙後，減至 2400 Kg/cm²，對此特種鋼 (Copper resista)，不爲過大。

工作程序，爲先在碼頭中心(距鋼板樁邊線30公尺)，打入臨時板樁牆一道，其上部錨拉在東邊止浪壩石堤上，藉以阻止外部膠泥，在挖深基溝及未用沙壤平以前，向溝中流入。臨時板牆，成相當長度，然後開始挖泥，如圖(二十二)。復壤以沙子及石碴至零下 6 公尺，乃開始打板樁。因鑒以往之失敗，故於背後拉桿未安置妥穩之前，鋼板上部，必暫用鋼絲繩錨拉於石壩之上，同時打入板樁工作，必須暫停，務使二者並進，以策安全。然後按圖示 I 至 V 之次序施工；俟板樁牆一部完成，背後臨時板樁乃酌量拔出，以供正牆之用。

依此工作，除開始與原有板牆銜接時(一九三四年七月八日繼續打樁工作)，感受困難外，餘均進行順利，以至板樁牆完成(一九三五年三月十三日)(圖二十三及二十四)。

碼頭內部填土　海底膠泥息度之小，已見上述。爲易於明瞭起見，無寧比擬於奶油，以刀切之，可在90度下垂直豎立，若稍加壓

7827

圖(二十三) 打最後兩根板椿

圖(二十四) 第一次板樁工程完竣

力於上,則全體撲平,故此地膠泥當視作半流質,不可以平常泥土視之。碼頭內部,原在一1.50至一2.00公尺下之膠泥,經三方塡土及石塊之壓力,乃向上湧出,可高至零上4.00一4.50公尺,成龜裂形(圖二十五),其流動性可知。但爲經濟塡土起見,曾試用石塊作堤,使阻該部膠泥向外流出;但結果該項石堤,隨泥流動無補於事。照理此種流毒,是宜宣洩,養癰遺患,後悔莫及。今板椿同牆已成,海底膠

圖(二十五) 由海底爲塡土下沉推上之膠泥

圖(二十六) 鋼板牆頂上護板脫接

泥,在此重重包圍之下,遂大量向上湧起,齊集碼頭北端漸成龐大水力式的壓力。而接止浪壩與板樁回牆之石堤,徐徐被之推動,向外流去,雖在石堤上多加石塊,而橫力過大,石塊重壓,並不生效。加之回牆板樁亦短,阻力甚小,因之後邊錨牆,及板樁回牆,整個隨泥推出,板樁下部,向外走動,又造成不可收拾之局。

第二次失敗之補救　僅回牆走動,猶有挽回餘地其最大壞處在此段26公尺長,回牆對於板樁正牆之極端,成爲旋動臂(moment arm),一經走動,該項龐大之扭力,對於板樁正牆北端發生之旋動量,不難想像。因此於一九三五年五月廿日下午一時,低潮爲+0.60公尺鋼板樁之應力超過最大限度,在距板牆北端15.00及23.50公尺處頂板接頭鉚釘切斷,頂板脫開約58公分(圖二十六),而脫接南邊第四板樁,並因之破裂(圖二十七)。結果板樁正牆北端向外移動1.84公尺,而回牆整個向北移動1.80公尺(圖二十八)。回牆盡頭處,並向下陷落約2.40公尺(圖二十九),背後填土,因亦隨之

圖(二十七)　鋼板破裂

圖(二十八)　板樁正牆及回牆均向外移動

圖(二十九)　板樁回牆外移下沉

場陷(圖三十);完成在卽之碼頭,至此竟功虧一簣,殊屬可惜。

雖遭過技術上之困難,事實上不得不再接再厲,收拾殘局,於五月四日着手挖取該段板樁牆背後之填土,以便拔出已移動之板樁。

其補救方法,經多次攷慮後,决定向歐洲再購買36公尺長,板樁牆所需之新板樁36公尺(計88根),以便由板樁原來終點,向北延長20公尺自上頂水平+7公尺,以4:1坡度,向下傾斜,至+2公尺,而回牆之上頂卽本+2公尺高度,向東平行,至與止浪爛石提相遇。回牆板樁外,則用石填平。如是,則背後正壓力既可因坡面而減,而前面負壓力,亦因填高而增大,其理至爲明顯。同時將板樁加長,務期深及硬底(此處硬底在-16公尺處),以臻安全。

圖(三十) 碼頭內部填土因板樁移動而下沉

補救計劃既定,遂於五月十六日開始拔出已動之板樁(圖三十一),並就拔出之板樁中,擇其彎曲較小並無損壞者,加以整理,以便再用(圖三十二)。其有一部可用者,則用二炭炔氣(acetylene)

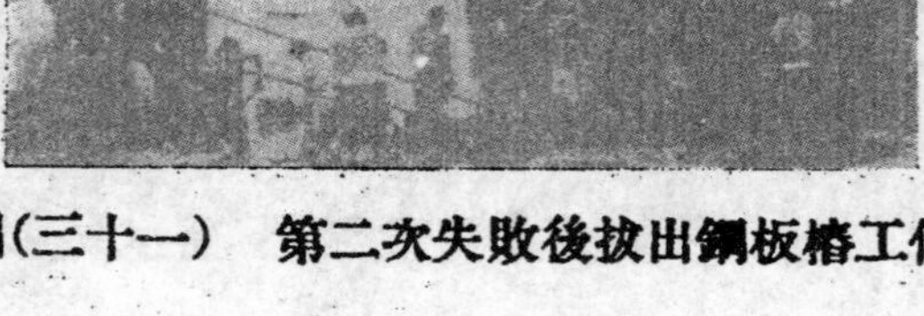

圖(三十一) 第二次失敗後拔出鋼板樁工作

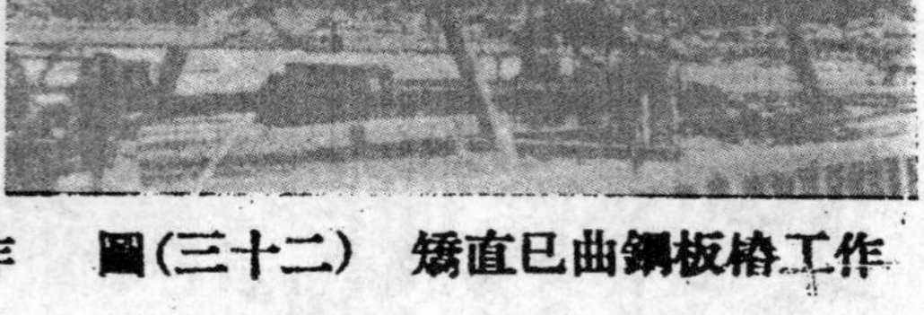

圖(三十二) 矯直已曲鋼板樁工作

燒斷,備加長其他板樁。

失敗部份板樁拔去後挖泥船進行工作,除將由缺口處湧出之土石掃清及挖深基溝至硬底外,並引導內部隆起膠泥向外流出,一併挖去(向之截留是項軟泥以節省填土之觀念,至是爲之打破)。其倘遺留之小部,則用攫斗式挖泥機盡量取出(圖三十三),免再貽後患。

圖(三十三)　攫斗式挖泥機挖取碼頭內部軟泥工作

同年八月十五日再行繼續打入鋼板樁工作。因海底硬泥層,由距岸 430 公尺處在 −14.60 公尺,向下傾斜,至距岸 470 公尺處,則爲 −16.00 公尺,而板樁之長,僅爲 18.20 公尺,欲達硬底,則非加長至少 5 公尺不可(碼頭上水平爲 +7 公尺與 −16 公尺之高度差計 23 公尺)。故本牆之最後九十三根鋼板樁,改爲每五根 18.20 公尺之樁後緊接三根在下層錨桿工字橫梁處,犬牙錯接,深入硬土。

圖(三十四)　已完成之鋼板樁碼頭

回牆之一部並有十根深及－19.45公尺者。不惜工本之結果，遂達到最後之成功(圖三十四)。

板樁回牆上坡，用100至1000公斤重之石塊鋪砌成平面，免內部填石為風浪所襲(圖三十五)。

圖(三十五)　碼頭板樁回牆及石坡

工作時間　按全部碼頭工程，本預定開工後十二個月完成；但實際上則自一九三三年七月一日正式開工，至一九三六年一月十五日合三十月又半。而所用材料，除鋼板樁僅多用百分之九外，其餘土石沙及挖泥工作，平均約為2.5倍(圖三十六)。

碼頭第一船位，於一九三四年十月五日靠船，第二船位於同年十二月廿四日啓用，第三船位直至一九三六年一月十五日方告成功，時間上之差別如是，後部工作之艱難，亦自明瞭矣。參閱圖(三十七)。

工程期間利用碼頭完成之一部　臨洪河口淤塞日甚，隴海貨物不能暢行出口，以致本路業務大受影響，於前章業已備述之矣。故在第一船位尚未完成之前，為渡過此項困難起見，路局曾在孫家山建築臨時木樁碼頭一座(圖三十七)，停靠鐵駁，轉向大輪駁運。及第一船位告竣，當然儘先使用，唯以同時不妨工程進行為原則，故仍未能充分利用也。然由下列海關統計攷之，可見貨運一斑：

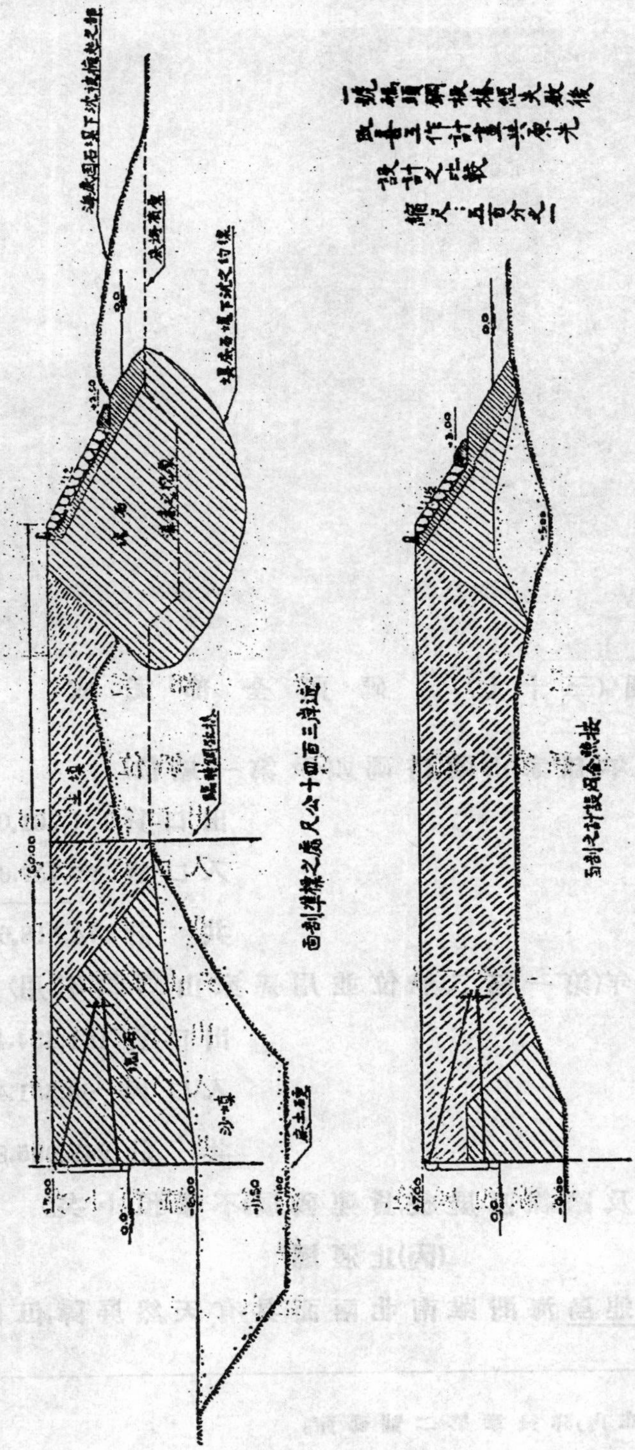

圖(三十六)　一號碼頭鋼板樁經失敗後改善工作計劃與原先設計之比較

圖(三十七) 碼頭全部完成

一九三四年(孫家山臨時碼頭及第一船位)

出口貨 151,761.00 噸
入口貨 22,757.67 噸
共 計 174,518.67 噸

一九三五年(第一第二船位並用孫家山碼頭不用)

出口貨* 181,434.40 噸
入口貨 68,551.40 噸
共 計 249,985.80 噸

將來本港完成,及路線西展後,貨運發展,不難預卜矣。

(丙)止浪壩

緣起 西連島海灣雖南北兩面,具有天然屏障,但自東北及

*煤觔出口不在內,詳後章第二號碼頭。

7834

西北吹來之大風,與遠海傳來之波浪,仍不便於船隻停泊,故欲掩護船隻安全,必築止浪壩。復因每年風季,東北風多於西北風,故在經濟不裕之今日,當首先築東邊之止浪壩,其設計已見圖(八)。

一九三三年七月一日正式動工後,即儘先致力於止浪壩工作,期其前進至相當長度,保障西邊一部之安全,而後碼頭打樁工作,方能進行。

石壩下沉　開始部份,按圖進行,距岸既近,而海底硬土層又淺,一切順利,無庸贅述。及至距岸 200 公尺處,海底輭膠泥層漸厚,石壩開始下沉。而當時猶以爲膠泥太輭,下沉理所難免,陷至相當均衡地位,當能自止。然事實上,前進距岸愈遠而下沉愈甚,其尤可注意者,即已塡高之石堤每經一次低潮,必見陷落,故工人整日忙碌,向上起墊軌道,而壩不增高。距岸 270 公尺處之沉陷情形,據觀察揣測,約如圖三十八)所示。

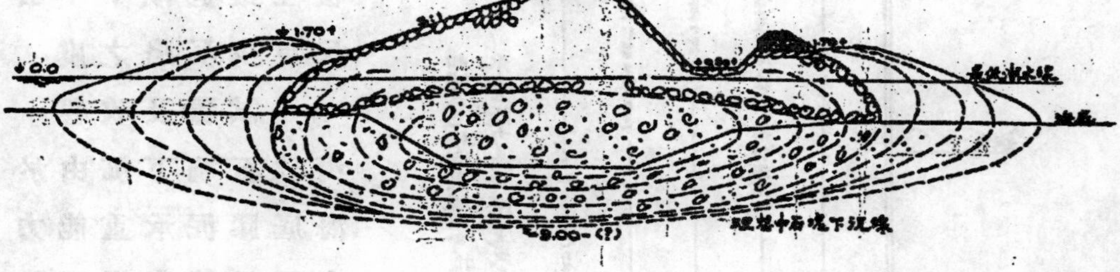

圖(三十八)　距岸 270 公尺處石壩下沉情形

隨後工作益勤,夜以繼日,由火車運到之石,每廿四小時,約六百立方公尺,然尙不足敷塡高沉陷之部。距岸 250 至 350 公尺一段,如是工作,又經匝月,而石壩下沉,仍不停止。每當低潮,夜靜可聞石塊互相摩擦之聲,白晝可見石塊自行轉移,同時上鋪軌道,隨石徐徐蠕動,有如蛇行,俟其停止,而軌道已下沉與灣曲,非加工起墊,不復能行車矣。至是已廢用多量石塊,尙不能得到預期之結果,殊令人灰心,祗有將此段工程,暫行停止,研究改善之道。火車運輸於四月十六日(一九三四年)晚完全停止十七日仍略下沉,而十八日晨起視之,該段石塌,則巍然如舊,並不再沉。更閱多日,亦無差異。於是知火車在上,日夜奔馳,傾倒石車,振動不休,下沉石塊迄未得相當時間,與此難透水面有黏性之土壤,結不解緣;用是海底泥層動的抵抗力(Dynamic resistance),小於靜的抵抗力(Static resistance);及稍俟時日,有滑油作用之水分,已由石塊表皮徐徐壓出則阻力增大矣。

自距岸360公尺以至585公尺一段,用風船運石築塌,則進行如常,雖亦有沉陷,而不甚顯著。尤以525至585公尺一段內之基溝,已加深後至最低潮下7公尺,更少沉陷之虞。

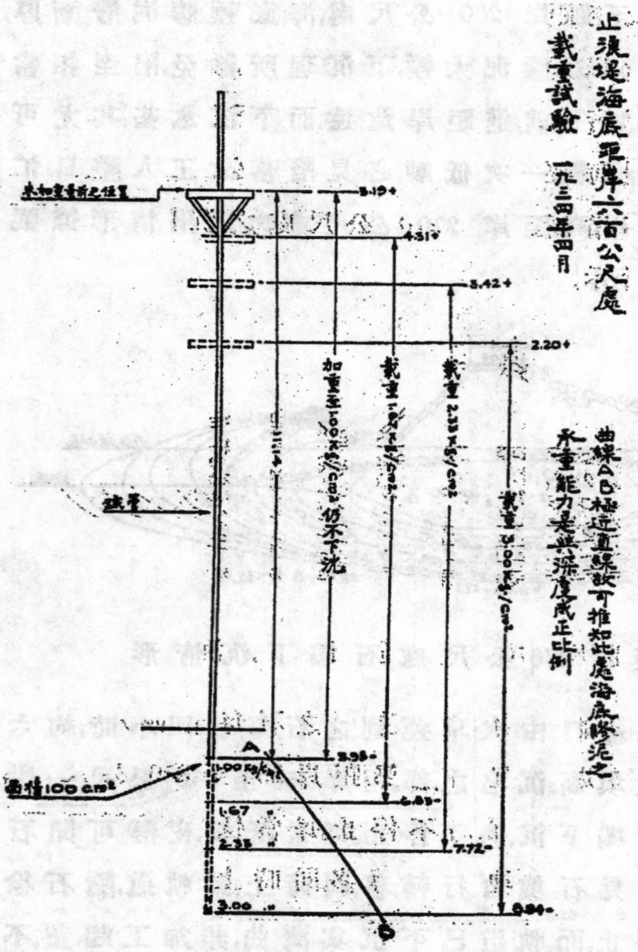

圖(三十九)　止浪堤海底距岸六百公尺處載重試驗圖

試驗及改善

夷攷石塌下沉由於海底膠泥承重能力之不足,然究以至如何深度其能力始可勝任,是有待於實地攷驗者。

據載重試驗結果(圖三十九),海底泥層在－8.94公尺處每平方公尺可承重量30.00公噸,而塌之本身在最低潮時爲23.00公噸,故若將基溝加寬,並挖深至－9.00公尺,當能勝任;本此擬定圖樣,以爲前進工作張本。然爲愼重起見,暫在585至635公尺一段,照圖試辦,以瞻其效,結果圓滿,無顯殊之沉陷。故此後進行順利以抵於成然所需之材料,人工,及時間,較原來之計劃,幾多一倍矣(圖四十)!

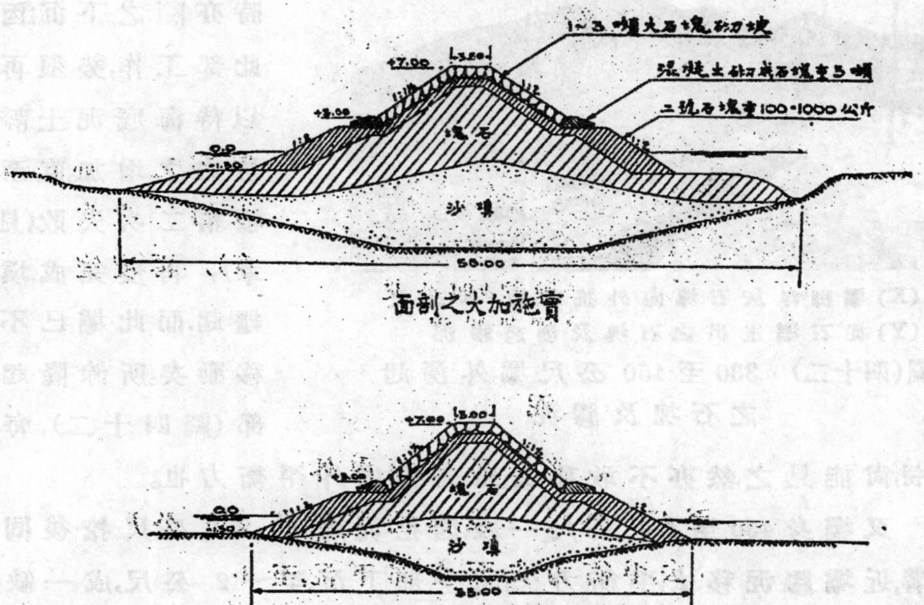

圖(四十)　止浪堤原來設計與經沉陷後剖面加大之比較

塌身外移　距岸350至500公尺一段塌身,係照原計劃施工,因基溝既淺狹而火車亦未曾在上碾壓,故下沉尚未終止。嗣後因鋼板樁牆已成,內部填土已來,火車之動力,與新土之橫壓力,聯合

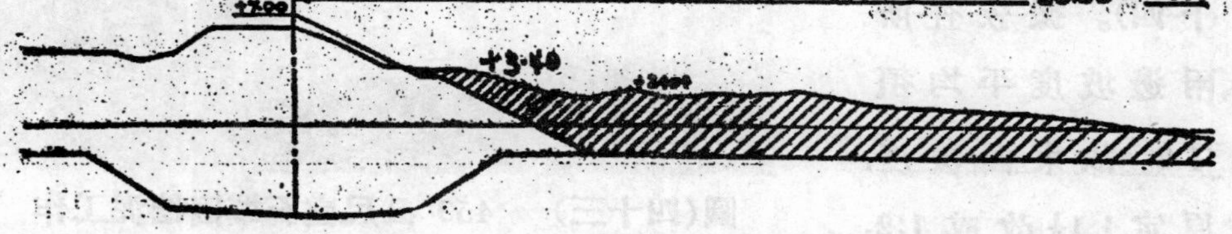

圖(四十一)　距岸390公尺處石堤移動之範圍

作用,使330至450公尺一段壩身,向下沉陷,並向外推動。原在邊線之燈杆,曾隨之外移8公尺,下落3公尺,因藉知其合力(Resultant)之方向,與水平面成3:8之斜度。其結果,石壩脚下反隆起至+3.4公尺,而海底膠泥,爲此勢力所波及者,遠達中線以外90公尺(圖四十一)。內部塡土,同時亦隨之下沉;因之此部工作,勢須再停,以待海底泥土靜的抗力之增加。直至鋼板椿二次失敗(見前章);再度完成,塡土繼起,而此壩已不再移動矣。所餘隆起之部(圖四十二),每當低潮,尙能見之,然亦不敢移去,恐失掉內外平衡力也。

(X)壩脚洋灰石塊向外推動約900公尺
(Y)從石壩走出之石塊及湧起膠泥

圖(四十二)　330至450公尺壩外湧起之石塊及膠泥

又壩身430至470公尺一段,因挖泥船在450公尺挖後回牆基溝,近壩膠泥移去,平衡力失,而全部下沉,至+2公尺,成一缺口(圖四十三),已成之砌坡,亦隨之陷下。嗣後添補,並無其他意外。

砌石坡工作

石壩內部之石塊,類皆爲10至100公斤之重者,風浪稍大,壩頂之石,遂爲蕩平(圖四十四)。據攷查所得,兩邊坡度平均須爲1:2。故東面坡度,由原定$1:1\frac{1}{2}$改成1:2,以策安全。表面用1

圖(四十三)　450公尺處石壩因挖泥工作下沉一缺口

圖(四十四) 經風浪後塌頂蕩平軌道彎曲

圖(四十五)工作中壓鎮坡脚之洋灰砌成石塊(重五噸)

圖(四十六)砌坡之大石塊(重約四噸)

圖(四十七)已完成之止浪塌與第一號碼頭(一九三六年二月攝)

至3噸之大石塊砌鋪後(圖四十五及四十六),不但整齊可觀(圖四十七),港外濤浪亦不足為患矣。

(丁)二號碼頭

設計 第二號碼頭專為運煤出口而設,因裝煤工作將另備運煤機(見後章),直接裝船,故船隻不須緊靠碼頭牆,而碼頭牆得

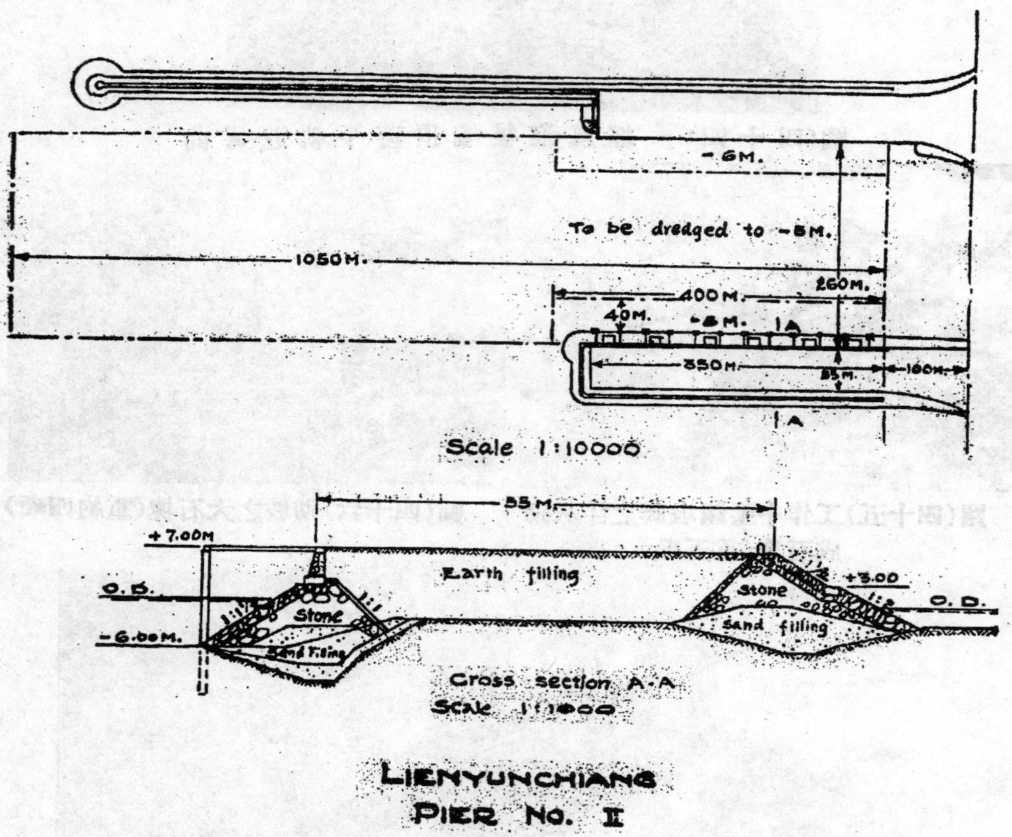

圖(四十八) 二號碼頭設計圖

因以省去,亦經濟之一道也。船所憑依者為靠船樁;普通小件貨物裝卸,及客人上下船隻者,則僅為木質平台參閱圖(四十八)及(四十九)。

施工情形 本碼頭之地位,與第一碼頭相距 260 公尺,故海底情形,大略相同,其承重力之薄弱,當無疑義,而工作失敗,亦在所

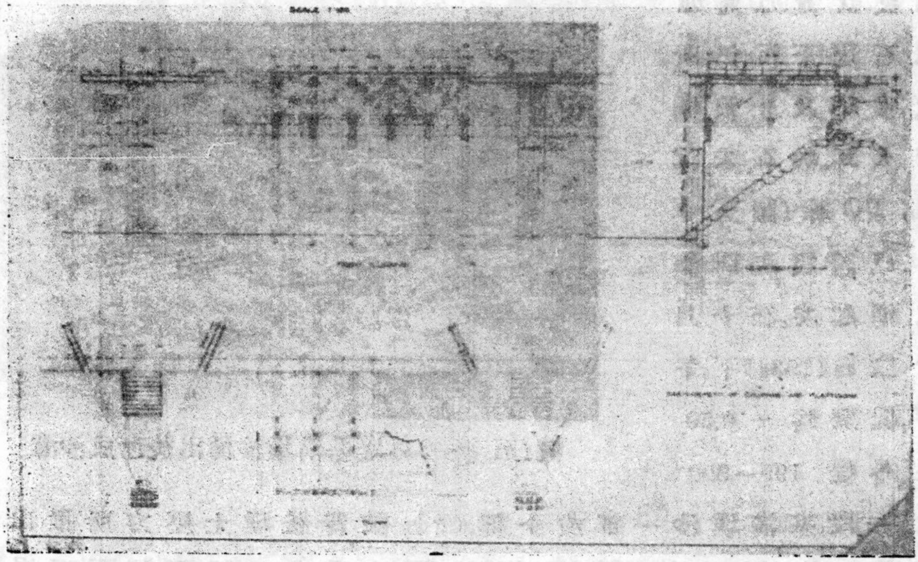

圖(四十九)　靠船樁及平台設計圖

難免。近岸部分進行順利,無庸多贅,而以後工作難關重重,幾令人灰心短氣,中道而廢,非有堅忍不拔,百折不囘之毅力,蓋難睹厥成矣!謂予不信,請觀下述事實:

第一次失敗及補救　內堤石牆,在開始一段,長18.00公尺,因基溝太淺,尚未砌至相當高度,已為背後填土推移外出約0.50公尺,同時下沉約0.40公尺(圖五十),時為1934年六月二十四日祇得將此段石牆炸毀石堤補足,在上加以更大載重試壓,俟不再下沉,然後繼續進行安放五噸重混凝土塊與築牆。

圖(五十)　內堤石牆開始18公尺一段移陷情形

第二次失敗及補救　因海底膠泥層太輭太深外堤基溝,已按原設計劃,加寬加深,但石堤下沉,仍所難免,唯不及止浪壩之驚人耳。故在未沉動前,PO線(圖五十二),已證實堤脚海泥之湧起矣。在十月二十二日(1934)下午一時,低潮爲 +0.50公尺,外堤 190－300

圖(五十一)外堤基溝塡沙湧出後所成沙灘

公尺一段,基溝塡沙一部,或全部(?),被背後塡土壓力所推出,造成沙灘一片(圖五十一及五十二)。同時塡土一部下沉而石堤本

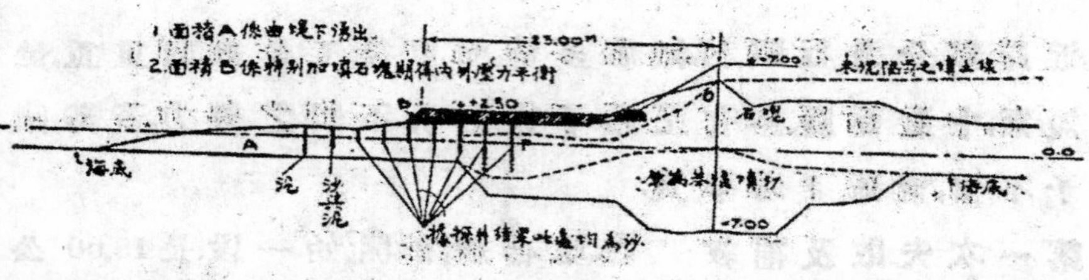

圖(五十二) 外堤距岸250公尺處基溝塡沙被推出海底上面及補救方法

身亦略沉及外移。攷其原因,厥爲當時塡土進行過猛,背後水力式的壓力過重所致。茲附圖(圖五十三),說明著者當時之理想如下

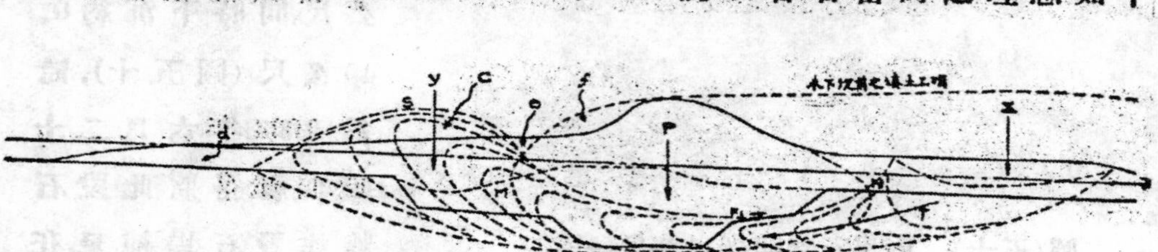

圖(五十三) 外堤距岸250公尺處溝基塡沙湧出理解說圖

1. 此處基溝既較浪壩 100-500 公尺處(見前)爲深,而沙層亦較厚,故在溝底之承重力,應可勝任石堤本身之重量P。

2. 因堤底之兩旁膠泥較弱，故石堤所有下沉，當祗有向兩邊展開，尋出路；又因堤身偏於內，故底部在未塡土以前，多向內展如MON。
3. 輭膠泥應以半流體物論，前已言之；故壓力反應之方向，如水力式，初不限於一方。塡土壓力X，可轉向從F軌道，向外穿出。若該方之阻力較小。
4. 塡土壓力X漸臻，至與堤外壓力Y，及堤下阻力F_1F_2之和相等，內外各力，已成平衡之勢矣。
5. 及潮水較平日為低時，+0.50 m，X因海水上浮力減而增大，同時Y因海水靜的壓力減少，而縮小；至是平衡力失，而T即為X推送而出；至湧出之泥沙重量加在Y上，與X因下陷減少之力相等時，各力又得再度平衡，而停止行動。
6. T力大於F_1，故海底塡沙，由此力挾帶而出，湧在頂部至S線，唯沙在水內之息角甚小，故隨展平至r線，向外部流去，成一平灘。故面積C應等於de之和，f為石堤下沉之部。

由上之理論補救辦法，當然以立停塡土為首着，俾泥土有增加內阻力(internal friction)之機會，次於堤外添石加重於S弧線段內，增大Y力，免以次塡土向外衝出。為全部外堤安全起見，視各段情形定增加之多寡。

及外堤完成並無其他意外嚴重之影響，足徵如此補救方法，得到相當之成功，然已多費用石塊不少矣。

載重試驗混凝土塊傾到　在上段外堤出險之次日(23/10/34)下午三時堆積距岸 279—289 公尺內堤石塌上頂之載重試驗混凝土塊，向後傾倒（圖五十四），可見該段堤基之弱，雖當時並未加十分重視，然已預伏下次失敗之朕兆矣。

圖(五十四)　內堤上載重試驗傾倒

第三次失敗及補救

一九三五年三月四日下午一時，低潮 +0.30 公尺，距岸 235—335 內堤一段約百公尺,為背後膠泥及填土壓力所推動,向外移約 1 公尺,石牆隨之。五日下午二時,低潮+0.10公尺,該段又向外移,石牆在 280 公尺處,由原位移出約共 3 公尺,並下沉 1.20 公尺。六日低潮,外移下沉,仍未終止。由圖(五十五)及(五十六),可見破壞情形之一斑。

圖(五十五)內堤石牆向外推出及牆因下沉破壞情形

圖(五十六)同上石牆背後破壞之一斑

同時亦當注意者,即該段之外堤,在內堤未走動以前,亦已因此部壩土而徐徐外移。及至外堤之外部阻力過大,而內堤亦用盡其最後之抗力,適潮水又低,內外各力失其均勢,而崩潰終所難免。

此堤之功用,本屬支牆(Retaining wall)之一種,故失敗之方式,與前此之石堤,又有不同。在三月四日下午,初次移動之時,背填表面,有顯著之裂縫 C_1C_2(圖五十七)。按支牆理論,在內外各力恰僅平衡時,適當外部水的靜壓力(Static water pressure)特小,(低潮僅+0.10公尺)體積(Mass) M_1 因失去外部支力,而背後填料又因浮力減小而加重,堤脚基潾之承重力,不克勝任,終於不能自主,被推離 $C_1C_1'C_1''$ 線(plane of rapture),而向外滑去。同時 M_2 因已失 M_1 之支力,亦循 $C_2C_2'C_2''$ 線向下滑,以補 M_1 所遺之空間。同理 M_3 遵 $C_3C_3'C_3''$ 線,向下滑動,以補 M_2 所遺之空間。C_2 以左之物,堆積較低,重力不大,况 M_3 如楔形,下落時早已填滿 C_2C_2' 與 C_3C_3' 間之空隙,故獨得安穩不移。再查凸出之面積 A,與下沉之面積 B,約略相等;與木桿之傾斜,互相印證,當知上說為極近似也。

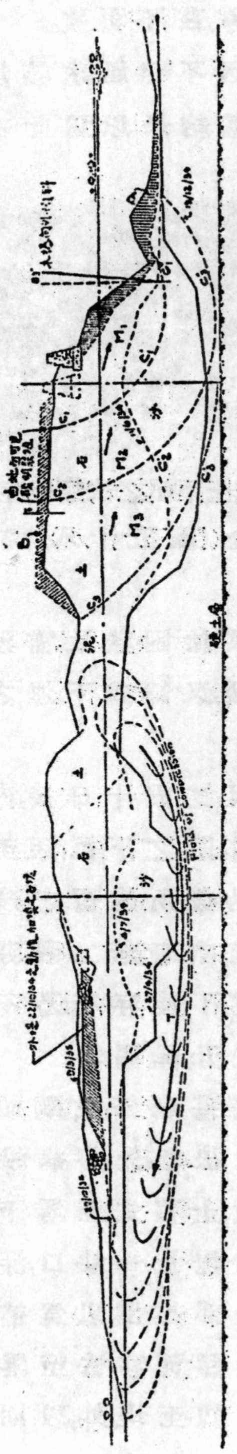

圖(五十七)二號碼距岸280公尺內堤崩潰情形

圖(五十八)　維持未動石牆之安全
甲.錨拉　乙.臨時鋼板樁牆

圖(五十九)　挖泥船挖石工作

圖(六十)　二號碼頭沉陷情形

外堤之行動,由圖(五十七)觀之,已瞭如指掌,茲不再贅。

本工程改善之道,較外堤及止浪壩爲難,因不但祗求該堤之安全,並須保持堤脚外海底深度,不礙停船。玫慮結果:以爲此次失敗,由於堤脚承重力太弱,故決定在堤脚前,用挖泥船浚一深溝,然後再用海沙壜平;同時將此次突出工作線(Working profile)之石塊,一並挖去,用保堤外海底深度。其工作方式:1. 用火藥炸去曾經移動之混凝土石牆。2. 維持未動石牆之安全(圖五十八)。3. 挖去崩潰石堤(圖五十九)及深溝。

圖(六十一)　塡土下沉之去痕尙存

該項深溝,於四月十二日完成。唯因海沙供給困難,及需沙之部份太多,此溝未得及時塡起,工作上稍一弛緩,又鑄成下述之大錯!

第四次失敗及補救　前項深溝,長45公尺,挖成十日後,內堤石壩,長70公尺,再次外移,約十公尺,背後塡土,亦隨之下沉,深至四公尺。碼頭中部,爲潮水所沒,成一片汪洋。潮水退後,所遺留之殘跡,如圖(六十)及(六十一)所示。其所以致此之由,與前次理無二致,茲不贅論。唯有一點,可注意者,卽此堤旣因前有深溝,不能存在,乃不崩於挖溝之時,而崩於溝成十日之後,蓋由潮水之升降關係。

查第一,二號兩碼頭所以屢次失敗者,皆牆基底部,或碼頭中部之軟膠泥爲之厲階。今欲根本補救,當下最大決心,先將病根掃除。故收拾殘局之第一步工作乃將堤外崩石潰土移去,至零下6公尺。再照圖(六十二)在距岸295公尺處,將內堤挖一缺口,深至硬底,以攷察經此兩次沉陷後,堤下石塊,是否全部推出,以爲補救計劃根據。繼由缺口調入挖泥船,將碼頭內部軟膠泥移去至零下2.00公尺,用減半流質性的靜的水壓力。然後再回至堤外,以期內

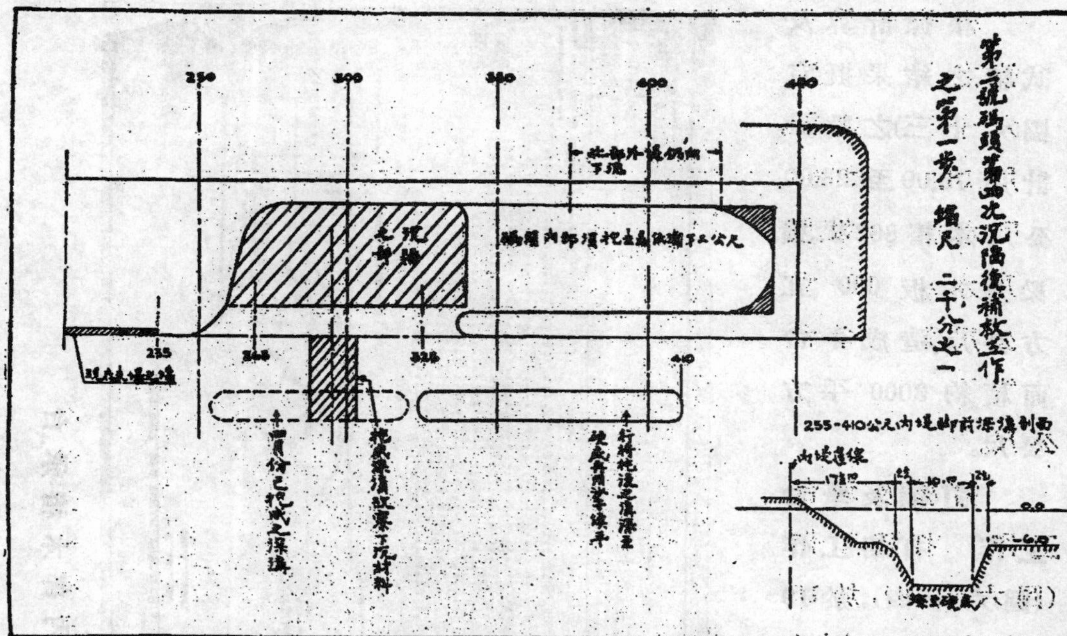

圖（六十二）　第二號碼頭第四次沉陷後補救工作之第一步

外兼顧,除患務盡。

在此次失敗,尚未決定對策之前,他部工作,亦不十分順利,茲摘述一斑如下:

一九三五年五月廿四日外堤346-390公尺一段,因挖泥船在附近挖去碼頭內部膠泥,於低潮時,下沉約二公尺。

一九三五年七月十日　二號碼頭東北角,內堤415-450公尺,於低潮(+1.80)時,下沉並向外移動。該段內堤430-450 公尺一段頂部堆有86個載重試驗混凝土塊(每塊重五噸),亦隨之下沉約1.00公尺外移2.30公尺。背後填土一部下沉約2.00公尺。其理由當爲該段石堤本身,因某種關係,不能承受此巨量載重,故在本日加重29塊後,低潮時即行崩潰也。

每經一次失敗,即增一分根本改造之決心。所懸根本改造之目標,爲以比較經濟方法,得到相當安全。經長久之攷慮及與荷蘭總公司多次之磋商,始毅然決定在碼頭內部,打入60—75英尺長木樁,上架橫樑及地板,用承在＋2.00公尺以上之填土壓力。

根據計算及試樁之結果,擬定圖(六十三)之設計。計用 18.00 至 23.00 公尺木樁862根,橫梁及木板 600 立方公尺,造成平台面積約 3000 平方公尺。

打樁及承台工作 打樁工作(圖六十四),於1935年九月二十三日開始,至1936年三月二日告竣。其所經之困難,唯近石堤之一或二排樁木,下爲石塊,打入艱難,或竟不入,須將樁木截短耳。每付樁架,每日可打入樁木 2 至 9 根,錘離樁頂高 2.00 公尺,最後一擊之插入度,總平均爲 3 公厘,故承重量當完全可恃。橫梁木板,按序進行,

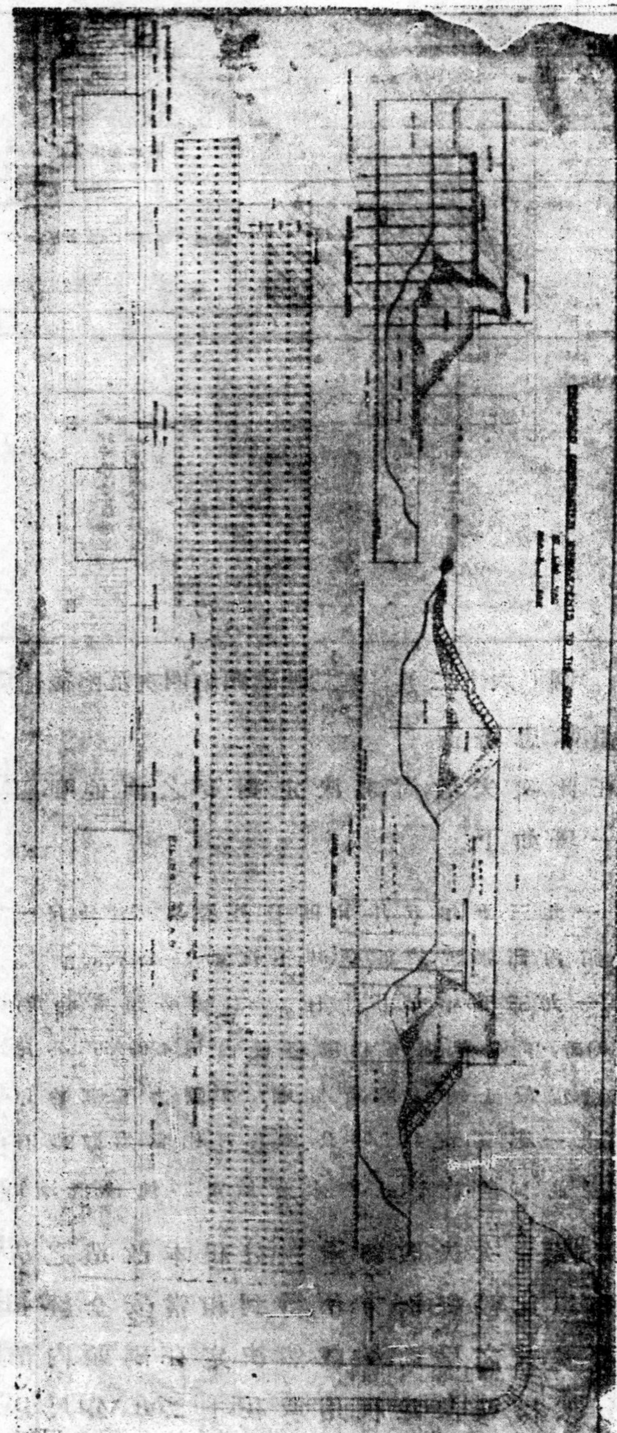

圖(六十三) 二號碼頭內部木樁承台

圖(六十四)　兩盤樁架打樁工作及承台木板完成一部

於三月中先後完成。內堤石墻及中部填土,同時進行,二號碼頭於五月初全部完竣(圖六十五),大功告成。數年來'歷盡艱'苦,慘淡經營,至此得告一段落。

圖(六十五)　二號碼頭全部完成

靠船樁及上下貨物木質平台　此種建築方法,原為節省經費,雖普通貨物上下船隻,略感不便,但因用機器裝煤,仍能十分滿意也。

靠船樁有六個桶式鋼板樁(Box section)所組成,必須堅固,以抗3000—4000噸輪船靠傍時全部之動量(Momentum)。但同時又必須具有柔靱性(flexibility),以免與船隻有互相撞傷之虞。因此桶樁下端,必須深入硬底(樁長18.00至24.00公尺)。上端與岸相接之支樑,備有15—20公分之活動距離,供船樁得前後傾倚也。桶樁在海底以上之部,不加填任何材料,因內部空虛,靱性較大也。

木質平台插入海底木樁,為Yacal硬木。以其質堅密,不易為海蟲所蛀;上部則為Kruen硬木。作成後,每平方公尺面積之承重,為3/4噸。

本工程(圖六十六)除鋼板桶樁與硬木樁,在打下時,須經潛水夫預先將內堤脚前之石塊拾去外,無特殊困難。

圖(六十六) 靠船樁及平台

工作期間使用碼頭之一部 築此碼頭之重要使命,為運中興煤礦公司產煤出口之用,故在第一船位完成後,即從事利用。唯機械設備尚未得着手安裝,向船裝煤,仍由工人為之。據記錄,工人二百名,能於十二小時內(包含三餐及休息時間)裝煤2000噸,成績滿意,固未必較遜於機械也。1935年共運煤出口97,821噸。第一船位於1935年一月二十九日啓用,第二第三船位遲至1936年五月初,同時完成。

(戊)建築材料

建築一,二兩碼頭及止浪壩所用一切材料,除鋼鐵係由歐洲購運,洋灰向啓新公司採辦外,大部爲沙土石三種,當就地採取,其最感困難者,卽本港附近缺乏大量海沙,不能用挖泥船取用;工作不能充量進行,此爲一主要原因.工程開始,尙可在淺灘上用鐵駁運裝,以後勢須完全靠200—250隻風船,在鄰近海灘,到處搜尋矣。此爲一重大問題,將來再築碼頭及止浪壩時,應再三注意焉。

碼頭近岸,原屬山脚,闢爲山廠,取材旣便,又可開拓平地,一舉而兩得焉。採出土石,均用90公分軌距之輕便鐵道運輸.所用車輛,均係由德國購來之克虜伯傾倒車(Krupp Car)(圖六十七),工作上極爲方便,或至陸上工地,或由特築臨時木樁碼頭,倒入特種鐵

圖(六十七)　150馬力小機車及正事傾倒之克虜伯式車輛

圖(六十八)　石料由碼頭倒入鐵駁

圖(六十九)　鐵駁傾倒石料入海

駁(圖六十八),然後由小火輪拖運至工作地點,自行傾入海中(圖六十九)。然此岸產石質地不佳故重要部分需用石塊,多自東西連島由風船運來,以其質地堅硬,極近花崗,有抵抗海水浸蝕之耐久性也。

老窰附近之山,多係石山,故取用塡土,亦有相當之困難,以後工作,將遠在孫家山以西採取矣。

(己)挖泥工作

海底膠泥,賦性輭弱,雖予碼頭及止浪埸工作上極度之困難與不利,然對挖泥工作(挖泥船見圖七十),則有相當之順利。加以此地風浪不大,氣候溫和,每年工作日當在 250 天以上,故成績較爲滿意。唯距岸 100 公尺處,海底黃色黏土,硬度極大,挖取時,全部船身,爲之震動,鏈斗上躍,甚至頂部大輪,往往暫時因過力而停止。(挖出泥塊,舉擲地上,而稜角依然,其硬度可知。)及挖取提脚石塊時(100—1000 Kg.),石塊下落,至與溜桶內之承板相撞,火花飛濺,寸厚鋼板數度磨穿,鏈斗邊沿亦常損壞。

圖(七十)　挖　泥　船

挖泥總量約爲 2,200,000 立方公尺,據記錄,平均以鐵駁量得總數,較就原地丈量多 14½%;挖出之泥,俱傾倒於濤連嘴外,未曾利用塡起海灘,成有用之陸地(塡碼頭不適用),殊爲可惜。

本港周圍海面,爲黃海之一部;水色混黃,內含泥沙,兩碼頭中部,水無流速,沉澱難免,故將來欲保持港區深度,非有挖泥船一艘,常川工作不可。唯港道因能順流,完成將及一年,尙無顯著之淤塡,故保養尙易。

(三) 海港設備

海港造成,雖有船隻停泊安全與貨物起卸之便,若無相當設備,尙未得列入近代商港,不能廣招徠爲營業上之競爭。本路收入,現尙不豐,故祗可在經濟可能範圍之中,擇其最重要者,儘先興築。其已動工或完成者,略述如下:

(1) 二號碼頭裝煤機,計有

a. 傾倒40噸煤車之設備。

b. 堆煤15公尺高,存煤100,000噸之設備,

c. 運煤裝船,每小時400噸之能力,

d. 爬行起重機(堆煤用)兩架,能力各二噸。

(2) 一號碼頭上設備:

a. 起重機,能力三噸者(圖七十一)三架,

b. 貨棧一所,140.00公尺長,22.00公尺寬(圖七十二).

c. 柴油起重機,能力 2.00 噸者,兩架,

d. 堆包機四具,

e. 起貨機二具,

f. 推貨小車(載重1.00噸)20具。

(3) 發電廠一所(圖七十三),計有500 KVA 交流發電機二座。

(4) 黃窩蓄水池一座,容量200,000噸。

(5) 車站大樓一所(圖七十四),佔地78.00×15平方公尺,計樓房四層,鐘塔十層,爲各機關辦公等之用。

(6) 燈塔二座(由海關建築):

(a) 一在距港20海里外之車牛山島上,燈光視力(risibility) 25—30 海里。

(b) 一在東連島上,燈光視力6海里。

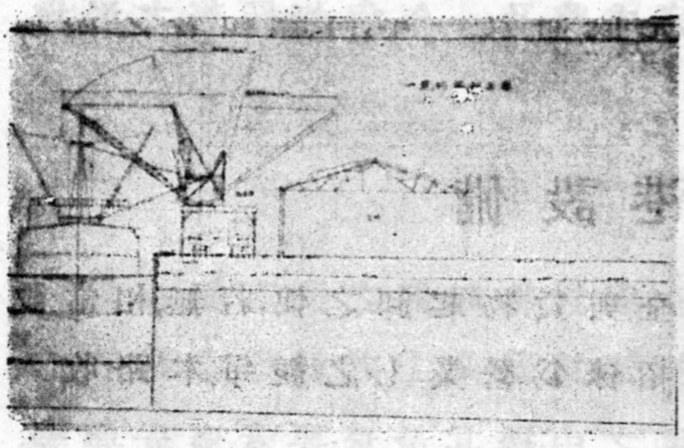

圖(七十一)　一號碼頭設備

圖(七十二)　一號碼頭貨棧

圖(七十三)　發電廠

圖(七十四)　建築中之隴海大樓

(四)　本港最近將來發展計劃芻議

本港貨物之出入,完全仰仗隴海鐵路之運輸,無其他內河航運爲之扶助,故將來營業上之發展,與青島海港情形大致相同。據青島港務統計年報,1931年出進口貨物總額,爲2,283,800噸。夫青島海港,以30年來之經營(港工告成於1906年),始得今日之繁營,固非一蹴而幾也。本港經營伊始,營業發展之期望,當然亦不能過奢。今假定本港30年後,可得到同一之成績,(據范丹卜魯凱工程司報告,營業初年,出入口貨物,可達1,400,000噸),則是最近30年之設備,與青島海港相等,亦可敷用。統觀以前法荷工程司,儘量利用西連島海灣之設計(圖七十五至七十九),爲最近數十年之發展,

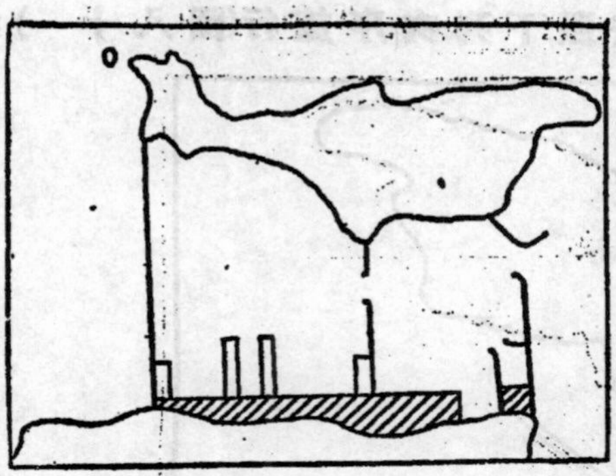

圖(七十五)

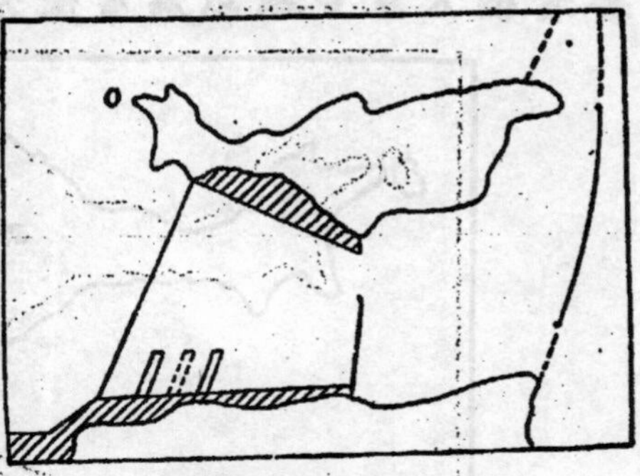

圖(七十六)

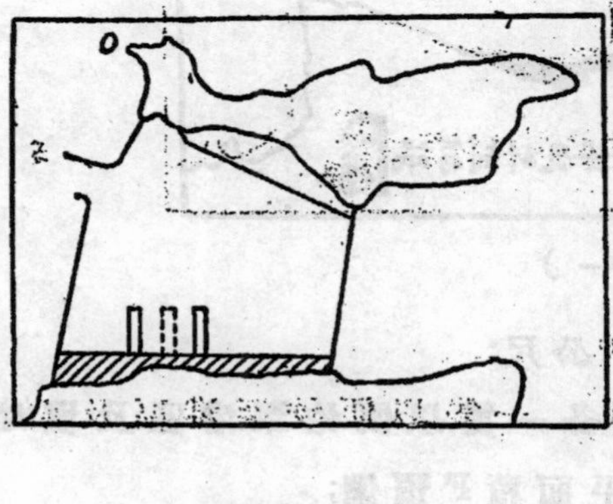

圖(七十七)

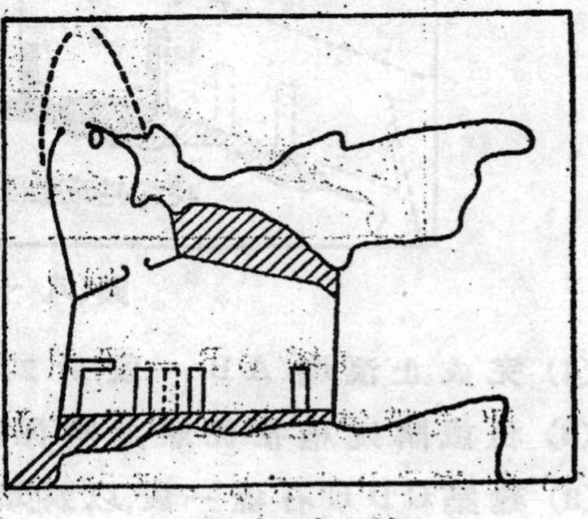

圖(七十八)

圖(七十九)

圖(八十)

規模似屬過大,況港區內既有淤塡之事實,保養龐大港區不易之一點,尤當注意。最近荷蘭治港公司技術代表狄德生工程司,曾擬一較小計劃,如圖(八十),似比較切實合用。唯爲最近之數十年計,

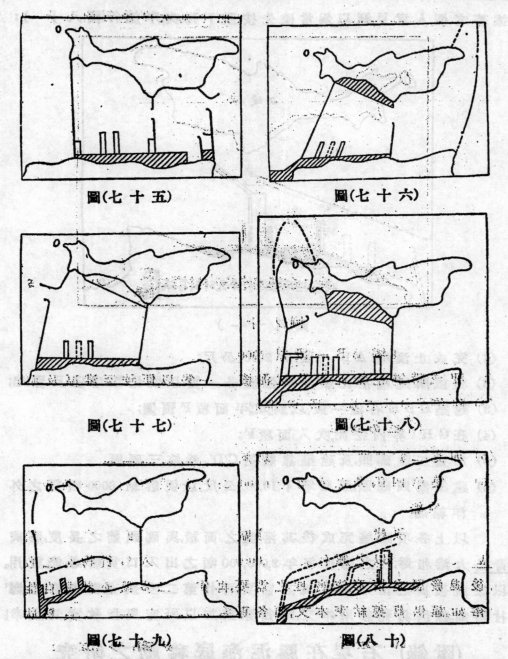

據著者個人意見,竊以爲當儘先按照下列次序施行(圖八十一):

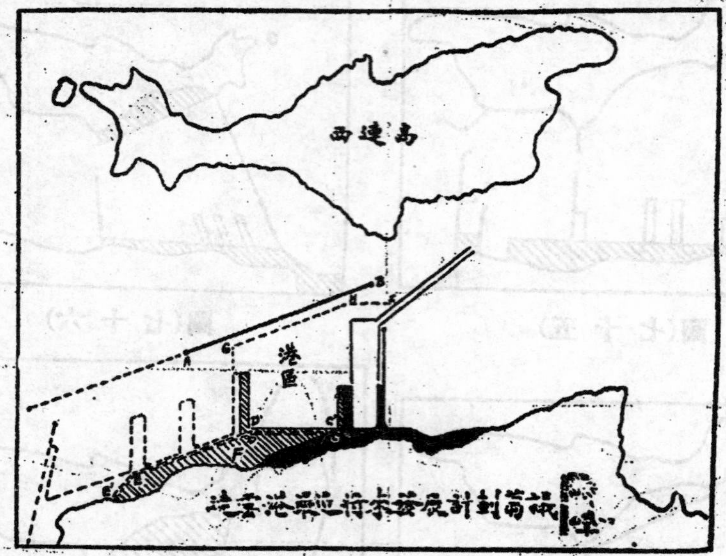

圖(八十一)

(1) 完成止浪壩 AB 一段,計 2000 公尺;

(2) 租或購鏈桶挖泥船及吹泥機各一隻,以便挖深港區及填地;

(3) 建築CDE石堤一段,以爲填平面積F預備;

(4) 在GHI界內挖泥,吹入面積F;

(5) 加寬二號碼頭,及建築靠船牆C'D',爲第三碼頭。

(6) 建築第四碼頭,深在零下10.00 公尺,以便容納 6000 噸級之外洋輪船。

以上各項建築完成後,其港區之面積,與碼頭牆之長度,將與青島大港相埒;以之應付每年2,000,000 噸之出入口貨物,必能敷用。以後視發展之情形,依實地之需要,再作第二步擴充計劃,自能應付裕如。謹供芻蕘結束本文,願各專家加以研究與指教,實爲欣幸!

(附錄) 石堤在膠泥海底移動之研究

海塲工程,在此種膠泥,遭遇困難,連雲港工並非首創記錄。遠之如意大利 Spezzia 海港及荷蘭洛特丹姆(Rotter dam) 海港,近之如澳門海港,均有前例。

查是項膠泥之性質,原爲具有半流質性的柔韌物 (Plastic Material), 若取該泥一方ABCD, 上加重量P,則該泥塊向左右突出,如圖(八十二),但在海底時,周圍尙與同樣膠泥相連,在 A'B' 下面積向左右開展,須遇相當阻力;而此項阻力之增加,與深度成

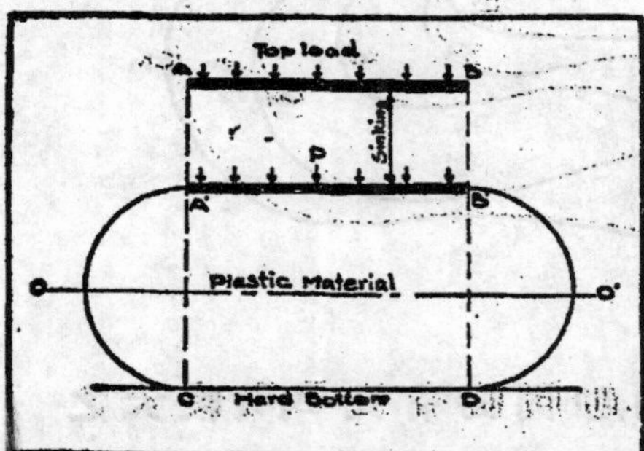

圖(八十二)

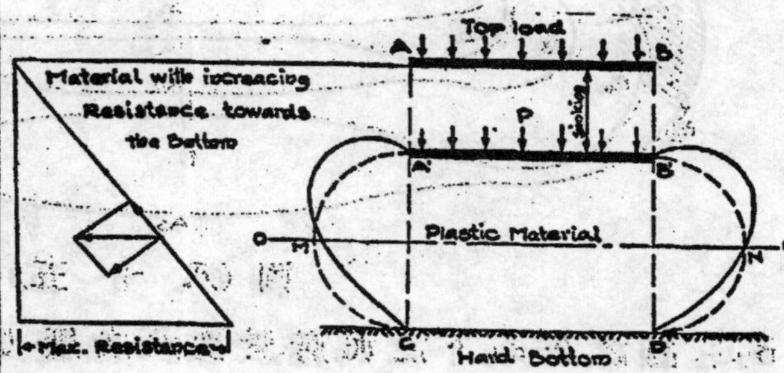

圖(八十三)

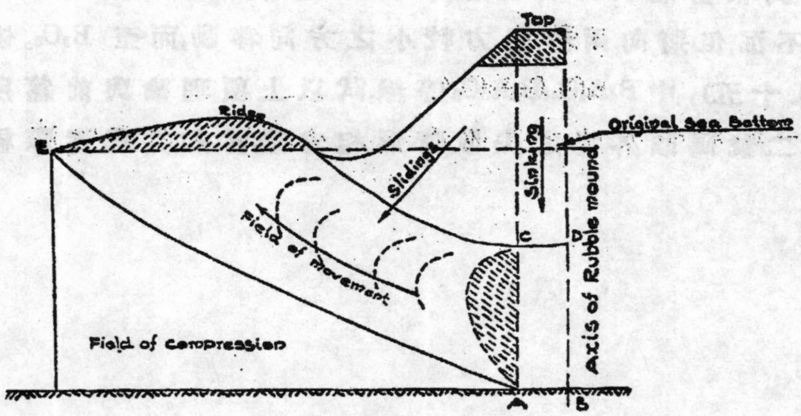

圖(八十四)

正比例(見前章止浪壩載重試驗),故在0—0′以下向外展出面積,比0—0以上者較小,如圖(八十三)。因之,如重量P漸漸增加,則面積A′MC或B′ND隨之加大向上移動,而成圖(八十四),故堤身下沉而兩旁反有膠泥隆起,靠近堤脚反有窪下之深溝。本此理論,再將石堤下沉之步驟,加以解說如下:

當石堤漸次築高時,在堤底中部A_1點之重量,大於在堤脚之

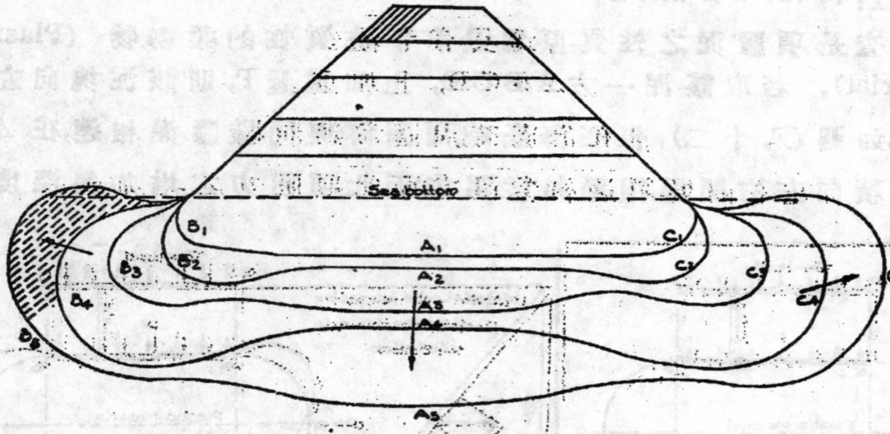

圖(八 十 五)

B_1C_1。因之在A_1下之泥層,受較大之壓力,即同時有比B_1C_1較大之反抗力。故堤高再次增加時,B_1C_1下沉,將較A_1爲多,而向B_2C_2移動,直至得到相當之抗力而止。及石堤重量再增時,A_2將下沉至A_3,而B_2C_2非不沉,但將向兩旁阻力較小之方向移動,而至B_3C_3。依同理得圖(八十五),中$B_4A_4C_4$,$B_5A_5C_5$等線,試以上項理論與前篇所述止浪堤及二號碼頭外堤之失敗情形相參證,當知其與實際極爲近似也。

杭州閘口發電廠三年來改進概要

陳 仿 陶

導 言

杭州電氣公司，發電所有三。最初成立者在板兒巷，蒸汽方式與艮廠同，現已取消，玆不贅及。次成立者在艮山門，用蒸汽透平發電機，汽壓一百七十五磅，汽熱華氏五百二十度，告成於民國十七年以前。新廠建築在閘口水澄橋，民國十九年四月興工，廿一年十月底告竣，亦用蒸汽透平發電機，汽壓三百五十磅，汽熱華氏七百度，設備較新，鍋爐燒粉煤，採用磨煤機及噴燃器，係國人自辦電廠之首一家。自民國廿一年十月底開廠以來，發電効率逐年進步（見表一），障礙雖多，亦逐漸解決，除燃煤部份劉崇漢君另文發表，載在電工第六卷第一二號外，玆擇其要者略敍如下，以供海內同志參考。

表（一） 歷年發電效率增加之比較

年份	熱効率	比率	附註
19	9.95%	100 %	板艮兩廠發電
20	10.42%	104.7%	仝上
21	11.31%	113.7%	十月底起閘廠發電板廠停艮廠開小部份
22	15.80%	159.0%	八月中旬前鼓樓分電所未成立晚間閘艮兩廠同時發電
23	18.66%	187.5%	本年閘廠發電艮廠全停
24	19.30%	194.0%	仝上

由上表，知六年之內發電効率增進二倍，而在艮廠發電時代，實無甚進步。閘廠因蒸汽壓力及熱度提高設備新穎，用科學方法

管理,遂大見成效,發電熱效率之高,爲國人經營電廠之冠,然以與歐美大電廠熱效率在25%以上,甚且達30%者比較,則猶如小巫見大巫也。

機器設備

閘口發電廠係包括煤場,鍋爐間,透平間,配電間,打水間,化驗室等,其機器設備大概如下:

(甲) 鍋爐間設備

鍋爐面積約佔8400方呎,可裝鍋爐四座,現已裝置者兩座,係司得令水管式,美國燃燒公司(International Combustion Enginnering Corporation)製造,每座容量爲:

汽壓	每方吋 365 磅
汽溫	華氏 726 度
受熱面積	10400 方呎
蒸發汽量	每小時 60000 磅

鍋爐每座置磨煤機及噴燃器各兩具,每小時能磨煤六千磅,用75馬力之交流電動機直接轉動。其進煤之多寡,隨負荷之高低而增減,以直流電動機一座自動節制之。煤屑磨成粉末後,噴入爐膛而燃燒。每座鍋爐裝置送風機及吸風機各一具。送風機引取鍋牆夾道中之暖氣送入爐內,以助燃燒,一部份則入磨煤機,使煤末乾燥,易於着火,其量在華氏表 250 度及水柱6吋時,每分鐘送風30200立方呎。吸風機吸取鍋爐內業經燒完之煤氣,送入烟囪,其量在華氏表440度及水柱3吋時,每分鐘吸風48400立方呎。此等風機皆用交流電動機直接轉動。

省煤機裝在鍋爐後部,有上下氣泡二具,中連以水管。受熱面積每座4060方呎。鍋爐之水,先經此器,使溫度升高,再入鍋爐本部。

(乙) 透平設備

透平間面積約 4800 方呎,現已裝置透平機兩座,每座約7500

基羅瓦特,共有15000基羅瓦特之發電量。將來如欲擴充,尙可增至四倍,即達至60000萬基羅瓦特目前開用一座,適足供全市電流之需;其餘一座,則作備用。該機係英國湯姆好士頓廠(British Thomson Houston Co.)製造,每座規定爲:

透平汽壓	每方吋 350磅
透平汽溫	華氏 700度
透平轉數	每分鐘 3000轉
發電容量	7500 基羅瓦特
發電電壓	14000伏
電力因數	80 %
電氣方式	三相五十週波三叉接連中和點經電阻而入地。

透平機爲高電壓衝動式,共有葉子十八道。在第十二至十四道之間,一部份之蒸汽,可隨時抽出,以供蒸溜器及暖水器之用。

透平調速器用高壓冷油而動作,其速度之高低,可於配電室內經小馬達一具而控制之。

發電機,勵磁機均與透平機直接連合。勵磁機有正副兩座;副座之電流供給於正座勵磁,正座之電流則供給發電勵磁之用。

發電機內部之空氣與外間隔絕,使塵埃不能入內。每機裝有冷氣器兩具,用凝汽器循環水一部份以激冷之。氣溫之升降,有寒暑表一具及自鳴警鈴限制之。如溫度過高,而超出預定之數量,則警鈴自鳴,使管理人注意,加以人工調整,以避免危險。

(丙) 凝汽設備:

凝結器兩座,係瑞士愛雪惠司廠(Escher Wysser)製造,每座容量如下。

凝汽面積	13000方呎
凝汽容量	每小時78000磅,
凝汽眞空	28½ 吋
凝汽水幫浦容量	每小時100000磅

循環水幫浦容量	每分鐘156000磅
眞空器容量	每小時抽氣50磅

循環水幫浦兩具,裝於打水間內,每具容量足夠凝汽器一座全負荷時之用。該機爲離心橫臥五級式,用175馬力交流電動機直接轉動,速度每分鐘725轉。電機之一爲鼠籠式其他爲滑圈式,可使速度高低以節制水量。

凝結水幫浦三座,每座容量足夠凝汽器一座全負荷之用。其中一座爲預備機。均用10馬力交流電動機直接轉動,速度每分鐘1450轉。

眞空器三座,裝於透平間,係高壓蒸汽兩級式抽氣容量每小時50磅,耗汽每小時1000磅。

(丁) 飼水設備

1. 濾水器　全廠用水,如鍋爐及機器軸承所需之冷水等,均取給於錢塘江。先經濾水器排除一切污物,然後儲藏於沙濾水箱,以備隨時取用。

濾水器共兩座,每座容量每小時能濾水4100加侖,附有汽壓機一座以供冲洗之用。

2. 蒸溜器　錢塘江水含鹽質,泥沙甚多須經沙濾後再入蒸溜器,使其蒸發而成淨水,以補充鍋水之用。蒸溜器計一座,容量每小時能蒸發江水5000磅。

3. 暖水器　計一座,江水經沙濾及蒸溜後,逐入此器,使溫度增高,並排除養氣,然後經進水機而入鍋爐,其容量每小時能使二十萬磅之水自華氏140度增至200度左右。

4. 鍋爐進水機　共三座,每座每小時能進水十萬磅。其中二座各用100馬力電動機轉動,速度每分鐘2920轉。其餘一座用蒸汽透平轉動,速度每分鐘3700轉;此係備機,以防停電時進水之用。

(戊) 配電設備

總配電板共五座,計發電機石板兩座,廠用變壓器石板一座,及輸電綫石板兩座。油開關與配電板,係分裝兩樓,均用直流馬達自働開關,其控制機鈕則裝置總配電板上,母綫爲複式,可互相替用,以便修理廠用變壓器三具,每具爲單相500開維愛,互相連接而成三相,供給全廠電動機電流之用。電壓自1400伏至600伏。廠用電燈另有37開維愛單相小變壓器,供給電壓自600至120伏。

前項設備外,尙有電動發電機及蓄電器各一座,供給油開關小馬達及磨煤機進煤馬達之直流電,及停電時廠內燈電之用。

發電機之保險設備,分爲過流保險器及平衡保險器,磁場遏止器三種。

(已) 附屬各機設備

全部各附屬機,如循環抽水機,凝結水機,濾水機,飼水機,送風及吸風機,磨煤機等,皆用三相式 550 伏之交流馬達;進煤機則用直流馬達,以便調節進煤速度。鍋爐燃燒及送風,吸風,磨煤,進煤等管理,係集中於一處,稱爲控制盤。該處附設各種汽表,熱度表,風力表,進煤速度控制器,汽量表,飼水量表,炭養二表等,爲鍋爐管理之神經中樞。

(庚) 化驗室設備

化驗室內備有化驗煤屑,爐灰,烟氣,用水P.H.及排養等之全部儀器,並置有汽表較準器及高低熱度表數十只,備測驗之用。

工作狀況及改良

閘廠工作狀況見第一圖。煤場之煤,由運煤機運入煤倉而入磨煤機。該機用直流馬達進煤。粗煤經過磨煤機後,卽成粉末,再經過分別器使粗者重磨,而細者入噴燃器燃燒。透平機利用鍋爐所產生之高壓高熱蒸汽發電。廢汽入凝結器化爲水,溫度約在70°至85°F.之間,視眞空而定,此水經過眞空機而至排養暖水器。排養器利用透平機第十四級抽出之蒸汽及蒸溜器蒸發之汽,使水溫度增高,自 160° 至 190°F.左右,然後經過助水機及飼水機而入省煤器。

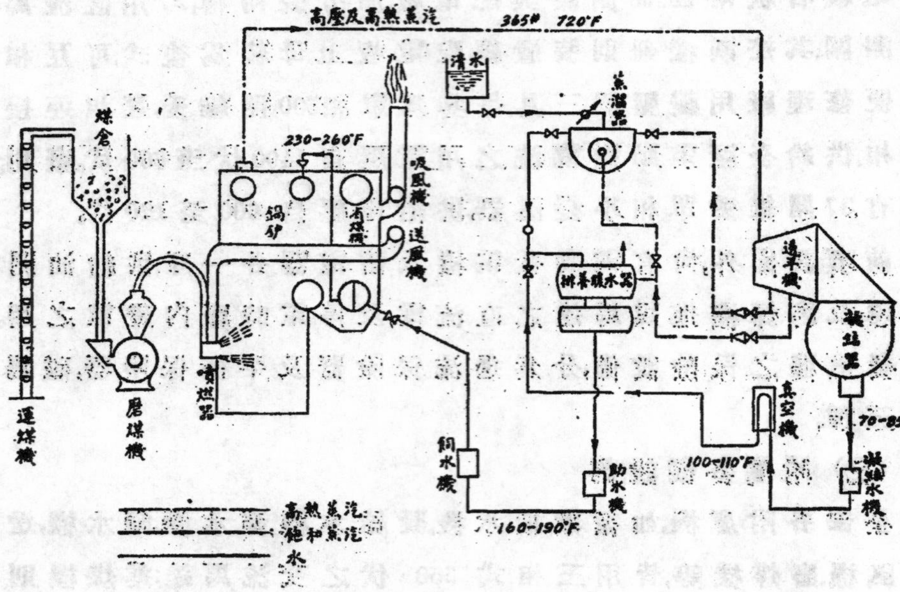

第 一 圖

省煤器利用烟氣餘熱,使飼水溫度增高,自230°至260°F.不等,而入鍋爐,再生爲汽,循環不已。此種工作方式雖甚簡單,但於實際應用上亦頗困難,須設計時預先顧及。本廠成立時急於開廠,設備及方式上未免有疏漏之處,故三年來障礙頗多,茲略述如下:

(1) 濕煤問題之局部解決

廠內磨煤機爲衝擊式(Impact Hammer Mill),而非磨硯式(Grinding Mill),水份增高,煤粉細度立減。據實際經驗,表面水份超過3.0%,卽不能得良好燃燒;達4.0%時,火常熄滅。鍋爐間地位甚小不便設置爐烟烘煤器,遂採用機內烘煤法(Mill drying)。預計磨煤器內經過之主風,約佔全體需用燃燒空氣之20%。若表面水份爲10%,須除去7%,降至3%,方合燃燒,則送入磨煤機。主風之溫度當在華氏300°,乃於二十二年秋每爐設蒸汽熱風器一具(Steam Coil-air heater),使主風溫度可增至350°F.,然後入磨煤機,但此器裝置後,僅能燒含4.3%表面水份之煤;當水份超過5.0%,爐火常熄滅。細究其因,非方式不合,乃應用不得法;緣磨煤機構造,主風入口在上部,因擊鎚旋轉及送煤風扇吸引,此風及煤粉直入分別器,其烘熱及排除水份工作,係在煤被擊以後,當然失其效用。遂將磨煤機改造,使熱風在進煤處及下部輸入,使水份可於未擊時及被擊時排除之,而使煤粉達適當之細度。現時雖水份達9.0% 亦能燃燒,而得良好結果矣。

(2) 測驗燃煤之改良

廠內鍋爐本無自動量煤設備,每日用煤以平斗方法測算惟煤斗內存煤不多,頗難準確,乃將煤斗畫爲若干級,量其容積,每日按班測驗三次。平斗時務使存煤僅數噸,則測驗較確,此外進煤機之轉數,與燃煤之數成正比例,故於每磨煤機製一自計轉數表,此表所紀轉數,與平斗量煤結果可作比較,且可知任何時間內所用之煤量。

(3) 進煤速度之改良

進煤機直流馬達原調速器,範圍過小,蒸發量降至每小時三萬二千磅時,該機卽不適用,乃於電動子圈內 (Armater winding) 加一多級阻力盤,現時蒸發量降至一萬五千磅時,亦能適用,但再降低,則馬達牽力 (Torque) 降至最小而停止轉運,進煤必用人工矣。

(4) 燃燒之標準及合理化

凡燃燒必須用適量之空氣,與煤適當配合,使煤之熱力能全體放散於爐內不可過多,亦不可過少,務使烟氣及爐灰可燃物損失爲最小,氣熱達到所需之度,而炭養二率達最經濟之數。閘廠初成,卽從事於主風助風之調節,進煤送風引風之處理,燃燒器配煤器等位置之配合,助風之測驗等,燃燒標準,雖形略具,但無表可使工人有所根據,故去冬在鍋爐上添裝 Differential draft gauge 一具。此表之一端,接於燃燒室(Furnace), 一端在省煤器烟氣出口。表上水柱之高低,應與烟氣流量,送入風量,進煤量,及鍋爐負荷成正比例。若以鍋爐負荷爲横軸,表上所記水柱高度爲縱軸,則可依炭養二率試驗而得數曲綫(第二圖),再由用煤報告而決何炭養二

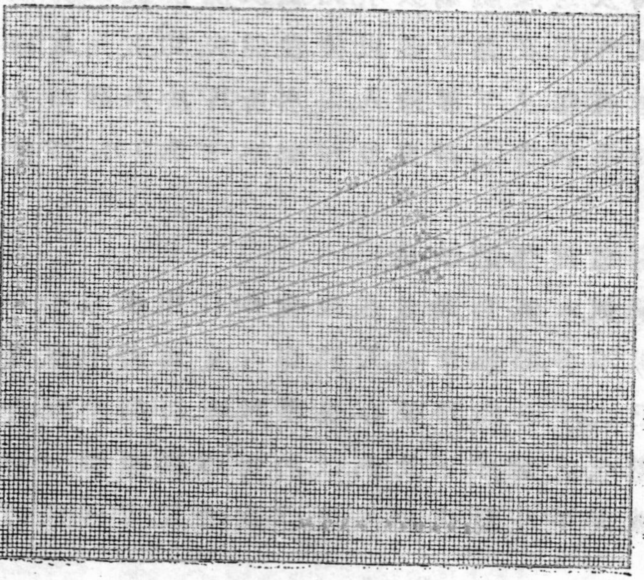

第　　二　　圖

率爲最經濟。根據此最經濟曲綫,則鍋爐在任何負荷時,此Differential draft gauge 之水柱應若干,皆已預知,進煤進風亦有標準矣。至燃燒需要之空氣,分主風助風兩項,皆取自送風機。該機出口總風道有二,各直接於燃煤器及磨煤機。此風道口徑甚大,風行甚緩,不能以皮氏管(Pitot tube)測驗,故去冬又將總風道及主風管分別改良,俾皮氏管可適用「由總風道所測得之總進風量,減去同時之主風量,即得該時之助風量」之規律。

（5）吸熱

開廠省煤器初用時効力極微,其出口之烟熱超過合同規定數特甚。細究其因乃下鼓內之三角鐵架及熟鐵隔板構造不良,漏縫甚大,水由隔道直入鍋爐,而不經省煤器之迴管。乃將此等不良處重加改造,施以電焊及石棉布墊,務使無間漏,其効力遂增大,而烟熱降至規定範圍以內。又蒸汽熱度不能達到規定數,其最大原因,乃在爐牆等漏風甚多,爐熱低降,此則爲尙須修改者。

（6）飼水

閘廠飼水設備,有蒸溜器及排養暖水器,似甚完備,但無淡水池。海潮一月兩至,每次淡水期間僅四,五日,且蒸溜水箱與普通水箱及泥鼓放水連接之處甚多,因此常有鹽質浸入飼水內,而使鍋爐汽管腐蝕(Corrosion on steam circulator)。自此現象發現後,即從事研究,首將飼水與普通用水啣接處完全分離.次將蒸溜器出汽管增高,免去混流之弊,再將鍋爐內部完全刷除已存鹽質,並添造蓄水池,及更改水管,而後從事於各種飼水測驗及化學處理,俾爐水常保持適當之鹹性及硫酸鈉比例,同時注意於暖水器之排養及凝結器滲漏,故腐蝕現象已成爲過去之事。現時鍋爐情形如下,

苛性鈉鹼性	百萬分之	80 至 120
總鹼性(炭酸鈉)	百萬分之	120 至 180
總鹼性與硫酸鈉之比		2.5 至 3
PH		10.70 至 11.70
爐水內溶解之總鹽鈉在	百萬分之	1500 以下
爐水內之磷酸鈉		80 以下
爐水內之不溶解物		1000 以下

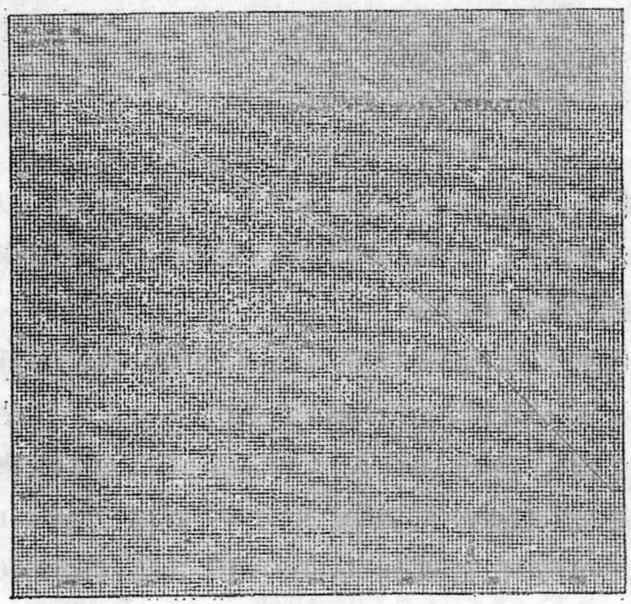

TEMPERATURE OF FEED WATER FROM HEATER DISCHARGE

第　三　圖

飼水含養氣每公升須在 0.05 公撮以下,飼水溫度隨透平負荷變更甚鉅,故必須維持相當眞空,始能達此最低限度(見第三及第四兩圖)。但透平負荷在2000 K. W. 以下,預熱抽汽不能適用,

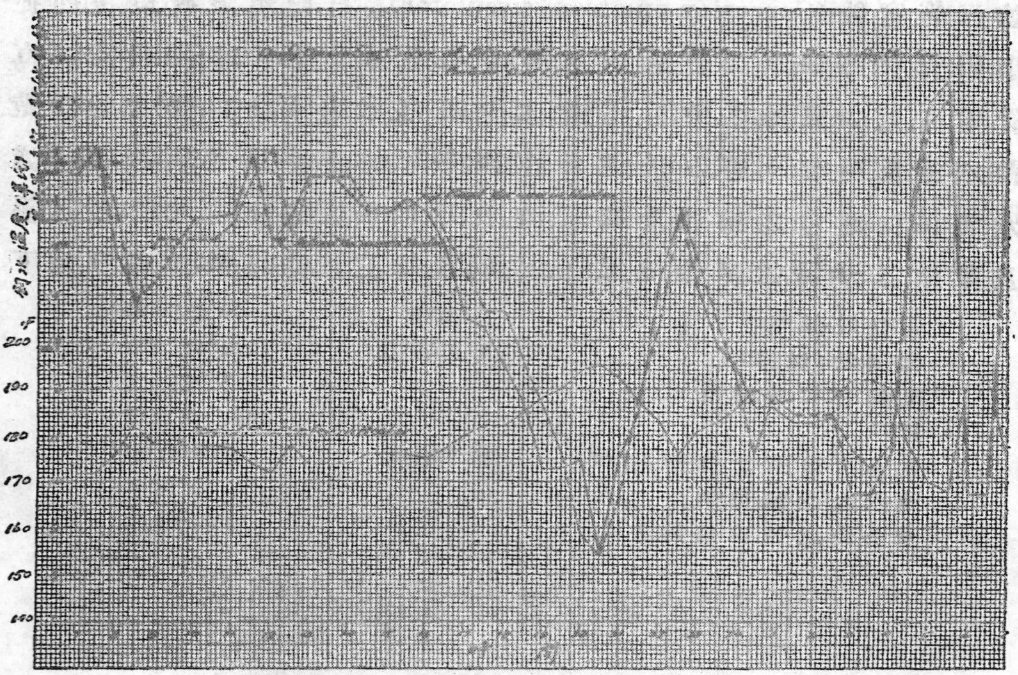

第　四　圖

乃添汽壓低降器一具,供給適當蒸汽於蒸溜器,使其功用不斷。蒸溜器蒸發之汽,轉入暖水機,使飼水溫度增加,完成排氣作用。

（7）鍋爐蒸發量增高

閘廠爐子蒸發量,原爲每座每小時60,000磅,而每座透平機在全負荷7500 K. W. 時,約需77000磅,過量至 8500 K. W. 時,需 88000 磅。閘廠初時透平機負荷至6600 K. W. 時,鍋爐汽壓卽逐漸降低,不能維持標準數。細究其因,乃引風機馬力不足,因之改裝 125 馬力之馬達,於二十三年夏季完成,同年冬季透平負荷增至8000K.W., 鍋爐蒸發量增至83000磅,仍有餘力,將來透平負荷達到8500 K.W. 時,仍可以一爐供給一透平無礙。

(8) 鍋爐全部效率之增高

民國廿一年十月底間,閘廠成立發電約二個月,即由原設計工程師安諾爾君 (H. H. Arnold) 來廠試驗,測得鍋爐全部効率自75%至77%不等。次年九月,將省煤器修好,此效率遂增進約5至6%,俟後研究燃燒率又增1至2%不等,故現時鍋爐效率,約自80至84%,若爐牆漏隙完全封塞,可望達至85%以上。

(9) 附屬各機之添置

閘廠計畫原為基本負荷發電所 (Base load station),須與他廠同用,故廠內各附屬機皆用電力,借他廠維持電源不斷。今既為單獨電廠,且因電機宏大,全日只用一透平機,凡廠內各附屬機,如進煤磨煤,飼水,送風,引風,凝結循環等,皆取自此機,若此機有障礙,勢必全廠停頓,而無法恢復。所幸開廠至今三年有半,全廠職工慎謹從事,尚未遭此種不幸。二十四年添裝自用600 K. W.透平發電機一座,此機為單級式,可於二分鐘內開足轉數。若遇主要透平發電機發生障礙,此機利用鍋爐存汽,開足轉數發電,使各附屬機轉運不停,至該主機修復或其他主機開出為止,故全廠不致停頓,外界停電亦不過數十分鐘而已。

又助水機吸暖水機之水,送入飼水機,若無助水機,則暖水器不能應用,而排養工作亦即停止,其影響於發電經濟及鍋爐壽命至鉅。閘廠設計,僅有助水機一具,一遇修理,即無辦法,故添助水機一具,以保安全。

(10) 循環水機進水之改更

本廠循環水機係臥式,進水管口外有雙層鐵絲網,江水低時管口僅在水平下數寸,空氣隨水而入,水機容量大減,甚至停止出水,凝結器全失效用,至為危險。乃於進水管口上部加一尖嘴半圓形鐵帽,雖江水再低降一尺,亦可適用,如此維持兩年,尚未遇見困難,現正籌接長進水管數尺,並使進水口低降四尺,以防不測。管內裝洗泥嘴,用水力冲洗管外四周沙泥,亦擬用高壓空氣冲去,應汚垢不致結集於管之內外各部,而保持水源不斷。

(11) 維持修理之進步

開廠初成之時,每鍋爐連續工作至二十日,即須停火修理。現時每鍋爐可繼續工作至八十日始修理檢查一次,他如磨煤機,飼水機,凝結器,蒸溜器,暖水器,循環水機,眞空機,透平機等,視其情形,定期檢查修理,賴職工全體努力,雖設計不甚完全,三年來未發生障礙。

發電效率之研究及預測

凡研究一機器或全部機器之効率,可於該機或全機之出產及入產 (Output and Input) 作曲線求得之。例如以電氣馬達出產馬力為橫軸,入產之瓩 K W 為縱軸,則得曲線,如第五圖。此線與縱軸

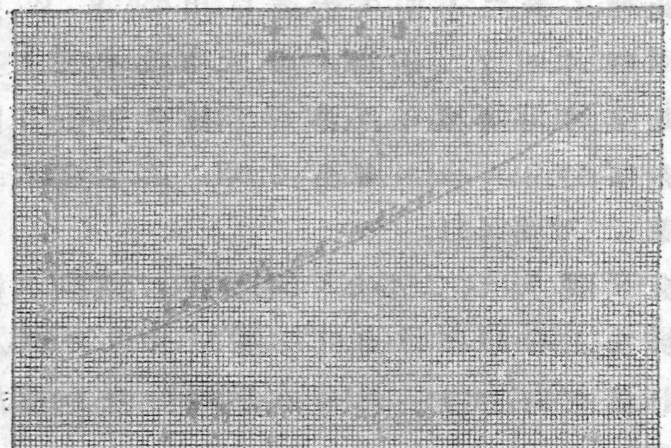

第　五　圖

相交所紀之KW,為無負荷損失(No Load Loss)。又如以蒸氣機或透平之負荷為橫軸,而以用氣量為縱軸,則所得威蘭線(Willan line)。縱軸與橫軸之比,即為該機之水率(Water rate),見第六圖。派生氏(R. H. Parsons)利用威蘭線以分析發電所之汽耗及煤耗,稱為水線及煤線(Coal line and water line of a generating station),見第七及第八圖(參閱 London Engineering, No.13 1914)。然吾人須注意者,

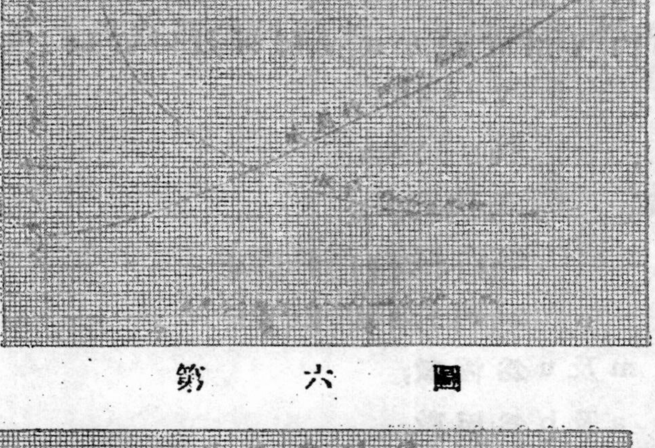

第六圖

第七圖

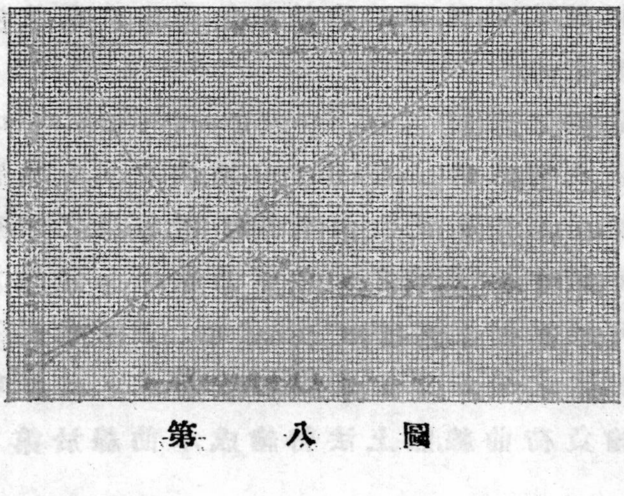

第八圖

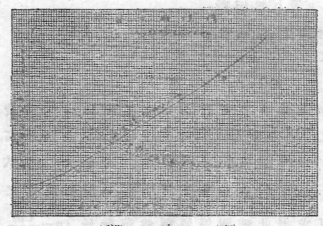

卽威蘭線或派生線非完全直線。普通現象,大約自負荷百分之二十左右至全負荷時,略成一直線,在此範圍以外,則皆向上屈折,故僅在此範圍內可用直線方式。按解析幾何直線之公式爲:

$$Y=a+bX$$

若 $X=0$, 則 $Y=a$。

如是假定 K 爲發電量,

C 爲同期間用煤量,

W 爲同期間用汽量,

m 及 n 爲恆數,

a 及 b 爲因數,

則第七第八兩圖之煤線水線公式爲

$C=m+aK$ 及 $W=n+bK$

若 $K=0$, 則 $C=m$, $W=n$;

卽 m 及 n 爲無負荷時之理想煤耗水耗。此理想耗常較實際數低(七,八圖中之OD' 小於 OD),若欲發電効率達到最高,必須使恆數 m, n 及因數 a,b 降爲可能之極低數。又若於上二公式去K,則 $W=n-\frac{bm}{a}+\frac{b}{a}C$, 於是在普通情形某期間所產生之蒸汽與燃煤之關係亦可求得。此種關係通稱爲蒸發量。$(n-\frac{bm}{a})$ 恆爲負數。公式內之恆數與因數,隨燃燒効率,熱絕緣,汽漏,眞空等而異,在技術家好自爲之也。

又若以發電之煤線 (Coal line of generating Station) 摆於左方,而將同期間之負荷曲線 (Load Curve) 繪於右角,由負荷線引橫線至煤線再轉繪於第四角,又由負荷線引縱線與之相交,則得用煤曲線,如第九圖。圖中 bc 與 ab 之比,卽某負荷時每度電之煤率。照此圖解方法,任何負荷時之煤率 (Coal Rate) 皆可求得,發電効率可預先測定。進而言之,若以負荷爲縱軸,發電成本爲橫軸,繪於第二角,第一角仍繪負荷曲線,照上法轉繪成本曲線於第四角,則任何

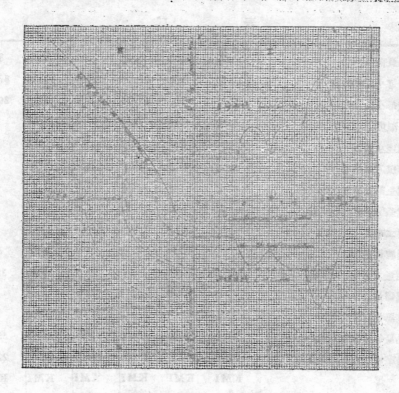

第九圖

負荷時之發電成本亦能求得,水率等可類推之。

由上法求得之用煤用汽發電成本等曲線,與廠內煤表水表等所記錄之曲線相比較,可知在何負荷或何時發電之經濟狀況,以為改良根據。

測驗發電効率,除上述圖解方法外,可用推算法 (Calculation)。惟此種推算至為複雜,須明瞭全部發電計畫及自己經驗心得,始能獲比較準確結果。閘廠於二十一年十月底開廠,二十二年夏作者就各機構造工作情形詳為研究,預測負荷增加,各機容量是否相宜,何者須改良,何機容量須增大,發電効率 (Generating Performance and Efficiency)若何分解推算,列為詳表,共三十八項,為改良基本。其後逐項實現,與彼時預算者多相符合。茲擇其要者列表於下(表二):

表　二

	KW					
透平負荷(KW)	3000	4500	6000	7500	8000	8500
透平每小時用汽磅	33850	48500	67000	77000	81600	87500
全廠每小時用汽	35825	50500	65025	79050	83710	89600
飼水溫度 °F	186*	192*	196*	198	198	200
鍋爐產生率%	120	169	217	263	278	296
省器煤入口烟熱 °F	440*	445*	490*	550	580	620
鍋爐全部効率%未改正前	75*	75*	76*			
鍋爐全部効率%改正後	81	82	83	83	82	82
炭養二率%	14.5	14.5	14.5	14.5	14.5	14.5
每機磨煤量	2720	3750	4760	5780	6200	6600
送風量立方呎(每分鐘200°F)	15000	2075	26300	31900	34200	36400
省煤器出水溫度F	240	250	255	260	263	267
省煤器出口烟熱F	255	296	340	380	410	430
引風量每分鐘立方呎440F	22420	30300	40000	48000	52000	55000
燃燒室每立方呎放熱量BTU	9000	12400	15900	18500	20500	22000
用　煤	KMI	KMI	KMI	KMI	KMI	KMI
發電效率增加比例%	183	196	199	212	210	208

（以民國19年民廠爲單位）

*爲實際測量數

以上估計之鍋爐効率,與最近測驗者相近（卽82.8 83.3 83.6及 83.4 %。由上海電力公司試驗技師測得之。）發電効率增加比例,亦與實際相埒,例如民國廿三年共發電二百五十九萬度,全年平均負荷約二千九百瓩,該年發電効率增加比例 187.5%,與上表所列負荷在3000瓩時當增加至183%略合。又據上表在最高負荷8500 K W 時,鍋爐產生率 (Boiler rating) 達 300%,燃燒室每立方呎放熱量(Heat release per Cubic feet of furnace per hour) 每小時 22000 B T U,皆不過分,送風機亦尙有餘力。惟引風機過量,故改用125馬力速度較高之馬達（見前）,省煤器出口烟熱高,俟最低負荷達到4500 K W 時,卽須添置空氣預熱機 (Air preheater), 使烟熱降至

240至350°F.不等,鍋爐効率更可增進也。

結論

本文僅就閘廠三年來過去情形擇其要者簡略報告,至各機之考驗,更改効率之圖解推算,及工作之實施詳情,因限於時間,容後另文分述。至各處發電廠,設備不同,情形各異,因物因人利導而改進之,在乎自決自助,固無一定方式也。其要領須統籌全局,根據學理經驗,而不偏於一隅,察知廠內各機之長短,逐步改進,謹慎從事,不燥進,不因循,各機之組織結構,材料强弱工作限度,尤須精細研究,庶能應用修理而無缺,購煤,燃燒,飼水固應注意,潤油物料維持修理,職工組織管理等,尤不可忽略,因効率增高,乃全體之力,不僅歸於一部也。

上海建築基礎之研究

秦元澄

緒言

上海地當衝要,商賈雲集,因之建築事業日盛。以地價昂貴,均趨向多層建築,六層八層之屋,十年前視爲高樓大廈者,玆又不適於用,新建之巨廈,且高逾二十層矣。然欲建築本身之安全,以基礎之能否安全爲斷,但如何能使上海富有彈性而鬆軟之地土,得有穩固之基礎,實爲當務之急,而工程界所一再研求視爲至複雜之問題者也。以工程師觀點之不同,且無確切之試驗,甚難得一相當之定理。玆姑就經驗所得,合於當地情況者,敍述如次,供基礎設計者之參考焉。

地土之性質

地土之性質,於基礎之設計,至關重要。上海之地土,由揚子江冲積之沉泥所成,地面與最高水面不相上下(+17.00)土質爲粗大黏土與細砂所合成,其成分各處不同,雖在短距離間已有顯著之差別。東部近黃浦口者,含細砂較多。各鑿井公司曾於多處打鑽試驗,有深至千尺者。

上海土質,大都爲深層砂土而鮮有堅石,因之打樁較易,而直接承量則不大。一般土質之特性,均富有彈性,可由兩地所植水平點每年之變更證明之,雖於樁之承重有利,但遇有震動,每爲溶解。

上海仁濟醫院(Lester Chinese Hospital)之基礎,用萬勃羅(Vibro)三和土樁,建造時曾加以試驗,每於所加重壓減少時,樁自能透起,尤足證明上海之地土富有彈性者也。

關於當地土質情形,浚浦局有多種試驗報告,可資參考。

基礎之設計

地土所載建築物之重量,不外直接與間接兩種。直接者,所有重量全由地面承載。間接者,用承樁由其表皮阻力以承重者也。

地土內阻力,如遇高壓極易減少,故基礎重量傳達至地下深度之比率,根據內阻力,隨其面積形式及其總面積而定,基形愈大,下沉愈甚,因之欲基礎之安全,承重之面積以小為貴。

基礎之下沉,勢所不免,故吾儕設計之目的,非使基礎受最安全之壓力絕無下沉,而為建築物之下沉,得在一定限度之內,且下沉之時得以平均無偏欹之患。土質隨處各異,茲假定同一建築地域內,無所歧異,所以使建築物下沉之要素,不外建築物之重量,(地土所受實在重量)與泥土之壓縮(即受有重力使容積縮小)所必須顧及之下沉,非為初建時每日下沉之數,而為最後下沉之數。對於下沉最有關係者,厥為基礎所承實在重量,工務機關所規定之活重,僅對於樓板等而言,非長期所有,且各部未必同有。欲使其下沉平均,須基礎所負重量平均展布,無所高下而後可。因之規定之活重,須加以變更,始合基礎之用,故有所謂均沉載重(Equevalent Settlement Load),簡書E.S.L.:

E S.L. = 固重 + F×(規定之活重)

F = 因數(視建築物種類而定)

上海仁濟醫院(L.C.H.)基礎之設計,即用E.S.L.計算者,所用三和土樁為弗蘭基式(Frankie Type),設計時根據下列假設,

金屬之重量為全固重 + 1/2 規定活重為

E. S. L.,使下沉得以平均,基礎之大小即以此種重量為比如

下：

$$椿數=\frac{E.S.L.}{椿之面積\times表皮阻力}$$

因此種三和土椿之基礎，形式甚小，故除地層爐子間儲藏室外（此種重量加於地層底板直接由地土負担），每柱所荷重量，可完全由基椿承載。

設規定活重全部加於柱上時，椿之承量，可求得如下。

固重	138400 磅
活重	54100 磅
總重	192500 磅

E.S.L.（固重＋1/3 活重）＝156,430 磅

如 Frankie 椿表皮阻力，爲每方呎 400 磅，

則全部活重存在時（此係暫時而非久存者）

椿之表皮阻力每方尺應爲

$$400\times\frac{192500}{156430}=493\ 磅$$

基礎之形式，每就建築情形而定，如下列數種：

1. 分離基礎
2. 聯合基礎
3. 浮筏式基礎

一二層之建築，及承量不大者，以1. 式爲宜，以其設計簡單，所費亦省也。

遇有特殊情形，基礎所荷重量，各部相差過鉅，或限於地形，欲使其重心無偏，下沉平均，非聯合數柱於同一基礎不可，則必須用2. 式。倘承重甚巨，可用全部之柱，建於同一基礎，使下沉平均，即浮筏式基礎是也。但各柱所承之重量，其重心務與全部基礎之重心相合，倘各部重量相差太甚，如一部份爲堆棧，其他一部份爲公事房等，則基礎所受壓力，相差亦鉅，建築物易於傾側，不如分而爲兩，庶可使每平方尺所受壓力得以相同。故設計時務使單位面積所受壓力，各處皆同，方可使建築物得有平均下沉，無傾款裂縫之虞，

不可不注意及之。

尙有倒拱形基礎,(Inverted Dome)爲浮筏式之變形,其利在有弧形作用較爲堅固,但建築時須十分當心,否則鋼條地位變易,引力減少,反而無用。如遇特殊情形,可以採用之。上海大西路自來水公司蓄水池,(現在設計中)即用此式,因淸潔水池時,水流通暢,無所沉澱,一舉而兩得也。(第一圖)。

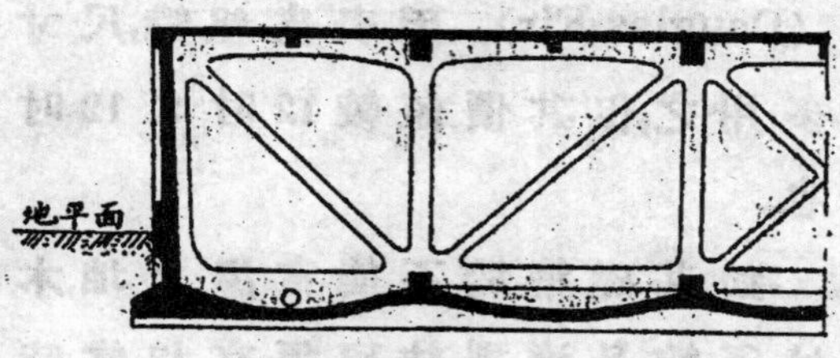

第一圖

承樁之種類及其重量

上海地土鬆軟,地面下百尺以內,未嘗有砂石發見,高大建築,多用承樁,利用其表皮阻力,間接承載基礎之重量,其種類如下:

1. 鋼板樁　可供碼頭,墻壁,港口水閘等用,普通爲工字鐵板所聯成者。有賴生(Larseen)式一種(第二圖),長度可至百呎,以其重量較輕,略爲經濟,故在上海多用之。

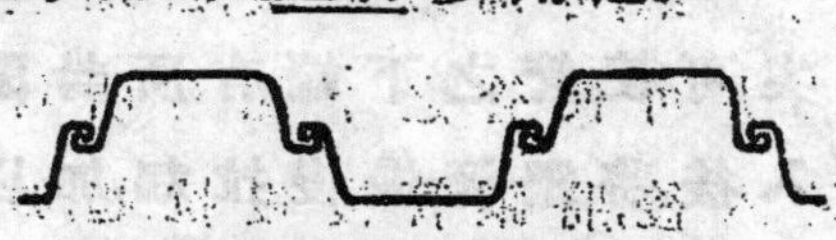

賴生式鋼板樁

第二圖

2. 木樁　木樁價値較廉,但非在水平面以下,易於朽爛,往往不適於用。上海如含有濕度之土,離地面數尺,即有相當濕度,足以保護木質朽壞,故多用之。福州圓木及 10"×10" 或 12"×12" 長 40'-0" 之洋松,爲普通所用者。因節費計,此種樁木,可鋸而爲兩,得有斜面而成楔形,其表皮阻力,可以增加,而料値未增,大爲經濟,如第三圖所示。

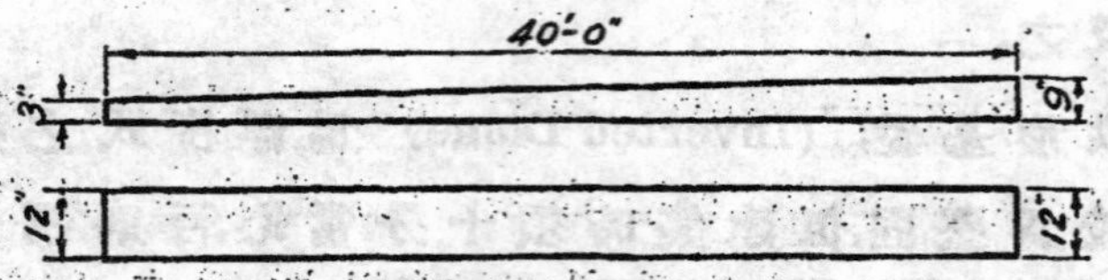

第三圖

木板樁,大都爲4吋或6吋厚,12吋寬,僅足供挖泥時擋土等用。

圓形松木樁(Dauglas Fir),因表皮粗糙,尺寸長大,可至八十呎以上,高大建築,多用之,但其價值較12吋×12吋對剖樁爲貴,非不得已時,均不用也。

3. 三和土樁— 如基礎築於不能常濕之地,木樁易朽,以用三和土樁爲宜,惜艱於運輸,且澆製結硬,須有相當時日,於工程不無延緩,爲其美中不足,於是有數種就地澆製之三和土樁,起而代之。即在土中做成模壳,加入三和土打結之,以其表面粗糙,且可減少澆製時期,至合用也。玆就上海所常用者數種,略述之。

弗蘭基(Frankie)樁 此種三和土樁曾用於仁濟醫院,及其他數處,成績不惡。遇有地面狹窄,樁距須大者,用三和土樁亦甚有利。其製法先用半寸厚鋼管,打至需要之深度,(最深45呎)如遇堅土或舊基時,管之下端,可加以鋼尖,如地土飽含水分,或鬆軟如上海所有者,下端管尖可使管之下端有所封閉,泥土及水不致侵入管中。待三和土澆入後,將鋼管慢慢拉起,加以重壓,使三和土即在下端流入地內,即成一圓形之三和土樁矣,參看第四圖。

尙有附有基座(Pedestal)者,其製法大略相同,參看第五圖。

經多人試驗,其表皮阻力,確較木樁爲大,因其打結時,水泥流出所成之樁面,粗於木樁也。但澆製時,須十分注意,務使三和土在管中無所間斷,免使泥土侵入,致全樁無用。

萬勃羅(Vibro)樁 萬勃羅樁,亦爲就地澆製之三和土樁,對徑爲17吋,長度可至85呎(普通爲68呎),其製法先用2噸重鎚打下鐵管至相當深度,將鋼管慢慢拉起,用重鎚起落,打結三和土,使

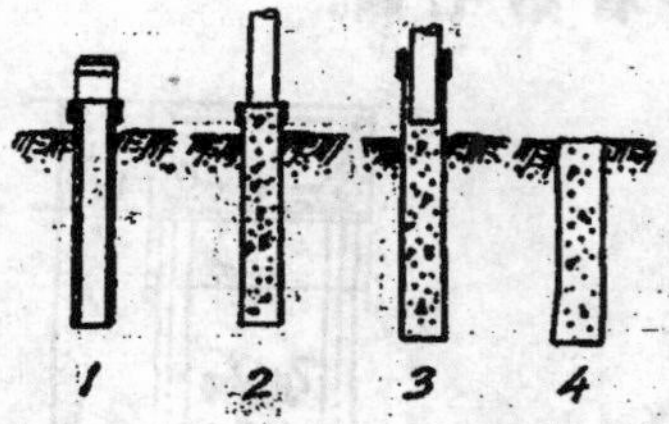

1. 鋼管及管心打入地中
2. 管心取出鋼管中澆入三和土再加以7噸重之壓力
3. 鋼管慢慢拉起 7 噸重之壓力保留原位三和土被追入鋼管所佔地位及泥土之空隙
4. 三和土成一圓形之樁

第四圖

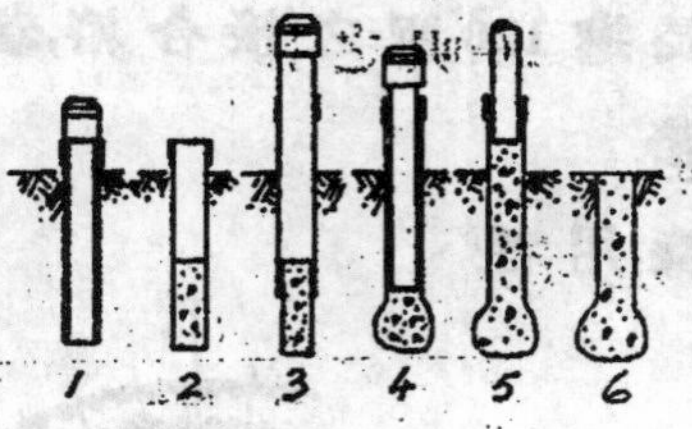

1. 鋼管及管心打入地中
2. 管心取出加三和土於鋼管底
3. 鋼管拉起 18″至3′-0″然後於三和土上加7噸重之壓力
4. 將管中之三和土由管底壓出
5. 管心取出鋼管中實以三和土管心重行加入三加土上之壓力不動將鋼管慢慢拉起
6. 有基座之三和土樁澆成矣

第五圖

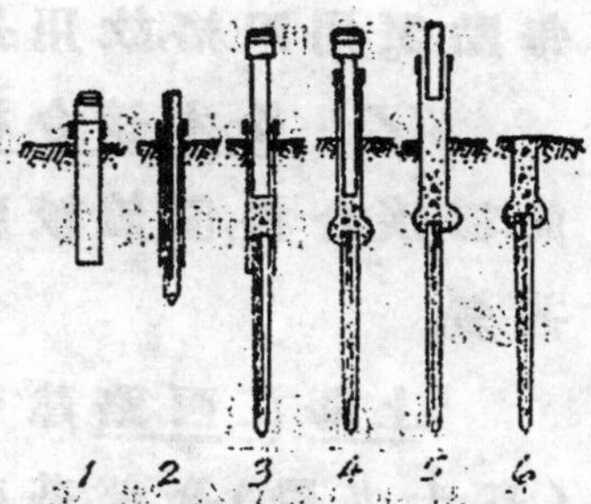

1. 鋼管及管心打入地中
2. 管心拉起置木樁於鋼管中
3. 木樁以鋼管爲範圍打入地中至需要之深度木樁上部在水平綫下管心取出加三和土於木樁之上再將管心加入
4. 鋼管拉起三和土樁座做成於木樁之上三和土與木樁得有堅固之接筍
5. 鋼管拉起加入足量之三和土塡滿鋼管所佔位置及泥土之空隙鋼管慢慢拉起管心及重鎚之壓力仍在
6. 聯樁做成樁與泥土密合無間矣

第六圖

其由鋼管流出而入地內,成一三和土樁,其表皮有甚深之凹凸部分,故承量大爲增加。其三和土成分爲 1:2:4 之比,用 3/4 吋徑鋼條四根,於澆入三和土時先行加入管內。

4. 接合樁　接合樁爲樁之長度不足,由二樁接合而用者。有三和土與松木接成者,及二木樁接成者兩種。

(甲) 三和土與松木接合者

此種承樁之製法,先將木樁打下,然後澆入三和土打結之,卽能適用於重大之建築。其澆製之順序,如第六圖。

上海煤氣公司,在西藏路所建之貯氣箱,其設計卽用此種接合樁,因其負重均在箱之週圍,承樁所承重量極大,而基寬僅十呎,非用長樁,不能得相當之樁距,且箱之下沉,必須十分平均,使箱邊煤氣不致洩漏(箱邊有水封固之)。蘇州河邊土質不堅,樁之表皮阻力較小,水泥部僅用250磅,木樁部用200磅。全重分置於42點每點須用四樁,故用長逾120呎之接合樁,參看第七圖。

(乙) 松木接合樁

此種接合樁,價值較廉,用者甚多。

上海江西路建設大廈(高十九層)全部基礎,均用之,且每樁加以試驗,結果甚佳(參看下節打樁公式與試驗)。

用接合樁之利益,可使基礎地位減小,樁之本身細長,適合上海之土性。樁價或多於短樁,似不經濟,但因用長樁,承重加增,即間接減少基礎之一切,如底板及桁梁 (Beam) 等,故就全部而論,實爲經濟也。

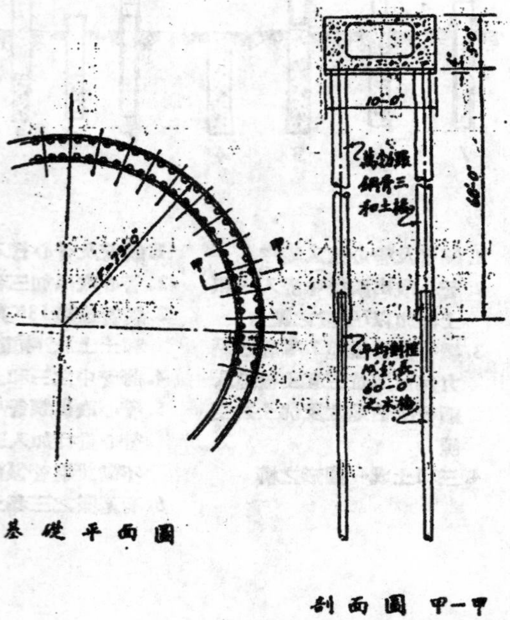

第七圖

關於樁之承量,在當地試驗者,均爲單樁,於沉度,形式,材料及其阻力間之關係,均有所得,而於羣樁之承量,猶無確定之標準。考樁之眞實效率,係傳達重力由較鬆之地層至較堅者,其結果在地下層造成一通片之浮筏 (Raft),故長樁優於短樁。經多種試驗,知楔形樁之承量,較平行樁約多25%,圓木樁每方呎表皮阻力,以400磅爲極度,假定安全承量率爲 1.5,則其安全承量當爲300磅,平行樁爲225磅。

上海英租界工部局曾規定承樁表皮阻力如第一表。

該局對於樁之承量,雖有規定,但於領照之圖樣中,遇有用樁基礎之打樁圖上,不加審定圖記(其他各圖均有審定圖記),僅書明不加反對而已。可見該局亦以各地情形之不同,未能斷定承量之多寡,仍須由設計工程師負其全責。故遇建築物之必須十分平衡,且不宜下沉過甚者,樁之表皮阻力,務須減少,約如下:

第一表　上海英租界工部局規定樁之表皮阻力

種	類	對徑	長度	每方呎表皮阻力
三和土樁	三和土方樁,糙面	18″—30″	68′	350 磅
	預製之三和土方樁,光面	12″×12″	50′	225 磅
	三和土方樁,下端小於上端	15″×15″ 6″×6″	50′	350 磅
木樁	松木方樁,平行面	12″×12″	40′	225 磅
	松木樁,楔形	12″×9″～3″	40′	300 磅
	松木圓樁,帶尖形	平均 13″—10″	80′	330 磅

三和土樁每方呎爲　　300 磅

楔形木樁　爲　　250 磅

普通木樁(平行)爲　　200 磅

爲節省經費計,往往以承樁及地土同時承受建築物之重量,其結果之究竟,尙未明確。或云地土上受有重壓,足以增加樁之承量。或云樁既承重,其鄰近之地土,不能再加重量,致使重疊,且用樁卽所以使建築物之重量,由樁傳達至較下地層,其所能承重之量,並非完全明曉,僅由經驗所知,較優於地面耳。如地面所承之量已至極度,下層所受當無大異,如已用多量之樁,且均深下者,地下層之承量,或已至極限,倘於地面再加重量,甚非所宜故非必要時,總以使全重由樁承受爲要。如於不得已時,樁與地土必須同負全重,則承量之分配,務使其得有相當之平衡。因重量初加於樁上之時,固全爲樁所承受,但俟其下沉,其壓力卽加之於地土上矣,直至平衡之地位而後止。故承量之分配,必須使其平衡,且地土所受壓力,僅可達規定數三分之一左右。

打樁公式與試驗

樁之安全承量,基於地層之阻力,但爲節省經費及時間計,往往不能於每樁加以試驗,大都以公式計算其所受鎚擊之阻力,而

7883

推測其承量。然因打樁有震動與靜重兩種不同之作用,甚難得有確切之公式,可以應用且各處地質歧異,即有公式亦難普遍適用,故僅能於多數公式中擇其較爲切近者用之,如威靈登(Wellington)公式爲上海所採用者,其式如下。

$$P=K\frac{Wh}{S+C}$$

式中 P=樁之阻力

K=常數隨當地情形而定

W=鎚之重量

h=鎚落下之高度

S=鎚擊後樁之沉度

C=常數

按上海泥土之性質,如用落鎚打樁,

$$K=8;\quad C=1$$

故上式改爲

$$P=\frac{8Wh}{S+1}$$

英國建築工程學會(Institute of Structural Engineering),曾發表一打樁公式,爲海蘭(Hiley)氏公式,彼處曾經多次實地試驗,尙能與實際承量相合,爲該處工程界所認爲最滿意者,茲介紹如下。

$$R=\frac{W\cdot h\cdot \eta}{S+\frac{C}{2}}+(P+W) \text{ .... (1)}$$

$$L=\frac{R}{F} \text{ .... (2)}$$

式中 R=打樁所受之阻力(以噸爲單位)

W=鎚重(以噸爲單位)

h=鎚之相當之高度(Equivalent height)

S=每擊樁之沉度(以吋爲單位)

C=樁所受之擠壓

η＝打擊之效率

P＝樁本身重量(以噸爲單位)

F＝安全係數爲3—4。

L＝樁所承之安全重量

η之值,對於$\frac{P}{W}$之比率及樁之材料,有所不同,可於第八圖及第二表中求得,C之值,亦可於第三表中求得。

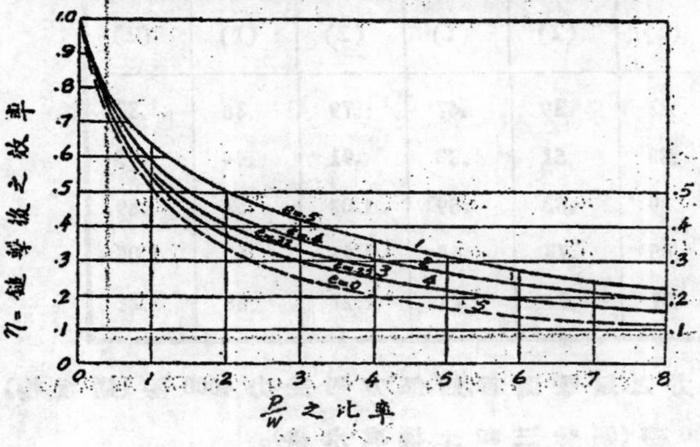

第八圖

圖中弧綫 1. 用於有鋼砧(雙擊鎚)之樁
2. 用於三和土樁
3. 用於有鋼帽之萬物羅樁
4. 用於有堅木帽之樁
5. 用於普通木帽之樁

第二表　鎚擊效率η數值

$\frac{P}{W}$之比率	鋼板樁或鋼骨三和土樁	木樁	萬勃羅鋼管樁	木樁及鋼骨三和土樁 用堅木帽	木樁及鋼骨三和土樁 用普通木帽
	用雙擊鎚		用單擊鎚	用單擊鎚或落鎚	
	e=.5	e=.4	e=.32	e=.25	e=0
½	0.75	0.72	0.70	0.69	0.67
1	.63	.58	.55	.53	.50
1½	.55	.50	.46	.44	.40
2	.50	.44	.40	.37	.33
2½	.45	.40	.36	.33	.28
3	.42	.36	.33	.30	.25
4	.36	.31		.25	.20
5	.31	.27		.21	.16
6	.27	.24		.19	.14
7	.24	.21		.17	.12
8	.22	.20		.15	.11

第三表 暫時壓力"C"數值

樁之長度以呎為單位	暫時壓力"C"以吋為單位							
	板樁		鋼骨三和土樁				木樁	
			打時不用樁帽者		打時用樁帽者			
	(1)	(2)	(1)	(2)	(1)	(2)	(1)	(2)
20′	.04	.08	.27	.39	.47	.79	.36	.57
30′	.06	.12	.33	.51	.53	.91	.44	.73
40′	.08	.16	.39	.63	.59	1.03	.52	.89
50′	.10	.20	.45	.75	.65	1.15	.60	1.05
60′	.12	.24	.51	.87	.71	1.27	.68	1.21

表中(1)項係指普通阻力之錘擊而言,如每方吋受力4000磅(鋼板樁)及每方吋為1000磅(鋼骨三和土樁或木樁)。

(2)項係指極強度阻力之錘擊而言,如剖面所受之力為每方吋8000磅(鋼板樁)或2000磅(鋼骨三和土樁或木樁)。

樁之距離,由中心至中心,大約須等於或大於樁圍長度之半。如用二樁以上者,其羣樁週長,須等於或多於每樁週長之總數。倘須更為準確,可用公式求之,常用之公式如下。

$$Z=\frac{A+B+\sqrt{(A+B)^2+2AB\frac{A+B}{a}}}{\frac{A+B}{a}-2}$$

內 Z = 樁距

A = 基長

B = 基寬

a = 樁寬(平行樁)

蔡方蔭君主張*,不能以單樁試驗之結果,用以乘羣樁,為設計標準,具有卓見。但大廈之樁,動逾百數,難以一一試驗;大都規定

* 參閱打樁公式及樁基之承量,工程第十卷第六號。

每方呎表皮阻力若干,就當地情形,加以增減,而定設計之標準。獨上海建設大廈曾由費博(S. E. Faber)君,用 Hiley 氏打樁公式,每樁加以試驗,其結果與所假定每方呎表皮阻力,尙能相符,惜未經靜重試驗(Static load test),實際承重或稍有不同,但羣樁對於各柱所承之重量,得以相稱,可以斷言。所用之樁,爲45呎與75呎長兩種木樁接合者,其設計之準則,爲每柱載重之總重心與全部承樁之重心相合,且每柱所需承樁之總數,仍可單獨承受各該柱之重量,且其重心亦相符合。表皮阻力,每方呎爲 350 磅,茲就試驗結果,擇舉數樁如下。

柱重爲586,589 磅,由五樁承載,由 Hiley 氏公式求得各樁之承量,如第九圖。由圖可見樁之承量,足承該柱之重,可見 Hiley 氏公

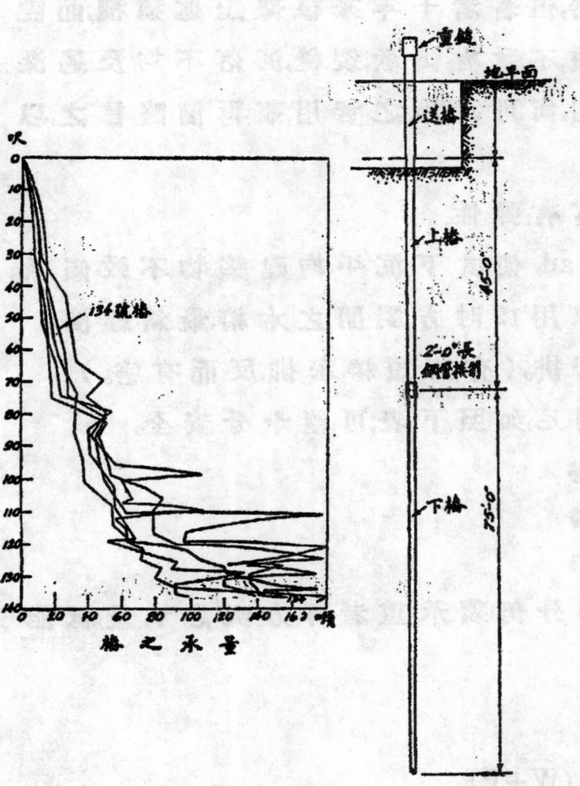

第134號椿　　錘重7噸

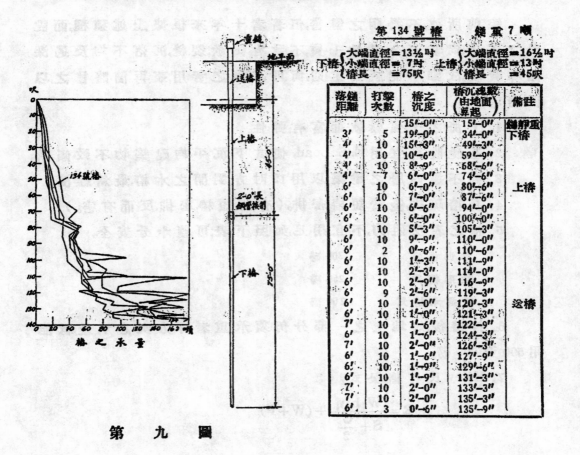

下樁 {大端直徑＝13½吋, 小端直徑＝7吋, 樁長＝75呎}　上樁 {大端直徑＝16½吋, 小端直徑＝13吋, 樁長＝45呎}

落錘距離	打擊次數	樁之沉度	樁沉總數(由地面算起)	備註
		15'-0"	15'-0"	錘靜重
3'	5	19'-0"	34'-0"	下樁
4'	10	15'-3"	49'-3"	
4'	10	10'-6"	59'-9"	
4'	10	8'-9'	68'-6"	
4'	7	6'-0"	74'-6"	
6'	10	6'-0"	80'-6"	上樁
6'	10	7'-0"	87'-6"	
6'	10	6'-6"	94'-0"	
6'	10	6'-0"	100'-0"	
6'	10	5'-3"	105'-3"	
6'	10	9'-9"	110'-0"	
6'	2	0'-6"	110'-6"	
6'	10	1'-3"	111'-9"	
6'	10	2'-3"	114'-0"	
6'	10	2'-9"	116'-9"	
6'	9	2'-6"	119'-3"	
6'	10	1'-0"	120'-3"	送樁
6'	10	1'-0"	121'-3"	
7'	10	1'-6"	122'-9"	
6'	10	1'-6"	124'-3"	
7'	10	2'-0"	126'-3"	
6'	10	1'-6"	127'-9"	
6'	10	1'-9"	129'-6"	
6'	10	1'-9"	131'-3"	
7'	10	2'-0"	133'-3"	
7'	10	2'-0"	135'-3"	
6'	3	0'-6"	135'-9"	

第　九　圖

式,尙合實用也。

建築之地基,在一二百呎內未必有大異,於設計前,可擇十樁或五樁,用Hiley氏公式,加以試驗,然後以其結果與所假定之表皮阻力,酌定承量,較之無試驗者,自較妥善。否則,惟有減少假定之承量,以期穩固。

總之,承樁之安全與否,須根據多方情形而定,如基礎之大小,地土之性質,活重與固重之比率,樁之長度,及貼鄰有無巨大重力等等,均有關係,祗能就經驗所得,隨時酌定設計之準則。若欲得一簡單定則,可以用爲打樁標準者,誠難乎其難也。

結 論

綜前所述,不得謂之盡善,但著者十年來根據上述種種,而設計之基礎,尙能適合當地土質,不致有傾欹,裂縫,沉落不均及過深諸弊發現。故雖不能視爲定則,尙可以施之實用,茲再簡略言之,以便參考。

1. 上海之土質,鬆軟而富有彈性。

2. 基礎設計,宜用E. S. Load,使其下沉平均建築物不致傾欹。

3. 高不逾四層之建築,以用12吋方對開之木樁,最爲經濟。

4. 長樁疏排,優於短樁密排。(有時短樁密排,反而有害。)

5. 樁之表皮阻力,不宜用足,如照下表,可望十分安全。

水泥樁爲	300 磅
楔形樁爲	250 磅
普通木樁爲	200 磅

6. 打樁後,如地土之一部分仍須承重者,每方呎之承量,祗能用500至600磅。

7. Hiley氏打樁公式

$$R=\frac{W\cdot h\cdot \eta}{S+\frac{C}{2}}+(W+P)$$

$$L=\frac{R}{F}$$

尙合實地情形,可以應用。

8. 用樁基礎,最好先擇數樁,加以試驗,知其承量,酌定相當之表皮阻力,以期穩固。

關於打樁問題,尙無圓滿成績,深望工務機關,多作試驗,獲有相當標準,是所期望者也。

是篇忽促草成,容有謬誤,尙望有以教正之。

費博 (S. E. Faber) 君,學識淵博,著者與之相處有年,獲益良多,書此誌謝。

廣州市新電力廠廠址地基工程述要

梁文瀚　馮雨蒼

篇內關於透平機壘脚核心溫度之變化,承本廠籌備委員兼工程處長文樹聲指導探驗研究。特書誌謝。

(一)廠址之測定

測量　廠址之選擇,所根據者有若干原則,已詳本會所刊印之小冊子。收地事宜,由財政局代爲辦理,轉交本會收用,始由工程處着手測量。該址原有房屋,仍一律測下,以與新計劃相比對。此項測量,本可待拆卸房屋後始進行,但有比對測量,以覘地面之變遷實亦有幾許歷史價值也。測量時用導線,連鎖成小三角網,迨拆屋通視後,再作小三角測量,各小三角點同時作水準點。測量既畢,是爲本廠原始地形圖,以紅線繪成。按圖設計。凡現有廠址之新建築,則另用黑色繪入。如是,則何者應拆卸,何者應保留,自可了然於紙上,如按圖索驥矣。現本廠留有若干舊平房,以儲放早到之機件,而不至與現計劃進行相抵觸者,賴有原始地形圖之助也。

佈置　廠址選擇時,對於交通,曾詳加考慮。故今茲計劃,即根據原意,首先設計一交通路線,以連貫水陸。由德泥大道接入廠內,折而達河邊,中分廠址爲二:其一爲工作區,其另一則爲預備區。工作區包括機房本身,煤場,進出水道等;預備區則包括貨倉,宿舍,飯堂,草場等。在預備區內,其貨倉與廠路及河邊接近,以便運輸。倉後爲大草場,次及宿舍,以至飯堂。在工作區內,入廠路邊,擬建總辦公室。後爲電掣室，設有天橋以達其後之透平機 (Turbine) 房。再後爲鍋爐房及泵房。鍋爐房之前，有大空地，距增埗河邊約百公尺，定爲儲煤場，直至河邊，有砌石斜坡堤壩爲界。繞煤場邊沿，爲入水管與出水渠。廠路盡處爲碼頭。碼頭有兩翼，左翼爲煤台，右翼則爲泵水箱。該兩項所以併在碼頭之原因河床水量使然也。

水準 定廠址之基高，當以水尺爲根據。惟該處附近未建水尺，故須根據上游江村之水尺，與下游海關之水尺連成作一個斜度，而以本廠地址按距離比例以推算之。結果覺其水位（尤其爲高水位）與沿河處所紀錄者尙同，因取以作爲根據。又因沿河處水準與市工務局水準有聯絡比數，遂取市工務局水準，引入廠內，以資他日有其他工務時可以互相聯絡。查增埗河在比較紀錄上，及實際水痕上，最高水位爲 +7.30 公尺，故定機房基高爲 +7.80 公尺。（較最高水位高出半公尺。）按十數年來之紀錄，少有達到最高水位 +7.30 公尺者，今再有半公尺之超高，當可保無虞矣。

(二)施工進行

鑽探地質與試樁 依照計劃，新築機房之基礎，適在舊有磚窰之原址上。磚窰原有烟囪高約百呎，重約二百噸。似此巍峨，亦足以見本廠機房基礎之不弱。然爲審愼計，仍作種種探驗，如地質之鑽探，木樁，三合土樁，及鋼樁之試打，關於後兩項樁類，打入後更作載重試驗，以視其沈下程度。各項成績，均有可觀，其結果已詳載工程第十一卷第一號，故不贅。

地基打樁 所打樁類分兩種，承托靜重者用鋼樁，承托活重者用鋼筋三合土預凝樁。鋼樁共打一百三十八條，最短者爲十一呎十吋又四分之一，最長者爲七十九呎二吋，平均長度約爲四十一呎又半。其最後打入紀錄，平均每十鍾下沈 0.127"(3.24 公厘)，均較試樁時之深入爲小，照理當可安全。打入之情形不一，或逐漸難入，或先易後難，或先難後易，此亦足證地層情形之複雜矣。鋼樁不甚適用於震撼建築部份,理論與事實均有證明,故活重之透平機地基,轉採用鋼筋三合土預凝樁。依照試樁結果,定長度爲35呎,斷面爲14吋正方形。意料當亦如試樁時之難入;且透平機地基較低,以爲入地面愈深,土之承托力當愈大也。乃打樁時之情形,大出意料之外,平均每十錘竟下沈 1.77″(44.68 公厘)。經一度考慮後,乃將基地再行掘低半公尺,暫棄原樁不打,先打次樁。結果仍易入如前。依次進行,整排樁柱均同一情形。及後將樁架搬回原地,再打第一樁,頓見難入,打至樁頭破碎,每十錘只入 0.173″(4.40 公厘)。再打第二第三樁亦然,以至整排皆然。因再試次排,結果亦相同。此種情形,適如蔡方蔭君論文所載關於細砂或泥土之情形。初打入時,樁身震動,地水附着於樁身,有滑油作用,故易入。及至過後,水漸乾凝,將樁身含實,增加垂直之磨擦力,遂致打入較難也(參閱工程第十卷第六號520—521頁)

鍋爐房地基設樁頂蓋帽 鍋爐之重量,分佈於蓋脚,經一聯成之底板而傳至樁柱。據承商西門子廠意見,擬在樁柱頂部橫貫以工字鐵,然後敷以三合土,俾成一體,其計劃自屬穩固。惟於費用與時間,兩者俱不經濟。因另擬計劃,將馬克敦公司承打之樁頭,做成鋼筋三合土蓋帽。經研究結果,以爲此兩種計劃,同是一事,不過西門子廠所擬者爲橫加大工字鐵而已。此工字鐵之增加,原爲增大剪力,如去此而亦足證安全,則似不必多費手續也。因核算樁頭藏入三合土蓋帽內之表面積,乘以單位結合力,其總結合力已超過每樁之假定承托力,故知其安全,遂決定採用後者之計劃。惟爲增厚剪力計,在樁頭頂上仍加貼鐵片兩塊,屈成弓字形,以分配其力。此種結合力之應用是否一定可靠,殊未易證明;然另有鐵片鋼筋,想可無危險。

樁頭結合力核算:

査所打工字鐵鋼樁,高濶均爲24公分,即$9\frac{7}{16}$″。三合土蓋帽所藏之樁頭高六呎(72″)。若以單位結合力爲30磅平方吋,則

總結合力 $= 4\times 9\frac{7}{16}\times 72\times 80 =$ 240,000 磅（=120噸）。

按鍋爐房地基每樁分配受重最大者不過80噸。如結合力可靠，儘夠安全。（註：鋼樁之斷面爲工字形，實際面積大於 $4\times 9\frac{7}{16}''$）。

鍋爐躉脚　鍋爐躉脚全部用鋼筋三合土做成，基於前說之躉帽上，擬定爲飄臂連躉，厚70公分，上設躉柱，分担受力部份。鍋爐前部有煤滓漏斗六個，後部有灰爐漏斗四個。漏斗壁板頗薄，用十字樑承托。因地位狹窄，施工做三合土時須在面上木模板多開活孔，以便分邊澆做且搗三合土時，須用破邊竹片，始可搗透。除漏斗外，復有前部突口，建築頗見困難。突口部份，向前突出，上下左右，爲厚25公分之三合土板，中空，下板又成斜度。做三合土時，須分邊澆做，先成邊板，再及下板，後及上板。所以必如此者，因恐三合土漿流走也（參閱圖一，二，三，四）。

透平機躉脚　因透平機震撼關係，故採用鋼筋三合土預凝樁爲基礎。並假定該機發動時之離心横力爲其垂直重力六分之一，故樁柱之近躉邊者，打成六比一之斜度。打樁情形，已如上述。透平機躉脚本身之底部，爲一鋼筋三合土巨塊：長11.66公尺，闊7.48公尺，高3.00公尺，體積共261.65立方公尺重約627.96公噸。以兩副混凝機同時進行澆做。其中鋼筋甚多，照理足夠抵抗溫度影響，故決定一次做成。計第一躉工作時間爲33小時第二躉爲22小時，平均每小時每副機澆製三合土19.03立方公尺。如此巨塊雖鋼筋足夠抵抗伸縮，然其本身之完全冷却（凝結）究須幾時，頗堪注意。因設法將其核心之溫度逐時探出，同時記取外間溫度，列表繪成溫度曲線圖。圖之横軸代表時間，立軸代表溫度變化（以攝氏表計算）。觀其曲線趨勢，在最初一二日內，三合土之凝結溫度增長極速，與外間溫度相差殊遠。至第四日，溫度之最高點達68°C。隨後即續漸低降，至第八日低降驟速。及後又復和緩，直至第十七八日，其核心溫度始漸與外間溫度相近然溫度相近之時間，是否即爲三合土凝結所需之時間，尚待證明。若謂其至此則士敏土之化學

圖(一)鍋爐蘊三合土模板完成待檢驗

圖(二)鍋爐蘊澆三合土工作在進行中

圖(三)鍋爐蘊脚前部突口上下層之構造

圖(四)鍋爐蘊脚前部突口上層鋼筋排列情形

圖(五)透平機躉脚厚度側視

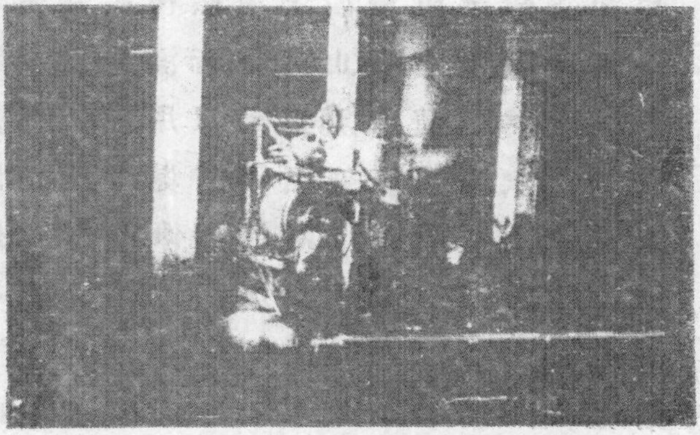

圖(六)透平機北躉晚間續澆三合土

圖(七)探驗透平機躉脚核心溫度

作用已告一段落,想可肯定也(參閱圖五,六,七,八)。

碼頭泵房發現流沙 碼頭右翼為泵房水箱,其底部常在低水位之下,故建築時須欄水。欄水工程,初時指定用木板閘墩,中實黏土。惜施工時承商略見疏忽,對閘板構造未能嚴密,入土又稍見鬆散,致被河水侵入。後將閘墩加寬,始能將積水完全泵出。再略掘深,竟發現流沙。沙隨水洶湧上升,以致閘墩亦呈險狀,因飭承商先用沙袋鎮壓,阻流沙上湧,然後另用鋼板樁加圍。鋼板樁較易深入,截斷沙層,流沙頓止,遂進行澆做三合土工程。

水道 進水用管,出水用渠,為水道設計原則。進水管由碼頭右翼泵水箱用管架引入,至堤岸後,即繞煤場由機房北面入透平機房。管凡三曲,頭尾兩節設伸縮套管。全管在煤場部份,用土掩蓋,不至外露。出水道在機房內仍用管,經過電氣室,通天後,流入明渠。出水管凡二,流入明渠分格。分格各具欄閘,可分別啓閉。越閘後,水合為一,流經明渠而入於河。明渠之斷面為長方形,寬 2 公尺,出水之流速每秒約為1.5公尺。

附計算式如下:

按四門子廠來函開,關於進水量應為:

45000 K.W. 需水 13000 cbm./hr.=3.6 cbm./sec.

按 45000 之數,內包含保險超率50%,本廠電量共為 30000 K.W.,暫時可不出此。故按實計算。

此數與金專員所定 75ft.^{3}/sec. 尚符。

30000 K. W 需水 8700 cbm./hr. =2.41 cbm./sec. (=2.50 cbm./sec.)

今假流量 Q=2.50 cbm./sec.

明渠傾斜 J=1%

最善渠形 b=2t; b=渠寬, t=水深。

觸水半徑 $R=\frac{F}{P}=2t^2/4t=t/2$。

F=流水面積=bt=2t^2;P=觸水週邊 =b+2t=4t。

假定流速 v=1.00m./sec.

7896

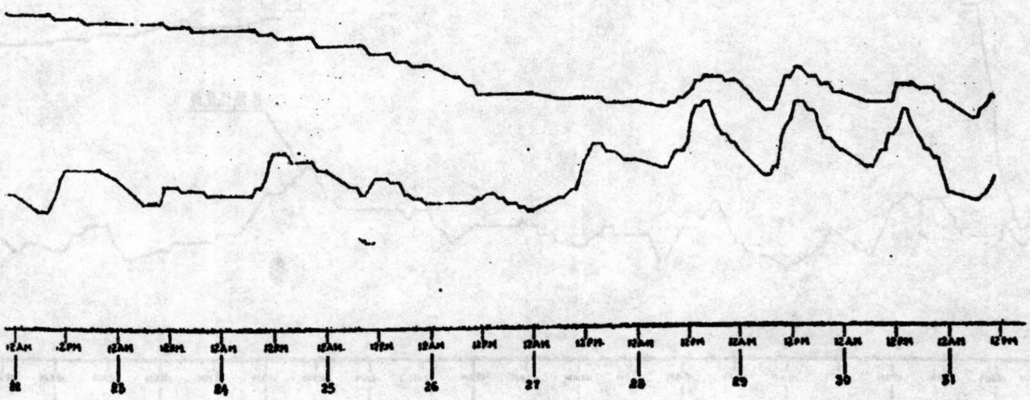

12AM 12PM 12AM 12PM 12AM 12PM 12AM 12PM 12AM 12PM 12AM 12PM 12AM 12PM 12AM 12PM 12AM 12PM 12AM 12PM
23 24 25 26 27 28 29 30 31

測量鋼筋三合土躉腳凝結時之熱度曲綫表

透平機光躉

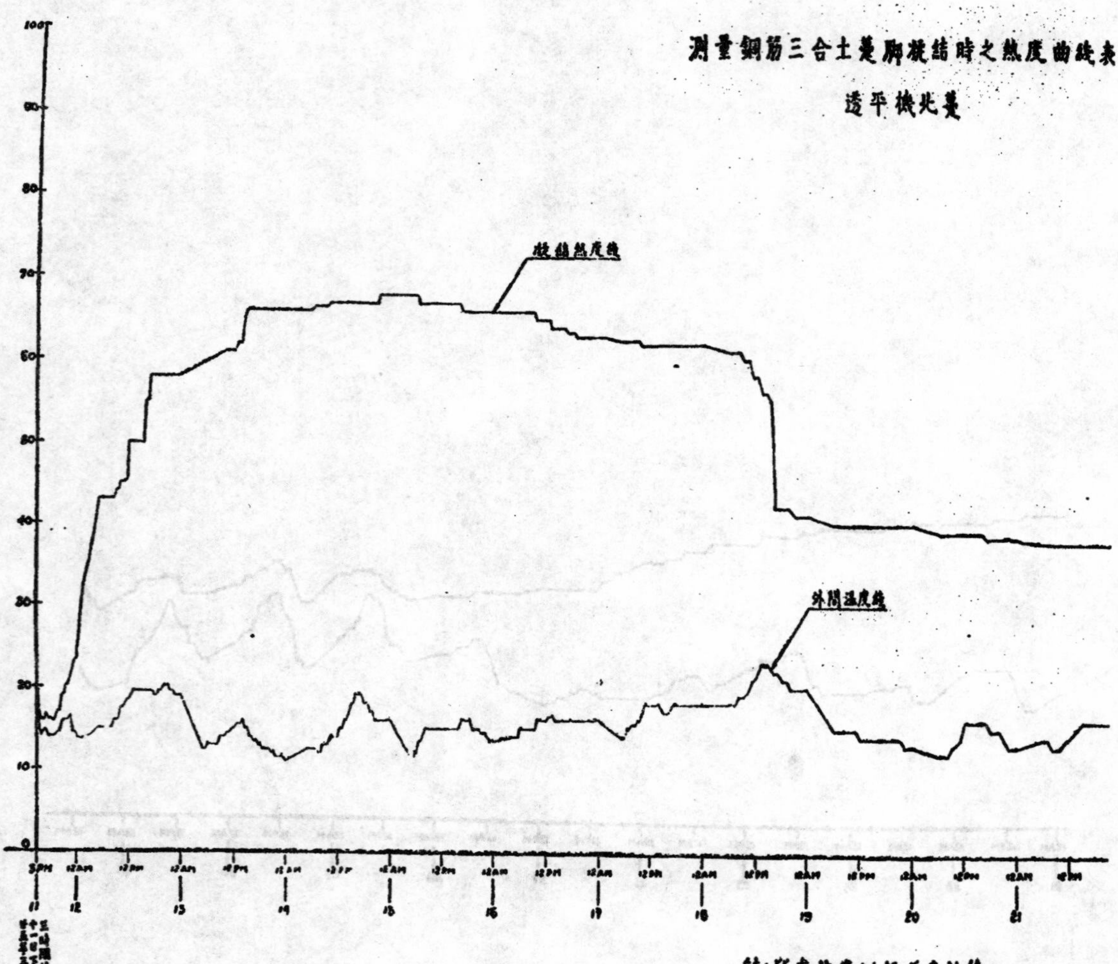

註:所有熱度以攝氏表計算

圖 ( )

則所需面積 $F=Q/v=2.50/1.00=2.50\text{m.}^2$

試　$2t^2=2.50$

$t=\sqrt{1.25}=1.12\text{m.}$

$b=2t=2.24\text{m.}$

第一次假定 $b=2.25\text{m.}$

$t=\frac{2.5}{2.25}=1.11\text{m.}$

$R=\frac{2.25\times1.11}{2.25+2\times1.11}=\frac{2.25}{4.47}=0.56$

檢表　$R=0.55$

$c=71.5$

$$t=\sqrt[5]{\left(\frac{2.5}{71.5}\right)^2\times\frac{2}{4\times0.001}}=1.431\text{m.}$$

第二次假定 $c=70.2$

$$t=\sqrt[5]{\left(\frac{2.5}{70.2}\right)^2\times\frac{2}{4\times0.001}}=0.9117\text{m.}$$

$$R=\frac{0.9117}{2}=0.456$$

(甲)檢表　$c=70.2;\ t=0.91;\ R=\frac{0.91}{2}=0.455$

(乙)計算　$c=\frac{87}{1+\frac{r}{\sqrt{R}}}=\frac{87}{1+\frac{0.16}{0.675}}=70.3$

$r=$粗率常數$=0.16;\ \sqrt{R}=\sqrt{0.455}=0.675.$

決定　$F=2t^2=2\times(0.91)^2=2\times0.83=1.66\text{m}^2.$

$v=\frac{Q}{F}=\frac{2.50}{1.66}=1.505\text{m./sec.}$

查三合土溜內,流速可至 2m./sec.

$b=2t=2\times0.91=1.82\text{m.}$

$b=2.0\text{m.}$

$t=1.0\text{m.}$

(三)結　　論

凡築造偉大之工程,其重要之點凡二端:一爲選擇地址,一爲基礎工程。二者有一不當,則種種不便,必由是而生。茲者本廠之工程,於此二點可謂特別注意。關於廠址問題,經多數專家費長時間之考慮與計劃,自屬選擇得宜。至於基礎工程,其試探及施工情形,既略如以前報告及本篇所述,設非遇有萬一意外,當不致再有可虞之處,基礎既固,上部建築及導線與轉電等等工程,自可陸續進行。將來如有問題,當再爲同志告。

小型單汽缸汽油引擎改用木炭代油爐之研究

胡嵩嵒

(1) 研究之動機

交通部有線及無線電報發報台所用蓄電池充電設備,向多採用美國西屋製造公司 (Westinghouse Co.) 出品之汽油引擎直接直流發電機,習稱E 31者。該機汽油消耗頗費,在邊遠省區,汽油因運輸困難,價格較在通商口岸高出數倍,充電所費,尤屬不貲,且往往因運輸問題,供給時有發生恐慌之虞。交部近鑒於各省長途汽車及運貨汽車現在多有改用木炭代油裝置者,乃思將E 31引擎亦改用木炭代油,因令上海電報局招商承辦,並撥E 31引擎一具以為試驗之用。電局當委上海中國建設工程公司(簡稱中建公司)承辦,著者方得機會參與試驗,並覺此種小型引擎改用木炭煤氣發生爐尚未有所見,頗感興趣,遂自民國廿四年夏間開始工作。

(2) 西屋E 31引汽油引擎發電機之構造

西屋E 31汽油引擎單汽缸風冷四行程單動式引擎,汽缸直徑$2\frac{1}{4}''$,衝程$3\frac{1}{4}''$,活塞吸量 17.2 立方英寸,汽缸蓋內燃燒室直徑$2\frac{3}{8}$英寸,高$1\frac{3}{8}$英寸,故此引擎之壓縮比 (Compression ratio) 祗 2.96,引擎規定速率每分鐘 1250 轉,用線圈式着火裝置,附有着火時期較準器,可以提早或改遲着火,惟非自動進氣與排氣門均在汽缸蓋上,與此引擎直接接連之直流發電機,亦係西屋本廠出品,規定工作量爲750瓦特,約合1馬力,電壓標準32伏,最高負荷時電流約爲23.4安培,發電機上接頭箱及開動開關可使蓄電池與發報機幷接於發電機上,與普通汽車上所用之浮接蓄電池法之着火裝置相仿。

(3)幾種代油爐之試驗經過

中建公司因在初創時期,倘未自備工場,乃商得本埠一木炭汽車製造公司之同意,借用其汽車上所用之木炭煤氣發生爐,以爲試驗之用。經數次試驗結果,察知該爐容積太大,E 31引擎吸量不足以使其發生可燃之煤氣。引擎在代油爐生足火後,祗轉動一

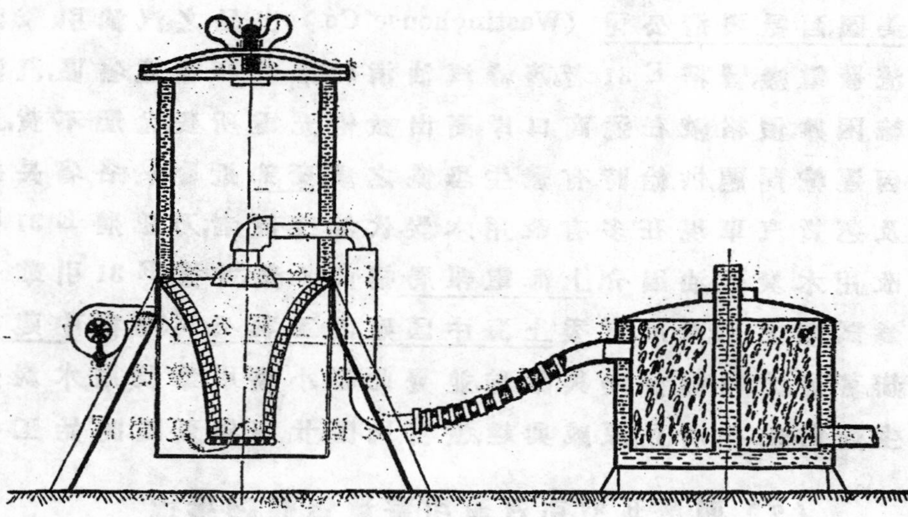

第 一 圖

二分鐘,即行停止,遂又委託該公司另行設計一較小之爐及濾清器,如第一圖所示。製成後試驗結果,生火後引擎可以繼續不斷轉動一小時許,仍即停止,且發電機之負荷祗可達10安培左右。著者仍覺該爐爐膛太大,乃試將其下面爐柵上空氣進入處略爲減小,並將吸氣口改用直管接長使爐柵至吸氣口距離縮短,以減薄炭

層。該管下端封閉,上鑽小孔,使煤汽由小孔吸出,如第二圖所示,爐中所用者。經此次改造後,引擎可以運轉達五小時以上,負荷亦可增至15安培,惟負荷不能勻穩,且引擎開動一二小時後,即須將爐

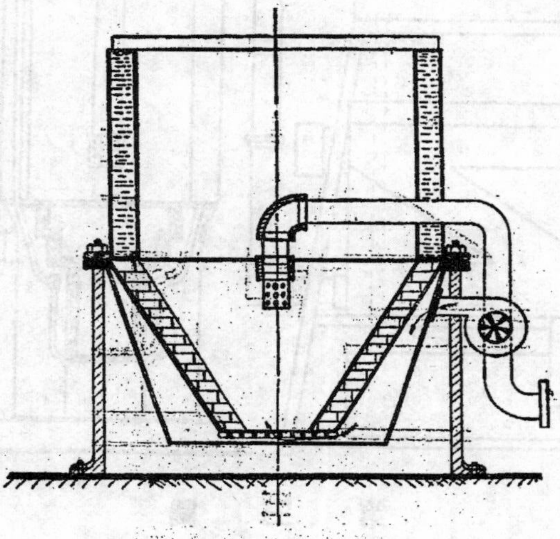

第　二　圖

身搖動,木炭方能下降,否則煤汽即不可用,殊爲麻煩,此乃在汽車上所無之困難,因汽車行動不免顛播,木炭自易下降也。經此試驗後,著者認爲小型引擎改用木炭代油非不可能,惟發生爐與濾淸器必須另行設計耳。

(4) 中建式代油爐及其濾淸器

中建公司自製代油爐兩種,第一種如第二圖所示,直徑(26″)大而不高,木炭容量甚大,裝滿後可以轉動引擎十小時以上。爐膛與儲炭部份相接處傾斜角度甚大,無須推搖爐身木炭可自動降下。惟以爐膛仍嫌太大,損耗熱量較多,每小時炭耗約三磅强。第二種如第三圖所示,吸氣管改由頂蓋上直下使爐身直徑縮小(16″),而不礙木炭之自動下降。另加水管一根使在開始生火後,蒸氣尚未發出時,可用少許熱水放入爐柵附近,藉該處高溫蒸發,與空氣同時吸入爐內,俟開行後,蒸汽發生,改用蒸汽濾淸器,兼用水冷,使

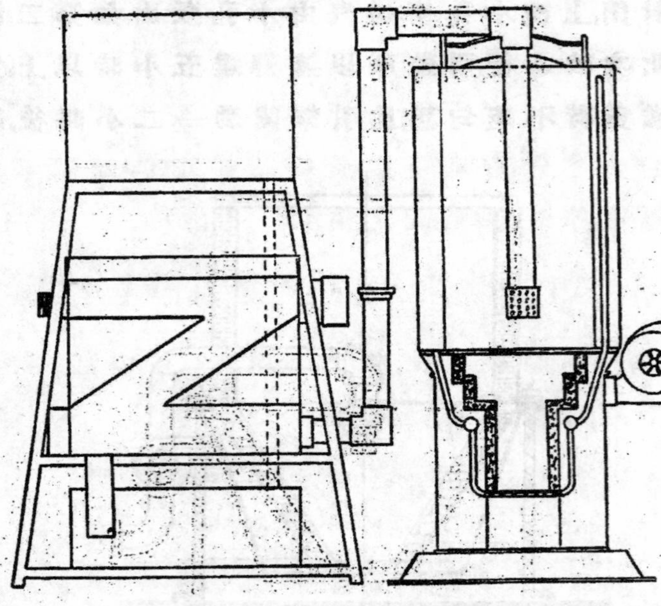

第　三　圖

煤氣經過此器,一面濾清,同時溫度降低,庶可增加引擎容量效率,使引擎工作量不致因改用木炭煤氣而漸小過甚。該器之冷水由

第　四　圖

上面冷水箱,經水管開關,從濾清器最下部份,緩緩流入。較熱之水,由該器上面管子流出,導至下面迴水箱。濾清器下面亦有一管,通至水迴箱底。迴水箱污水,須由上部溢水口流出,故此管總為水封住,而煤氣中濾出之雜質,則可由此管以排出。第四圖示代油爐濾清器引擎及蓄電池裝接充電之情形。

(5)用汽油與改用木炭代油爐後引擎工作情形

著者先用汽油開動引擎,查知此引擎(在控制汽門開足時)之最高負荷不過 675 瓦特,如附表。

附表　750瓦特汽油引擎負荷試驗

(廿四年十二月廿一日)

次　數	速率(每分鐘轉數)	電壓(伏)	電流(安培)	瓦　特
1	1380	45	9.5	427.5
2	1250	38	16	610
3	1180	35	18	630
4	1080	32	20	640
5	1070	30	21.5	646
6	1070	30	22.5	675

改用木炭代油爐後,因空氣煤氣配合未臻完善,不能作同上之試驗,但可得最高之負荷15安培,如下表:

速率(每分鐘轉數)	電壓(伏)	電流(安培)	瓦特
1250	32	15	480

最大負荷較用汽油時最高負荷約減小21%。

經五小時不停之運轉,炭耗約6磅,卽每小時耗炭不過1.2磅。

(6)結論

第二種中建式代油爐製成未久,雖可應用,因交部急待試用,未能得機會作更進一步之研究,但由此種簡陋之試驗經過,可得如下之結論數點:

（1）爐膛下進風面積與引擎之大小極有關係。

（2）吸氣口與爐柵之距離,即炭層之深淺,極關重要,必須合度,方得可燃之煤氣。

（3）改用代油爐後,煤氣與空氣混合多寡之控制,最爲困難,應另行設計,庶可使其配合隨意,以便增減引擎之負荷,而能運轉如意。

（4）改用代油爐後,最好能將引擎之壓縮比增高,否則引擎之工作量約減少21%。

（5）改用代油爐,煤氣着火時刻必須提前。

（6）濾清器最好兼用水冷,使煤汽溫度減低,以增加引擎容量效率 (Volumetric Efficiency)。

（7）木炭之大小,與煤氣之發生,亦有關係,須採大小一律之炭塊先經篩過最好。

（8）木炭須乾燥,潮濕木炭不但減少爐身儲炭量,且因發生過份水汽,煤氣不易燃燒。

以上所述不過就著者淺陋之經驗而言,同仁對於煤氣發生爐不乏有更深之研究者,尙希不吝指正是幸。

鋼筋混凝土公路橋梁經濟設計之檢討

趙　國　華

內容梗概　本篇僅就設計簡單鋼筋混凝土公路橋梁上部構造之經濟問題,加以討論。其餘如下部構造,以及接坡等問題,毫未涉及。

先就設計鋼筋混凝土橋梁,或構造物用之平板及T梁之經濟斷面決定法,分別誘導各種新公式。與常用方法所得者相比較,以核驗其經濟程度。結果並無大效。

次就鋼筋混凝土用之1:2:4混凝土,模殼,及鋼筋各種單價之估算方法,加以說明。其中尤以關於鐙鋼及曲鋼比率之估定方法,更有詳細之說明。

其次用筆者獨創之方法,導出一主梁經濟間距之總公式,再就各種材料之單價,橋梁之寬度及跨度,導出一公路橋梁之經濟間距式。更應用該式以支配主梁之位置,並設計各種跨度之橋梁縱橫斷面,復與某省建設廳所訂之公路標準圖中所載之結果相較,後者較前者之造價,竟達1.39-1.59倍之鉅。此舉足以打破以前任意支配主梁間距之無謂,及闡明盲從美國式,喜用密集梁之失策。

其更次,筆者復導出一平板橋與T梁橋總價互等公式,用以決定兩種公路橋梁之經濟跨度之限界。並應用此限界經濟跨度(3.36公尺,作3.4公尺計算)設計兩種橋梁,以比較之。兩者相差極微,實無軒輊可分。此舉又足以揭破以前認作6公尺爲平板公路橋與T梁橋之轉換跨度之失當。

末了,筆者再行提出凡工廠機房等廣大構造物,及扶壁式懸臂式擋土牆等之經濟設計問題,皆可用本篇所述之方法解決之。又關於公路鋼梁橋之主梁間距之支配問題,亦可利用此種思想以解決之。

(一)平板及T梁經濟斷面決定法之理論

(1) 平板之經濟斷面決定法。

設鋼筋單位容積之價值爲V_s

混凝土單位容積之價值爲V_c

模殼板單位面積之價值爲V_f

則單位長鋼筋混凝土平板之價值爲(見第一圖)。

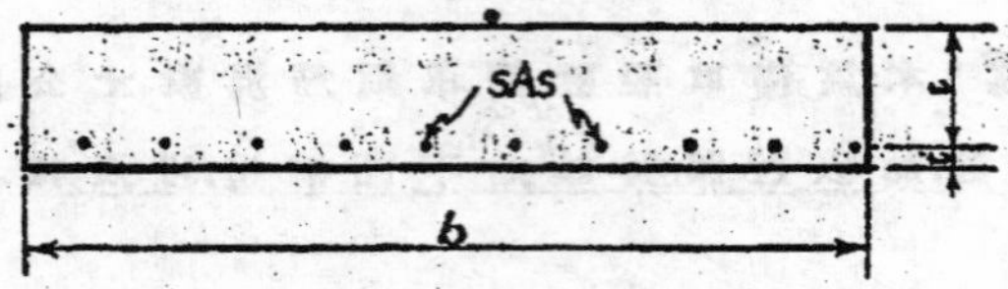

第一圖

$$V=V_c b(t+t')+V_s A_s+bV_f \quad (1)$$

但模殼板一項不依其厚度而變其值,故在任何情形之下,恆爲一定。如是可將(1)式中之末項移至左邊,並令$\alpha=V_c:V_s$得,

$$V'=V-bV_f=V_c b(t+t')+V_s A_s=V_s[\alpha b(t+t')+A_s] \quad (2)$$

但 $A_s=\frac{K^2}{2n(1-K)}bt$ ($\because p=\frac{K^2}{2n(1-K)}$ 及 $A_s=pbt$)

代入(2)式而整理之得

$$V'=V_s b\left(1.1\alpha t+\frac{K^2}{2n(1-K)}t\right) \quad (\text{假定 } t'=\frac{t}{10}) \quad (2')$$

求板之斷面價最小時,可由(2')式求關於K之微分而令其等於零,即

$$\frac{dV'}{dK}=V_s b\left[1.1\alpha\frac{dt}{dK}+\frac{1}{2n}\cdot\frac{K(2-K)}{(1-K)^2}t+\frac{K^2}{2n(1-K)}\frac{dt}{dK}\right]=0$$

或 $$1.1\alpha\frac{dt}{dK}+\frac{1}{2n}\cdot\frac{K(2-K)}{(1-K)^2}t+\frac{K^2}{2n(1-K)}\frac{dt}{dK}=0 \quad (3)$$

再由斷面之抵抗彎冪公式,求其最大量,今由

$$R.M.=\frac{K}{2}\left(1-\frac{K}{3}\right)f_c bt^2=\frac{K^2(3-K)}{1-K}f_s\frac{bt^2}{6n}$$

式求關於K之微分而置之零,則得

$$\frac{d\,R.M.}{dK}=\frac{bf_c}{6}\left[(3-2K)t^2+K(3-K)\,2t\frac{dt}{dK}\right]$$

$$=\frac{bf_s}{6n}\left[\frac{2K(3-3K+K^2)}{(1-K)^2}t^2+\frac{K^2(3-K)}{1-K}2t\frac{dt}{dK}\right]=0$$

由上式得

$$\frac{dt}{dK}=-\frac{3-2K}{2K(3-K)}t \qquad (甲)$$

$$\frac{dt}{dK}=-\frac{3-3K+K^2}{K(1-K)(3-K)}t \qquad (乙)$$

將(甲)式之$\frac{dt}{dK}$代入(3)式而整理之,得

$$2n\times1.1\alpha=33\alpha=\left(\frac{K}{1-K}\right)^2\left(\frac{9-5K}{3-2K}\right) \qquad (4)$$

將(乙)式之$\frac{dt}{dK}$代入(3)式而整理之,得

$$33\alpha=\frac{K^2}{1-K}\left(\frac{3-2K}{3-3K+K^2}\right) \qquad (4')$$

由已知之α值,用(4)式或(4′)式以定K值,然後再用斷面抵抗彎冪公式以定斷面所需之尺寸。但K值之求,究用(4)式乎,抑用(4′)式乎,此事頗有研究之必要。今推斷如次。設混凝土及鋼之許可應力分別爲40 Kg/cm²及1200 Kg/cm²,則中和軸距比K爲$\frac{1}{3}$。將K值代入(4)式得

$$33\alpha=\left(\frac{\frac{1}{3}}{1-\frac{1}{3}}\right)^2\left(\frac{9-\frac{5}{3}}{3-\frac{2}{3}}\right)=0.786$$

$$\therefore\quad \alpha=\frac{0.786}{33}=0.0238=\frac{V_c}{V_s}$$

復將K=$\frac{1}{3}$代入(4′)式得

$$\alpha=0.0056=\frac{V_c}{V_s}$$

依普通之市價及工作之繁簡,V_c與V_s之比,約在0.01至0.03之間。故須應用(4)式定出K,而(4′)式實無用處。又在應用(4)式所得

之K值時,應再視α值爲大于或小于0.0238,再行決定應用何式以定t及A_s值。凡α小于0.0238時,應固定f_s(1200 Kg/cm²)值,用

$$t=\sqrt{\frac{6n(1-K)}{f_s K^2(3-K)}}\cdot\sqrt{\frac{M}{b}}$$

式定出t,用

$$A_s=\frac{M}{f_s(1-\frac{K}{3})t}$$

式求A_s,或由

$$f_c=\frac{f_s K}{n(1-K)}$$

式求得f_c,再用

$$t=\sqrt{\frac{6}{f_c K(3-K)}}\sqrt{\frac{M}{b}}$$

式定t,用f_s=1200 Kg/cm²以求A_s。

凡α大于0.0238時,應固定f_c(40 Kg/cm²)值,用

$$t=\sqrt{\frac{6}{f_c K(3-K)}}\sqrt{\frac{M}{b}}$$

式定出t,用

$$f_s=\frac{n(1-K)f_c}{K}$$

式定出f_s,再代入

$$A_s=\frac{M}{f_s(1-\frac{K}{3})t}$$

以求出A_s。

吾人通常用平衡鋼筋量法所得之斷面,僅在根據應力之利用上着眼,以求經濟。但此種斷面僅在α=0.0238時爲然(f_c=40, f_s=1200 Kg/cm²之情形)。α大于或小于此數者,恆不能得到一經濟之結果。但此種經濟之程度甚爲有限,隨α值之大小而增減,充其量,不過百分之二。如α值與0.0238極接近時,則毫無所顯矣。茲舉例以明之。

例如已知　$M=64,000$ Kgcm, $b=100$ cm, $f_c=40$ Kg/cm², $f_s=1200$ Kg/cm²,

$V_c=31$元/c.m,　$V_s=1250$元/c.m,　求板之經濟斷面。

$$\alpha=\frac{31}{1250}=0.025>0.0238$$

用(4)式求得

$$K=0.339>0.333\left(=\frac{1}{3}\right)$$

故用

$$t=\sqrt{\frac{6}{f_cK(2-K)}}\sqrt{\frac{M}{b}}=\sqrt{\frac{6}{40\times0.339\times2.661}}\sqrt{\frac{64,000}{100}}=10.32^{cm}$$

$$f_s=\frac{nf_c(1-K)}{K}=1,170\ \text{Kg/cm}^2\ (f_c=40\ \text{Kg/cm}^2)$$

再代入

$$A_s=\frac{M}{f_s\left(1-\frac{K}{3}\right)t}=5.98\ \text{cm}^2/\text{m}.$$

如用平衡鋼筋量法求 t 及 A_s 時,其結果如次

$$t=0.411\sqrt{\frac{64,000}{100}}=10.40\ \text{cm}$$

$$A_s=0.00228\sqrt{64,000\times100}=5.77\ \text{cm}^2.$$

就 $V_s=1250$ 元　$V_c=31$ 元代入以上所得之斷面而求其相差之數,結果用經濟式較廉

$$(10.40-10.32)\frac{31}{100}+(5.77-5.98)\frac{1250}{100\times100}=0.015\ \text{元。}$$

僅合總價(3.95元)之千分之四弱。此外應另加考慮用以覆蔽鋼筋之混凝土厚,及市場上所能供給之鋼筋直徑等項,兩者相比,可謂毫無軒輊。有時如遇鋼筋價高,混凝土特廉,至多相差百分之一至二。故欲從經濟斷面式着手節省,殆無大效可見。

(2) T梁之經濟斷面決定法

T 梁之頂坂寬及厚,常為一定。故在決定經濟斷面時,只就其莖部加以考究。

設 $t'=0.1t$, $d'=0.1d$, $\alpha=\frac{V_c}{V_s}$, $\gamma=\frac{V_f}{V_s}$, 莖寬爲 b_0

第二圖所示之T形斷面之單位長度價值爲

$$V_T=V_s\{\alpha b_0\times 1.1(d-t)+A_s+\gamma[2.2(d-t)+b_0]\}$$

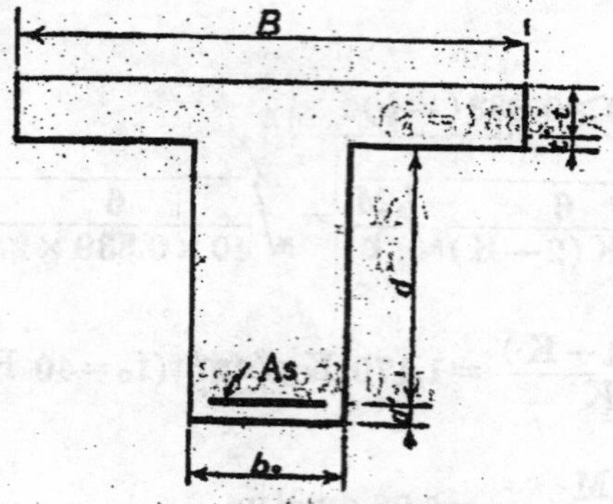

第 二 圖

但 $A_s=\frac{M}{f_s(d-1.1\frac{t}{2})}$

$$\therefore\quad V_T=V_s\{1.1\alpha b_0(d-t)+\frac{M}{f_s(d-\frac{1.1t}{2})}+\gamma[2.2(d-t)+b_0]\}$$

求該斷面價之最小值,用關於d之微分而置之零。

$$\frac{dV_T}{d_d}=V_s\{1.1\alpha b_0-\frac{M}{f_s(d-\frac{1.1t}{2})^2}+2.2\gamma\}=0$$

$$\therefore\quad d=\frac{1.1t}{2}+\sqrt{\frac{M}{1.1f_s(\alpha b_0+2\gamma)}}\qquad(6)$$

由已知 t, M, α, γ 及 f_s 並假定 b_0 寬,即可定出T梁之經濟深度。再由

$$A_s=\frac{M}{f_sjd}\text{ 而 }\frac{M}{f_s(d-\frac{1.1t}{2})}$$

求 A_s。

又 b_0 值通常都用梁端最大剪力決定之,此法頗不經濟。在(6)式中用以決定d值時尚可一用,但實際所需之寬自宜另創一法確實決定之。茲就鋼筋佈置上着眼以定莖寬之法,說明于下。

設依最大彎羃定出之鋼筋斷面積爲A_s，分由n根直徑或邊長D之鋼筋配置之。並排兩鋼筋間之中心距爲2.5 D，最外側鋼筋之中心至梁邊距離爲2D（見第三圖）。

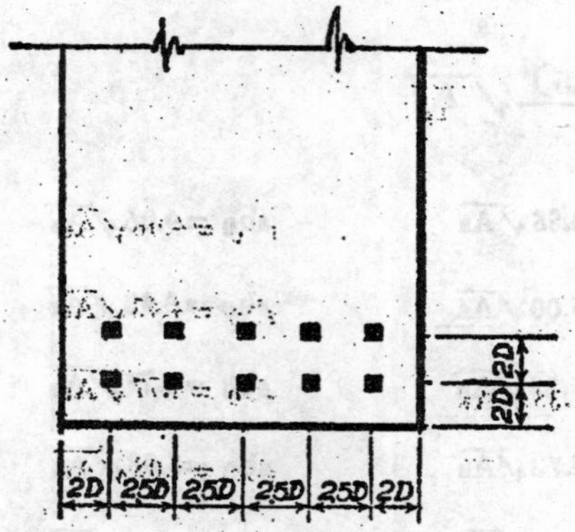

第三圖

由此得
$$D_\gamma=\sqrt{\frac{4A_s}{\pi n}} \qquad (8)$$

$$D_s=\sqrt{\frac{A_s}{n}} \qquad (8')$$

$$b_0=2.5(n-1)D+4D=(2.5n+1.5)D$$

$$\therefore \quad {}_\gamma b_0=(2.5n+1.5)\sqrt{\frac{4A_s}{\pi n}}=\frac{2.5n+1.5}{\sqrt{n}}\sqrt{\frac{4}{\pi}}\cdot\sqrt{A_s} \qquad (9)$$

$${}_s b_0=(2.5n+1.5)\sqrt{\frac{A_s}{n}}=\frac{2.5n+1.5}{\sqrt{n}}\sqrt{A_s} \qquad (9')$$

但$_\gamma b_0$爲用圓鋼筋時所需之莖寬。

$_s b_0$爲用方鋼筋時所需之莖寬。

普通T梁用之鋼筋數自3至16根。數在3根至6根者排成一列，6根以上卽成兩列。玆就n=3, 4, 5, 6時所需單排用之寬度公式。

n=3	$_\gamma b_0=5.87\sqrt{A_s}$	$_s b_0=5.20\sqrt{A_s}$
n=4	$_\gamma b_0=6.49\sqrt{A_s}$	$_s b_0=5.75\sqrt{A_s}$
n=5	$_\gamma b_0=7.08\sqrt{A_s}$	$_s b_0=6.27\sqrt{A_s}$
n=6	$_\gamma b_0=7.60\sqrt{A_s}$	$_s b_0=6.74\sqrt{A_s}$

鋼筋數在6根以上,分用兩排,則莖寬可以節省。就n=8,10,12,14,16各種情形列式如下。

$$ {}_{\gamma}b_0=\frac{[1.25n+1.5]}{\sqrt{n}}\sqrt{\frac{4}{\pi}}\sqrt{A_s} \qquad (10) $$

$$ {}_{s}b_0=\frac{[1.25n+1.5]}{\sqrt{n}}\sqrt{A_s} \qquad (10') $$

n=8	${}_{\gamma}b_0=4.58\sqrt{A_s}$	${}_{s}b_0=4.06\sqrt{A_s}$
n=10	${}_{\gamma}b_0=5.00\sqrt{A_s}$	${}_{s}b_0=4.43\sqrt{A_s}$
n=12	${}_{\gamma}b_0=5.33\sqrt{A_s}$	${}_{s}b_0=4.77\sqrt{A_s}$
n=14	${}_{\gamma}b_0=5.73\sqrt{A_s}$	${}_{s}b_0=5.08\sqrt{A_s}$
n=16	${}_{\gamma}b_0=6.07\sqrt{A_s}$	${}_{s}b_0=5.38\sqrt{A_s}$

鋼筋數在16根以上之情形極稀,在不得已時,宜將直徑加大以避免三排鋼筋為原則。

〔例〕 已知 $M=8{,}020{,}900$ Kgcm, $1.1t=20$ cm. $=t'$

$b=2.58$m, $f_c=40$ Kg/cm², $f_s=1{,}200$ Kg/cm², $\alpha=0.025$, $\gamma=0.25$

求斷面之尺寸。

用(6)式得 $$ d=\frac{20}{2}+\sqrt{\frac{8{,}020{,}900}{1.1\times1200(0.025\times45+2\times0.25)}}=71.3 \text{ cm.} $$

$$ A_s=\frac{8{,}020{,}900}{1200(71.3-10)}=109.0 \text{ cm}^2. $$

設用方鋼12根得 $b_0=4.77\sqrt{109.0}=49.8\doteqdot50$ cm. (見第四圖)

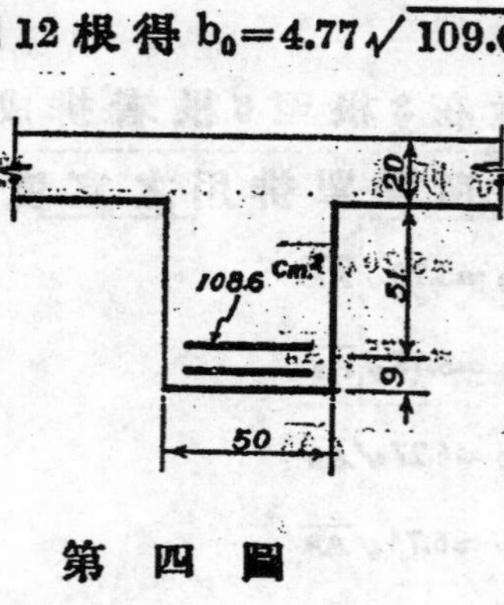

第四圖

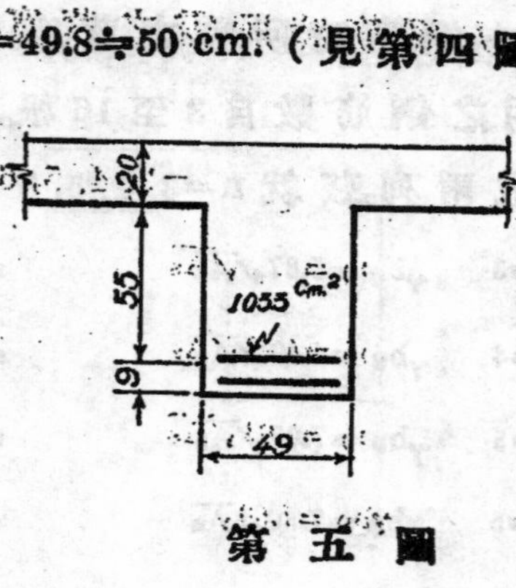

第五圖

如改用普通算式,由

$$f_c=\frac{f_s}{n}\cdot\frac{nA_sd+\frac{bt'^2}{2}}{bt'(d-\frac{t'}{2})}=\frac{f_s}{n}\cdot\frac{\frac{nd\,M}{(d-\frac{t'}{2})f_s}+\frac{bt'^2}{2}}{bt'(d-\frac{t'}{2})}\quad\left(\because A_s\doteqdot\frac{M}{f_s(d-\frac{t'}{2})}\right)$$

得 $$d^2-d\left(t'+\frac{M}{f_cbt'}+\frac{f_st'}{2nf_c}\right)+\frac{t'^2}{4K}=0\qquad\left(K=\frac{nf_c}{nf_c+f_s}\right)$$

將巳知各值代入上式而解 d, 得

$d\doteqdot74.8$ cm.

$$A_s=\frac{f_cbt'}{f_s}\left(1-\frac{t'}{2Kd}\right)=103.3\ \text{cm}^2.$$

設用方鋼12根,得 $b_0=4.76\sqrt{103.3}=48.8$ cm$\doteqdot$49 cm.(見第五圖)。

就理論所需之斷面,算定其價值以資比較。

經濟斷面價 $0.6\times0.5\times31+0.0109\times1250+(2\times0.6+0.5)\times3.1=27.87$ 元

平衡斷面價 $0.64\times0.49\times31+0.01033\times1250+(2\times0.64+0.49)\times3.1=28.12$ 元

兩者相差僅爲 0.25 元不過總數一百十分之一而巳。可知從斷面上着手以設計經濟構造物,終鮮成效。

(二) 材料單價估定之方法

上節所述之 V_s, V_c, V_f 各值,原無一定,視其行市之漲落,運輸之難易,工作之繁簡,工價之高下等而各各不同。玆就某市某月之價值,作一估算例,藉明其步驟。

1:2:4 混凝土每立方公尺用水泥2桶石子0.94立方公尺,砂0.47立方公尺。按各種材料單價每立方公尺之1:2:4混凝土價值如次。

水泥每桶	10元	結價	2 ×10.00＝20.00 元
石子	@ 6.00 元	結實	0.94× 6.00＝ 5.64 元
砂	@ 3.00 元	結實	0.47× 3.00＝ 1.41 元
人工,利耗			＝ 3.95 元

總計每立方公尺 1:2:4 混凝土需國幣 31.00 元

7915

普通梁,坂等用之模殼板(包括支撑,面板,楞條,斜樑等等)每平方公尺用木料 0.08—0.14 立方公尺。木料假定可用二次,每次加添修料 0.01—0.03 立方公尺,每次用鐵釘螺絲 0.3 公斤,裝配木工一工,重修半工。如是每平方公尺之模殼費用為

木料	$\left(\frac{0.08+0.14}{2}+\frac{0.01+0.03}{2}\right)\times\frac{1}{2}\times40$	= 2.60 元
鐵料	0.3×0.2	= 0.06 元
工費	$\left(\frac{1+0.5}{2}\right)\times0.6$	= 0.45 元
總計每平方公尺需國幣		3.11 元

木料應用二次後,尚可移轉利用,此項殘價,作為包工之餘利,不再併算。

鋼筋之單價,視臨市行市而定,大致每公噸在 100 至 150 元之間。每公噸鋼筋約需耗去 4%,作為接頭斷頭等耗損,鐵線 0.5%,人工 15 工,結果每公噸鋼筋需價

$$(1+0.04)\times115+0.005\times200+15\times0.6=129.60\text{ 元}$$

內鋼筋每公噸作 115 元算,鐵線作 200 元算,人工作 0.6 元算,外加利益,每公噸可作 135 元算。

如由純理論,用最大彎冪所得之斷面,以估定斷面價時,應另加算鐙鋼,曲鋼等比率。此種估算方法比較少見,特加說明。

(1) 鐙鋼(Stirrup)比率算法

設 l 為梁之跨度,上頁均佈載重 w 時,則

梁之最大彎冪 $M_{max}=\frac{wl^2}{8}=\frac{l}{4}\cdot V_{max}$

梁之最大剪力 $V_{max}=\frac{wl}{2}$

又主鋼筋之斷面積 $A_s=\frac{M}{f_sjd}=\frac{M}{q}=\frac{wl^2}{8q}$ (內 $q=f_sjd$)

假定最大剪力之三分之二由鐙鋼負担,則所需鐙鋼之斷面積

$${}_vA_s=N\,a_s$$

但 a_s 每爲一鐙鋼之斷面積 (cm²), N 爲全梁用鐙鋼之總數。又設梁寬爲 b, 單位寬度所負之剪力爲 v, 則 vb=V, $f'_s=1200$ Kg/cm²= 鋼筋之許可應剪力。則

$$N=\frac{\frac{1}{2}\times\frac{2}{3}vb\cdot\frac{l}{3}\times 2}{f'_s a_s jd}=\frac{wl^2}{10,800\,a_s jd}$$

$$\therefore\quad {}_vA_s=N a_s=\frac{wl^2}{10,800\,jd}$$

但 $$A_s=\frac{wl^2}{8f_s jd},$$

$$\therefore\quad A_s : {}_vA_s=\frac{wl^2}{8f_s jd} : \frac{wl^2}{10,800\,jd}=1.125$$

即鐙鋼之總斷面積約爲主鋼筋之 $\frac{1}{1.125}$ 倍。

又每根鐙鋼之長爲　$2(b'+d')\times 0.9$　（見第六圖）

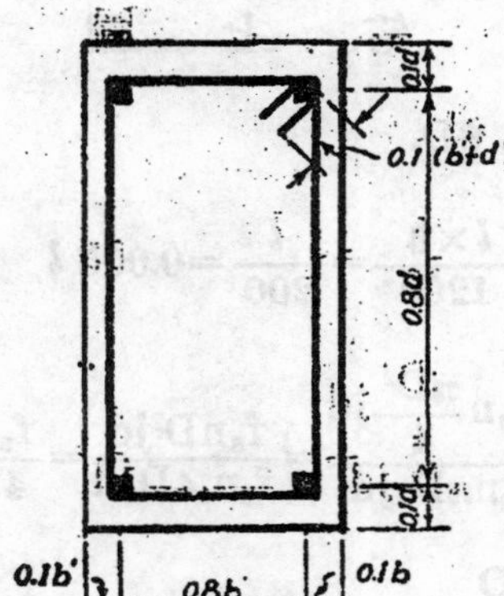

第六圖

每根鐙鋼之體積爲　$1.8(b'+d')a_s$

梁之單位長所需之平均體積爲

$$\frac{V}{l}=\frac{1.8\,a_s(b'+d')N}{l}=\frac{A_s}{1.125\,l}\times 1.8(b'+d')$$

按普通情形　$d'\doteqdot\frac{l}{15}$,　$b'\doteqdot\frac{d'}{2}\doteqdot\frac{l}{30}$

7917

$$\therefore \quad \frac{V}{l}=\frac{1}{1.125\,l}\left[1.8\times\left(\frac{1}{15}+\frac{1}{30}\right)l\right]A_s=0.16\,A_s$$

卽鐙鋼比率爲0.16。

(2) 曲鋼比率算法

普通主鋼筋曲上之數,約爲全數三分之二。每根曲上鋼筋之長度,與梁之全長之差爲

$0.8d'\times2(\sqrt{2}-1)+2(8-5)D=0.663d'+6D$。(見第七圖)。

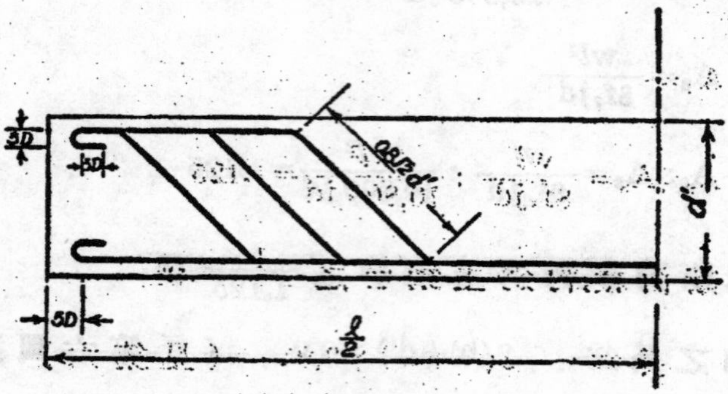

第　七　圖

不曲鋼筋之餘長爲　6D.

但　$D=\frac{lf_0}{f_s}=\frac{l\times6}{1200}=\frac{l}{200}=0.005\,l$

$$\because \quad \frac{M\max}{V\max}=\frac{l}{4}=\frac{f_s n\frac{\pi D^2}{4}jd}{f_0 n\pi D\,jd}=\frac{f_s nD^2jd}{f_0 n.4Djd}=\frac{f_sD}{4f_0}$$

$$\therefore \quad l=\frac{f_sD}{f_0}$$

又　$f_s=1200\ Kg/cm^2$,　$f_0=6\ Kg/cm^2$

將　$d'\doteqdot\frac{l}{15}$,　$D=\frac{l}{200}$

代入,得曲鋼之餘長爲　$0.074\,l$

不曲鋼之餘長爲　$0.03\,l$

$$\therefore \quad 曲鋼比率=\frac{\frac{2}{3}\times0.074\,l\,A_s+\frac{1}{3}\times0.03\,l\,A_s}{l\,A_s}=0.059\doteqdot0.06$$

故兩者比率之和為　$0.16+0.06=0.22$

由此可得每立方公尺鋼筋之單價如下。

鋼料費	$115\times7.85=$	902.75
損耗鋼料費	$0.04\times7.85\times115=$	36.11
增比率	$22\%=$	206.55
鐵綫費	$0.005\times7.85\times200=$	7.85
工費利耗	$=$	96.74
總計每立方公尺		$=1250.00$ 元

更依以上所得之 V_c, V_f, V_s 各值,求得

$$\alpha=\frac{V_c}{V_s}=\frac{.30}{1250}=0.025$$

$$\gamma=\frac{V_f}{V_s}=\frac{3.11\times100}{1250}\doteqdot0.25$$

各地情形不同,市價亦時有漲落,故單價往往不能一致,苟能按實地情形加以考查,不難得到相當之結果。以上算法,不過作一例子,不能作為標準。

(三) 主梁經濟間距之理論

(1) 主梁經濟間距之總公式之誘導

將橋梁或他種構造物之全寬度L分成 n 格,則每一T梁頂板之寬,或橋板之跨度為$\frac{L}{n}$(見第八圖)。而板之有效厚度 t 為 $C_1\sqrt{M_s}$。但 C_1 為一常數。

又
$$M_s=\frac{1}{\lambda}(w_e+w_d)\left(\frac{L}{n}\right)^2$$

上式中 λ 為板之彎冪係數。〔例如 $\lambda=8$ 板為單擱狀態, $\lambda=10$ 連續板中之兩側坂用, $\lambda=14$ 連續板中之中央板用。〕 w_e 為均佈活載重, w_d 為均佈死載重(包含自重及舖面重等項)。如是板之有效厚t,應改成

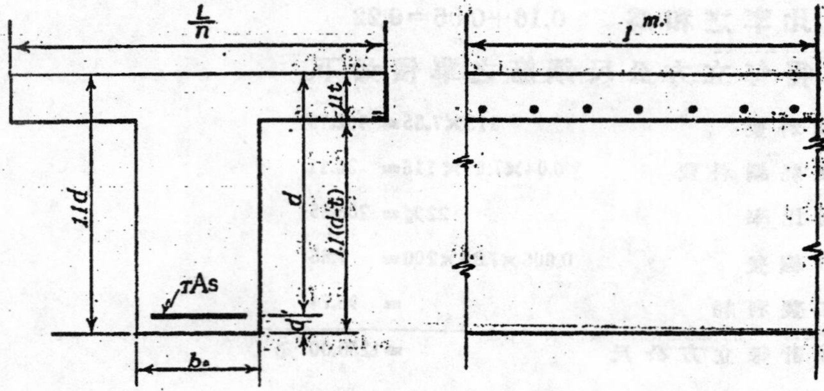

第 八 圖

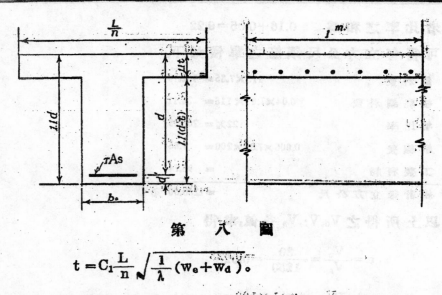

$$t=C_1\frac{L}{n}\sqrt{\frac{1}{\lambda}(w_e+w_d)}。$$

又設T梁之有效高為d,跨度為S,假定抗壓應力之合力點在頂板之中央(按此種假定所起之差誤,充其量,不過$\pm\frac{t}{6}$,證明略),則得

$$d=\sqrt{\frac{M_T}{\frac{f_c}{2}\left(\frac{t}{d}\right)\left(1-\frac{1}{2}\frac{t}{d}\right)B}}$$

但 $M_T=\frac{L}{n}(w_e'+w_d')\frac{S^2}{K}$ (單梁之K=8,懸臂梁之K=2,連續梁中兩側梁之K=10,連續梁中央梁之K=14)。又$B=\frac{L}{n}$。復將M_T及B值代入上式得

$$d=\sqrt{\frac{6(w_e'+w_d')S^2d^2}{Kf_ct(d-t)}}$$

或 $$=\frac{2(w_e'+w_d')S^2}{Kf_ct}+\frac{t}{3}$$

$$=\frac{2(w_e'+w_d')S^2}{Kf_cC\cdot\frac{L}{n}\sqrt{\frac{1}{\lambda}(w_e+w_d)}}+\frac{C}{3}\frac{n}{L}\sqrt{\frac{1}{\lambda}(w_e+w_d)}$$

假定 $w_e'+w_d'=w_e+w_d$

則得

$$d=\left(\frac{2S^2}{Kf_cC\cdot\frac{L}{n}\sqrt{\frac{1}{\lambda}}}+\frac{1}{3}C\cdot\frac{L}{n}\sqrt{\frac{1}{\lambda}}\right)(w_e+w_d)^{\frac{1}{2}} \qquad (11)$$

又設T梁單位長之斷面價爲V_T，則由第八圖得

$$V_T=V_s\left\{1.1\alpha\, b_0(d-t)+\frac{M_T}{f_s(d-\frac{t}{2})}+\gamma[2.2(d-t)+b_0]\right\}$$

$$=V_s\left[1.1\ (d-t)(\alpha b_0-2\gamma)+\frac{M_T}{f_s(d-\frac{t}{2})}+\gamma b_0\right] \qquad (12)$$

但

$$d-t=\left[\frac{2S^2}{Kf_cC\frac{L}{n}\sqrt{\frac{1}{\lambda}}}-\frac{2}{3}C\cdot\frac{L}{n}\sqrt{\frac{1}{\lambda}}\right](w_e+w_d)^{\frac{1}{2}}$$

$$d-\frac{t}{2}=\left[\frac{2S^2}{Kf_cC\frac{L}{n}\sqrt{\frac{1}{\lambda}}}-\frac{1}{6}C\frac{L}{n}\sqrt{\frac{1}{\lambda}}\right](w_e+w_d)^{\frac{1}{2}}$$

$$M_T=\frac{L}{n}\ (w_e+w_d)\frac{S^2}{K}$$

將以上各值代入(12)式得

$$V_T=V_s\left\{1.1(\alpha b_0+2\gamma)\left(\frac{2S^2}{Kf_c\cdot C\frac{L}{n}\sqrt{\frac{1}{\lambda}}}-\frac{2}{3}C\frac{L}{n}\sqrt{\frac{1}{\lambda}}\right)+\frac{\frac{L}{n}\cdot\frac{S^2}{K}}{f_s\left(\frac{2S^2}{Kf_cC\frac{L}{n}\sqrt{\frac{1}{\lambda}}}-\frac{1}{6}C\frac{L}{n}\sqrt{\frac{1}{\lambda}}\right)}\right\}(w_e+w_d)^{\frac{1}{2}}+V_fb_0$$

使V_T爲一最小價，求關于n之微分而置之零，得

$$\frac{dV_T}{dn}=V_s\left\{1.1(\alpha b_0+2\gamma)(w_e+w_d)^{\frac{1}{2}}\left(\frac{2S^2}{Kf_cCL\sqrt{\frac{1}{\lambda}}}+\frac{2}{3}CL\sqrt{\frac{1}{\lambda}}\frac{1}{n^2}\right)-\frac{L(w_e+w_d)^{\frac{1}{2}}\frac{S^2}{K}\cdot 2\cdot\frac{2S^2n}{Kf_cC\sqrt{\frac{1}{\lambda}}}}{f_s\left(\frac{2S^2n^2}{Kf_cCL\sqrt{\frac{1}{\lambda}}}-\frac{1}{6}CL\sqrt{\frac{1}{\lambda}}\right)^2}\right\}=0$$

或

$$1.1(\alpha b_0+2\gamma)\left[\frac{2S^2}{Kf_cCL\sqrt{\frac{1}{\lambda}}}+\frac{2}{3}CL\sqrt{\frac{1}{\lambda}}\cdot\frac{1}{n^2}\right]\left[\frac{2S^2n^2}{Kf_cCL\sqrt{\frac{1}{\lambda}}}-\frac{1}{6}CL\sqrt{\frac{1}{\lambda}}\right]^2=$$

$$\frac{L}{f_s}\cdot\frac{4S^4}{K^2}\cdot\frac{n}{f_cCL\sqrt{\frac{1}{\lambda}}}$$

置 $\frac{2S^2}{K}=R_1$ $f_cCL\sqrt{\frac{1}{\lambda}}=R_2$

則上式換成

$$1.1(\alpha b_0+2\gamma)\left[\frac{R_1}{R_2}+\frac{2}{3}\cdot\frac{R_2}{f_c}\cdot\frac{1}{n^2}\right]\left[\frac{R_1}{R_2}n^2-\frac{1}{6}\frac{R_2}{f_c}\right]^2=\frac{L}{f_s}R_1^2\frac{n}{R_2} \quad (13)$$

用已知或假定之 α, b_0, γ, R_1, R_2, f_c, f_s 等值,由(13)式可以求出 n 值。全寬之分格數既已定出,除以全寬,卽得各主梁間之經濟距離。由(12)式求得之 n 值,常帶小數,宜用四捨五入法使成一整數,同時應另考慮其他條件,取其最近似及可能佈置者用之。

(13)式卽爲主梁經濟間距之總公式。

(2) 公路橋梁之經濟間距公式

通常行雙行汽車之公路橋之有效寬度恆定爲 5.5 公尺。橋板與主梁連成整個一起。應用(13)式以求 n 分格數。今取 $\lambda=10$, 主梁成單擱狀態 $K=8$, $C=0.411$, $f_c=40\ Kg/cm^2$, $f_s=1200\ Kg/cm^2$, $\alpha=0.025$, $\gamma=0.25$ 假定 $b_0=30$ cm., $L=550$ cm.。

代入(13)式得

$R_1=\frac{2S^2}{K}=0.25S^2$

$R_2=f_c\ CL\sqrt{\frac{1}{\lambda}}=2857$

$R_1/R_2=0.000,087,8S^2$

$\frac{2}{3}R_2/f_c=47.6$

$\frac{1}{6}R_2/f_c=11.9$

$1.1(\alpha b_0+2\gamma)=1.375.$

7922

$$\frac{L}{f_s}R_1=0.114S^2$$

$$1.375(0.000,087,8S^2n^2+47.6)(0.000,087,8S^2n^2-11.9)=0.000,010,043S^4n^3$$

復用上式,就各種不同之跨度S代入以求分格數,除全寬而得主梁之經濟間距。今就 6m, 9m, 12m, 15m 18m 五種跨度情形,求出各別經濟間距如下。

設跨度 $S=6^m=600^{cm}$. 得

$$(31.6n^2+47.6)(31.6n^2-11.9)^2=948,000n^3$$

解上列 n 之 6 次式得　　$n=3.13$

再將此數除橋寬,得經濟間距為　　$B=\frac{5.5}{3.13}=1.76^m$

跨度 $S=900cm$ 時

由　$(71.12n^2+47.6)(71.12n^2-11.9)^2=4,790,000n^3$

得　$n=2.34,$　　$B=\frac{5.5}{2.34}=2.35m$

跨度 $S=1200^{cm}$ 時

由　$(126.43n^2+47.6)(126.43n^2-11.9)^2=15,150,000n^3$

得　$n=1.91$　　$B=2.88^m$

跨度 $S=1500^{cm}$ 時

由　$(197.55n^2+47.6)(197.55n^2-11.9)^2=36,900,000n^3$

得　$n=1.65$　　$B=3.34^m$

跨度 $S=1800cm$ 時

由　$(284.47n^2+47.6)(284.47n^2-11.9)^2=76,700,000n^3$

得　$n=1.46$　　$B=3.76^m$

將以上所得之結果,用方格紙點出,其軌跡極似一直線(見第九圖),復用最小二乘方法求出S與B間之最可信之關係式為

$$B=0.166\,S+0.8220\ (m) \tag{14}$$

如求兩等跨度或兩跨度以上之連續梁橋之經濟間距,除K值改用10外,其餘仍照上例求之。

橋梁之寬度在5.5 m以上,則在經濟間距式中,除L值需加變更外,其餘仍照上例求之。

市街橋人行車行道分開者,計算時所用之L值,應就載重之輕重折合為車行道寬度而計算之。

7923

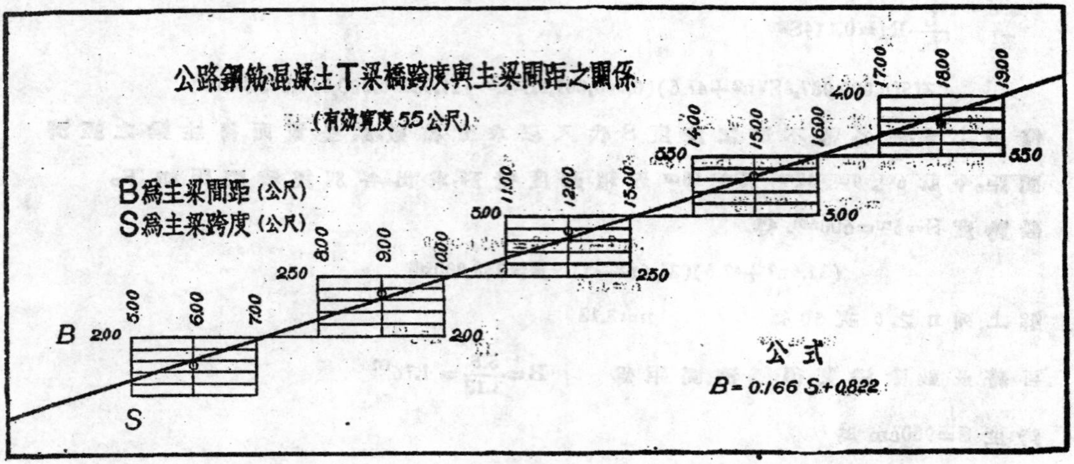

第 九 圖

α 與 γ 兩值,隨時隨地而異。故經濟間距式,亦各不同。惟其變動約在±10% 左右。直接影響於全橋之整個經濟極為有限。故通常設計簡單公路鋼筋混凝土橋時,可用(14)式以定其經濟間距。

(3) 實例

為求證實本篇理論之正確程度起見,筆者曾將跨度 6, 9, 12 公尺三種鋼筋混凝土公路橋,逐一設計。按照12公鐵車輛載重(載重分配及均佈載重等假定如第十圖)設計,並依(14)式定出主梁間距。橫斷面之佈置如第十一圖。復依車輛載重之可能佈置,定板

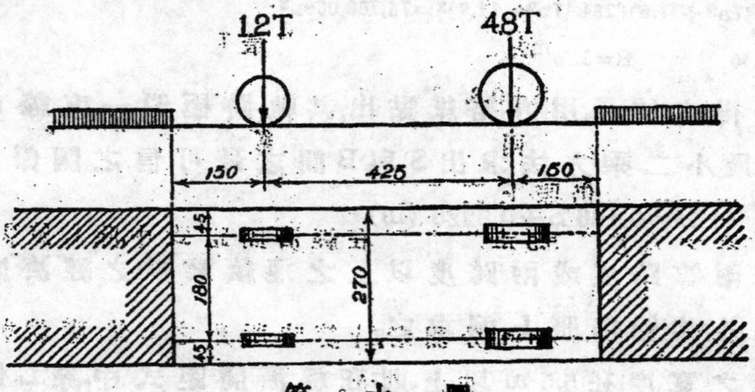

第 十 圖

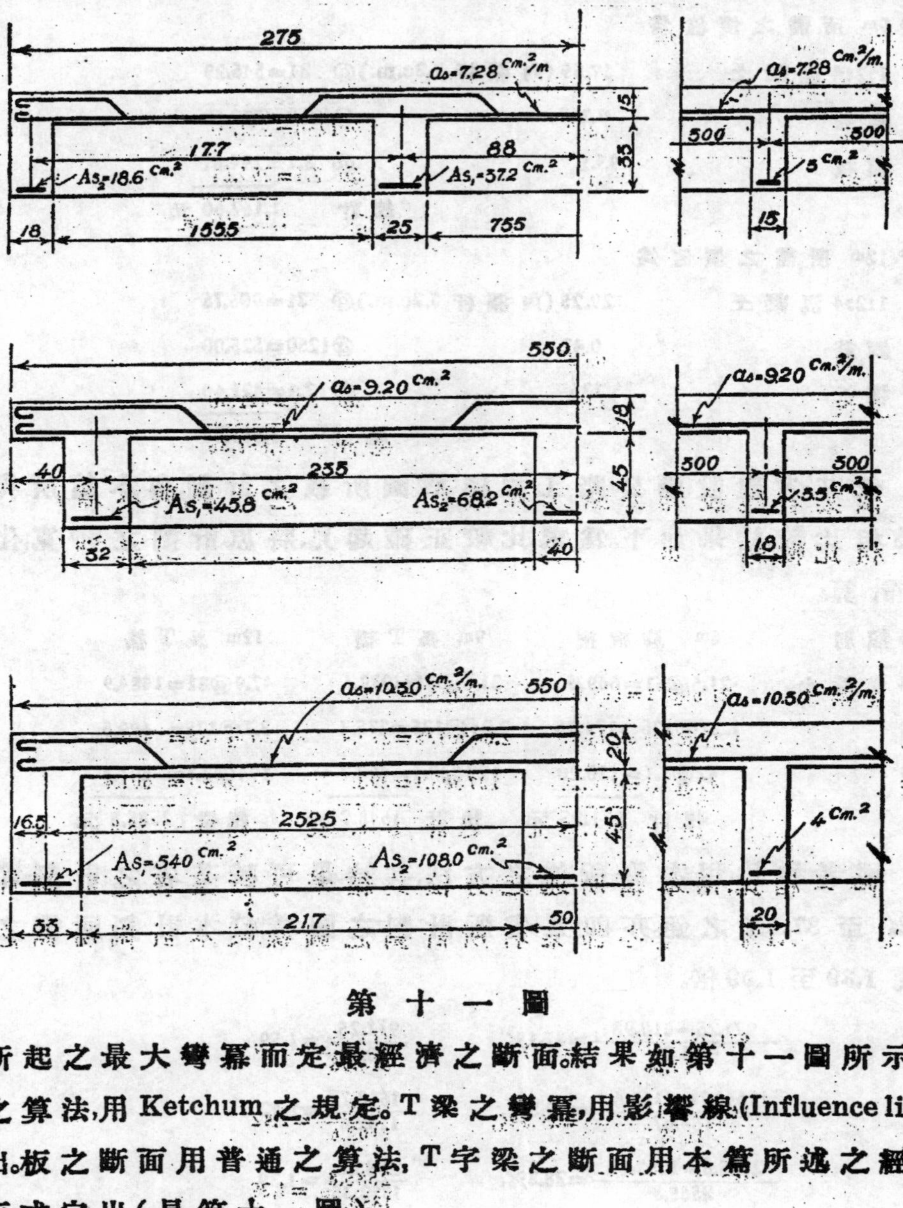

第十一圖

梁所起之最大彎冪而定最經濟之斷面。結果如第十一圖所示。板之算法,用 Ketchum 之規定。T 梁之彎冪,用影響線(Influence line)算出。板之斷面用普通之算法,T 字梁之斷面用本篇所述之經濟斷面式定出(見第十一圖)。

跨度 6m 所需之價值為

1:2:4 混凝土	9.12(內欄杆 1.25c.m.)	@ 31=282.72
鋼筋	0.129	@1250=161.25
模板	57.1	@ 3.1=177.01
	總計	610.98 元

跨度9m所需之價值爲

1:2:4混凝土	17.59(內欄杆2.3c.m.)	@ 31=545.29
鋼筋	0.258	@1250=322.50
模板	95.1	@ 3.1=294.81
	總計	1,162.60元

跨度12m所需之價值爲

1:2:4混凝土	29.25(內欄杆3.2c.m.)	@ 31=906.75
鋼筋	0.42	@1250=525.00
模板	136	@ 3.1=421.60
	總計	1,853.35

依某省建設廳公路工程標準圖所載之計劃,與本篇所得之結果相比較,結果如下。爲求比較正確起見,將原計劃之6m寬,化成5.5m計算。

材料類別	6m 長板橋	9m 長T橋	12m 長T橋
1:2:4混凝土	21.6@31=669.6	31.6@31=979.6	47.9@31=1484.9
鋼筋	1.27@135=171.45	2.04@135=275.4	3.7@135= 499.5
模板	42@3.1=130.20	127@3.1=393.7	194@3.1= 601.4
	總計 971.25元	總計 1648.7元	總計 2585.8元

兩者相比;用本篇所述之方法,其結果可較某省之計劃節省28.3%至37.1%之鉅。亦即某省所計劃之圖樣,較本計劃所需之費用貴1.39至1.59倍。

即 $\frac{971.25-610.98}{971.25}=37.1\%$, $\frac{971.25}{610.98}=1.59$

$\frac{1648.7-1162.6}{1648.7}=29.5\%$, $\frac{1648.7}{1162.6}=1.42$

$\frac{2585.8-1853.35}{2585.8}=28.3\%$, $\frac{2585.8}{1853.35}=1.39$

(四)板橋與T梁橋經濟跨度之限界

T梁橋與板橋之限界跨度,依通常之結論,都爲6 m。但據筆者研究之結果,其限界跨度僅爲3.36 m,並用實例證明其確實。茲將方法說明于下。

設T梁頂板之寬爲B,跨度爲S,板之有效厚爲t,梁之有效高爲d, T梁莖部寬爲b_0,板梁之蔽覆厚爲原厚或高之十分之一。又板橋之跨度爲S,板之有效厚爲T,蔽覆厚爲原厚十分之一(見第十二圖)。如是頂板寬B之單位長T梁之價值爲

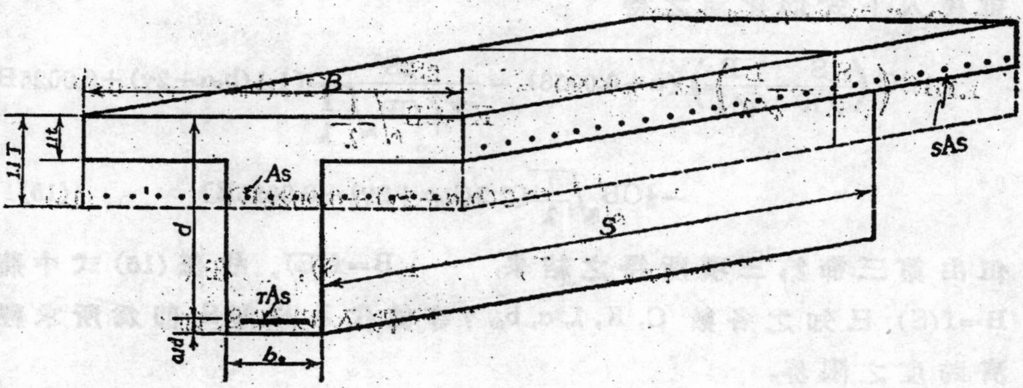

第十二圖

$$V_T=V_sS\{1.1[tB+b_0(d-t)]\alpha+{}_TA_s+B\cdot{}_sA_s+[B+2.2(d-t)]\gamma\}$$

上式中之　${}_TA_s$爲T梁之主鋼斷面積。

${}_sA_s$爲頂板內之橫鋼斷面積。

又B寬單位長之平板價爲

$$V_p=V_sS(1.1BT\alpha+A'_s+B\gamma)$$

又按　$f_c=40\ Kg/cm^2$, $f_s=1200\ Kg/cm^2$之平衡應力所需之鋼筋量計算,則爲

$${}_TA_s\doteqdot0.0025\ Bd$$

$${}_sA_s=0.0056\ t$$

$${}_0A_s'=0.0056\ BT$$

將以上三種A_s值,分別代入,而使V_T與V_p相等,而得

$$1.1[Bt+b_0(d-t)]\alpha+0.0025Bd+0.0056Bt+[B+2.2(d-t)]\gamma$$

$$=1.1BT\alpha+0.0056BT+B\gamma$$

或　$1.1B(T-t)(\alpha+0.0056))=1.1(d-t)(b_0\alpha+2\gamma)+0.0025Bd$

但 $$d-t=\left[\frac{2S^2}{Kf_cCB\sqrt{\frac{1}{\lambda}}}-\frac{2}{3}CB\sqrt{\frac{1}{\lambda}}\right](w_e+w_d)^{\frac{1}{2}}$$

$$T-t=C(w_e+w_d)^{\frac{1}{2}}\left(\frac{S}{\sqrt{K}}-\frac{B}{\sqrt{\lambda}}\right)$$

再代入上式而化簡之得

$$1.1BC\left(\frac{S}{\sqrt{K}}-\frac{B}{\sqrt{\lambda}}\right)(\alpha+0.0056)=\frac{2S^2}{Kf_cCB\sqrt{\frac{1}{\lambda}}}[1.1(b_0\alpha+2\gamma)+0.0025B]$$

$$-\tfrac{1}{3}CB\sqrt{\frac{1}{\lambda}}[2.2(b_0\alpha+2\gamma)+0.0025B] \qquad (15)$$

但由第三節第三項所得之結果，　B=f(S)，故在 (15) 式中將 B=f(S) 已知之各數 C, K, λ, α, b_0, γ 等值代入以解 S，即爲所求經濟跨度之限界。

今已知　K=8，λ=10，C=0.411，f_c=40 Kg/cm²，f_s=1200 Kg/cm²，α=0.025，γ=0.25，b_0=30 cm，B=0.166s+82.2 (cm). 代入 (15) 式得

$$\left(\frac{S}{\sqrt{K}}-\frac{B}{\sqrt{\lambda}}\right)1.1BC(\alpha+0.0056)=(0.302S-25.8)(0.002,29S+1.134)$$

$$\frac{2S^2}{Kf_cCB\sqrt{\frac{1}{\lambda}}}[1.1(b_0\alpha+2\gamma)+0.0025B]=\frac{S^2(0.000,415S+1.581)}{3.425s+1695}$$

$$\tfrac{1}{3}C.S\sqrt{\frac{1}{\lambda}}[2.2(b_0\alpha+2\gamma)-0.0025B]=[0.00715S+3.54][2.544-0.000,415S].$$

或 $$(0.002,29S+1.134)(0.302S-25.8)=\frac{S^2(0.000,415S+1.581)}{3.425S+1695}$$

$$-[0.00715S+3.54][2.544-0.000,415S]$$

整理上式得

$$0.0019\,S^3+0.611\,S^2-319.973\,S-34,325,950=0$$

S 改成公尺數得

$$S^3+3.156\,S^2-16.520\,S-17.720=0$$

解上列 S 之三次方程式得　S=3.36 m.

爲求證實本論之正確程度起見，就兩種計劃所得之結果而

比較之結果正相脗合。

設計時所用之跨度設為3.4公尺。按照 Ketchum 氏之車輛載重分佈法計算。

板橋之總厚為22公分,鋼筋為11.48 cm²/m. 佈置如第十三圖。

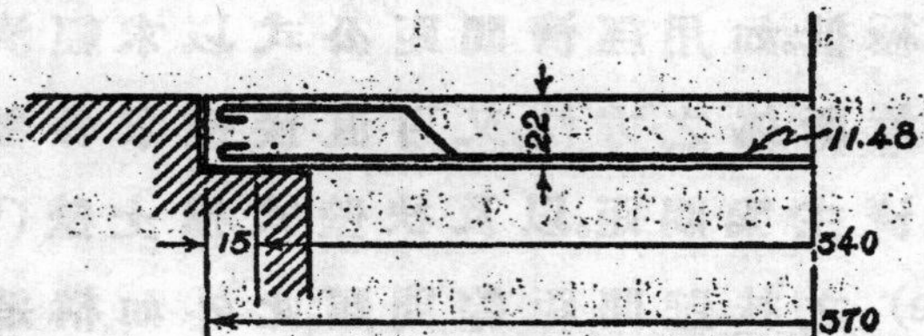

第十三圖

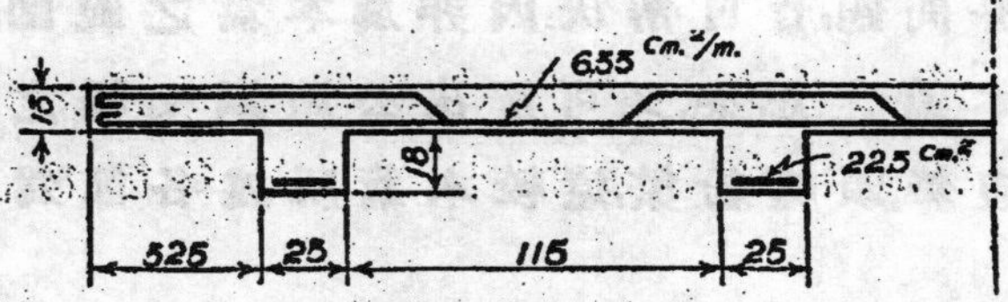

第十四圖

T橋橋板總厚為13 cm,橫鋼筋6.33 cm²/m, T梁莖部寬為25cm, 莖部深18 cm, 主鋼筋為22.3 cm²。佈置如第十四圖所示。

就以上所得之結果估算所需之價值如下。

1:2:4 混凝土	板橋用	4.477 c.m.
	T梁橋用	3.312 c.m.
	相差	1.165 c.m. @ 21.=36.12 元 (+)
鋼筋	板橋用	23.362
	板梁橋用	41.469
	相差	18.107 c.c. @ $\frac{1250}{100\times100}$=22.63 元 (−)
模板	板橋用	21.98
	T梁橋用	26.34
	相差	4.36 m² @ 3.1 =13.52 元 (−)
總共相差	36.12−(22.63+13.52)=0.03 元	

又橋面之總價值為236.123元,與兩者相差之比僅為0.000,127

7929

倍。可謂毫無軒輊之分矣。

(五) 結　論

綜合以上所得之結果,凡用經濟斷面公式以求橋梁建築費用之經濟,其成效極低。如用經濟間距公式以求經濟,結果反有重大之收獲。根據本篇所述之方法,又可直接推求各種工廠貨棧等廣大構造物之經濟主梁間距。以及扶壁式擋土壁(Retaining wall, Counterforted type)之扶壁間距等問題。此外如構造物之平板式與T梁式之經濟跨度限界,以及扶壁式與懸臂式(Cantilever type)擋土牆之限界問題,皆可解決。因非屬本篇之範圍,暫不列論。

再,根據本篇之思想,又可解決公路鋼梁橋之經濟間距,惟此種研究,錯綜複雜,頭緒紛繁,遠較本篇所述各節為甚,容有機會,再行提出討論。

路簽自動交換機

華南圭

北甯鐵路於民國二十五年採用路簽自動交換機。此種交換機,用以代替人力,卽路簽之接收與交付,皆賴自動機件,無須人與人相授受也。

凡用此機,電氣路簽之制度,完全不變,故路簽電機亦不變,惟簽圈稍改而已。簽圈如圖(A),有腸形彈圈,路簽貫穿於其中。另有彈性鋼板,壓緊路簽,使路簽不易滑動而與彈腸脫離。簽圈亦如普通形式,惟 a b 二處稍成直綫形,俾易爲交換機擒住。

所謂交換機,主要機件有二,如圖 (B) 或 (C) 之 (甲) 及(乙)。(甲)爲接收機,(乙)爲交付機。此二機雖裝在同處,事實上則(甲)(乙)並非同用;蓋火車入站,則(甲)機接收路簽,火車出站,則(乙)機交付路簽也。

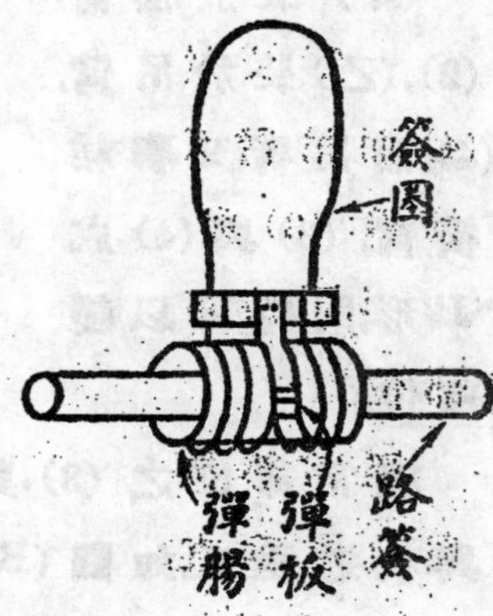

圖 (A)

接收機之構造如下: (1)爲上顎及下顎,略如人手之二指向上向下張開,以便擒取簽圈。(16)爲擊爪,賴其自身之重量以俯仰,仰時向右,俯時向下,其樞點在(1)顎,簽圈未入上下顎,再向右進,則擊爪自仰旋卽自俯,因此則簽圈不能滑出於上下顎之外。(17)亦爲擊爪而具彈簧,所以補助(16)者也。(18)及(19)是橡膠質之墊,用以緩和簽圈與接收機之衝擊耳。

交付機之構造如下：如圖(乙),(22)為半圓形之鐵件,(20)為腮箝;半圓鐵受簽圈之彈腸,腮箝受簽圈之(a)(b);腮箝之二具彈簧,可將(a)(b)夾緊,夾緊之後,簽圈之姿勢如圖G。

機車旁或煤水車旁,亦裝接收機及交付機,如圖(D)之(甲)及(乙),其構造與在圖(B)或圖(C)中者無異。

路旁之(甲)及(乙),應有二種部位;一為經常部位,如圖(B),其時無火車通過;二為反常部位,其時有火車經過;故(甲)(乙)二機應能使其變換部位;圖(B)卽示經常部位,圖(C)示反常部位。

(甲)裝於橫臂,如(2),(乙)裝於吊臂,如(4)而吊臂又聯結於橫臂;(3)與(4)成為"J"形,同時可以變換部位。

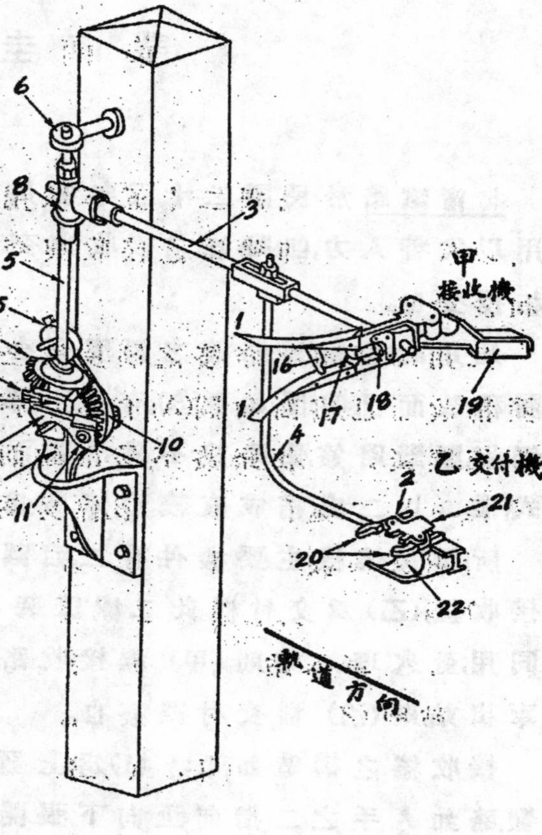

圖(B)　經常部位

經常部位之(3),與軌道平行,(4)亦與軌道平行,受簽之顎(1)則與軌道垂直,如圖(B)所示。反常部位之(3),與軌道成垂直綫形,顎(1)則向火車,如圖(C)所示。路旁有樁,其跟賴角鐵與螺栓以與軌枕聯結。樁上有仄臼,如(7),臼受樞柱(5);樞柱上端為環臼(6)所禁錮,此環臼(6)又賴螺栓以與樁聯結。橫臂(3)樞柱(5),賴十字形之螺套,如(8),以得聯結而成十字形;如是,則橫臂(3)可以搖轉如門,(6)(7)猶門臼也。樞柱之跟部,有錐形齒輪如(9),能與樞柱同時旋轉;又有錐形齒輪如(10),隨(9)之旋轉以旋轉;(10)之橫軸受擺砣(15),賴此砣以維持橫臂(3)之姿勢。樞柱之跟部,又有掣爪,如(14),隨樞柱以旋轉。

在經常部位之時,掣爪爲一死件勾住,橫臂(3)不能扳動;只須用手撥動掣爪而使其稍仰,則卽可將橫臂推成反常部位。推至九十度,不能再推,則因死臼另有鐵檔之故。亦因有此鐵檔,故火車將簽圈交付於顎(1)時,火車之銳力,不能牽引橫臂而使其超過九十

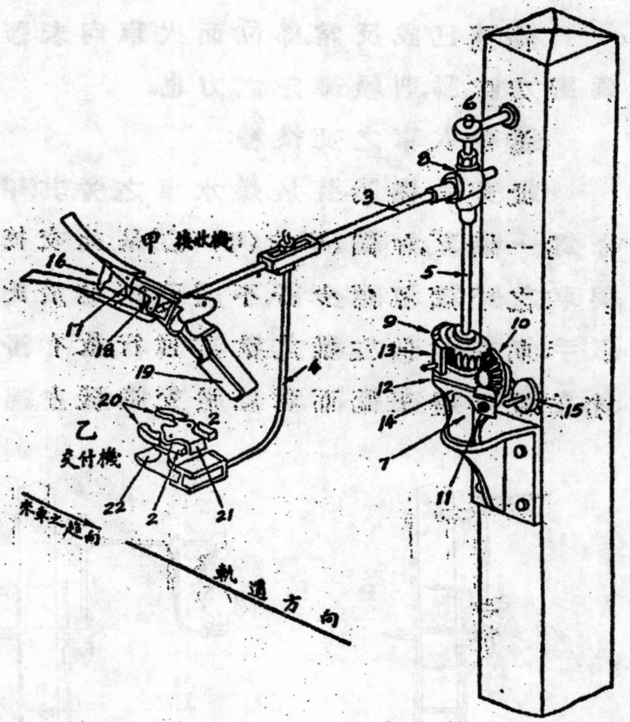

圖(C)　反常部位(行將交換之姿勢)

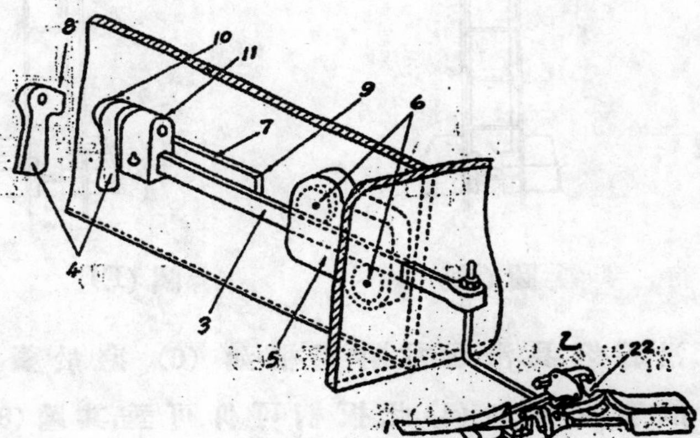

圖(D)

度。

橫臂已成反常部位而火車尚未蒞臨之時,橫臂之姿勢,不能爲風力吹動,則賴擺砣之力也。

進論火車之交換機:

此交換機乃裝於煤水車之旁,其(甲)及(乙)之構造,依然無異,惟合爲一體耳,如圖(D)之(甲)(乙)是。此交換機裝於煤水車之旁,用時與車之豎牆相離少許,不用時則貼於此豎牆;其動作極簡易,只須以手向右或向左推之。欲其推行,故有滑桿如(3),此滑桿爲橫平者,右端穿過夾牆而聯結於交換機,左端聯結於扳柄(4)。爲使該

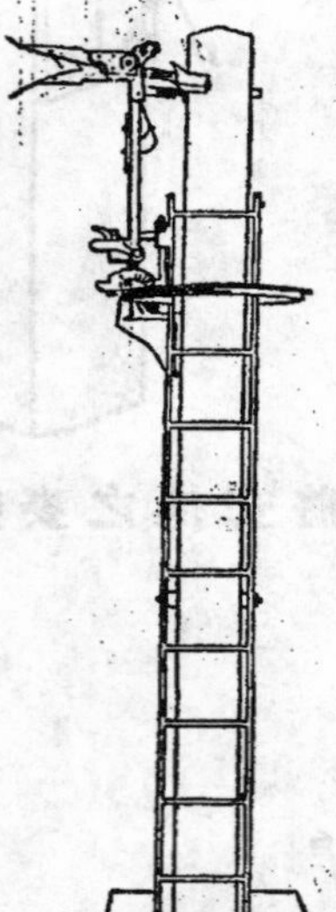

圖(E)

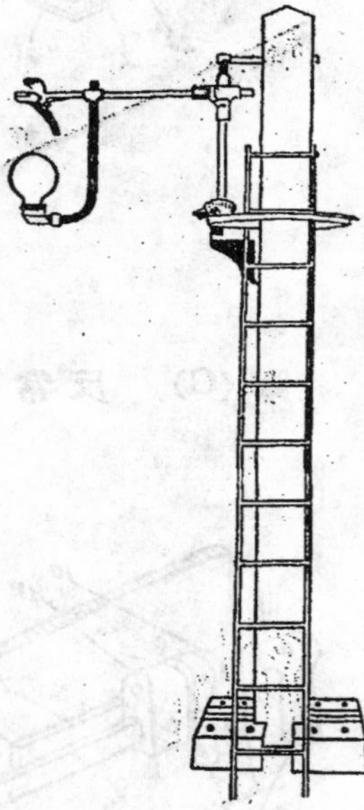

圖(F)

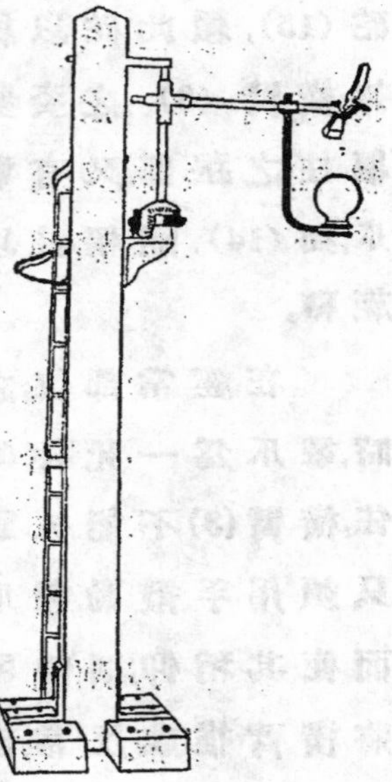

圖(G)

滑桿容易滑動,故有滑棍如(6),藏於蓋板之內。爲便於着手起見,故有扳柄如(4),此扳柄可仰可垂,其踵(8)可垂可仰,(7)爲檔板,其左端(10)爲左檔,右端(9)爲右檔。圖(D)爲經常之部位,此時扳柄下垂,其踵觸於左檔(9),故不能再向左推。若將扳柄(4)仰起,則可將滑桿向左推行,推成反常部位,將(4)下垂,則其踵(8)觸於右檔(9)而

不能向左退行(11)觸於蓋板(5),故滑板不能再向右推,如是,即使交換機停於反常之部位。

以上論交換機之構造及運用已明,再概括言之:

圖(E)示路旁交換機之經常部位。圖(F)示路旁交換機之反常部位,此時已將簽圈納於交付機,以待火車出站。圖(G)示圖(F)之背面。圖(H)示車上交換之經常部位,但簽圈已納於交付機;只須再將滑桿向右推行,即能成反常部位。圖(I)示交換時之狀;(a)爲簽圈已納於車上交換機之狀,行將掛入路旁接收機;(b)爲簽圈已納於路旁交付機之狀,行將掛入車上接收機。圖(J)示已交換之狀;(a)爲簽圈已掛之路旁接收機之狀,(b)爲簽圈已掛入車上接收機之狀。

路旁交換機之梳,高度須與車上交換機之地位相稱,其距離亦然。該梳以堅固美松爲之,23公分見方,賴粗强之螺柱,以聯於軌枕。此軌枕比他枕爲長,受火車之重量而稍降,則梳亦隨之同降;因此,路旁交換機之高度,永與車上交換機之高度相稱配。

自軌面至接收機上下顎之中點,高度爲3.05公尺,即10英尺。自軌道中綫至接收機之中綫,距離爲2.11公尺。交換機須常川校對,以保持其高度及距離。

校對係用標準矩二具,一以校對路旁交換機,一以校對車上交換機。採用此種自動交換機,有何利益?曰在增加火車之速度,易言之,即減少火車進站出站時所虛糜之時光。用人力交換路簽,則火車進站出站,必須緩行,即在直通之車站,亦須緩行;用此自動交換機,則直通之火車,速度不必大減。北甯火車在北平天津間,中途不停,經過十五站,每站節省之時光,總計不在少數。此即自動機之利益也。

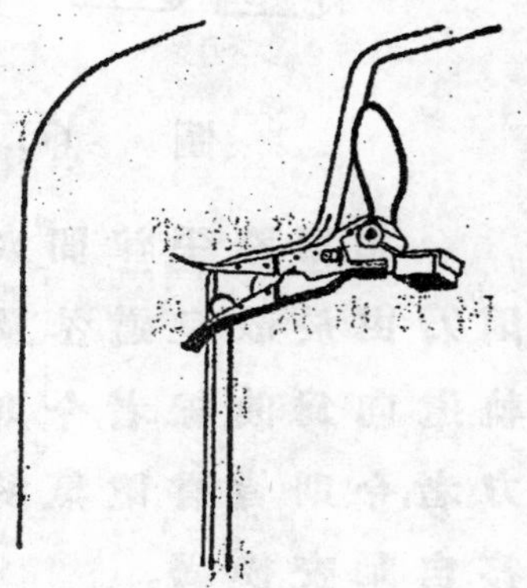

圖(H)

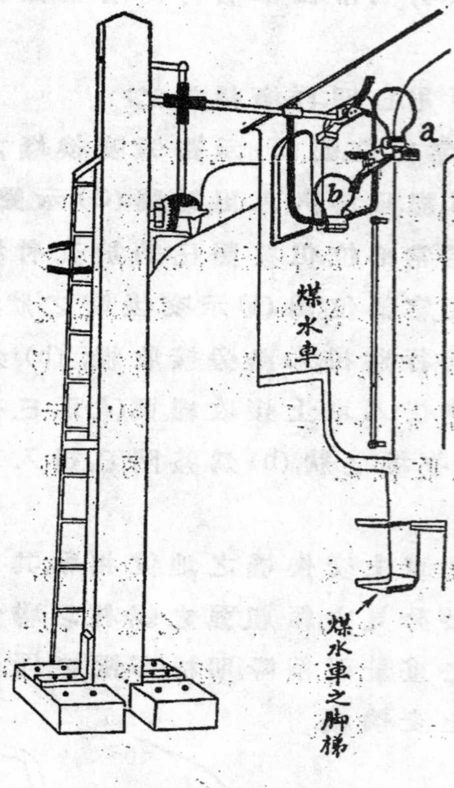

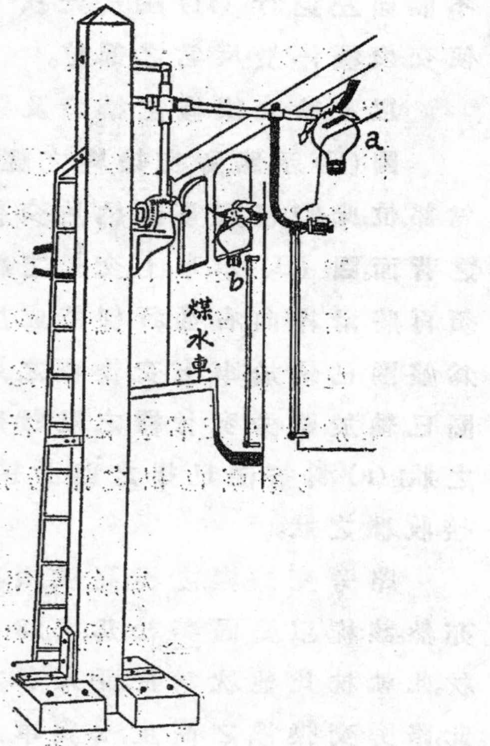

圖　(I)　　　　圖　(J)

北甯路平津間火車,前需三點鐘,今縮爲二點八分,其最大原因乃由於改良道岔及號誌;道岔由平行四邊形改爲斗形,卽出站軌道向爲曲線者,今則出站進站皆爲直綫,此其一也;號誌向恃人力者,今則皆有電氣的鍵制,此其二也;至於改良之第三事,則爲路簽自動交換機。

再進一步,將來尚可縮短時光,大概可由二點八分縮爲一點五十分,但須再改良軌道,卽(一)將狗頭道釘改用螺紋道釘(二)將豎立之軌條改令其有二十分之一之欹勢,卽採用部章所定之欹勢墊板。

泰爾鮑脫螺形曲綫

許　鑑

概　要

鐵路單曲線或複曲線之兩端,及複曲線上二個彎度各異之曲線之間,均應用介曲線,使外軌超高度,在介曲線全長內,由直線之零數逐漸增至圓曲線應有之全數,或由複曲線之甲分子曲線應有之全數逐漸變至乙分子曲線應有之全數,以謀行車之安全與旅客之舒適也。

介曲線過短則功效不顯;過長則增建築經費,或使主要曲線之彎度不順。故最短長度及其他應用規則,必須訂定,以資劃一。美國鐵路工程協會(A. R. E. A.)集諸路之經驗,經多年之討論而訂定者(註一),最爲完善。但美國與吾國定制不同,美用英尺制,而吾用公尺制;即同以一標準弦所含中心角之度數爲曲線彎度(Degree of Curve)以表示曲線之銳鈍,美國之標準弦爲一百英尺而吾國之標準弦爲二十公尺。茲參照美國 A. R. E. A. 規範,擬定適用於吾國制度之規則數條,並製介曲線最短長度圖(第一圖),以供採用。

介曲線之種類甚多,泰爾鮑脫教授所創之螺形曲線(註二)

註一　A.R.E.A: Proceedings 1909, pages 411—488;
A.R.E.A. Manual, 1929.

註二　The Railway Transition Spiral by Arthur N. Talbot 6th edition, Mcgraw-Hill book Co., Inc.

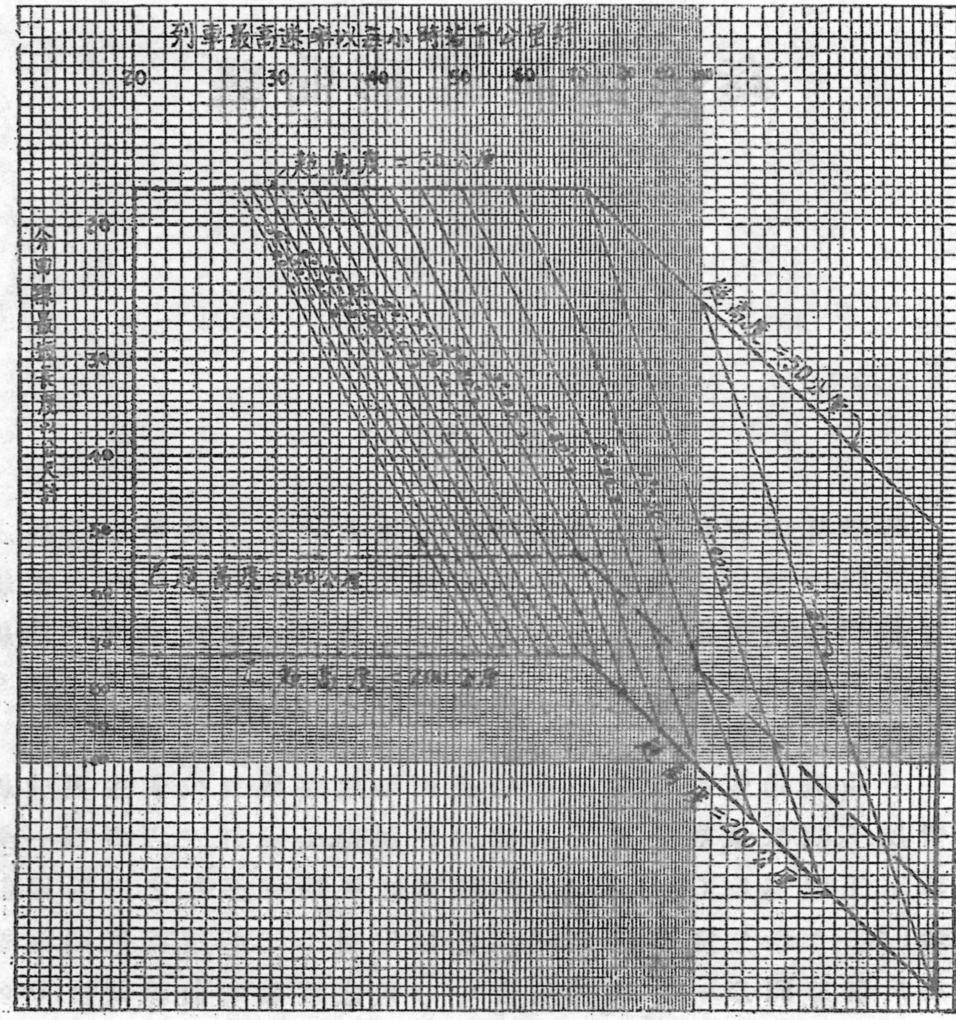

第一圖　介曲線最短長度圖

乃其一也。以其原理簡明,計算容易,應用又廣,特將其計算法改爲公尺制,以介紹於吾國鐵路界。

螺形曲線之原理,略號,重要公式及測設法分行列入,但均簡而要,蓋旨在應用也。至於詳細之申說,及公式之由來等等,可對照泰爾鮑脫教授之原著也。

介曲線之規則

凡曲線之適合列車最高速率之外軌超高度為50公厘及50公厘以上時,均應採用介曲線。

選定介曲線長度時,應以將來路線改進後之列車最高速率,而不以現在之列車速率為依歸。

凡3度(半徑等於352.20公尺)及3度以上之曲線,均係限制速率之曲線,其介曲線之長度,不得小於54公尺。

凡3度以下之曲線,而列車速率亦須限制者,其介曲線長度之公尺數不得小於四分之三之列車速率之每小時公里數,此項速率係按150公厘之超高度求得之。

凡不限制速率之曲線,其介曲線長度之公尺數,不得小於百分之三六(.36)乘最高速率所需外軌超高度之公厘數;亦不得小於千分之五($\frac{1}{200}$)乘最高速率每小時公里數與該速率所須超高度公厘數之積。

大於規定最短長度之介曲線,有時或有利便而可採用,但太大之長度增加,似非完全需要,且倘無經費方面之慎重考慮,則決不當加長。在彎度較小之曲線上,其介曲線之長度,可將規定之最短長度增加百分之五十,如所加之長度不重關經費亦不使曲線彎度不順。若較大長度,使曲線彎度不順,則應絕對採用規定之最短長度。

凡超高度之分配,應於介曲線全長內,自始迄終,逐漸增加,俾直綫上並無超高度而圓曲線則有充分之超高度。

複曲線之彎度各異之曲線間,亦應採用介曲線,其超高度之變更,照直線與曲線間之例施行之。

無論何種介曲線均可採用,但螺形曲線較為適宜。

茲根據上列規則及 $E=.00986 4DV^2$(註三)公式,作一介曲線最短長度圖(第一圖)以便查用、

註三　國有鐵路建築標準及規則

7939

螺形曲線之原理

泰爾鮑脫螺形曲線,乃一種曲線,其彎度與其距始點之長度成正比例。換言之,其彎度係由直線零度起,漸漸增大,直至與所聯接圓曲線之彎度相等。

螺形曲線之方向變更,與其距始點之長度之乘方成正比例,非若單曲線之方向變更與其距始點之長度成正比例。

同一中心角(即中心角之度數相等),螺形曲線之長度等於二倍單曲線之長度。

略號

本篇採用泰爾鮑脫教授原定之略號(參閱第二圖),但改

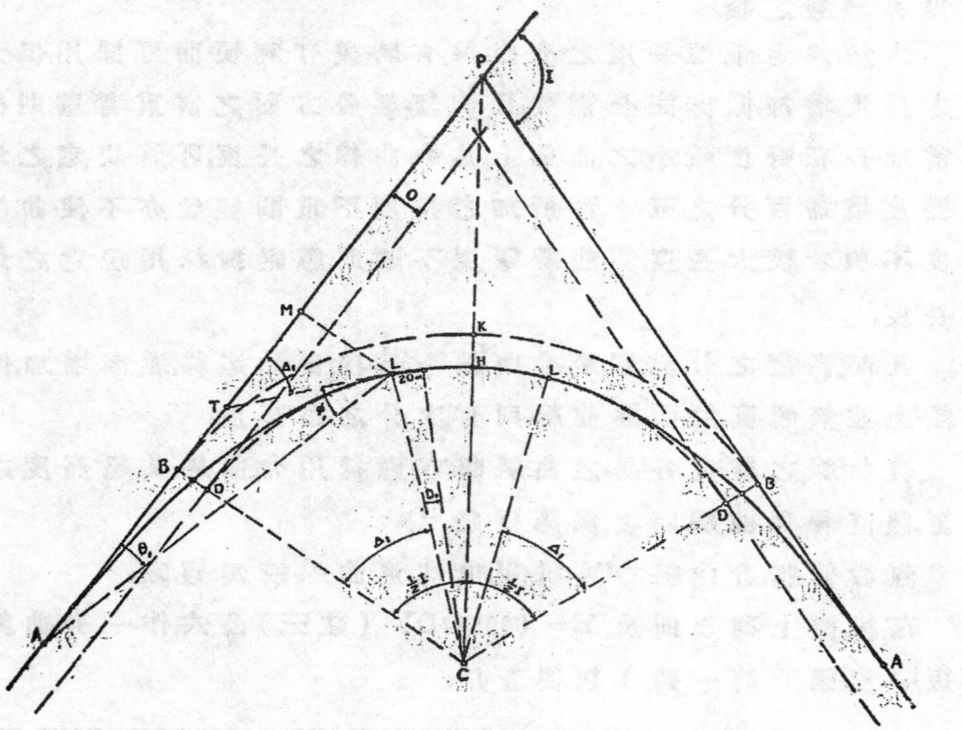

第二圖

用公尺制,以合吾國標準,兹特一一說明如下:—

P. S. = 螺形曲綫之始點(第二圖之A點)

P.C.C.= 螺形曲綫與圓曲綫相接之聯點(第二圖之L點)

P. C. = 圓曲綫經移置後之始點(第二圖之D點)

R = 螺形曲綫上任何點之半徑,以公尺計

D = 螺形曲綫上任何點之彎度。圓曲綫之彎度曰D_0;螺形曲綫終點之彎度曰D_1;普通使$D_1=D_0$,螺形曲綫上置經緯儀點之彎度曰D'

$D=\frac{1146}{R}$

a = 螺形曲綫每20公尺弧長之彎度變率,亦即等於距P.S.20公尺處之曲綫彎度

S = 自P.S.至螺形曲綫上任何點之長度,以公尺計

螺形曲綫之全長曰S_1

L = 自P.S.至螺形曲綫上任何點之長度,以20公尺之倍數計

自P.S.至螺形曲綫上置經緯儀點之長度曰L_1

螺形曲綫之全長曰L_1

I = 整個曲綫之總中心角=交角(第二圖中,H爲圓曲綫之中點,$I=2\angle BCH$)

Δ = 螺形曲綫上任何點之方向變更角,即始點切綫與該點切綫所成之交角,介曲綫終點之此角曰$\Delta_1=\angle PTL=\angle DCL$(第二圖),介曲綫上置經緯儀點之此角曰$\Delta'$

θ = 在螺形曲綫始點,自始點綫至螺形曲綫上任何點之偏倚角。在始點自始點切綫至螺形曲綫上置經緯儀點之偏倚角曰θ',如L點之θ爲$\angle BAL$.

Φ = 在螺形曲綫上任何點,自該點切綫至螺形曲綫上其他任何點之偏倚角,即該點切綫與該點至其他任何點之弦所成之角;如在L點,至A點之Φ爲$\angle TLA$.

x = 螺形曲綫上任何點之橫距,以螺形曲綫始點爲原點,始點切綫爲橫軸,以公尺計如L點之x爲AM.

y = 螺形曲綫上任何點之縱距,與橫軸相垂直,以公尺計,如L點之y爲ML.

t = P. C.之橫距,以公尺計,如P. C.在D點,t=AB.

7941

O ＝蝶形曲線之始點切綫與一平行之P.C.點之切線間之距離,即P. C. 之縱距,以公尺計, O=BD=KH

T ＝整個曲線(圓曲線連蝶形曲線)之切線長,以公尺計, T=AP

E ＝整個曲線之外距,以公尺計,E=PH

C ＝蝶形曲線之長弦(第一圖之 AL),以公尺計

u ＝P. S. 至始點切線與一蝶形曲線切綫相交點之距離,以公尺計(第二圖中, L點之u爲AT),沿始點切綫量之。

v ＝蝶形曲綫上任何點至該點切綫與始點切綫相交點之距離,以公尺計(第二圖中,L點之v爲TL)沿該點切綫量之。

公式

公尺制之秦爾鮑脫螺形曲線之重要公式如下:—

(1) $D=aL=a\frac{S}{20}$

$(D_1=aL_1=a\frac{S_1}{20})$

(2) $\Delta=\frac{1}{2}aL^2$

$(\Delta_1=\frac{1}{2}aL^2_1)$

(3) $\Delta=\frac{1}{2}DL=\frac{1}{2}\frac{D^2}{a}$

(4) $y=\frac{214.1}{(a)^{\frac{1}{2}}}\left(\frac{1}{3}\Delta^{\frac{3}{2}}-\frac{1}{42}\Delta^{\frac{7}{2}}+\frac{1}{1320}\Delta^{\frac{11}{2}}-\cdots\cdots\right)$

(5) $x=\frac{214.1}{(a)^{\frac{1}{2}}}\left(\Delta^{\frac{1}{2}}-\frac{1}{10}\Delta^{\frac{5}{2}}+\frac{1}{216}\Delta^{\frac{9}{2}}-\cdots\cdots\right)$

(6) $y=.0582aL^3-.000000316\,a^3L^7$

(7) $x=20L-.0001524a^2L^5$

(8) $x=20L-.0001524D^2L^3$

(9) $\theta=\frac{1}{3}\Delta=\frac{1}{6}aL^2=\frac{1}{6}\frac{D^2}{a}$

(10) $\Phi=\frac{1}{2}aL'(L-L')\pm\frac{1}{6}a(L-L')^2$

(11) $\Delta'-\theta'\pm\Phi=\theta+\frac{1}{6}D'L$

(12) $\Delta'\pm\Phi=\theta'+\theta+\frac{1}{6}D'L$

(13) $o=y_1-R\ \text{vers}\ \Delta_1=.01457\ aL^3{}_1=.01457D_1L^2{}_1$

(14) $L=8.285\sqrt{\frac{o}{D}}$

(15) $\Delta=4.142\sqrt{oD}$

(16) $a=.1207\sqrt{\frac{D^3}{o}}$

(17) $t=x_1-R\sin\Delta_1=10L_1-.0000254a^2L^5{}_1$

$=10L_1-.0000254D^2{}_1L^3{}_1$

(18) $T=t+(R+o)\tan\frac{I}{2}$

(19) $T_1=t_1+(R+o_2)\tan\frac{1}{2}I-(O_1-O_2)\cot I$

$T_2=t_2+(R+o_2)\tan\frac{1}{2}I+(O_1-O_2)\ \text{cosec}\ I$

(20) $E=(R+o)\ \text{exoec}\frac{1}{2}I+O$

(21) $C=\sqrt{x^2+y^2}=20L-.0000676a^2L^5$

(22) $u=x-y\cot\Delta=x-v\cos\Delta$

(23) $v=\frac{y}{\sin\Delta}=\frac{20}{3}L+.0000484a^2L^5$

測設法

螺形曲線可用支距(offset)法或用偏倚角(Deflection Angle)法測設之。茲將二法約略分述於下:

(1)支距法　凡Δ小於15°時。公式(6)可爲$y=.0582\ a\ L^3$,換言之$y_1:y_2::L^3_1:L^3_2$,知此比例,同時又知螺形曲線中點之支距$=\frac{1}{2}O$(O由公式(B)求得之)則其他各點之支距易得矣螺形曲線前半段各點之支距與始點切線相垂直後半段各點之支距與圓曲線相垂直。不用支距而用縱橫距 (Co-ordinates) 則較準確,縱橫距可用公式 (4) 至 (8) 計算之。

（2）偏倚角法　經緯儀在 P. S. 時,偏倚角可用公式 (9) 計算之。如 Δ 超過 15° 時,應在螺形曲線上添設一置經緯儀點。在該點時有三法可採用:

(a) 以置經緯儀點之切線爲零度,偏倚角用公式 (10) 計算之.

(b) 以置經緯儀點至螺形曲線始點之弦爲零度,偏倚角用公式 (11) 計算之。

(c) 以穿過置經緯儀點而與始點切線相平行之線爲零度,偏倚角用公式 (12) 計算之。

欲設之點,如在置經緯儀點與螺形曲線始點之間,則應用之公式（10）爲 $\Phi=\frac{1}{2}a\,L'(L-L')-\frac{1}{6}a\,(L-L')^2$ 而不顧 (L－L′) 之代數符號。

欲設之點,如在置經緯儀點與螺形曲線終點之間,則應用之公式（10）爲 $\Phi=\frac{1}{2}a\,L'(L-L')+\frac{1}{6}a(L-L')^2$。

用偏倚角法較爲便利似應採用。

例　　題

舉二例題,一關係單曲線,一關係複曲線,所用介曲線均用偏倚角法測設之。

（1）單曲線之 $D_0=4°(R_0=286.537)$; $I=34°$; P.I.＝10＋000; 列車最高速率＝每小時 55 Km. 該曲線兩端用等長之介曲線。

參閱第一圖,介曲線之長度定爲 50m。

用公式 (1) 得　$a=\frac{4}{2.5}=1.6$

用公式 (3) 得　$\Delta_1=\frac{1}{2}\times4\times2.5=5°$

用公式 (13) 得　$O=.01467D_1L_1^2=0.364$

用公式(17)得　　$t=10L_1-.0000254D_1{}^2L^3{}_1=24.994$

用公式(18)得　　$T=24.994+(286.537+0.364)\ \tan 17^\circ$

$=24.994+286.901\ \tan 17^\circ=112.708$

$P.S._A=10000-112.708=9+887.292$

$P.C.C._A=9887.292+50=9+937.292$

$P.C.C._B=9937.292+\dfrac{34-2\times5}{4}\times20=10+057.292$

$P.S._B=10057.292+50=10+107.292$

經緯儀在$P.S._A$時,介曲線之偏倚角用公式(9)計算之;

經緯儀在$P.C.C._B$時,介曲線之偏倚角用公式(10)計算之;

經緯儀簿之記載法詳第三圖。

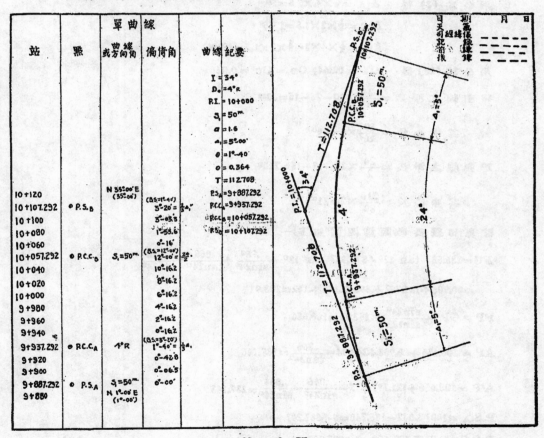

單曲線

站	點	曲線或方向角	偏倚角	曲線紀要
				I = 34°
				D_c = 4°R
				P.I. = 10+000
				S_1 = 50m.
				a = 1.6
				Δ_1 = 5°-00'
				θ = 1°-40'
				o = 0.364
				T = 112.708
10+120		N 35°-00' E (35°-00')		$P.S._A$ = 9+887.292
10+107.292	⊙ $P.S._B$		(B.S.=1°-40') 3°-20' = $\frac{2}{3}\Delta_1$	$P.C.C._A$ = 9+937.292
10+100			3°-03.3	$P.C.C._B$ = 10+057.292
10+080			1°-55.6	$P.S._B$ = 10+107.292
10+060			0°-16'	
10+057.292	⊙ $P.C.C._B$	S_1=50m.	(B.S.=12°-00') 12°-00' = $\frac{24}{2}$	
10+040			10°-16.2	
10+020			8°-16.2	
10+000			6°-16.2	
9+980			4°-16.2	
9+960			2°-16.2	
9+940			0°-16.2	
9+937.292	⊙ $P.C.C._A$	4°R	(B.S.=3°-20') 1°-40' = $\frac{1}{3}\Delta_1$	
9+920			0°-42.8	
9+900			0°-06.5	
9+887.292	⊙ $P.S._A$	S_1=50m. N 1°-00' E (1°-00')	0°-00'	
9+880				

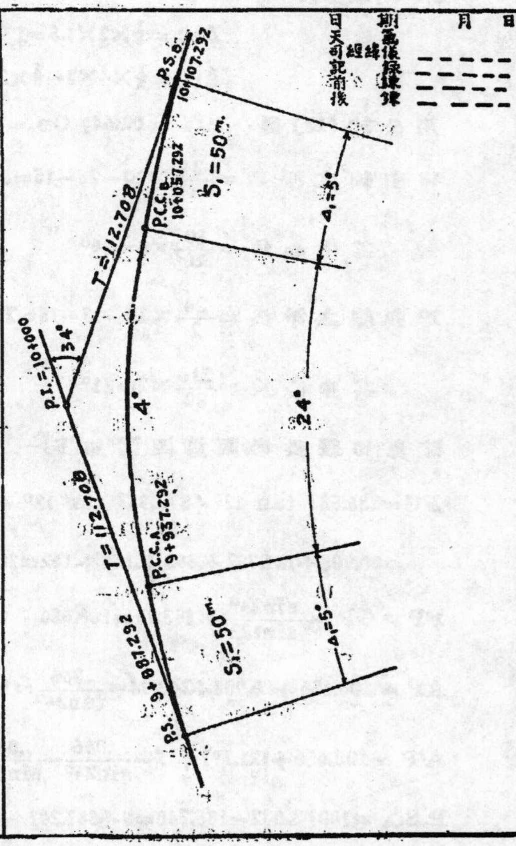

第 三 圖

7945

（2）複曲線之 $I=48°$；甲分子曲線之 $D_0=4°$（$R=286.537$）乙分子曲線之 $D_0=2°$（$R=572.987$），各有中心角 $24°$，P.I.$=10+073.032$；列車最高速率＝每小時 55Km，複曲線之兩端及甲乙分子曲線間引用介曲線。

參閱第一圖，決定介曲線之長度如下：—

$$S_{1A}=50^m$$

$$S_{1B}=10,\ S=30^m$$

用公式 (1) 得 $a_A=1.6_2\ a_B=a_C=\frac{2}{1.5}=1.333$

用公式 (3) 得 $\Delta_{1A}=\frac{1}{3}\times 4\times 2.5=5°$

$$\Delta_{1C}=\frac{1}{2}\times 2\times 1.5=1°30'$$

$$\Delta_{1B}=\frac{1}{2}\times 4\times 3-\frac{1}{2}\times 2\times 1.5=4°30'$$

用公式 (13) 得 $O_A=0.364;\ O_B=O_C=0.066$

$4°$ 曲線之淨長 $=\frac{24}{4}\times 20-25-15=80^m$

其中心角 $=\frac{80}{20}\times 4=16°$

$2°$ 曲線之淨長 $=\frac{24}{2}\times 20-15-15=210^m$

其中心角 $=\frac{210}{20}\times 2=21°$

計算切線長參閱第四圖如下：—

$$FG=286.537\tan 12°+572.987\tan 12°+\frac{.364}{\sin 24°}+\frac{.066}{\tan 24°}+\frac{.066}{\sin 24°}$$

$$=60.908+121.797+.895+.148+.162=183.91$$

$$FP=GP=\frac{\sin 24°}{\sin 132°}\times 183.91=100.656$$

$$AP=100.656+60.908+24.994-\frac{.364}{\tan 24°}=185.740$$

$$A'P=100.656+121.797+15-\frac{.066}{\sin 24°}-\frac{.066}{\sin 24°}=237.143$$

$P.S._A=10073.032-185.740=9+887.292$

$P.C.C._A=9887.292+50=9+937.292$

$P.C.C._B=9937.292+80=10+017.292$

$P.C.C._{B'}=10017.292+30=10+047.292$

$P.C.C._C=10047.292+210=10+257.292$

7946

P.S.$_C$ =10257.292+30=10+287.292

介曲線之偏倚角用公式(9)或用公式(12)計算之

經緯儀測之記載法詳第四圖

第四圖

複曲線

站	點	曲線或方向角	偏倚角	曲線紀要
10+300		S 27°-06'W (27°-00')		$I = 48°$
10+287.292	● P.S.$_C$		(D.S.=0°-30') 0°-30'= $\frac{1}{3}$	$D = 4°R$
10+280			0°-39'	$D = 2°R$
10+260			1°-22'	P.I = 10+073.032
10+257.292	● P.C.C.$_C$	S_{1-C}=30^m	(D.S.=185+45=12°) 10°-30'= $\frac{21}{2}$	$S_{1-A} = 50^m$
10+240			9°-38.2	$S_{1-B} = S_{1-C} = 30^m$
10+220			8°-38.2	$o_A = 1.6$
10+200			7°-38.2	$o_B = o_C = 1.585$
10+180			6°-38.2	$\Delta_{1-A} = 5°$
10+160			5°-38.2	$\Delta_{1-B} = 4°30'$
10+140			4°-38.2	$\Delta_{1-C} = 1°30'$
10+120			3°-38.2	$o_A = 0.364$
10+100			2°-38.2	$o_B = o_C = .066$
10+080			1°-38.2	$T_1 = 185.740$
10+060			0°-38.2	$T_2 = 237.143$
10+047.292	● P.C.C.$_B$	2°R	(D.S.=3.5-15=2°) 3°-30'	
10+040			4°-00.9	
10+020			5°-43.9	$L_{4°} = \frac{24}{4} \times 20-25-15$
10+017.292	● P.C.C.$_B$	S_{1-B}=60^m-30^m	(D.S.=8+6=14°) 8°-00'	$= 80^m$
10+000			6°-16.2	$I_{4°} = \frac{80}{20} \times 4 = 16°$
9+980			4°-16.2	$L_{2°} = \frac{24}{2} \times 20-15-15$
9+960			2°-16.2	$= 210^m$
9+940			0°-16.2	$I_{2°} = \frac{210}{20} \times 2 = 21°$
9+937.292	● P.C.C.$_A$	4°R	(D.S.=3°-20') 1°-40'= $\frac{1}{3}$	
9+920			0°-42.8	
9+900			0°-06.5	
9+887.292	● P.S.$_A$	S_{1-A}=50^m	0°-00'	
9+880		S 21°-06'E (21°-00')		

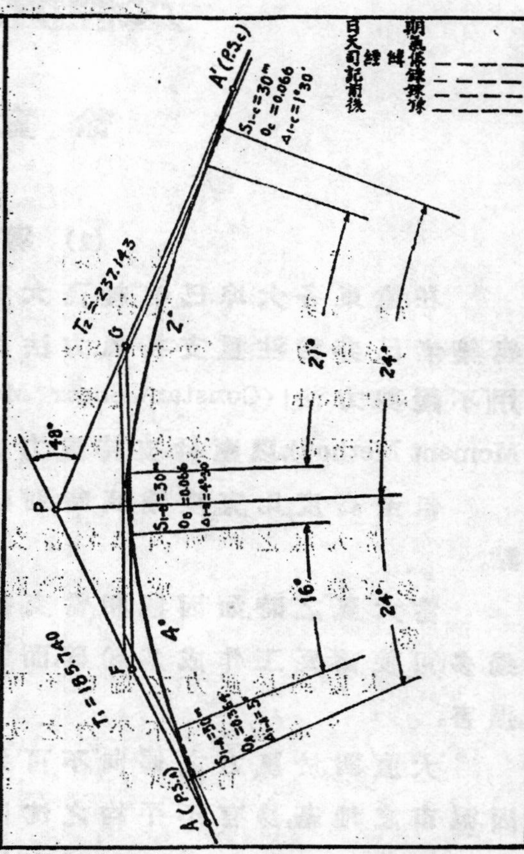

高樓各種支持風力法則之堅固及經濟比較

徐寬年

(1) 導言

在遠東各大埠已有極高大樓數處之建築。工程師計畫該種建築者已非常注重支持風力法則之問題。據作者所知,已往不外用「不變剪力法」(Constant Shear Method)與「不變力率法」(Constant Moment Method),以應付支持風力之用。

但至高度比寬度增高時,則建築之堅固問題成爲最重要之點。

當大風之時,如因無相當支持風力之分配,而極高大樓偏向過多,可使磚瓦工作成爲粉碎,而對於遮蔽風雨潮濕之作用大有損害。

大廈對於風力之偏向不可過多,尤其在上海爲最重要一點,因滬市之地基,易有不平均之沈陷。

是篇之目的,爲討論限制高樓之偏向及該項材料分配之經濟問題。

(2) 分配直立風壓法則

爲簡單設想,現假定柱樑佈置如第一圖;圖之左表示風力圖。屋頂風力爲每方英尺30磅至屋底爲零磅。柱至柱中心爲20英尺。

各種建築重力分配如下:

各層屋頂有三尺護牆,每方英尺125磅,

全體外牆計每方英尺85磅,

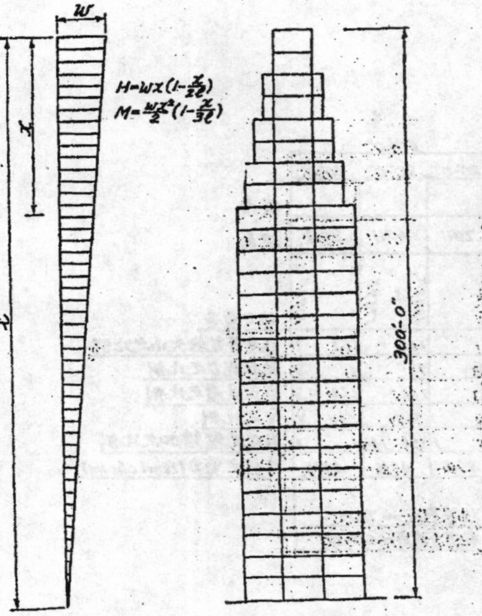

風力圖　　二十六層樓大樓

第一圖

樓板建築計每方英尺175磅(載重,分隔牆,及柱重在內)

按以上重力之分配,此二十六層樓柱排各柱之重量可預先簡單算出。各柱之公共「重力中心」(Center of Gravity)為本排柱之中心重力。欲使一排柱對於風力之抵抗成為單位,則內柱與外柱均得受風之壓力。

此排內柱之重力,按計算,與外柱重力之比為1.62:1。

柱之「單位應力」(Unit Stress)從柱排中心起將為1:3。

按以上之分配垂直風壓將為1.62:3,

以外柱之垂直風壓為V,則各柱之風壓從柱排之中心計,將為.54V:V。

本排柱之「垂直力力率」(Moment value of the Vertical Forces)將為$.54V\times 20+V\times 60=70.8V$。

(3) 上下弦材偏向公式

在第二圖之左: $D=\Sigma\frac{Sul}{EA}=\frac{5fl}{E}$,係本柱排(高度等於寬度五倍),根據有設想之45度「腹桁佈置」(Web System),因上下弦材之偏向公式。

根據該計算,如樓高三百英尺,而外柱均有每方英寸6000磅應力,則屋頂因柱頭之「毀形」(deformation)將有3.72英寸之偏向。

(4) 橫剪力之分配

第三圖表示排柱所得之橫剪力。外柱之V以70.8除「風力率」

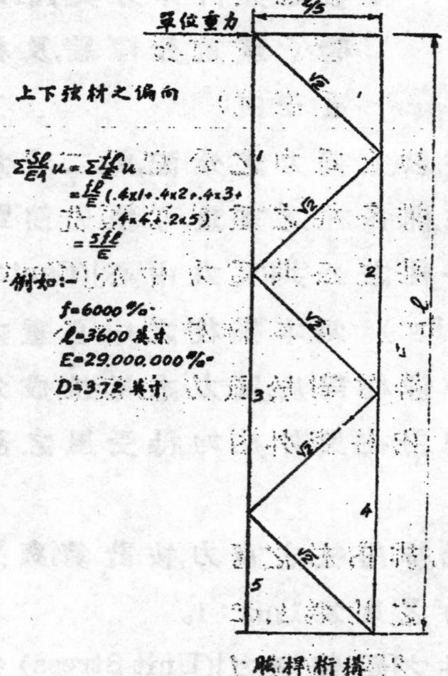

第二圖

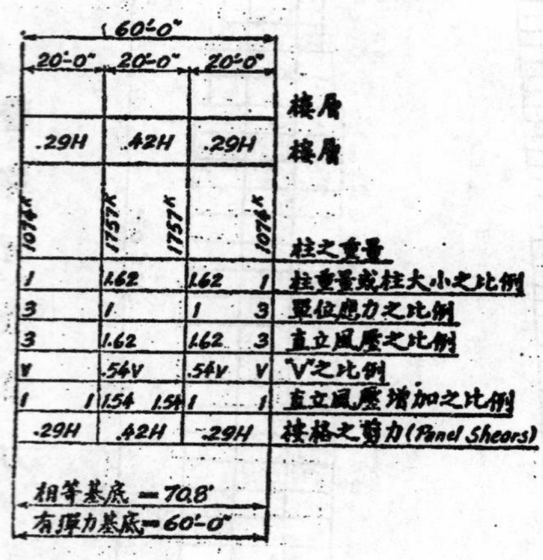

第三圖

(Wind Moment)而得。

橫剪力之分配,即從直立風壓之比例而得。

(5) 各種法則之層偏向比較

現在根據以下六種支持風力法則,討論「層偏向」(Drift per Story) D。

所有「單位應力」(Unit Stresses),除另有陳述外,均依照美國鋼鐵建築學會規定者。

除另有陳述外,柱爲 16 BH 247 磅,橫梁爲 18 BI 54.5磅。

第四圖表示無「肘材支柱」(Knee Brace)之辦法。

(a) 因橫梁之偏向"d"而得之層偏向 D:—

$$\text{傾斜}\ \alpha=\frac{\text{"d"}}{b}=\frac{2fb}{3Ed}=0.00279$$

$$D=\alpha h=0.385''$$

(b)　因柱頭之偏向"d"而得之層偏向D:—

$$D=\frac{2\ fb_1^2}{3\ Ed}=0.032''$$

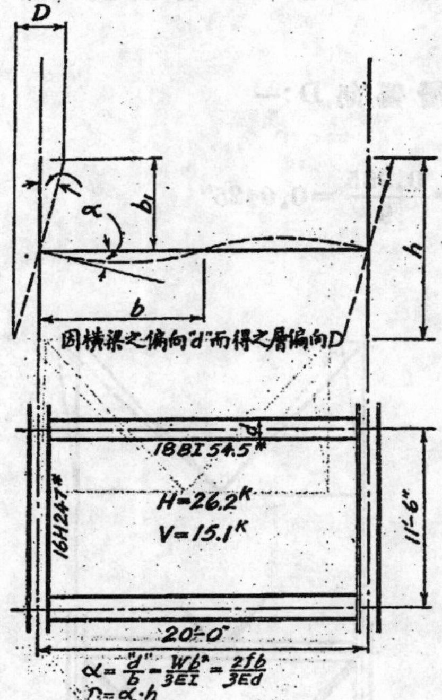

第　四　圖

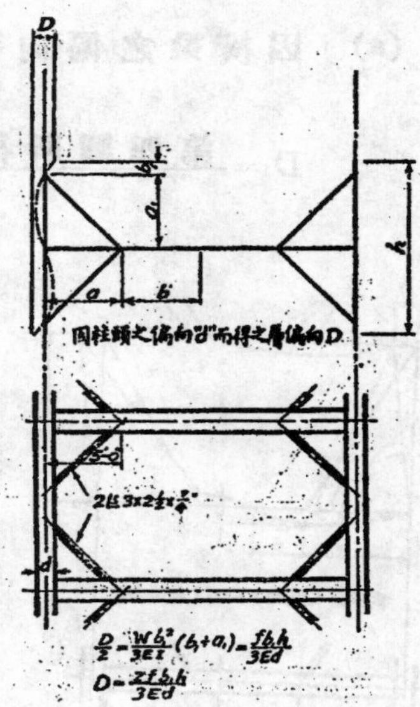

第　五　圖

第五圖表示肘材支柱安置在橫梁之上下,距離柱之中心5英尺,成45°之角度。

(a)　因橫梁之偏向"d"而得之層偏向D:—

$$\text{傾斜}\ \alpha=\frac{2fb}{3Ed}=0.00071$$

$$D=\alpha h=0.098''$$

(b)　因柱頭之偏向"d"而得之層偏向D:—

$$\frac{D}{2}=\frac{Wb_1^2}{3EI}(b_1+a_1)=\frac{fb_1h}{3Ed}=0.00027''$$

$$D=0.00054''$$

(c)　因肘材支柱之變形(Deformation)而得之層偏向D:—

$$D=\frac{f}{E}\cdot h\cdot \csc\alpha\cdot \sec\alpha=0.077''$$

第六圖表示肘材支柱,從甲層樓柱中心至乙層樓橫梁中心平面距離 6′—8″。

(a) 因橫梁之偏向而得之層偏向D:—

$$D=\frac{\text{第四圖所得之D}}{9}=\frac{0.385}{9}=0.0425''$$

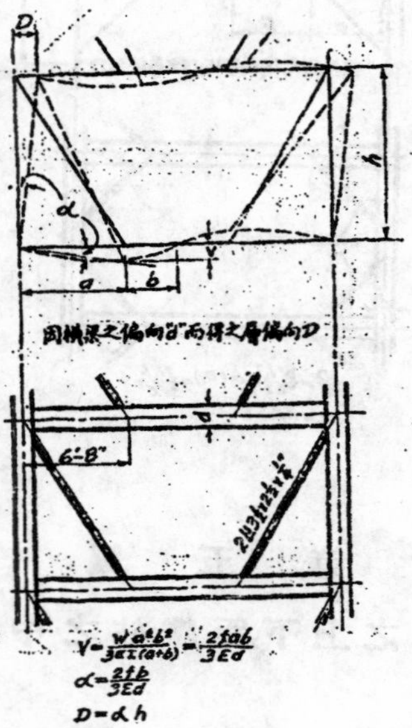

第　六　圖

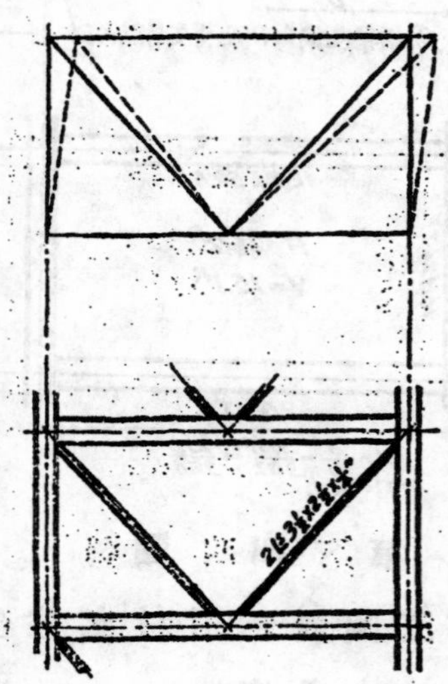

第　七　圖

(b) 因肘材支柱之毀形而得之層偏向D:—

D=0.098″

第七圖表示肘材支柱,從甲層樓至乙層樓成橫"K"形之格式。

(a) 因肘材支柱之毀形而得之層偏向D:—

D=0.074″

第八圖表示肘材支柱安置在橫梁之下,距離柱之中心5英

尺,成45°角度。

(a) 因橫梁之偏向"d"而得之層偏向D:—

$$傾斜\ \alpha=\frac{2fb}{3Ed}=0.000704$$

$$D=\alpha h=0.097''$$

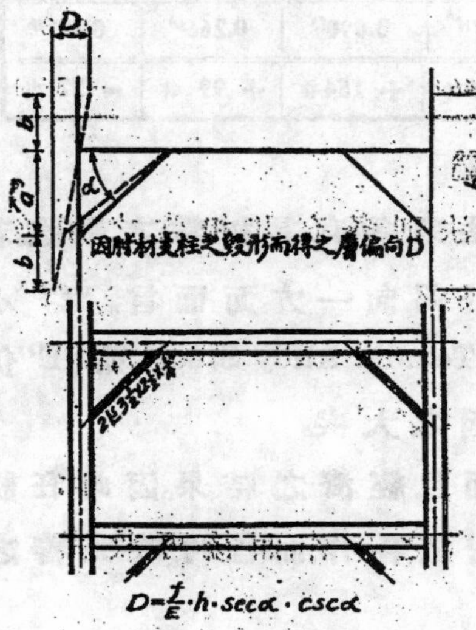

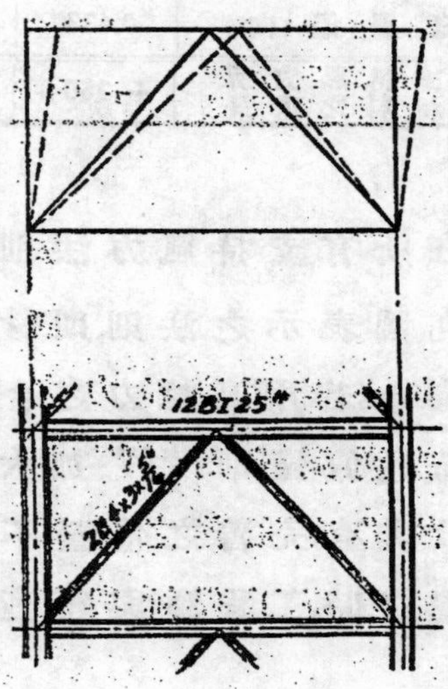

第　八　圖　　　　　　第　九　圖

(b) 因柱頭之偏向"d"而得之層偏向D:—

$$D=\frac{Pb^3}{3EI}+\frac{Pb^2(b+a)}{3EI}=\frac{Pb^2h}{3EI}=0.01''$$

(c) 因肘材支柱之毁形而得之層偏向D:—

$$D=0.142''$$

第九圖表示之佈置與第七圖相似,而橫依照「連續梁」(Continuous Beam)計算。

(a) 因肘材支柱之毁形而得之層向D:—

$$D=0.102''$$

(6) 各種法則之層偏向表及所用材料重量之比較

圖之號數			四	五	六	七	八	九
層偏向	因偏向得	橫梁	0.385	0.098	0.043	——	0.098	——
		柱頭	0.032	0.001	——	——	0.010	——
	因變形得	橫梁	0.007	0.00-	0.007	0.007	0.007	0.016
		柱頭	0.009	0.009	0.009	0.009	0.009	0.009
		附材支柱	——	0.077	0.098	0.074	0.142	0.102
總層偏向			0.433″	0.192″	0.157″	0.090″	0.266″	0.127″
因支持風力所用材料之重量			＋150#	＋146#	＋146#	＋154#	＋99#	－37#

(7) 結　論

在所有支持風力法則之內,每種法則各有其相當之用途。若用第九圖表示之法則,則材料更省。至於偏向一方面而言,"f" 小則偏向小。若用『高拉力之合金鋼』(High Tensile Alloy Steel),而"E"仍等於普通鋼鐵,則 "f" 加大而偏向亦因之大矣。

故非有完善之佈置,不可得堅固而且經濟之結果。因此在設計高樓之時,工程師與建築師須有精密之合作,而後可收完善之成效。

參考文獻

Handbook of Building Construction, by Hool and Johnson.

Handbook on Bethlehem Structural Shapes.

Kidder's Architects and Builders Handbook.

Modern Framed Structures, by Johnson, Bryan and Turneaure.(Parts I and II)

Steel Construction, by American Institute of Steel Construction.

Wind Bracing, by Spurr.

用諾模圖計算土地畝分法

劉寰偉

年來因國內交通建設之猛晉,故京滬滬杭甬兩路亦各處添築交叉道及支線等甚多。其大者如代築蘇嘉鐵路,敷設京蕪京滬聯路線,錢塘江橋浙贛接軌線等工程,俱將相繼完成。當每一工程之進展,其首要工作,即為收購民地。收購民地之手續,除測丈業戶地畝及其他瑣屑工作,需用相當時間外,大半時間,幾皆耗費於計算業戶畝分之工作上,良以平時每戶畝分之計算,無論地形若何,均須分析之為多數三角形,逐步推算。計每一三角形面積之推算,約費時間三四分鐘之久,物力時間,至不經濟。如收購範圍較廣,或遇緊急工程,尤有遠水近火緩不濟急之弊。筆者有鑒於此,爰於二十四年春用「諾模術」編製三線對數法一種,以推算三角形面積。其法簡單迅捷,頗以為便。下圖示該諾模圖一部分;設有三角形基地

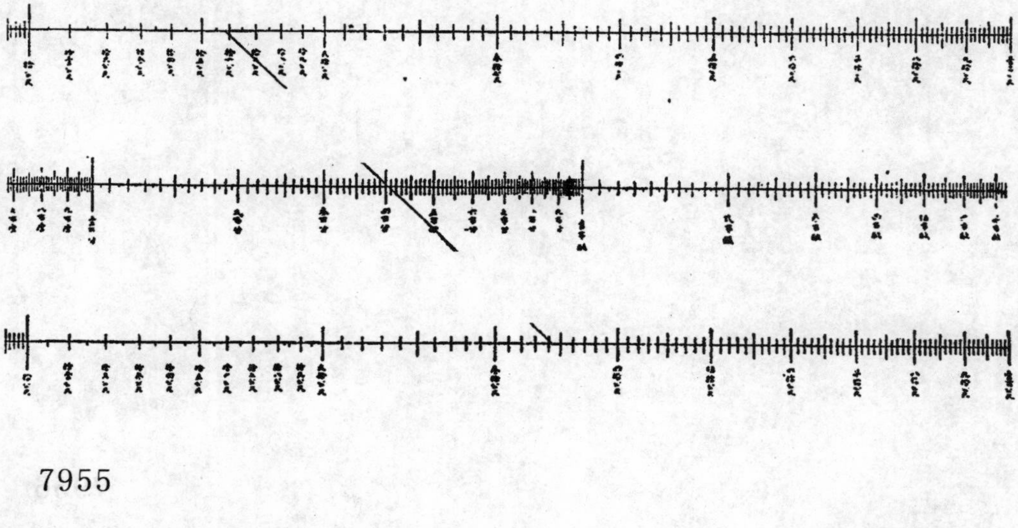

一塊其高度爲15.87公尺其底線之長度爲34.26公尺,只須從上線15.87公尺處聯一直線至下線34.26公尺處,則由中線與直線相交之處,得悉該基地面積爲0畝4分0厘8毫。用此法算出之畝分,亦頗準確,與舊法相較,約差五百分之一,而時間之節省,超出舊法達數十倍之巨,以故截長補短,尙覺利多弊少。兩路局自採用此法計算畝分後,購地手續上之工作,效率大增,曩昔緩不濟急之弊,亦於無形中悉數解除。惟閉門造車,深恐出不合轍,用將採用此法之經過及其效果簡敍如前,以供採擇。倘蒙 海內賢達進而教之,則幸甚焉!

中天攜帶電話

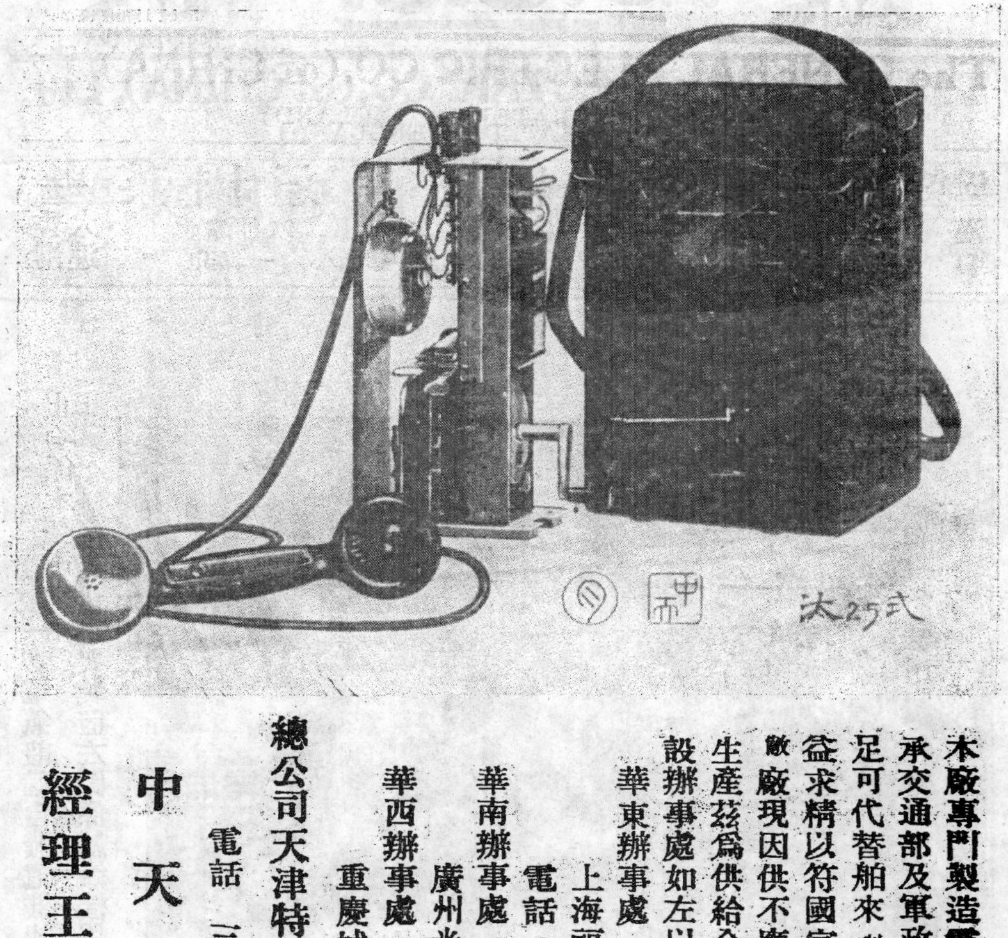

本廠專門製造電話機械業已五載歷承交通部及軍政機關大量採用認爲足可代替舶來 敝廠不敢自滿惟有精益求精以符國家經濟建設之主旨再 敝廠現因供不應求特建立新廠增加生產茲爲供給全國需求起見先行分設辦事處如左以便就近接洽

華東辦事處　陳星岩
上海福煦路四一七號
電話　八〇一〇一

華南辦事處　潘永照
廣州光復南路啓泰號

華西辦事處　蔣蓮青
重慶城外上張家花園一號

總公司天津特一區三義莊山東路
電話　三〇九八二

中天電機廠

經理王汰甄謹啟

請聲明由中國工程師學會『工程』介紹

G.E.C.

REGD TRADE MARK

REGD TRADE MARK

The GENERAL ELECTRIC CO. (of CHINA), Ltd.

(INCORPORATED IN ENGLAND)

代理處 漢口

英國通用電器有限公司

上海寧波路二十三至二十七號 郵政信箱五〇三號

電話一六八二一至五號 電報掛號八七二七

分公司 天津 香港 大連

上海綸昌染織廠一切電氣設備自發電機起以至電燈爲止均係本公司供給與裝置左圖係紡織機用馬達之一部

凡屬電器電料電機及電氣工程

無論巨細概能承辦倘荷賜顧毋任歡迎

請聲明由中國工程師學會『工程』介紹

註冊商標

敬告　建築師　營造廠

近有營造廠數家。委托敝廠工程部修理漏水建築。查詢之下。該工程等曾採用假冒『避水漿』。（有冒充舶來品者，有並無牌號者）嗣為明瞭真相起見。敝廠化驗室特將此種所謂『避水漿』。加以化驗。結果發現其原質不外石灰或小粉漿等物。另加阿莫尼亞混充。『避水漿』三字。不過欺人之煙幕而已。此等物質。毫無避水功效。自不待言。而貽害躭誤工程匪淺。購者不察。每為小而失大。敝廠之雅禮避水漿。不願減料跌價者。以不屑與之競爭。而自污國貨之榮譽。茲特聲名。嗣後敝廠工程部。對於曾用雜牌避水材料而漏水之工程。當加倍取費。因此等修理手續。轉為困難。而需用多量之『特快精』『敵水鹽』等貴重避水材料也。敝廠為證明雅禮出品之宏大功效起見。特將所辦較大之避水工程列表於下

(甲)未用「雅禮避水漿」之三和土內「毛管」吸水情形

(乙)已用「雅禮避水漿」之三和土內「毛管」拒水情形

雅禮避水工程一覽表

●本埠工程

中國銀行　花旗銀行　美國學堂　上海市銀行　廣東銀行　大陸商場　五洲藥房第二廠　市政府博物館　中西藥房　上海女子銀行屋頂及浴間　麗光大戲院　夏光酒精廠　閘江女校　市政府博物館　市政府寄宿舍　市政府市立醫院　申報館　國際飯店　江海銀行　金城大戲院　中滙銀行　亞洲飯店　同濟大學　四馬路總巡捕房　安利洋行

光明染廠　市政府　市政府　輪昌印花廠　漁市場　跑馬廳　上海火車站　南市上海醫院　天盛陶器廠

●外埠工程

南通大生紡織公司　瀏河太嘉寶醫院　杭州水利局　南通電廠　杭州電廠

●南京

三叉河水閘　江蘇農民銀行　三叉河水閘抽水機　山東省政府　駐京辦事處　蒙國領事公館　孔部長公館　劉繼成公館　張公館　許公館

國立編譯館　江南汽車公司　助產醫院　財政部　中水閘抽水機　中央樂團　蒙藏委員會　宋部長公館　江南水泥廠　津浦鐵路碼頭房　何部長公館　金公館　三民印務局　中央博物院　大華影戲院　自來水廠　譚公館　國立戲劇音樂院　中央農業實驗所　導淮委員會　中南銀行　財政部庫房　中國銀行　交通大廈　洪都招待所　省政府發電廠

本廠之出品一覽

避水漿——能使一切水泥建築避水，耐久
避水漆——為修理各種白鐵或水泥屋面之聖品
膠油——能使水泥屋面之微孔填塞而省去油毛毡
紙筋漆——專嵌各種裂縫及修補銹爛之白鐵用
透明漆——可使牆垣避水而不變原有之色澤
避水粉——能使一切水泥建築，避潮，耐久

保木油——能使木料免蛀防腐
保地精——能使鬆脆之水泥地面堅硬耐久
敵水鹽——能使水泥增加膠合力及堅硬迅速
避潮漆——新水泥建築用，專使牆垣避免潮氣
快燥精——能使普通水泥快燥一倍，冬季可免冰凍
特快精——（即「快加」）能使水泥於數秒鐘內堅結

●本廠印有出品說明書及「建築避水法」小冊　函索即寄●
本廠除製造避水材料外。特設工程一部。專任各種避水工作。凡一切漏水屋面。牆垣。地坑。水塔。水池等。本廠完全負責。務使賜顧者。不必再感漏水問題之煩惱。

上海雅禮製造廠

南京路大陸商場六二三號　電話九〇〇五一

請聲明由中國工程師學會『工程』介紹

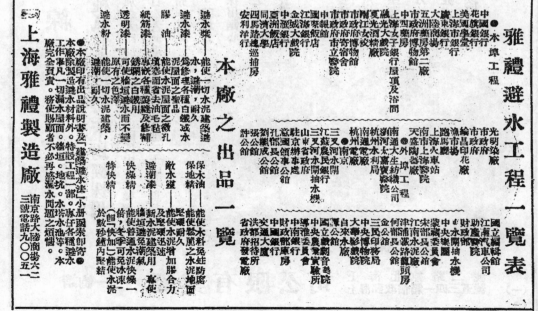

鋼心鋁線

因其可靠所以在各種氣候與地形之下均經採用

研究此種照相片時。請注意在加拿大印度與日本等多山國度中，此種鋼心鋁線所需越過之情形。下圖示日本古河電氣工業株式會社二十一英里長之傳電線。所傳電流計六萬六千弗。電線架之距離普通為一三一二英尺。其最大之距離，則為四四一九英尺。採用鋼心鋁線之結果。可減少重量三分之一，因兩電線架間之距離較長。架設費亦大可減低。

鋼心鋁線現在用於全世界者。長達六千萬英里以上。因其較之普通所用材料。一則重量減輕三分之一。二則堅强增多三分之一。其足抵抗銹蝕之能力，其充分可靠與堅强之品質，以及低廉之架設費用。蓋使工程家不得不加以鄭重考慮焉。

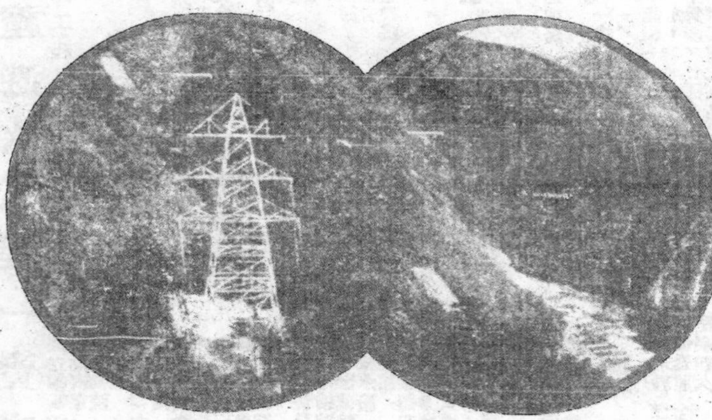

請詢——鋁業有限公司

上海北京路二號

上海郵政信箱一四一五三號

(一)

請聲明由中國工程師學會『工程』介紹

7965

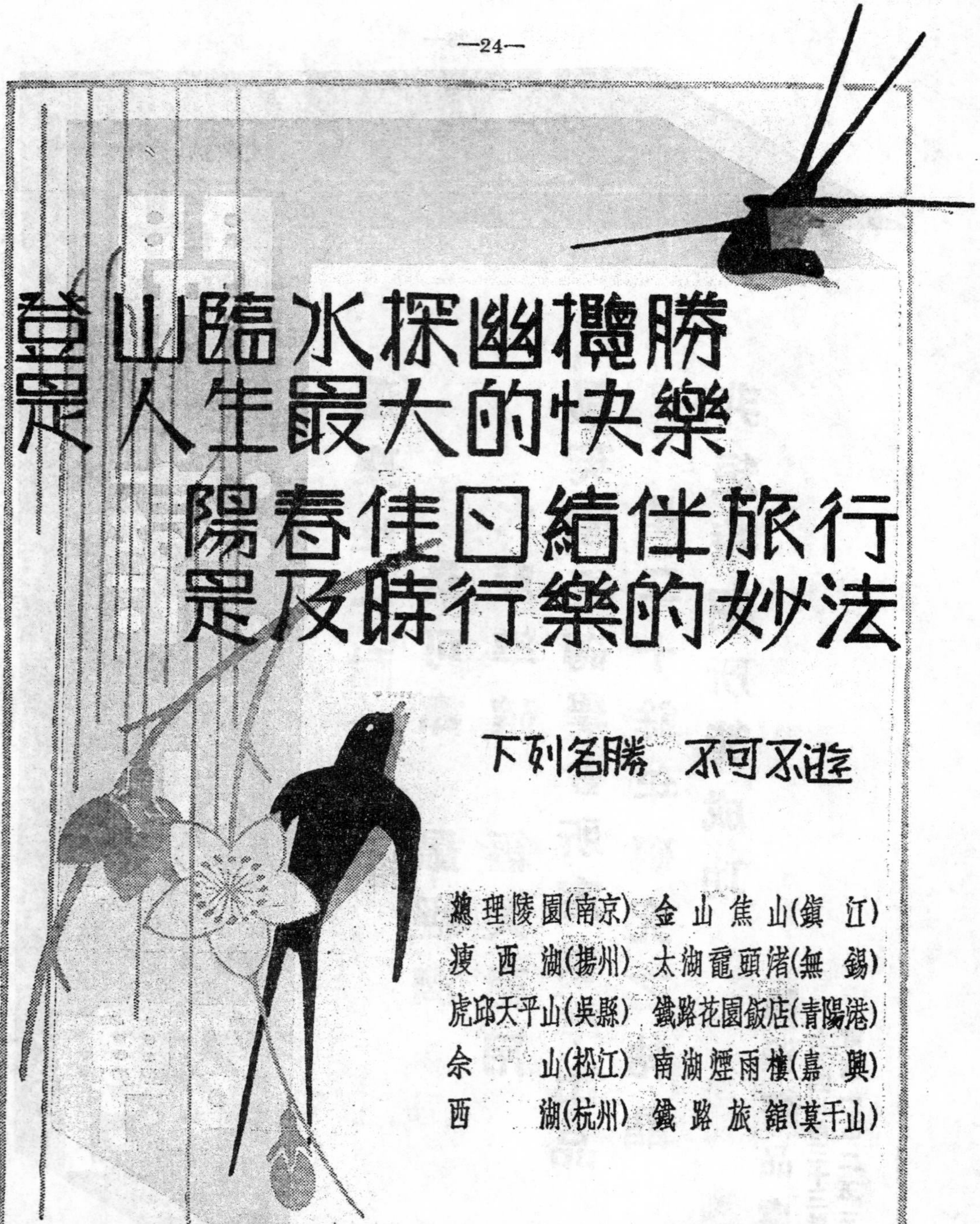
登山臨水探幽攬勝
是人生最大的快樂
陽春佳日結伴旅行
是及時行樂的妙法
下列名勝 不可不遊
總理陵園(南京) 金山焦山(鎮江)
瘦西湖(揚州) 太湖黿頭渚(無錫)
虎邱天平山(吳縣) 鐵路花園飯店(青陽港)
佘山(松江) 南湖煙雨樓(嘉興)
西湖(杭州) 鐵路旅館(莫干山)
京滬滬杭甬鐵路管理局啓

抽水機之用途

農田灌溉

給水設備

建築工程

冷却應用

輸送液體

如有問題？請速詢問

新中工程股份有限公司

離心式

高壓
中壓
低壓
三種

螺旋式

十吋
十二吋
十四吋
三種

事務所
上海江西路三七八號
電話一九八二四

製造廠
閘北寶昌路殿家閣
電話閘北四二二六七

其他出品

柴油引擎●壓氣機●碾米機
鋼鐵建築●工程設計

請聲明由中國工程師學會『工程』介紹

NORTH WESTERN INDUSTRIAL CO.

西北實業公司

山西太原北肖牆一號　　電報掛號　六〇〇七

駐津辦事處　　**獅頭牌高級洋灰**　　西安辦事處

天津英租界海大道五十二號　　西安中正門

品質優良

粉末——微細

強力——堅大

成分——保險

色彩——鮮美

TRADE MARK

設備完善

機器——最新式乾濕兩用製造機

技術——專家精製

原料——優良國產品

耐火坩磚：—專門供給煉鐵爐，煉焦爐，煉鋼爐，碾鋼爐，洋灰燒成窰之用。

耐火砂磚：—專門供給煉鋼馬丁爐，煉鋼反射爐及煉焦爐之用。

各種耐火材料之耐火度及比重

品別	普通耐火磚	一等耐火磚	二等耐火磚	硅石磚	高酸性磚
耐火度	S.K.28(1630°C)	S.K.33強 (1730°C以上)	S.K.32 (1710°C)	S.K.3 (1730°C)	S.K31
比重	2.24	2.52	2.54	2.18	2.4

本公司出品要目

精印書報單據證券

鐵工用具

農工器具

皮革製品

飛艇牌火柴

輕重機器零件

各類煤炭

印刷紙包裝紙

三晉牌呢絨嗶嘰

八卦酒精與農油

各種耐火坩砂磚

獅頭牌高級洋灰

北寧鐵路簡明行車時刻表

中華民國廿五年一月一日重訂

41次 韓運客車中膳各等	71次 平津客貨三等慢車	3次 特別快車膳車各等	23次 快車膳車各等	301次 平滬特快膳臥各等	5次 平津特快膳車各等	305次 平浦特快膳臥各等	401次 平津客貨平滬通貨	1次 平瀋特快膳臥各等	73次 津唐客貨三等慢車	75次 唐榆客貨三等慢車	下行車	站名	上行車	2次 瀋平特快膳臥各等	302次 滬平特快膳臥各等	6次 津平特快膳車各等	72次 津平客貨三等慢車	42次 韓運客快中膳各等	4次 特別快車膳車各等	24次 快車膳車各等	402次 津平客貨滬平通貨	306次 浦平特快膳臥各等	74次 唐津客貨三等慢車	76次 榆唐客貨三等慢車
5.45	7.10	9.30	13.00	15.35	17.10	20.00	20.10	21.15			開	北平前門	到	9.25	10.00	11.38	16.35	17.40	18.25	22.30	23.40	23.15		
6.04	7.56		13.16				20.54				開	永定門	開				16.03	17.23		22.15	23.13			
6.20	9.01	10.00	13.30	16.00		20.26	22.10	21.40			開	豐台	開	9.02	9.36		15.15	17.05	18.03	22.02	22.17	22.50		
6.44	10.24		13.48					21.58			開	黄村	開	8.43			13.53	16.37						
7.39	12.59		14.37			21.20	0.50	22.38			開	郎坊	開	8.05			11.42	15.41		20.54	19.15	21.51		
8.03	13.48		14.53				1.29	22.55			開	落岱	開	7.43			10.28	15.20			18.31			
8.36	15.35		15.20				2.24	23.16			開	楊村	開	7.21			9.01	14.50		20.19	17.30			
9.14	17.28	11.44	15.47	17.51	19.10	22.24	3.43	23.42			開	天津總站	開	6.56	7.45	9.40	7.08	14.14	16.10	19.55	16.22	20.54		
9.23	17.45	11.52	15.55	18.00	19.18	22.32	4.00	23.50			到	天津東站	開	6.45	7.35	9.30	6.20	14.00	16.00	19.45	15.20	20.45	停	
9.35	停	12.05	16.05	18.20	停	23.00		24.00	6.35		開		到	6.30	7.05			13.46	15.48	19.32		20.15	11.45	
10.38		13.04	17.06	開		開		1.01	8.44		開	塘沽	開	5.30	由			12.46	14.55	18.35		由	10.10	
11.46		14.00	18.13	往		往		2.07	12.10		開	蘆台	開	4.26	上			11.41	14.00	17.26		浦	7.39	
12.34			19.00	上		浦		2.58	14.17		開	胥各莊	開	3.30	海			10.45		16.34		口	5.51	
12.47		14.55	19.13	海		口		3.12	14.40		到	唐山	開	3.15	開			10.30	13.05	16.20		開	4.50	停
12.52		15.00	19.18					3.15	停	6.45	開		到	3.10	來			10.23	13.01	16.17		來		21.30
13.06		15.11	19.29					3.30		7.25	開	開平	開	2.55				10.10	12.51	16.07				21.08
13.39		15.35	19.54					4.03		8.30	開	古冶	開	2.30				9.44	12.34	15.50				20.08
14.29		16.07	20.28					4.53		10.06	開	灤縣	開	1.32				8.45	11.55	15.07				17.26
15.32		16.49	21.18					5.59		12.30	開	昌黎	開	0.31				7.40	11.14	14.22				14.33
15.56			21.37					6.24		13.18	開	留守營	開	0.01				7.12		13.59				13.20
16.16		17.22	21.55					6.47		14.24	開	北戴河	開	23.42				6.54	10.43	13.45				12.46
16.43		17.42	22.17					7.16		15.30	開	秦皇島	開	23.09				6.25	10.20	13.20				11.45
17.05		18.00	22.35					7.40		16.07	到	山海關	開	22.40				6.00	10.00	13.00				10.45
								8.20		停	開		到	22.00										
								16.40			到	遼寧總站	開	14.00										

膠濟鐵路行車時刻表 民國二十五年六月一日改訂實行

下行列車

站名	到開	三次各等	七十五次二三等	七十一次二三等	二次各等	一次各等
青島	開	[illegible]		[illegible]	[illegible]	[illegible]
大港	開	[illegible]		[illegible]	[illegible]	[illegible]
四方	開	[illegible]		[illegible]	[illegible]	[illegible]
滄口	開	[illegible]		[illegible]	[illegible]	[illegible]
女姑口	開	[illegible]		[illegible]	[illegible]	[illegible]
城陽	開	[illegible]		[illegible]	[illegible]	[illegible]
南泉	開	[illegible]		[illegible]	[illegible]	[illegible]
藍村	開	[illegible]		[illegible]	[illegible]	[illegible]
李哥莊	開	[illegible]		[illegible]	[illegible]	[illegible]
膠東	開	[illegible]		[illegible]	[illegible]	[illegible]
膠州	到開	[illegible]		[illegible]	[illegible]	[illegible]
芝蘭莊	開	[illegible]		[illegible]	[illegible]	[illegible]
姚哥莊	開	[illegible]		[illegible]	[illegible]	[illegible]
高密	到開	[illegible]		[illegible]	[illegible]	[illegible]
蔡家莊	開	[illegible]		[illegible]	[illegible]	[illegible]
塔耳堡	開	[illegible]		[illegible]	[illegible]	[illegible]
丈嶺	開	[illegible]		[illegible]	[illegible]	[illegible]
岞山	開	[illegible]		[illegible]	[illegible]	[illegible]
黃旗堡	開	[illegible]		[illegible]	[illegible]	[illegible]
南流	開	[illegible]		[illegible]	[illegible]	[illegible]
蝦蟆屯	開	[illegible]		[illegible]	[illegible]	[illegible]
坊子	到開	[illegible]		[illegible]	[illegible]	[illegible]
二十里堡	開	[illegible]	[illegible]	[illegible]	[illegible]	[illegible]
濰縣	到開	[illegible]	[illegible]	[illegible]	[illegible]	[illegible]
大圩河	開	[illegible]	[illegible]	[illegible]	[illegible]	[illegible]
朱劉店	開	[illegible]	[illegible]	[illegible]	[illegible]	[illegible]
昌樂	開	[illegible]	[illegible]	[illegible]	[illegible]	[illegible]
堯溝	開	[illegible]	[illegible]		[illegible]	[illegible]
譚家坊	開	[illegible]	[illegible]		[illegible]	[illegible]
楊家莊	開	[illegible]	[illegible]		[illegible]	[illegible]
青州	到開	[illegible]	[illegible]		[illegible]	[illegible]
普通	開	[illegible]	[illegible]		[illegible]	[illegible]
淄河店	開	[illegible]	[illegible]		[illegible]	[illegible]
辛店	開	[illegible]	[illegible]		[illegible]	[illegible]
金嶺鎮	開	[illegible]	[illegible]		[illegible]	[illegible]
湖田	開	[illegible]	[illegible]		[illegible]	[illegible]
張店	到開	[illegible]	[illegible]		[illegible]	[illegible]
馬尚	開	[illegible]	[illegible]		[illegible]	[illegible]
周村	到開	[illegible]	[illegible]		[illegible]	[illegible]
大臨池	開	[illegible]	[illegible]		[illegible]	[illegible]
王村	開	[illegible]	[illegible]		[illegible]	[illegible]
普集	開	[illegible]	[illegible]		[illegible]	[illegible]
明水	開	[illegible]	[illegible]		[illegible]	[illegible]
棗園莊	開	[illegible]	[illegible]		[illegible]	[illegible]
龍山	開	[illegible]	[illegible]		[illegible]	[illegible]
郭店	開	[illegible]	[illegible]		[illegible]	[illegible]
王舍人莊	開	[illegible]	[illegible]		[illegible]	[illegible]
黃臺	開	[illegible]	[illegible]		[illegible]	[illegible]
北關	開	[illegible]	[illegible]		[illegible]	[illegible]
濟南	到	[illegible]	[illegible]		[illegible]	[illegible]

上行列車

站名	到開	三次各等	七十六次二三等	三次各等	七十二次二三等	二次各等
濟南	開	[illegible]		[illegible]	[illegible]	[illegible]
北關	開	[illegible]		[illegible]	[illegible]	[illegible]
黃臺	開	[illegible]		[illegible]	[illegible]	[illegible]
王舍人莊	開	[illegible]		[illegible]	[illegible]	[illegible]
郭店	開	[illegible]		[illegible]	[illegible]	[illegible]
龍山	開	[illegible]		[illegible]	[illegible]	[illegible]
棗園莊	開	[illegible]		[illegible]	[illegible]	[illegible]
明水	開	[illegible]		[illegible]	[illegible]	[illegible]
普集	開	[illegible]		[illegible]	[illegible]	[illegible]
王村	開	[illegible]		[illegible]	[illegible]	[illegible]
大臨池	開	[illegible]		[illegible]	[illegible]	[illegible]
周村	到開	[illegible]		[illegible]	[illegible]	[illegible]
馬尚	開	[illegible]		[illegible]	[illegible]	[illegible]
張店	到開	[illegible]		[illegible]	[illegible]	[illegible]
湖田	開	[illegible]		[illegible]	[illegible]	[illegible]
金嶺鎮	開	[illegible]		[illegible]	[illegible]	[illegible]
辛店	開	[illegible]		[illegible]	[illegible]	[illegible]
淄河店	開	[illegible]		[illegible]	[illegible]	[illegible]
普通	開	[illegible]		[illegible]	[illegible]	[illegible]
青州	到開	[illegible]		[illegible]	[illegible]	[illegible]
楊家莊	開	[illegible]		[illegible]	[illegible]	[illegible]
譚家坊	開	[illegible]		[illegible]	[illegible]	[illegible]
堯溝	開	[illegible]		[illegible]	[illegible]	[illegible]
昌樂	開	[illegible]		[illegible]	[illegible]	[illegible]
朱劉店	開	[illegible]		[illegible]	[illegible]	[illegible]
大圩河	開	[illegible]		[illegible]	[illegible]	[illegible]
濰縣	到開	[illegible]	[illegible]	[illegible]	[illegible]	[illegible]
二十里堡	開	[illegible]	[illegible]	[illegible]		[illegible]
坊子	到開	[illegible]	[illegible]	[illegible]		[illegible]
蝦蟆屯	開	[illegible]	[illegible]	[illegible]		[illegible]
南流	開	[illegible]	[illegible]	[illegible]		[illegible]
黃旗堡	開	[illegible]	[illegible]	[illegible]		[illegible]
岞山	開	[illegible]	[illegible]	[illegible]		[illegible]
丈嶺	開	[illegible]	[illegible]	[illegible]		[illegible]
塔耳堡	開	[illegible]	[illegible]	[illegible]		[illegible]
蔡家莊	開	[illegible]	[illegible]	[illegible]		[illegible]
高密	到開	[illegible]	[illegible]	[illegible]		[illegible]
姚哥莊	開	[illegible]	[illegible]	[illegible]		[illegible]
芝蘭莊	開	[illegible]	[illegible]	[illegible]		[illegible]
膠州	到開	[illegible]	[illegible]	[illegible]		[illegible]
膠東	開	[illegible]	[illegible]	[illegible]		[illegible]
李哥莊	開	[illegible]	[illegible]	[illegible]		[illegible]
藍村	開	[illegible]	[illegible]	[illegible]		[illegible]
南泉	開	[illegible]	[illegible]	[illegible]		[illegible]
城陽	開	[illegible]	[illegible]	[illegible]		[illegible]
女姑口	開	[illegible]	[illegible]	[illegible]		[illegible]
滄口	開	[illegible]	[illegible]	[illegible]		[illegible]
四方	開	[illegible]	[illegible]	[illegible]		[illegible]
大港	開	[illegible]	[illegible]	[illegible]		[illegible]
青島	到	[illegible]	[illegible]	[illegible]		[illegible]

隴海鐵路簡明行車時刻表

民國二十四年十一月三日實行

上行車

站名 \ 車次	特別快車 1	特別快車 3	特別快車 5	混合列車 71	混合列車 73
連雲			10.00		
大浦				8.20	
新浦		—	11.46	9.01	
徐州	12.40		19.47	18.25	19.05
商邱	17.18	·	·		1.36
開封	21.36	14.20			7.04
鄭州南站	23.47	16.17			9.44
洛陽東站	3.51	20.23			16.33
陝州	9.20				0.09
靈寶	10.06				1.10
潼關	12.53				5.21
渭南	15.37				8.59
西安	17.55			—	12.15

下行車

站名 \ 車次	特別快車 2	特別快車 4	特別快車 6	混合列車 72	混合列車 74
西安	0.30				8.10
渭南	3.15				11.47
潼關	6.36				15.33
靈寶	9.09				18.56
陝州	10.30				20.27
洛陽東站	16.30	7.36			4.11
鄭州南站	20.50	11.51			10.27
開封	22.59	13.40			13.12
商邱	3.02				18.50
徐州	7.10		8.53	10.30	0.15
新浦			16.48	20.04	
大浦			←	20.30	
連雲			18.25		

本路73次與平漢62，72次又本路73，74次與平漢61次在鄭州聯接
本路一次特快與平漢21次又本路二次特快與平漢22次在鄭州相聯接
本路一次及二次特快與滬平通車301，302次在徐州聯接

7973

工 程 年 曆

中 華 民 國 26 年

	1		2		3		4		5		6		7		8		9		10		11		12		
○															1	213									○
1			1	32	1	60									2	214					1	305			1
2			2	33	2	61					1	152			3	215					2	306			2
3			3	34	3	62					2	153			4	216	1	244			3	307	1	335	3
4			4	35	4	63	1	91			3	154	1	182	5	217	2	245			4	308	2	336	4
5	1*	1	5	36	5	64	2	92			4	155	2	183	6	218	3	246	1	274	5	309	3	337	5
6	2	2	6	37	6	65	3	93	1	121	5	156	3	184	7	219	4	247	2	275	6	310	4	338	6
○	3	3	7	38	7	66	4	94	2	122	6	157	4	185	8	220	5	248	3	276	7	311	5	339	○
1	4	4	8	39	8	67	5	95	3	123	7	158	5	186	9	221	6	249	4	277	8	312	6	340	1
2	5	5	9	40	9	68	6	96	4	124	8	159	6	187	10	222	7	250	5	278	9	313	7	341	2
3	6	6	10	41	10	69	7	97	5*	145	9	160	7	188	11	223	8	251	6	279	10	314	8	342	3
4	7	7	11	42	11	70	8	98	6	146	10	161	8	189	12	224	9	252	7	280	11	315	9	343	4
5	8	8	12	43	12*	71	9	99	7	147	11	162	9	190	13	225	10	253	8	281	12*	316	10	344	5
6	9	9	13	44	13	72	10	100	8	128	12	163	10	191	14	226	11	254	9	282	13	317	11	345	6
○	10	10	14	45	14	73	11	101	9	129	13	164	11	192	15	227	12	255	10*	283	14	318	12	346	○
1	11	11	15	46	15	74	12	102	10	130	14	165	12	193	16	228	13	256	11	284	15	319	13	347	1
2	12	12	16	47	16	75	13	103	11	131	15	166	13	194	17	229	14	257	12	285	16	320	14	348	2
3	13	13	17	48	17	76	14	104	12	132	16	167	14	195	18	230	15	258	13	286	17	321	15	349	3
4	14	14	18	49	18	77	15	105	13	133	17	168	15	196	19	231	16	259	14	287	18	322	16	350	4
5	15	15	19	50	19	78	16	106	14	134	18	169	16	197	20	232	17	260	15	288	19	323	17	351	5
6	16	16	20	51	20	79	17	107	15	135	19	170	17	198	21	233	18	261	16	289	20	324	18	352	6
○	17	17	21	52	21	80	18	108	16	136	20	171	18	199	22	234	19	262	17	290	21	325	19	353	○
1	18	18	22	53	22	81	19	109	17	137	21	172	19	200	23	235	20	263	18	291	22	326	20	354	1
2	19	19	23	54	23	82	20	110	18	138	22	173	20	201	24	236	21	264	19	292	23	327	21	355	2
3	20	20	24	55	24	83	21	111	19	139	23	174	21	202	25	237	22	265	20	293	24	328	22	356	3
4	21	21	25	56	25	84	22	112	20	140	24	175	22	203	26	238	23	266	21	294	25	329	23	357	4
5	22	22	26	57	26	85	23	113	21	141	25	176	23	204	27	239	24	267	22	295	26	330	24	358	5
6	23	23	27	58	27	86	24	114	22	142	26	177	24	205	28	240	25	268	23	296	27	331	25	359	6
○	24	24	28	59	28	87	25	115	23	143	27	178	25	206	29	241	26	269	24	297	28	332	26	360	○
1	25	25			29	88	26	116	24	144	28	179	26	207	30	242	27	270	25	298	29	333	27	361	1
2	26	26			30	89	27	117	25	145	29	180	27	208	31	243	28	271	26	299	30	334	28	362	2
3	27	27			31	90	28	118	26	146	30	181	28	209			29	272	27	300			29	363	3
4	28	28					29	119	27	147			29	210			30	273	28	301			30	364	4
5	29	29					30	120	28	148			30	211					29	302			31	365	5
6	30	30							29	149			31	212					30	303					6
○	31	31							30	150									31	304					○
1									31	151															1

工 THE JOURNAL 程
OF
THE CHINESE INSTITUTE OF ENGINEERS

FOUNDED MARCH 1925—PUBLISHED BI-MONTHLY

OFFICE: Continental Emporium, Room No. 542. Nanking Road, Shanghai.

中華民國二十六年四月一日出版
工程第十二卷第二號

編輯人　沈怡

發行人　裘燮鈞

發行所　中國工程師學會　上海南京路大陸商場五四二號　電話九二五八二號

印刷者　中國科學公司　上海福煦路六四九號　電話七四五七七號

分售處　上海四馬路生活書店　上海徐家滙蘇新書社　上海四馬路作者書社　上海四馬路上海雜誌公司　南京正中書局南京發行所　濟南芙蓉街教育圖書社　南昌民德路科學儀器館南昌發行所　南昌　南昌書店　廣州永漢北路上海什誌公司廣州分店　重慶今日出版合作社　成都開明書店　長沙金城圖書公司

定報處　上海南京路大陸商場五四二號中國工程師學會會刊經理處

收稿處　上海本會編輯部

會員及定戶通訊　凡會員或定戶更改地址或有寄報遺失等情請即函知上海本會

交換書報　凡欲與本刊交換者請向上海本會圖書室接洽並請先寄樣本交換書報概請逕寄上海本會圖書室收

本刊價目表

全年六冊零售每冊定價四角

每冊郵費　本埠二分　國內五分　國外四角

預定	冊數	書價連郵費 本埠	國內	國外
半年	三冊	一元一角	一元二角	二元三角
全年	六冊	二元一角	二元二角	四元二角

新疆蒙古及日本照國內　香港澳門照國外

7975

7976

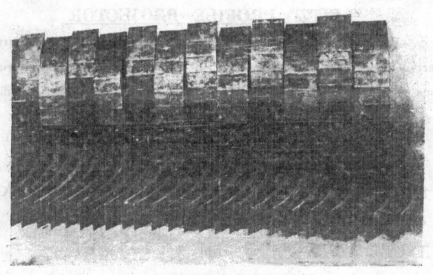

工 程

第十二卷第三號　二十六年六月一日

中國工程師學會發行

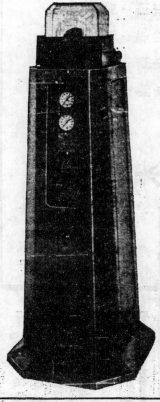

7982

SWAN, HUNTER, & WIGHAM RICHARDSON, TLD.
NEWCASTLE-ON-TYNE, ENGLAND

And Associated Company
BARCLAY, CURLE & CO., LTD.
GLASGOW, SCOTLAND

Twin-Screw S.S. "CHANGKIANG"
Railway Ferryboat built for the Chinese Ministry of Railways
本廠代鐵道部建造雙輪葉式長江火車渡輪長江號之圖形

敝廠創設於英國新堡已歷數十餘載專門製造大小輪船軍艦浮塢以及修理船隻裝修內外機件並製造各式輪機鍋爐煤力發動機柴油發動機以供各界採擇敝廠并闢有最新式船塢五處其中最長者達六百二十英尺上列圖形之長江號火車渡輪卽係敝廠所承造其式樣之新穎與夫行駛之便捷在遠東允稱首屈一指焉

史璜亨脫造船廠有限公司
地點—英國新堡

聯合公司 巴克萊柯爾造船有限公司
地點—英國格拉斯戈

中國總經理 上海 香港 英商馬爾康洋行

7986

亞洲合記機器公司

本公司專門裝置一切房屋內最新式暖氣設備衛生器具消防設備及調節冷熱空氣等工程其目的務使

- 設計最新穎
- 裝法最考究
- 材料最精緻
- 式樣最美麗
- 使用最便利
- 實用最舒適
- 價額最公道

承裝各大工程略舉如下

本埠工程	外埠工程
金城銀行 上海	中山紀念堂 廣州
上海造幣廠 上海	交通部（慈善社）南京
時兆報館 上海	建設委員會 南京
大夏大學 上海	司法院司法行政部 南京
古拔公寓 上海	西冷飯店 杭州
大陸商場 上海	首都大戲院 南京
海軍醫院 上海	海軍部 南京
虹口公寓 上海	浙省電話總局 杭州
四行廿二層大廈 上海	金陵女子大學 南京
上海市博物館 上海	蘭園新村 南京
產婦醫院 上海	雷電營校 南京
南京大戲院 上海	中國旅行社招待所 西安
集雅公寓 上海	西北農林專科學校 武功

辦公處 上海法租界外灘八號 電話八〇五〇八

南京新街口忠林坊三四號 電話二二一五一七

請聲明由中國工程師學會『工程』介紹

鋁合金

使建築簡單化

選用適度之鋁合金，則可得最大之堅强與最微之重量。此種壓鑄而成之鋁板。各種形式，應有盡有。至其堅强程度，則每平方英寸可支持六噸半至廿八噸之重力。

鋁及鋁合金，全球各地鋁業有限公司均可供應。歡迎函詢詳情。

鋁業有限公司 上海北京路二號

上海郵政信箱一四三五號

(晉二)

請聲明由中國工程師學會『工程』介紹

註冊商標

敬告 建築師 營造廠

近有營造廠數家。委托敝廠工程部修理漏水建築。查詢之下。該工程等曾採用假冒『避水漿』。（有冒充舶來品者，有並無牌號者）閱爲明瞭眞相起見。敝廠化驗室特將此種所謂『避水漿』。加以化驗。結果發現其原質不外石灰或小粉漿等物。另加阿莫尼亞混充。『避水漿』三字。不過欺人之煙幕而已。此等物質。毫無避水功效。自不待言。而貽害躭誤工程匪淺。購者不察。每爲小而失大。敝廠之雅禮避水漿。不願減料跌價者。以不屑與之競爭。而自汚國貨之榮譽。茲特聲名。嗣後敝廠工程部。對於曾用雜牌避水材料而漏水之工程。當加倍取費。因此等修理手續。轉爲困難。而需用多量之『特快精』『敵水靈』等貴重避水材料也。敝廠爲證明雅禮出品之宏大功效起見。特將所辦較大之避水工程列表於下

(甲)未用「雅禮避水漿」之三和土內「毛管」吸水情形

(乙)已用「雅禮避水漿」之三和土內「毛管」拒水情形

雅禮避水工程一覽表

●本埠工程

中國銀行
花旗銀行
美國學堂
上海市銀行
廣東銀行
大陸商場
五洲藥房第二廠
市政府博物館
中西藥房
上海女子銀行屋頂及浴間
融光大戲院
夏光酒精廠
兩江女校
浦東自來水廠
市政府寄宿舍
市政府市立醫院
申報館
國際飯店
江海銀行
金城大戲院
中滙銀行
亞洲飯店
同濟大學
四馬路總巡捕房
安利洋行
光明染廠
市政府
綸昌印花廠
滬市場
跑馬廳
上海火車站
南市上海醫院
天盛陶器廠

●外埠工程

南通大生紡織公司
瀏河太嘉寶醫院
杭州水利局
南通電廠
杭州電廠

●南京

三叉河水閘
江蘇農民銀行
三叉河水閘抽水機
山東省政府
駐京辦事處
意國領事公館
孔部長公館
劉繼成公館
張公館
許公館
汪主席公館
國立編譯館
江南汽車公司
助產醫院
財政部
東水閘抽水機
中央藥園
蒙藏委員會
宋部長公館
江南水泥廠
津浦鐵路龍頭房
何部長公館
金公館
三民印務局
中央博物院
大華影戲院
自來水廠
譚公館
國立戲劇音樂院
中央農業實驗所
導淮委員會
中南銀行
財政部庫房
中國銀行
交通大廈
洪部招待所
省政府發電廠

本廠之出品一覽

避水漿——能使一切水泥建築避水，耐久。
避水漆——爲修理各種白鐵或水泥屋面之專品。
膠珞油——能使水泥屋面之微孔填塞而省去油毛毡。
紙筋漆——專嵌各種裂縫及修補銹鐵之白鐵用。
透明漆——可使牆垣避水而不變原有之色澤。
避水粉——能使一切水泥建築，避潮，耐久。

保木油——能使木料免蛀防腐。
保地精——能使鬆脆之水泥地面堅硬耐久。
敵水靈——能使水泥增加膠合力及堅硬迅速。
避潮漆——新水泥建築用，專使牆垣避免潮氣。
快燥精——能使普通水泥快燥一倍，冬季可免冰凍。
特快精——(即「快加」)能使水泥於數秒鐘內堅結。

●本廠印有出品說明書及「建築避水法」小冊函索即寄●

本廠除製造避水材料外。特設工程一部。專任各種避水工作。凡一切漏水屋面。牆垣。地坑。水池。水塔等。本廠完全負責。務使賜顧者不必再感漏水問題之煩惱。

上海雅禮製造廠

南京路大陸商場六二二號 電話九〇〇五一

7989

開灤火磚
遠東唯一耐火材料
最可靠 最經濟
火度準確 經久耐用
爲英國缸磚學會所定標準出品
是二十餘年研究之結晶
非短時期所能成功
開灤售品處
上海四川路三十三號
電話一五二五三

道門朗公司

杭州錢塘江大橋

該橋為中國第一公路鐵道混合橋用高拉力鋼四千餘噸均由本公司供給此為最近攝影

電報 "Dorman"　　上海 外灘二十六號　　電話 12980

請聲明由中國工程師學會『工程』介紹

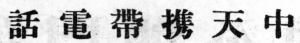

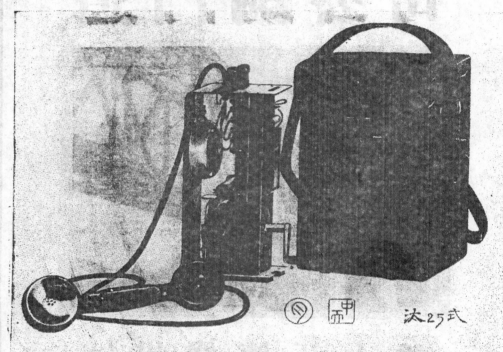

中國工程師學會會刊

工程

總編輯：沈怡

副總編輯：胡樹楫

第十二卷 第三號

目錄

中國工程師學會發行

分售處

上海徐家滙蘇新書社

上海四馬路作者書社

上海四馬路上海雜誌公司

南京正中書局南京發行所

濟南芙蓉街教育圖書社

南昌民德路科學儀器館南昌發行所

南昌　南昌書店

昆明市西華大街雲嶺書店

太原柳巷街同仁書店

廣州永漢北路上海雜誌公司廣州分店

重慶今日出版合作社

成都開明書店

本刊編輯部啓事

本刊自本期起增闢「工程譯叢」（即前刊徵稿辦法內之「外論譯儁」），「工程新聞」等欄，惟在創始時期，內容與取材殊欠完善，倘祈　讀者予以指導合作，俾得充實改進，無任盼禱！（徵稿辦法附刊在本頁之後）

中國工程師學會第七屆年會論文委員會啟事

巡啓者，本會第七次年會，本定四月間聯合各學術團體在太原舉行，前經通告各會員，請將平日研究心得或實際施工情形，撰著論文提會在案。茲接聯合年會籌備委員會來函，以太原地北天寒三春不暖，待入夏季，則南國苦熱之日，正晉省氣侯適中之時；且暑假期中，在學界服務會員，參加較便，經決定年會開會日期，改爲七月十八日起等語。時間充裕，正好從容著述。希　會員諸君撰著宏文，儘六月十五日以前寄交上海市中心區工務局沈君怡處彙編，毋任盼禱！此致

會員諸君公鑒

第七屆年會論文委員會啓

中國工程師學會通告

巡啓者，案准上海大公報館來函，以每週發刊「工程專刊」，請予以合作，供給材料，俾實內容等由，除函復外，

會員諸君如有擬交該報發表關於工程之稿件，請逕寄上海愛多亞路一八一號大公報館工程專刊編輯部可也！此致

會員先生大鑒

中國工程師學會啓

工程雜誌徵稿辦法

一.「論著」欄

甲.徵稿標準

1. 關於國內實施建設工程之報告。

2. 關於國內現有工業情形之報告。

3. 關於國內工程界各種試驗結果之報告。

4. 關於土木工程方面研究心得之論著。

每篇字數以二千至二萬爲率

乙.酬勞辦法

此類稿件,擬請工程界工業界同志義務供給,概不酬潤,僅贈雜誌五册,單行本三十份,但如經投稿人預先聲明,贈送單行本份數,亦可酌加。

二.「工程譯叢」欄

甲.徵稿標準

凡外國文工程雜誌登載之文字,有關新學理或新設施而刋行尙未逾半年(自投稿時推算)者,均可摘要介紹,每篇字數以不逾五千爲率,投稿人最好附送原稿,以便參攷,稿內應註明原著人姓名,及發表刋物之卷號及出版年月。

乙.酬勞辦法

凡刋登之稿件,每千字酬潤資二元至四元。

三.「國內工程新聞」欄

甲.徵稿標準

1. 關於國內實施建設工程進行情形之簡單報告。

2. 關於國內現有工業有所改進時之簡單報告。

3. 關於國內工程界各種試驗結果之簡單報告。

每則字數以不逾五千爲率。

乙.酬勞辦法

凡直接投登之稿件,(未在其他刊物發表者)每則酬潤資五角至一元五角,或每千字酬潤資一元至三元。

四.「國外工程新聞」欄

甲.徵稿標準

摘譯最近出版外國文報紙雜誌所刊載之國外重要工程報告或新聞。(稿內須註明原刊物名稱及出版年月。)

每則字數以不逾五千爲率。

乙.酬勞辦法

同(三)(乙)

五.「書報評論」欄

甲.徵稿標準

新出版中外重要工程書籍,或中外工程雜誌內有價值作品之批評,或按期介紹。

每則字數以不逾二千爲率。

乙.酬勞辦法

凡刊登之稿件,每則或每千字酬潤資一元至三元。

六.備考

甲.其他辦法,參照「工程雜誌投稿簡章」。

乙.凡按字數酬給潤資之稿件,附有圖照者,照刊出後所佔地位折合字數,一併計算。

丙.工程雜誌編輯部得不徵投稿人同意,將稿件轉送其他工程刊物發表,其給酬等辦法,悉依該刊物投稿章則之規定。

Universum Book Export Company, Inc.

45 East 17th Street

NEW YORK, N. Y., U. S. A.

Cable Address: "Univerbook" New York

Codes Used: A. B. C. 5th Ed. Bentley's

Prices in United States $

PERIODICA:

January, 1937.

Americana, Britannica, Germanica, Gallica et Romana:

SALES LIST No. 6

WE OFFER FOR SALE: from our own stock: "f.o.b. New York", postage or freight extra, at TERMS: "check on New York WITH order":

CHEMISTRY:

1. Annual Review of Biochemistry (U. S. A.): vols. 1-7 (1932/37), bound, $32.
2. Abderhalden: Handbuch der biochemischen Arbeitsmethoden: all that was published: complete set: vols. 1-9, bound, in 11 books, $55.
3. Abderhalden: Biochemisches Handlexikon: vols. 1-14 (Berlin: 1911-1933), complete set, bound, fine, $215.
4. Analyst (England): years 1928-1935, compl., unbd., 8 years, $40.
5. Beilstein: Handbuch der organischen Chemie: fourth (latest) edition: "Hauptwerk": Bde. 1-25 (Berlin: 1918-1936 December), complete, bound, and "Ergaenzungswerke" (supplements): Bde. 1-22, complete, bound, a complete set from the very beginning to date, very fine, $1,235.
   (We have SEVERAL complete sets in stock)
6. Berichte der Deutschen Chemischen Gesellschaft: Bde. 1-63 (Berlin: 1868-1930), complete, mostly bound and Gen.—Reg. to 1868/96, $400.
7. Berichte der Deutschen Chemischen Gesellschaft: Bde. 12-62 (1879-1929), complete, partly bound, $275.
8. Biochemische Zeitschrift: Bde. 1-58 (Berlin: 1906-1913), complete, mostly bound, $225.
9. British Chemical Abstracts: "A": 1926-1934, complete set from its beginning, unbound, 9 years, $48.
10. Chemical Abstracts: (publ. by American Chemical Soc.): vols. 1-27 (1907/1933), WITH First and Second "DECENNIAL", complete, unbound, $350.
11. Chemical Abstracts: vols. 1-27 (1907/33), complete, unbound, WITHOUT the "DECENNIAL" Indexes, $235.
12. Chemical Abstracts: vols. 5-27 (1911/33), complete, unbound, $125.
13. Chemical Abstracts: vols. 12-27 (1919/33), complete, unbound, $75.
14. Chemical Abstracts: ANY single volume of vols. 18-27 sold SEPARATELY at $5.; vols. 28, 29, 30 SEPARATELY $7. each.
15. Chemical Abstracts: First "DECENNIAL" Index to 1907-1916, complete, unbound, $60.
16. Chemical Abstracts: Second "DECENNIAL" Index to 1917-1936, complete, unbound, $65.
17. Chemical Reviews: vols. 1-18 (1924/36), complete, unbound, $125.
18. Chemical Reviews: vols. 1-5 (1924/28), complete, unbound, $60.
19. Chemical and Metallurgical Engineering: vols. 1-40 (1903/33), complete, partly bound, $175.
20. Chemical and Metallurgical Engineering: vols. 8-40 (1910/33), complete, unbound, $95.
21. Chemical and Metallurgical Engineering: SEPARATELY any of vols. 25-40 at $3.50 EACH.
22. Chemisches Weekblad (Amsterdam): vols. 1-30 (1904/33), complete, mostly bound $60.
23. Chemical Society of London, Journal (Abstracts & Transactions): 1898-1934, complete, mostly bound, with all yearly indexes, 37 years, $195.
24. Chemical Society of London, Journal (Abstracts & Transactions): 1907-1934, compl., with all yearly indexes, unbd., 28 years, $140.
25. Chemical Society of London, Journal (Abstracts & Transactions): COLLECTIVE INDEXES: to 1883/92, $5., 1893-1902, $5., 1903/12, $18., 1913/22, $15., 1923/32, $25.
26. Chemical Society of London, Journal (Abstracts & Transactions): ANNUAL REPORTS: vols. 1-28 (1905/31), complete, bound, $28.

27. Chemisches Zentralblatt (Berlin): 1897-1933 (Jge. 68-104), complete with all yearly indexes, mostly bound, $550.
28. Chemisches Zentralblatt (Berlin): 1897-1915, complete, bound, $275.
29. Chemisches Zentralblatt (Berlin): 1921-1932, complete, mostly bound, $200.
30. Chimie et Industrie (Paris): vols. 1-34 (1918-1935), complete, bound, fine, $195.
31. Elektrochemische Zeitschrift (Berlin): Bde. 1-10 (1894-1904), compl., bd., $40.
32. Gazetta Chimica Italiana: vols. 1-56 (1871-1936), compl., unbd., $900.
33. Industrial and Engineering Chemistry: (Journal): (publ. by American Chem. Soc., vols. 1-25 (1909/33), compl., unbd., $85.
34. Industrial and Engineering Chemistry: SEPARATE volumes of vols. 6-28 at $4. EACH.
35. Industrial and Engineering Chemistry: "Analytical Edition": vols. 1-7 (1929/35), compl., unbd., $25.
36. Journal of the Society of Chemical Industry (later called: "Chemistry and Industry"), London: vols. 1-50 (1881-1931), complete, mostly bound, $175.
37. Journal of the Society of Chemical Industry (later called: "Chemistry and Industry"), London: SEPARATE vols. of vols. 17-50 at $5. EACH.
38. Journal of Biological Chemistry: vols. 1-110 (1905/36), complete, mostly bound, $975.
39. Journal of Biological Chemistry: SEPARATE vols. of vols. 50-90 at $6. EACH.
40. Journal of Nutrition: vols. 1-6 (1928/33), compl., unbound, $38.
41. Journal of the American Chemical Society: vols. 18-55 (1896-1933), complete, mostly bound, $195.
42. Journal of the American Chemical Society: vols. 30-55 (1908/33), complete, unbound, $85.
43. Journal of the American Chemical Society: SEPARATE vols. of vols. 35-55 at $4. EACH; vols. 56, 57, 28 at $5. EACH.
44. Journal of Chemical Education: vols. 1-12 (1924/35), complete, unbound, $75.
45. Journal de Pharmacie et de Chimie (Paris): a complete set of all Series from its very beginning, with Forerunner "Bulletin", 1809 to 1935, complete, bound, fine, $495.
46. Jahresbericht ueber d. Fortschritte der Chemie (by Liebig & Kopp): a complete set from its very beginning to end: vols. 1-47 (1841-1910), bound, fine, $195.
47. Journal, Assn. of Official Agricultural Chemists: vols. 1-16 (1915/33), complete, unbound, $90.
48. Jahresbericht ueber die Fortschritte der Chemischen Technologie: vols. 1-57, (1855-1911), complete, bound, with Gen.-Reg. 1-30, $185.
49. Recueil des travaux chimiques des Pays-Bas (Amsterdam): 1926-1934, complete, unbound, 9 years, $35.
50. Transactions, Institution of Chemical Engineering (London): vols. 1-13 (1923/35), complete, bound, $60.
51. Transactions, American Institute of Chemical Engineers: vols. 1-25 (1908/31), complete, bound, $125.
52. Transactions, American Electrochemical Society: vols. 1-60 (1902/32), complete, bound, $180.
53. Transactions, American Electrochemical Society: SEPARATE vols. of Vols. 5-50 at $4. EACH.
54. Ullmann: Enzyclopaedie der technischen Chemie: erste Aufl.: complete set 12 Bde. (1910/23), bound, $35.
55. Zeitschrift fuer angewandte Chemie (Leipzig, Berlin): Bde. 1-47 (1887-1934), complete, mostly bound, $225.
56. Zeitschrift fuer Untersuchung der Lebensmittel (Berlin): Bde. 1-69 (1898-1935) complete, bound, $325.
57. Zeitschrift fuer Elektrochemie u. angewandte physikalische Chemie (Berlin): Bde. 1-27 (1894-1921), complete, partly bound, $185.
58. Zeitschrift fuer wissenschaftliche Mikroskopie (Leipzig): Bde. 1-32 (1884-1915) comolete, unbound, $145.
59. Zeitschrift fuer Physikalische Chemie: etc., etc.,; (Leipzig): Abt.: "A": vols. 1-166, complete, bound, with Abt. "B": vols. 1-22, complete, bound, (1884-1935), $1,250.

LIBRARIES can secure through us all chemical NEW BOOKS less full publishers' DISCOUNT (from 20% to 40%) plus our commission of 8% plus foreign postage. Deposit-Account with us is required. OUT-OF-PRINT books procured at former price plus 35% plus postage.

MEDICINE - PHARMACY - BIOLOGY

60. American Medicine: vols. 1-5 (1901/03), complete, bound, $12.
61. American Heart Journal: vols. 1-10 (1926/35), complete, unbound, $60.
62. American Journal of Roentgenology and Radium Therapy: vols. 3-22 (1916/29), complete, unbound, $95.
63. American Journal of Obstetrics and Gynecology: vols. 1-28 (1920/34), complete, unbound, $100.

64. American Journal of Diseases of Children: vols. 1-48 (1911/34), complete, mostly bound, $150.
65. American Journal of Anatomy: vols. 1-36 (1904/26), complete, unbound, $165.
66. American Review of Tuberculosis: vols. 1-21 (1917/30), compl., unbound, $95.
67. American Journal of Physical Anthropology: vols. 1-15 (1918/31), complete, mostly bound, $90.
68. American Journal of Syphilis: vols. 1-16 (1917/32), compl., unbound, $85.
69. American Journal of Physical Optics: vols. 1-7, all that was published, complete, mostly bound, $45.
70. American Journal of Physiology: vols. 1-88 (1893-1929), complete, partly bound, $750.
71. American Journal of Physiology: vols. 34-52, 61-99, EACH volume $12.
72. American Journal of Psychiatry: New Series: vols. 1-10 (1922/30), complete, unbound, $65.
73. American Journal of Tropical Medicine: vols. 1-10 (1921/30), complete, unbound, $75.
74. American Journal of Ophtalmology: Third Series: vols. 1-11 (1918/28), complete, bound, $60.
75. American Journal of Cancer: see under No. 112.
76. American Journal of Public Health: vols. 1-24 (1911/34), complete, unbd., $135.
77. Abstracts of Bacteriology: all that was published: vols. 1-9 (1917/25), complete, unbound, $40.
78. Anatomischer Anzeiger (Berlin): Bde. 9-33 (1894-1908), complete, unbd., $50.
79. Annals of Surgery: vols. 1-90 (1884-1929), complete, partly bound, $350.
80. Annals of Surgery: SEPARATE vols. of vols. 30-70 at $4. EACH.
81. Annals of Clinical Medicine: vols. 1-10 (1922/31), complete, unbound, $50.
82. Archives of Internal Medicine: vols. 1-54 (1908/34), complete, unbound, $175.
83. Archives of Pediatrics: vols. 1-5, bound, $35.; vols. 21-50, bound, $100.
84. Archiv fuer Laryngologie u. Rhinology (Leipzig): vols. 1-34 (1894-1921), complete, mostly bound, with Gen.-Reg. 1-34, $85.
85. Archiv der Augen-, u. Ohrenheilkunde (later called: "Zeitschrift fuer Ohrenheilkunde"): vols. 1-63 (1869-1911), mostly bound, $225.
86. Archiv fuer Ohrenheilkunde (later called: "Archiv f. Ohren-, Nasen-u. Kehlkopf-Heilkunde"): vols. 1-94 (1844-1914), complete, mostly bound, $275.
87. Archiv f. Ohren-, Nasen-, u. Kehlkopf-Heilkunde: see under No. 86.
88. Archives of Otolaryngology: vols. 1-18 (1925/33), complete, unbound, $55.
89. Archives of Dermatology and Syphilology: vols. 1-15 (1919/33), complete, unbound, $125.
90. Archives of Neurology and Psychiatry: vols. 1-30 (1919/33), complete, unbound, $125.
91. Archives of Pathology and Laboratory Medicine: vols. 1-10 (1926/35), complete, unbound, $55.
92. Archives of Surgery: vols. 1-26 (1920/33), complete, unbound, $115.
93. Berichte ueber die gesamte Physiologie und Experimentelle Pharmakologie (Springer - Berlin by Rona): Bde. 1-68 (1920/36), complete, bound, fine set, $290.
94. Berichte ueber die Fortschritte der Anatomie u. Physiologie: 1863-1871, complete, bound, $40.
95. Biologia Generalis (Leipzig): Bde. 1-3 (1925/27), complete, unbound, $20.
96. Biochemisches Zentralblatt: (Germany): vols. 1-9 (1903/10), compl., bd., $65.
97. Biological Bulletin (Marine Biol. Labor., U. S. A.): vols. 1-60 (1900/31), complete, unbound, $350.
98. Biological Abstracts (successor to "Botanical Abstracts"): vols. 1-9 (1927/32), complete, unbound, $75.
99. British Journal of Children's Diseases: vols. 1-29 (1904/32), complete, partly bound, $145.
100. British Journal of Surgery: vols. 1-16 (1913/29), complete, unbound, $65.
101. Centralblatt fuer innere (klinische), Medizin: (Germany): 1879-1930, complete, bound, $125.
102. Collected Papers of the Mayo Clinic: vols. 1-22 (1905/30), compl., bd., $88.
103. Die Biologie der Frau (by Brugsch & Levy): complete set: 4 vols. (1926/31), bound, $20.
104. Die Therapie der Gegenwart (by Klemperer): New Series: vols. 1-32 (1899-1933), complete, bound, $75.
105. Endocrinology: vols. 1-18 (1917/34), complete, unbound, $125.
106. Harvey Lectures: Series 1-14 (1905/19), complete, bound, $45.
107. Jahrbuch fuer Kinderheilkunde (Berlin): Bde. 55-118 (1902/28), lacking Bde. 70, 94, bound, 62 Bde., $135.
108. Jahresbericht ueber die Fortschritte der Anatomie u. Physiologie: Bde. 1-20 (1872/91), complete, bound, $75.
109. Jahresbericht ueber die Fortschritte der Physiologie: Bde. 1-18 (1892-1919), complete, unbound, $50.

110. Journal of Comparative Pathology and Therapeutics (England): vols. 1-41 (1888-1928), complete, partly bound, $275.
111. Journal of General Physiology: vols. 1-18 (1918/34), complete, unbound, $120.
112. Journal of Cancer Research (later "Am. J. of Cancer"); vols. 1-15 (1916/31), complete, unbound, $100.
113. Journal of Urology: vols. 1-30 (1917/33), complete, unbound, $120.
114. Journal of Experimental Medicine: vols. 1-57 (1896-1933), compl., unbd., $325.
115. Journal of Nervous and Mental Diseases: vols. 1-6 (1874/79), compl., bd., $60.
116. Journal of Immunology: vols. 1-20 (1916/35), complete, unbound, $135.
117. Journal of the American Pharmaceutical Assn.: vols. 1-24 (1912/35), complete, unbound, $100.
118. Journal of Infectious Diseases: vols. 1-43 (1904/28), compl., unbd., $335.
119. Journal of Bone and Joint Surgery: New Series: vols. 1-16 (1919/34), complete, unbound, $95.
120. Journal of the American Medical Association: vols. 1-78 (1883-1922), complete, mostly bound, $150.
121. Journal of Bacteriology: vols. 1-22 (1916/31), complete, unbound, $160.
122. Journal of Pharmacology and Experimental Therapeutics: vols. 1-55 (1909/36), complete, unbound, $650.
123. Journal of Laboratory and Clinical Medicine: vols. 1-18 (1915/33), complete, unbound, $115.
124. Journal of Comparative Neurology: vols. 26-37 (1915/24), compl., unbd., $60.
125. Klinische Wochenschrift (Springer-Berlin): Bde. 1-6 (1922/27), complete, bound, $30.
126. Laryngoscope: vols. 1-40 (1896-1930), complete, partly bound, $150.
127. Medicine: vols. 1-12 (1922/33), complete, unbound, $75.
128. Physiological Reviews: vols. 1-15 (1921/35), complete, partly bound, $140.
129. Quarterly Review of Biology: vols. 1-9 (1926/34), complete, unbound, $50.
130. Radiology: vols. 1-17 (1920/31), complete, unbound, $100.
131. Surgery, Gynecology and Obstetrics (with "Intern Abstracts of Surgery"): vols. 1-50 (1905/30), complete, unbound, $185.
132. Zentralblatt fuer Allgemeine u. Experimentelle Biologie (Germany): Bde. 1 and 2, compl., 3 No. 1-6, unbd., (1910/18), $15.
133. Zentralblatt fuer Gynaekologie (Germany): Bde. 1-50, compl., unbd., $180.
134. Zeitschrift fuer Hals-Nasen-, und Ohrenheilkunde: New Series: Bde. 1-31 (1922/32), complete, unbound, $80.

LIBRARIES can secure through us all medical NEW BOOKS less full publishers' DISCOUNT (from 20% to 40%) plus our commission of 8% plus foreign postage. Deposit-Account with us is required. OUT-OF-PRINT books procured at former price plus 35%, plus postage.

AGRICULTURE - BOTANY - MYCOLOGY - PLANT PHYSIOLOGY - ZOOLOGY

135. American Journal of Botany: Vols. 1-22 (1914/35), compl., unbd., $160.
136. American Naturalist: Vols. 1-64 (1868-1930), compl., partly bound, $300.
137. Annalen der Kulturphilosophie: (Berlin): Bde. 1-12 (1902/13), complete, unbound, $20.
138. Berichte der Deutschen Botanischen Gesellschaft: Bde. 17-32, 37, 41-43, (1899-1925), complete, unbound, ANY at $3. EACH.
139. Bibliographia Zoologica (Leipzig): Bde. 1-25 (1896-1914), compl., unbd., $65.
140. Botanicl Abstracts: Vols. 1-15 (1918/26), all that was publ., compl., unbd., $90.
141. Botanisches Centralblatt (Germany): Bde. 1-152 (Jena, 1880-1926), compl., mostly bound, with "Beihefte" Bde. 1-10 and Gen.-Reg. 1-60, $325.
142. Botanisches Centralblatt (Germany): Bde. 78-81, 83-84, 86-88, 107-129, complete, unbound, ANY at $3. EACH.
143. Bulletin de la societe botanique de France: Tomes 1-78 (1854-1931), complete, unbound, avec Tables Gen. 1854/93, avec "Memoirs" 1-28, scarce, fine set, $185.
144. Ecology: Vols. 1-15 (1920/35), complete, unbound, $70.
145. Experiment Station Record (publ. by U. S. Dept. of Agriculture): Vols. 1-70 (1889-1934), complete, partly bound, $110.
146. Experiment Station Record: Vols. 25-60 (1912/29), compl., unbd., $50.
147. Genetics: Vols. 1-20 (1916/25), complete, unbound, $200.
148. Journal of Mycology: Vols. 1-14 (1885-1902), compl., partly bound, $125.
149. Journal of Agricultural Research: (publ. by U. S. Dept. of Agriculture) Vols. 1-50 (1913/35), compl., unbd., $175.
150. Journal of the American Society of Agronomy: Vols. 1-25 (1908/33), compl., unbd., $165.
151. Journal of Experimental Zoology: Vols. 1-60 (1904/31), compl, unbd., $450.
152. Journal of Experimental Zoology: Vols. 20-37 (1916/23), compl., unbd., $90.
153. Journal of Heredity (with forerunner "American Breeders" Magazine): Vols. 1-26 (1910/35), compl., unbd., $165.
154. Plant Physiology: Vols. 1-10 (1926/35), compl., unbd., $100.

155. Journal of Economic Entomology: Vols. 1-25 (1908/32), compl., unbd., $125.
156. Mycologia: Vols. 1-25 (1909/33), compl., unbd., $100.
157. Phytopathology (publ. by Am. Phytopalogical Soc.): Vols. 1-25 (1911/35), compl., unbd., $250.
158. Progressus Rei Botanicae (Leipzig): Bde. 1-5 (1907/17), compl., unbd., $30.
159. Zoologischer Anzeiger (Leipzig): Bde. 1-25 (1878-1902), compl., mostly bound, with General-Reg. 1-25, $75.

MATHEMATICS - PHYSICS

160. American Journal of Mathematics: Vols. 1-57 (1878-1935), compl., unbd., $385.
161. American Mathematical Society, Bulletin: New Series: Vols. 1-41 (1896-1935), compl., unbd., $195.
162. American Mathematical Society, Transactions: Vols. 1-38 (1900/35), compl., unbd., $235.
163. American Mathematical Monthly: Vols. 1-40 (1894-1933), compl., partly bound, $375.
164. Annals of Mathematics: First and Second Ser.: compl. set: 1884-1933, unbd., $250.
165. Annales de Chimie et de Physique: 5th Ser.: T. 16-30 (1879/83); 6th Ser.: T. 1-6 (1884/85), compl., unbd., $25.
166. Annalen der Physik und Chemie: Neue Folge: Bde. 1-26, 30-32 (1877/87), compl., and "Beilblaetter": 1-12 (1878/88), compl., mostly bound, $60.
167. Journal of the Optical Society of America: Vols. 1-25 (1917/35), complete, unbound, $115.
168. Physics: Vols. 1-5 (1931/35), compl., unbd., $30.
169. Physical Review: Old Series: Vols. 18-35 (1904/12), compl., unbd., $100.
170. Physical Review: New Series: Vols. 1-42 (1913/32), compl., unbd., $235.
171. Physical Review: Old and New Series: complete set from beginning in 1893 to 1932 incl. (77 Vols.), unbd., $475.
172. Review of Modern Physics: Vols. 1-4 (1929/32), compl., unbd., $30.
173. Science Abstracts (England): Section "A": "Physics": Vols. 19-38 (1916/35), compl., unbd., $75.

ENGINEERING - RADIO - MINING - GEOLOGY

174. American Society of Civil Engineers, Transactions: Vols. 30-100 (1893-1935), compl., mostly bound, $195.
175. American Society of Civil Engineers, Transactions: ANY vol. of vols. 50-90, separately at $5. each.
176. American Society of Civil Engineers, Proceeds: Vols. 19-53 (1893-1927), complete, unbound, $85.
177. American Society of Mechanical Engineers, Transactions: Vols. 1-48 (1880-1926), compl., bound, $135.
178. American Society of Mechanical Engineers, Transactions: ANY Vol. of Vols. 25-48, separately at $4. each.
179. American Society of Naval Architects and Marine Engineers, Trans.: Vols. 1-40 (1893-1932), compl., bound, $165.
180. American Society for Steel Treating, Trans.: Vols. 1-15 (1920/33), compl., partly bound, $135.
181. American Society for Testing Materials, Proceedings: Vols. 1-33 (1899-1933), compl., bound, $135.
182. American Society for Testing Materials, Proceeds: ANY vol. of Vols. 10-30, separately at $5. each.
183. American Institute of Mining and Metallurgical Engineers, Trans.: Vols. 1-76 (1871-1927), compl., bound, $135.
184. American Institute of Mining Engineers, Bulletin: Nos. 1-156 (1905/19), compl., unbd., $60.
185. American Institute of Electrical Engineers, Trans.: Vols. 1-50 (1884-1931), compl., mostly bound, $200.
186. Engineering News: Vols. 10-75 (1880 to June 1916), compl., bound, $175.
187. Engineering Record: Vols. 21-73 (1886 to June 1916), compl., bound, $150.
188. Engineering News Record: (with July 1916, starting as Vol. 76 "Engineering News" and "Engineering Record" were combined): Vols. 76-103, bd., $80.
189. Engineering Index: compl. set from the very beginning in 1884 to 1915 incl., bound, $75.
190. Economic Geology: Vols. 1-26 (1905/30), compl., partly bound, $125.
191. Geological Society of America, Bulletin: Vols. 1-44 (1890-1933), compl., unbd., $300.
192. General Eelctric Review: Vols. 16-31 (1913/28), compl., unbd., $65.
193. Institute of Radio Engineers, Proceedings: Vols. 1-22 (1913/34), compl., unbd. $195.
194. Institute of Radio Engineers, Proceedings: ANY vols. of Vols. 11-20, separately at $6. each.

195. Journal, American Society of Naval Enginners: Vols. 1-45 (1889-1933), compl., unbd., $180.
196. Journal of the Franklin Institute: Vols. 150-200 (1900/25), compl., unbd., $125.
197. Meteorologische Zeitschrift: Jge. 1-30 (Wein: 1884-1913), compl., bd., $100.
198. U. S. Naval Institute, Proceedings: Vols. 25-54 (1902/31), compl, unbd., $50.
199. U. S. Geological Survey, Bulletin: Nos. 1-300, compl., unbd., $200.
200. U. S. Geological Survey, Professional Papers: Nos. 1-165, compl., unbd., $250.
201. U. S. Bureau of Standards: Technological Papers: Nos. 1-200, compl., unbd., $100.
202. U. S. Bureau of Standards: Circulars: Nos. 1-200, compl., unbd., $100.
203. U. S. Bureau of Mines, Bulletin: Nos. 1-350, compl., unbd., $135.

ECONOMY - LAW - GENERAL SCIENCES

204. American Historical Review: Vols. 1-35 (1895-1930), compl., unbd., $120.
205. American Journal of International Law: Vols. 1-29 (1907/35), compl., unbd., $190.; "Proceedings": 1907-1927, unbd., $30.
206. American Journal of Science: 1900-1935, compl., unbd., (72 Vols.), $165.
207. American Journal of Science: ANY volume of years 1900-1935 at $3. each.
208. Annals, American Academy of Political and Social Sciences: Vol. 1-150 (1890-1930), compl., unbd., $200.
209. Classical Philology: Vols. 1-25 (1906/30), compl., unbd., $75.
210. Foreign Affairs (New York): Vols. 1-9 (1922/30), compl., unbd., $20.
211. Harvard Law Review: Vols. 1-30 (1887-1917), compl., unbd., $120.
212. Journal, Washington Academy of Sciences: Vols. 1-23 (1911/33), compl., unbd., $115.
213. Proceedings, National Academy of Sciences: Vols. 1-20 (1915/34), compl., unbd., $100.
214. Quarterly Journal of Economics: Vols. 1-47 (1887-1933), compl., bound, with Gen.-Index 1-20, $475.
215. Science: Old Series: Vols. 1-23 (1883/94), compl., bound, $95.; New Series: Vols. 1-41 (1895-1915), compl., mostly bound, $120.
216. Science: New Series: ANY of Vols. 42-70 separately at $4. each.
217. Speculum: (a journal of mediaeval studies): Vols. 1-10 (1926/35), compl., unbd., $55.

BACK NUMBERS, single and in volumes, of all SCIENTIFIC periodicals in stock. "There is nothing we have not or could not procure at reasonable prices."
Please SEND us your WANT-list.

8002

連續架之圖解通法

(中國工程師學會第六屆年會論文)

蔡方蔭

國立清華大學土木工程系教授

I. 緒論

連續架 (Continuous frames) 或連續梁 (Continuous beams) 之圖解法,蓋始於瑞士 Zürich 大學之 C. Culmann〔1〕[1], 距今約七十年(1866) 也。1868 年間德國 Dresden 大學之 Otto Mohr〔2與3〕發明一用「彈性載重」(elastic weights) 及「平衡多邊形」(eguilibrium Polygon) 之法。此法以後曾經若干著者加以改良,其最著者允推瑞士 Zürich 大學之 W. Ritter〔4〕, 彼發現所謂「定點」(德文爲 die Festpunkte, 英文爲 fixed-points)。1883 年蘇格蘭 Dundee 大學之 T. C. Fidler〔5與6〕發明「特點」(Characteristic points) 之理論。此項理論以後曾經德國柏林大學之 H. Müller-Breslau〔7與8〕與丹麥 Copenhagen 大學之 A. Ostenfeld〔9與10〕加以改良與擴充。近廿年來,此項圖解方法,經歐美若干著者之研究,其理論之完善與應用之廣博,俱大有展進;而貢獻最大者,允推德國之 A. Strassner〔11〕與 Ernst Suter〔12〕, 及美國之 L. H. Nishkian 與 D. B. Steinman[2]〔15〕三氏。此外英國之 E. H. Salmon〔13與14〕, 美國之 F. E. Richart 與 W. M. Wilson〔16〕,及 Odd Albert〔17〕等,亦均先後發表此法,惟均甚簡略,祇述及此法之初步耳。

---

1. 括弓中之數字係指本文後之參考文獻,以下同此。

2. 該二氏名其法爲「配點」(Conjugate points)法。

上述之各種方法中,其較早者多祇能用於「斷面不變」(Constant Cross-section)之連續梁或連續架。但其晚近所發表者,不但可用於「斷面改變」(Variable Cross-section)之連續梁或連續架,且可用之於分析「桁構」(truss)之「次應力」(Secondary stresses)〔15—35頁與138頁〕,連續拱之支於彈性墩者〔12—373頁〕,威氏(Vierendeel)桁構〔12—25頁〕,及各種畸形複雜之連續屋架〔12—258頁〕等。但因篇幅之限制,本文所論者,祇限於平常之連續架,且在「載重」(load)之下,其「節點」(joints)祇有「旋轉」(rotation)而無「變位」(displacement)者。[3]

本文之所以名爲通法者,蓋有二義:其一,上述諸法,多先論「斷面不變」之連續架,而後再加以改變而用之於「斷面改變」者。一似二者之方法,不能相提幷論。本文之方法,將「斷面改變與不變」之連續架,合而爲一,以求概括與普通。其二,同一問題,上述諸法之解法,每各不同,本文則將此項「同題異解」之處,擇要臚列,幷參以著者本人所發見之新法,以資比較與貫通。故本文之對於此項圖解法之表述,與上述諸著者頗多不同之點。

II. 梁與載重之係數及其求法

著者在他處〔22〕曾謂『——以任何方法分析一連續架,無論其斷面如何改變,若將其跨(Span)視爲「簡單梁」(Simply-supported beam),則各跨有五個獨立之「恆數」(Constants)或「係數」(Coefficients)(三個梁係數與二個載重係數),必先求得。而此五係數,可用若干方法表述之,以求適於任何分析之方法。』據本著者所知,現下表

3. 如節點有變位時,可先用節點無變位之解法,再求梁柱之「切力」(shears)。而後依靜力學加以改正,其方法與用H. Cross之「力矩分配法」(moment distribution)正同。參看H. Cross與 N. D. Morgen 所著之"Continuous Frames of Reinforced Concrete",John Wiley, New York, 1932,107至115頁。其圖解法見〔11-60頁〕及〔15-118頁與203頁〕

述此五係數之方法,其較重要者,約有五種,在他處〔23〕本著者幷將此五種方法加以詳細比較。本文所採用五係數之表述方法爲「角變」(angle changes)。

圖1(a)示一簡單梁,不論其斷面之改變如何與其載重之情形如何,設該梁左右兩端因載重而生之角變各爲α^0_L與α^0_R(圖1(b))。設將載重移去,而另以一向右轉之單位「彎矩」(bending moment)($M_L=+1$)加於其左端,幷設該梁左右兩端因此而生之角變各爲α_L與β(圖1(c))。又另以一向左轉之單位彎矩($M_R=+1$)加於其右端,幷設該梁左右兩端因此而生之角變各爲β與α_R(圖1(d))。根據Maxwell之「交互變位」(reciprocal deflections)理論,則圖1(d)左端之角變必與圖1(c)之右端者相同,故二角變均設爲β。凡彎矩使該梁端之上部爲「擠力」(compression)而下部爲「拉力」(tension)者爲正號,凡角變之「切線」(tangent)在「梁軸」(beam axis)之下者爲正號,否則均爲負號。故圖1所示之彎矩與角變,均爲正號。

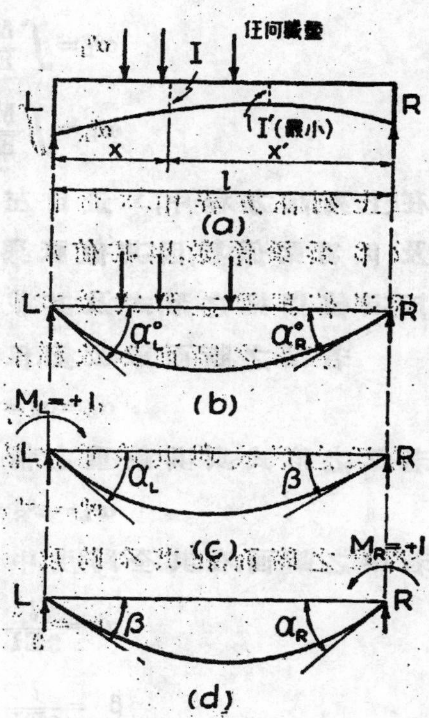

圖 (1)

設I爲該梁任何斷面之「複矩」(second moment 卽 moment of inertia),I′爲該斷面複矩之最小値,M爲該梁任何斷面在任何載重下之彎距,l爲該梁之跨度,E爲該梁材料之「彈率」(modulus of elasticity)(在一連續架中,E每爲一恆數,故常可消去)。根據「工作法」(method of work),則上述諸角變之値,可以積分法求之如下:

$$\alpha_L=\int\frac{x'^2}{EIl^2}dx \tag{1}$$

8005

$$\alpha_R = \int \frac{x^2}{EIl^2} dx \qquad (2)$$

$$\beta = \int \frac{x'x}{EIl^2} dx \qquad (3)$$

$$\alpha^0_L = \int \frac{Mx'}{EIl} dx \qquad (4)$$

$$\alpha^0_R = \int \frac{Mx}{EIl} dx \qquad (5)$$

在上列諸方程中,x 量自左端,而 x' 量自右端。以上五角變中,α_L,α_R,及 β 爲梁係數,因其值祇與梁之形式有關;α^0_L 及 α^0_R 爲載重係數,因其值與梁之形式及其載重之情形,均有關係。

若梁之斷面雖改變,但其形式爲對稱的 (symmetrical),則,

$$\alpha_L = \alpha_R = \alpha \qquad (6)$$

若梁之形式與其載重之情形,均爲對稱的,則,

$$\alpha^0_L = \alpha^0_R = \alpha^0 \qquad (7)$$

若梁之斷面,在其全跨度中未有改變,則 I'=I, 故,

$$\alpha = \frac{l}{3EI} \qquad (8)$$

$$\beta = \frac{l}{6EI} \qquad (9)$$

若梁之斷面不改變,而承受一個「集中載重」(concentrated load) P,其自梁左端之距爲 kl,自梁右端之距爲 $k'l$ (圖 2 (a)),則,

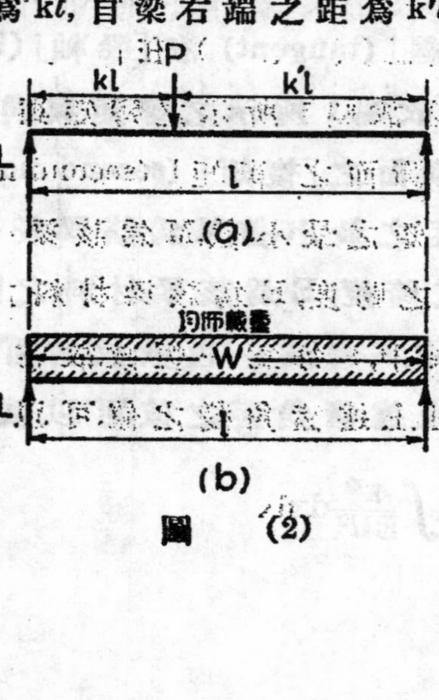

圖 (2)

$$\alpha^0_L=\frac{Pl^2k'(1-k'^2)}{6EI} \tag{10}$$

$$\alpha^0_R=\frac{Pl^2k(1-k^2)}{6EI} \tag{11}$$

若此集中載重在梁之中線,則 $k=k'=\frac{1}{2}$,故,

$$\alpha^0_L=\alpha^0_R=\alpha^0=\frac{Pl^2}{16EI} \tag{12}$$

若梁之全跨度承受「均佈載重」(uniformly distributed load),其總量爲 W (圖 2 (b)),則,

$$\alpha^0_L=\alpha^0_R=\alpha^0=\frac{Wl^2}{24EI} \tag{13}$$

若梁承受他種載重,其角變常可如上法以積分法求之。若梁承受數種載重,則其總角變卽爲該數種載重角變之和。

若梁之斷面改變,(尤其是不規則的改變)則用積分法以求角變,常有困難,或竟不可能。於此則最簡便方法,卽根據「彎距面積」(bending moment area) 之原理,用「總合法」(summation),或圖解法,或其他方法求之。

設 A 爲因載重所得 $\frac{M}{I}$ 圖之面積;gl 爲 A 重心(centroid)離梁左端之距 (圖 3 (a)); A_L 爲以 $M_R=+1$ 加於梁左端所得 $\frac{M}{I}$ 圖之面積;ul 爲 A_L 重心離梁左端之距 (圖 3 (b)); A_R 爲以 $M_L=+1$ 加於梁右端所得 $\frac{M}{I}$ 圖之面積;vl 爲 A_R 重心離梁右端之距 (圖 3 (c))。依彎矩面積之原理,梁任何端之角變等於該端以 $\frac{M}{EI}$ 圖爲載重(卽前所謂彈性載重)之「反力」

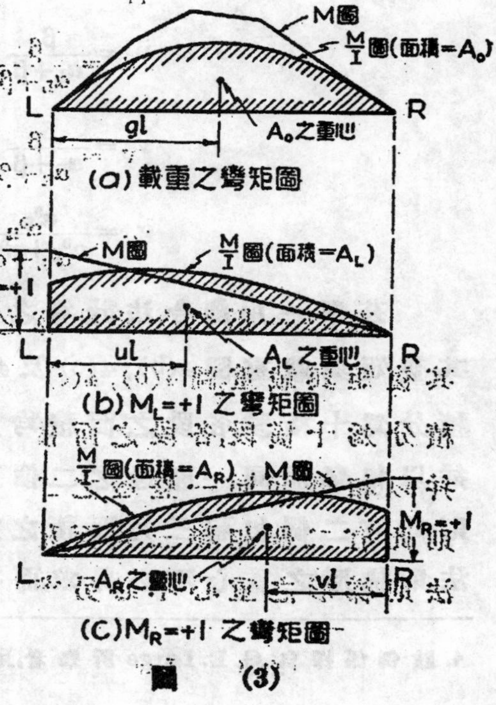

圖 (3)

8007

(reaction)。故,

$$\alpha_L=\frac{A_L}{E}(1-u) \tag{14}$$

$$\alpha_R=\frac{A_R}{E}(1-v) \tag{15}$$

$$\beta=\frac{A_L}{E}u=\frac{A_R}{E}v \tag{16}$$

$$\alpha^0{}_L=\frac{A_0}{E}(1-g) \tag{17}$$

$$\alpha^0{}_R=\frac{A_0}{E}g \tag{18}$$

由是幷可得以下諸方程:

$$\frac{A_L}{E}=\alpha_L+\beta \tag{19}$$

$$\frac{A_R}{E}=\alpha_R+\beta \tag{20}$$

$$\frac{A_0}{E}=\alpha^0{}_L+\alpha^0{}_R \tag{21}$$

$$u=\frac{\beta}{\alpha_L+\beta} \tag{22}$$

$$v=\frac{\beta}{\alpha_R+\beta} \tag{22a}$$

$$g=\frac{\alpha^0{}_R}{\alpha^0{}_L+\alpha^0{}_R} \tag{23}$$

茲舉一用總合法計算之例[4]。圖4(a)示一斷面改變之梁及其複矩與載重。圖4(b),4(c)及4(d)分別示A_0,A_L及A_R之$\frac{M}{I}$圖。各面積分爲十橫段,各段之面積均爲梯形。若將梯形再分爲二個三角,幷以相鄰而同一竪邊之二個三角相聯,如圖4(b)中之有斜線者,則此有二個相聯三角面積之重心,正在其共同之竪邊上。故用此法則梯形之重心不必另求,而其面積亦正等於該竪邊之高度乘

4. 該例係採自G. E. Large所著者,見參考文獻18,13頁。

8008

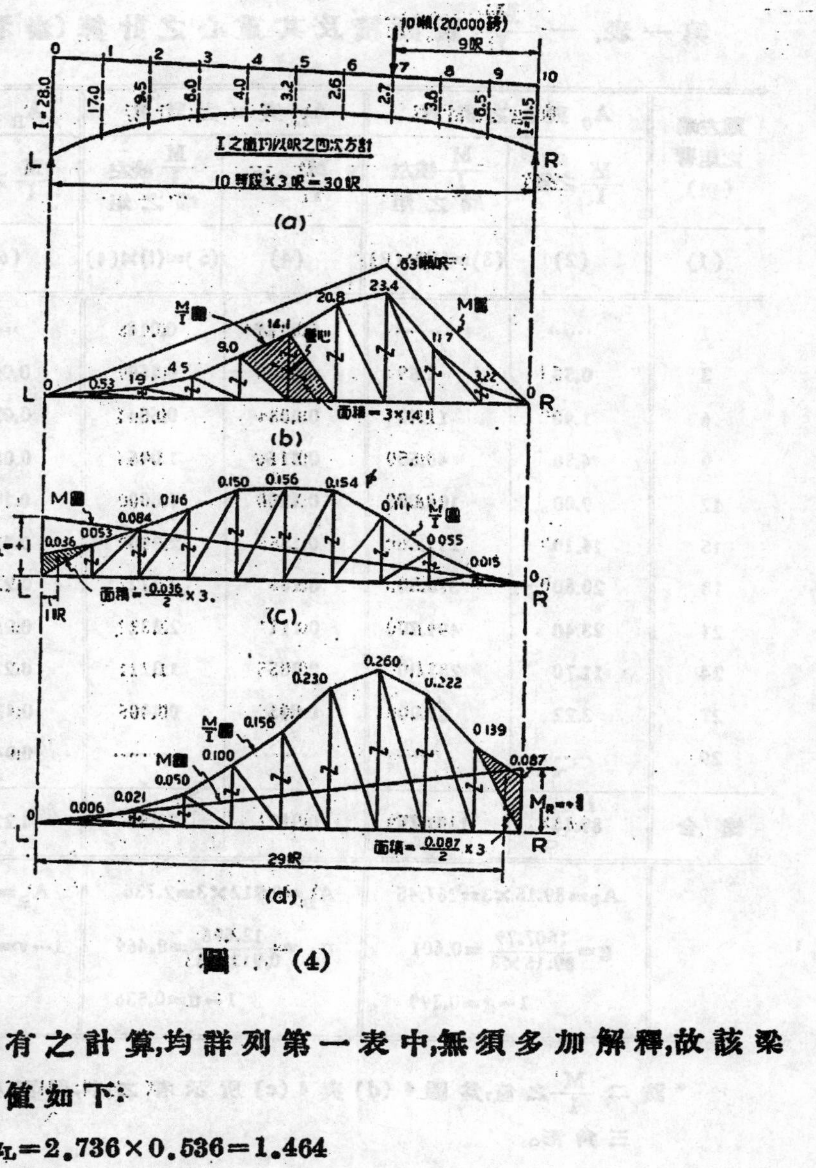

圖 (4)

每段之長度,所有之計算,均詳列第一表中,無須多加解釋,故該梁之五個角變之值如下:

$$E\alpha_L=2.736\times0.536=1.464$$

$$E\alpha_R=3.681\times0.654=2.409$$

$$E\beta=2.736\times0.464=3.681\times0.346=1.272$$

$$E\alpha^0_L=267.45\times0.399=106.61$$

$$E\alpha^0_R=267.45\times0.601=160.74$$

其中E之值應為每方呎之噸數,因梁之載重亦係以噸計也。

第一表. — $\frac{M}{I}$ 圖面積及其重心之計算(參看圖4)

離左端之矩臂(呎)	A_0 與 g 之計算		A_L 與 u 之計算		A_R 與 v 之計算	
	$\frac{M}{I}$ 之值	$\frac{M}{I}$ 繞左端之矩	$\frac{M}{I}$ 之值	$\frac{M}{I}$ 繞左端之矩	$\frac{M}{I}$ 之值	$\frac{M}{I}$ 繞左端之矩
(1)	(2)	(3)=(1)×(2)	(4)	(5)=(1)×(4)	(6)	(7)=(1)×(6)
1	......	......	0.018*	0.018	......	......
3	0.53	1.59	0.053	0.159	0.006	0.018
6	1.90	11.40	0.084	0.504	0.021	0.126
9	4.50	40.50	0.116	1.045	0.050	0.450
12	9.00	108.00	0.150	1.800	0.100	1.200
15	14.10	211.60	0.156	2.340	0.156	2.340
18	20.80	375.00	0.154	2.772	0.230	4.145
21	23.40	491.70	0.111	2.332	0.260	5.462
24	11.70	281.00	0.055	1.321	0.222	5.334
27	3.22	87.00	0.015	0.405	0.139	3.756
29	......	......	......	......	0.043*	1.248
總 合	89.15	1607.79	0.912	12.696	1.227	24.079
	$A_0=89.15\times3=267.45$		$A_L=0.912\times3=2.736$		$A_R=1.227\times3=3.681$	
	$g=\frac{1607.79}{89.15\times3}=0.601$		$u=\frac{12.696}{0.912\times3}=0.464$		$1-v=\frac{24.079}{1.227\times3}=0.654$	
	$1-g=0.399$		$1-u=0.536$		$v=0.346$	

* 該二 $\frac{M}{I}$ 之值,爲圖 4 (d) 與 4 (c) 所示者之半,因面積爲一個三角形。

圖 5 (a) 及 5 (b) 示以圖解求 $E\alpha^0_L$ 與 $E\alpha^0_R$ 值之法。圖 5 (a) 爲一平衡多邊形,圖 5 (b) 爲一「力多邊形」(force polygon)。此法之原則,與用圖解力學求梁之反力,絕對相同,無待解釋。至求 $E\alpha_L$ $E\alpha_R$ 及 $E\beta$ 之圖解法,與此全同,故不贅。

B. C. Jacob[19] 曾發表一方法,可用之於此。其原理卽用圖解

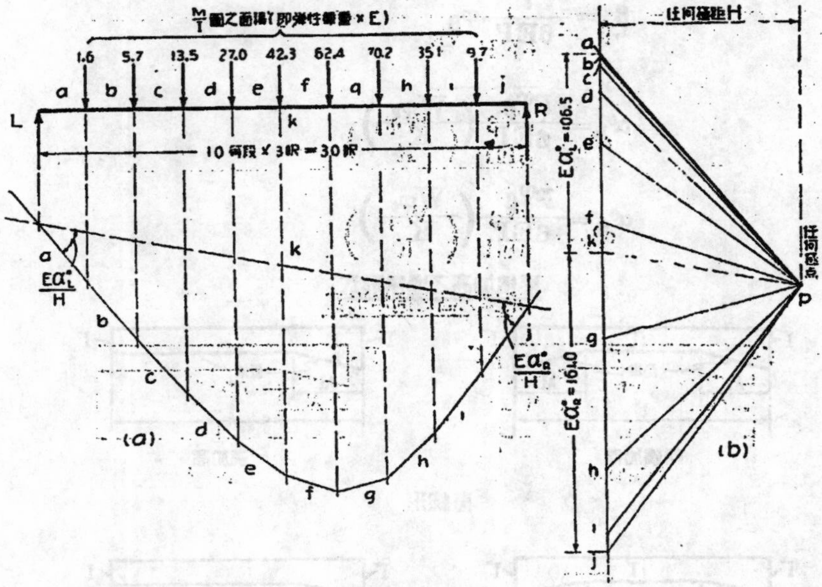

圖　(5)

以求積分,無甚新穎。即以準確而論,亦遠不及上舉之總合法。最近 W. H. Weiskopf 與 J. W. Pickworth〔20〕亦發表一法,亦可用於此。但此法既長冗而又不能準確,殊不合用,著者已於他處〔23〕有詳細之討論矣。此外尚有用特種儀器之解法,如瑞士出品之 Amsler Integrator, 應省時便用,惟每具之價值甚昂。

現下斷面改變之連續架,多用之鋼筋混凝土構造。爲求設計之經濟起見,鋼筋混凝土梁之一端或兩端,常漸次將高度增大,至支點而止。約如圖 4 (a) 所示之梁。實際上此種梁之高度漸次增大,不論祇在一端,或兩端均有,其通常形式,多爲直線,「拋物線」(parabolic), 或「銳曲線」(sharply-curved) 形,如圖 6 所示之六種。若梁斷面之改變爲此種形式,則五角變之計算,可用 A. Strassner〔11—101 至 112 頁〕之表,其法如下〔21—33 至 35 頁〕:—

$$\alpha_L = \frac{l}{3EI'}\varphi\alpha_L \tag{24}$$

$$\alpha_R = \frac{l}{3EI'}\varphi\alpha_R \tag{25}$$

$$\beta = \frac{l}{6EI'}\varphi_\beta \tag{26}$$

$$\alpha^0{}_L = \frac{l^2\varphi_\beta}{6EI'}\left(\frac{W\varphi_s}{K}\right) \tag{27}$$

$$\alpha^0{}_R = \frac{l^2\varphi_\beta}{6EI'}\left(\frac{W\varphi_t}{K}\right) \tag{28}$$

梁端加高之通常形式

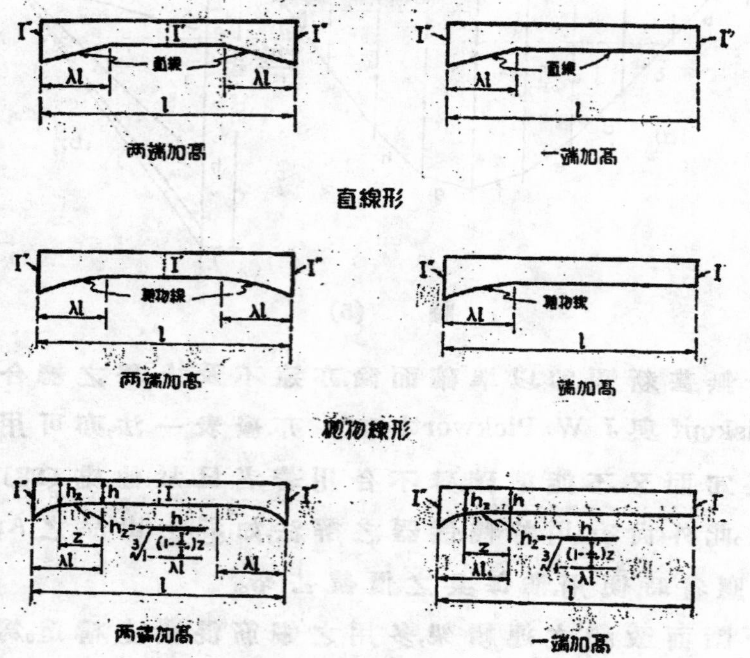

圖　(6)

其中W爲一個集中載重之量,或全跨均佈載重之總量,K爲一恆數,在集中載重,其値爲1;在全跨均佈載重,其値爲4。若一跨有數種或數個載重,則計算$\alpha^0{}_L$與$\alpha^0{}_R$時,應用各個載重$\frac{W\varphi_s}{K}$或$\frac{W\varphi_t}{K}$之和。$\varphi\alpha_L$, $\varphi\alpha_R$及$\varphi\beta$爲梁係數,而φ_s及φ_t爲載重係數。用此表有一重要之點,亟須注意。即在對稱式之梁(即梁高度之增大,兩端相同者。),而全跨承受均佈載重時,不論其形式如何,φ_s與φ_t之值均爲1。故於此無表之需要。爲便利國內工程師起見,玆將 Strassner 表之排列方法,稍加改變,爲本文之附錄。至其詳細用法,以後當舉例。此外 Walter Ruppel〔15—167 至 187 頁〕亦有一份表,但係由 Strassner 表折化而來,并略加補充。

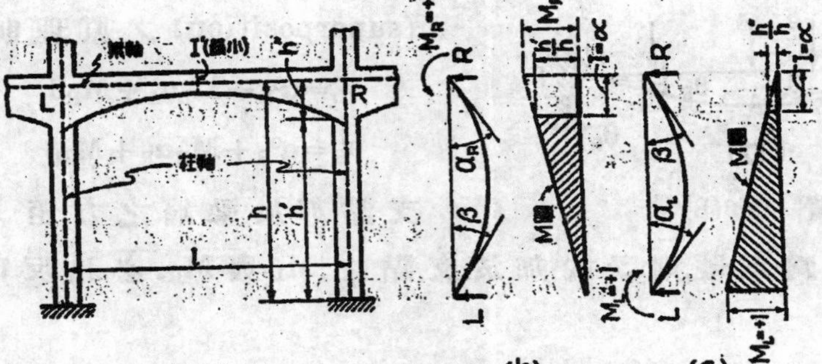

(a)　(b)　(c)

圖　(7)

柱之角變求法,與梁相同。若梁之兩端過大,如圖 7 (a),則在連續架柱與梁之結合部份,柱之複矩,應視爲無窮,即 $I=\alpha$,但柱之高度,仍自柱底量至梁軸。若柱之斷面不變,則柱係數之三個角變(圖 7 (b) 與 7 (c)),可用下列方程求之。

$$\alpha_R=\frac{h'^3}{3EIh^2} \tag{29}$$

$$\alpha_L=\frac{h^3+h''^3}{3EIh^2} \tag{30}$$

$$\beta=\frac{h'^2(h+2h'')}{3EIh^2} \tag{31}$$

如柱亦受有載重,其 α^0_L 與 α^0_R 之求法,與上述者同。

III. 基本彈性方程

圖 8 (a) 示一斷面改變之梁 L-R,承受任何載重。其兩端支點受有彈性控制 (elastically restrained)。若其左端或右端受有一單位彎矩,則該端之角變爲 ε_L 或 ε_R。至其有彈性控制之支點係牆或柱,抑係連續架之一部,均無不可。因載重之作用,該梁之兩端必

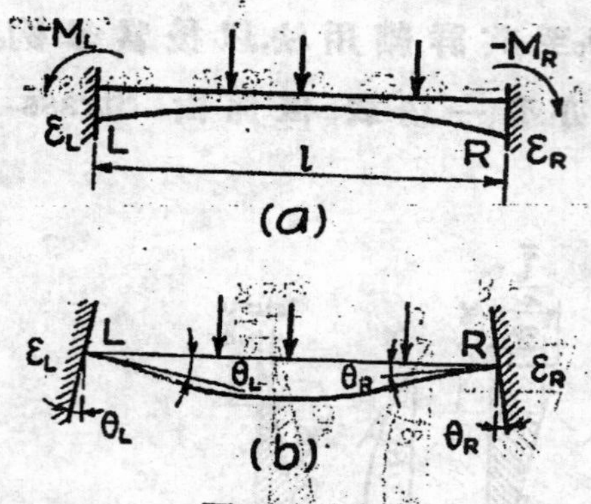

圖 (8)

有角變 θ_L 與 θ_R 之發生(圖 8 (b))。其支點加於梁兩端之彎矩 M_L 與 M_R,如圖所示,原為負號,但以下方程中當假定其為正號。依「疊加」(superposition) 之原理,則,

$$\theta_L = \alpha^0{}_L + M_L\alpha_L + M_R\beta \tag{32}$$

$$\theta_R = \alpha^0{}_R + M_R\alpha_R + M_L\beta \tag{33}$$

支點加於梁端之力矩 M_L 與 M_R 既已假定為正號,則梁端加於支點之 M_L 與 M_R 必相反而為負號,故,

$$\theta_L = -M_L\varepsilon_L \tag{34}$$

$$\theta_R = -M_R\varepsilon_R \tag{35}$$

從方程 (32) 至 (35) 中,消去 θ_L 與 θ_R,則得,

$$M_L(\alpha_L+\varepsilon_L)+M_R\beta = -\alpha^0{}_L \tag{36}$$

$$M_R(\alpha_R+\varepsilon_R)+M_L\beta = -\alpha^0{}_R \tag{37}$$

方程 (36) 與 (37) 即需求之基本彈性方程也。

IV. 單跨梁之定點

圖 9 (a) 示一梁,其左端受有彈性控制,但其右端僅簡單支住 (simply-supported)。若以任何正彎矩 M_R 加於其右端,則同時其左

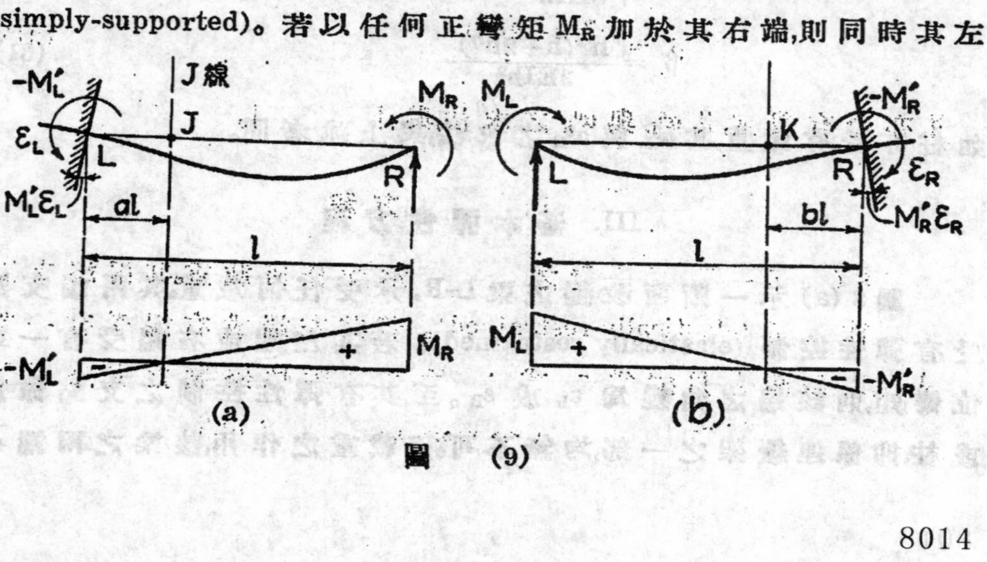

圖 (9)

端必有一負彎矩 M'_L (圖 9 (a))。該梁並未承受載重,故 $\alpha^0_L=0$。由方程 (36) 可得,

$$-M'_L(\alpha_L+\varepsilon_L)+M_R\beta=0 \tag{38}$$

由圖 9 (a) 之彎距圖則 M'_L 與 M_R 之數值 (不論正負) 關係如下:

$$M'_L=M_R\frac{a}{1-a} \tag{39}$$

以方程 (39) 代入 (38) 中,則,

$$-\frac{a}{1-a}(\alpha_L+\varepsilon_L)+\beta=0 \tag{40}$$

由是,

$$a=\frac{\beta}{\alpha_L+\beta+\varepsilon_L} \tag{41}$$

方程 (41) 表示彎矩為零之 J 點與梁左端之距離。該 J 點稱為左定點。同此,若該梁之右端受有彈性控制,而其左端僅簡單支住;并以任何正彎矩 M_L 加於其左端(圖 9 (b)),則接近右端處,有另一彎矩為零之 K 點,稱為右定點。此右定點 K 與梁右端之距離,可以下列方程表之,

$$b=\frac{\beta}{\alpha_R+\beta+\varepsilon_R} \tag{42}$$

由方程 (41) 與 (42),即知此左右二定點 J 與 K 之位置,全在乎梁及其支點之情形,與梁之載重無關。因該二方程中并無 α^0_L 與 α^0_R 也。

若梁之任一端係簡單支住,則該端 ε 之值為無窮,而接近該端之定點亦與其支點相合。換言之,若梁左端係簡單支住, $a=0$;若梁右端係簡單支住, $b=0$。

若梁之任一端係固定 (rigidly fixed),則該端 ε 之值為零,故

$$a=\frac{\beta}{\alpha_L+\beta}\ (\text{若梁左端係固定}) \tag{43}$$

$$b=\frac{\beta}{\alpha_R+\beta}\ (\text{若梁右端係固定}) \tag{44}$$

此二特別定點,其位置由方程 (43) 與 (44) 表示,將分別稱為 F 與

8015

G點(圖10)。於此可注意方程(43)與(44)所表之a與b之值,與以前方程(22)與(23)所表之u與v之值,完全相同。由是可知F與G點在梁軸上之位置,與A_L與A_R重心係在同一堅線(vertical line)上。

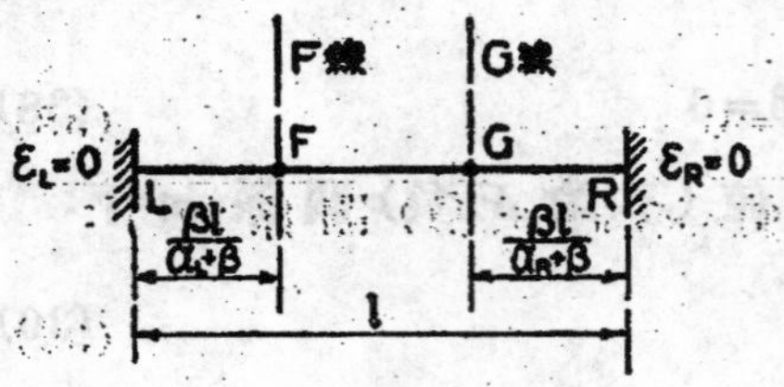

圖 (10)

其經過J與K二普通定點之堅線,將稱爲J線與K線,而經過F與G二特別定點之堅線,將稱爲F線與G線(圖9與圖10)。

以上所述者,亦適用於連續架之柱。

V. 連續梁隣跨之定點

圖11(a)示一連續梁之任何二鄰跨AB與BC。若以任何彎矩M_C加於跨2之C端,則該二跨之彎矩圖如圖11(b)所示。設已知

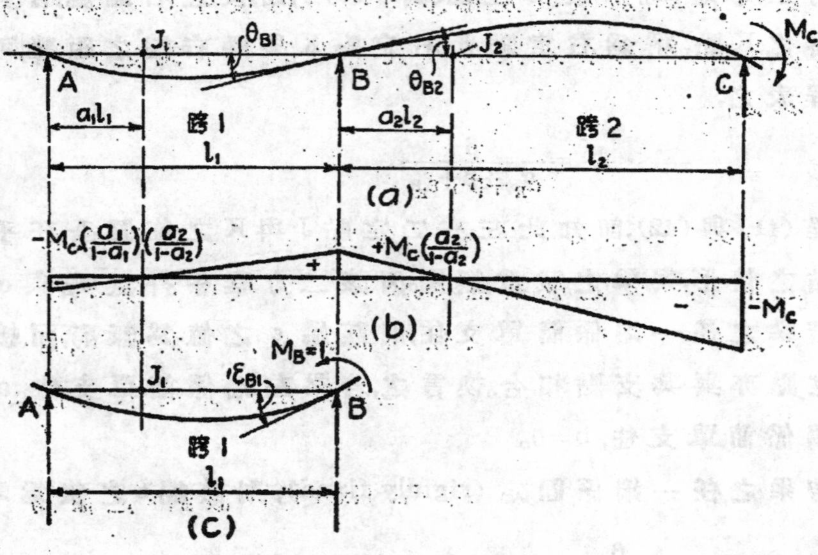

圖 (11)

跨1之左定點J_1,則跨2之左定點J_2,不難求得。由方程(33)可得跨1右端之角變如下:

$$\theta_{B1}=M_C\left(\frac{a_2}{1-a_2}\right)\alpha_{R1}-M_C\left(\frac{a_1}{1-a_1}\right)\left(\frac{a_2}{1-a_2}\right)\beta_1 \quad (45)$$

由方程 (32) 又可得跨2左端之角變如下：

$$\theta_{E2}=M_C\left(\frac{a_2}{1-a_2}\right)\alpha_{L2}-M_C\beta_2 \quad (46)$$

該梁之二跨在B點既有連續性 (Continuity)，則

$$\theta_{B1}=-\theta_{B2} \quad (47)$$

如此，由方程 (45) 與 (46)，則跨2左定點 J_2 之位置，可由下列方程 (48) 求之，

$$a_2=\frac{\beta_2}{\alpha_{L2}+\beta_2+\alpha_{R1}-\frac{a_1}{1-a_1}\beta_1} \quad (48)$$

同此，設已知跨2之右定點 K_2，則跨1右定點 K_1 之位置 (圖 12)，可由下列方程 (49) 求之。

$$b_1=\frac{\beta_1}{\alpha_{R1}+\beta_1+\alpha_{L2}-\frac{b_2}{1-b_2}\beta_2} \quad (49)$$

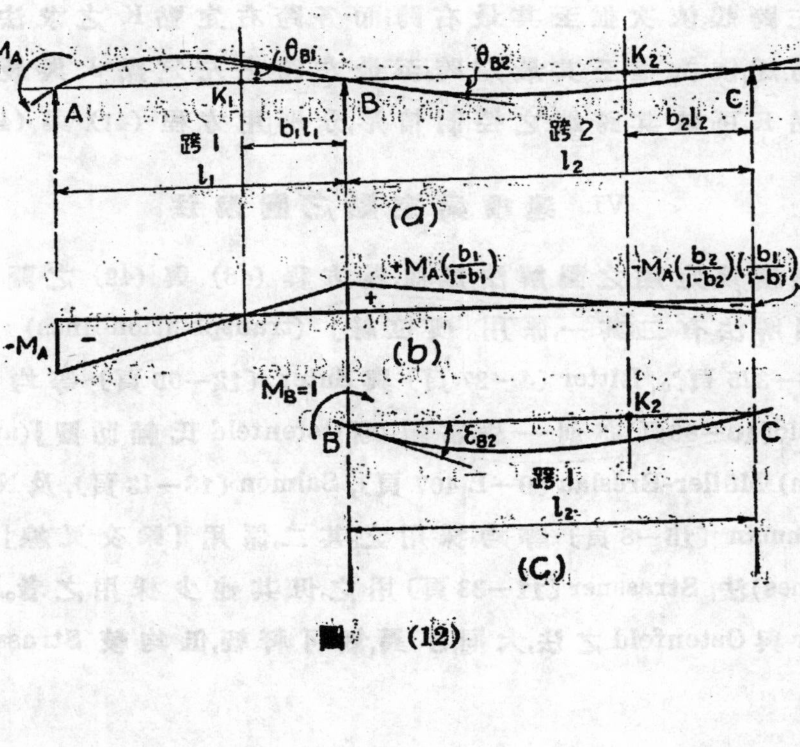

圖 (12)

設圖 11 (a) B 點之彎矩 $M_B=1$,而其角變爲 ε_{B1} (圖 11 c) 將方程 (45) 中之 $M_C\left(\frac{\varepsilon_2}{1-\varepsilon_2}\right)$ 改爲 1, 而 θ_{E1} 改爲 ε_{E1}, 則,

$$\varepsilon_{B1}=\alpha_{R1}-\frac{a_1}{1-a_1}\beta_1 \tag{48a}$$

同此,設圖 12 (a) B 點之彎矩 $M_B=+1$, 而其角變爲 ε_{L2} (圖 12 c), 則

$$\varepsilon_{L2}=\alpha_{L2}-\frac{b_2}{1-b_2}\beta_2 \tag{49a}$$

以方程 (48a) 與 (49a) 分別代入方程 (48) 與 (49) 中,則,

$$\varepsilon_2=\frac{\beta_L}{\alpha_{L2}+\beta_2+\varepsilon_{11}} \tag{48b}$$

與,

$$b_2=\frac{\beta_1}{\alpha_{R1}+\beta_1+\varepsilon_{12}} \tag{49b}$$

方程 (48b) 及 (49b) 與方程 (41) 及 (42) 絕對相似,所不同之點,卽前者之 ε 爲梁端之角變,而後者之 ε 爲支點之角變也。

由是可知,在任何跨數之連續梁,各跨左定點 J 之求法,應自其最左跨起,依次推至其最右跨;而各跨右定點 K 之求法,應自其最右跨起,依次推至其最左跨。至最左跨之左定點 J 與最右跨之右定點 K,可依其跨端之控制情形,分別用方程 (41) 與 (42) 求之。

VI. 連續梁定點之圖解法

連續梁定點之圖解法無他,僅方程 (48) 與 (49) 之圖解而已。此種圖解法有二:其一,係用「換位線」 (transposition-lines) 法,創自 Mohr 〔3—375 頁〕。Ritter 〔4—27 頁〕與 Suter 〔12—55 頁〕等均採用之。Ostenfeld〔10—89頁〕亦創一法,常稱爲「Ostenfeld 氏輔助圖」(auxiliary diagram) Müller-Breslau 〔9—I. 407 頁〕, Salmon 〔13—13 頁〕, 及 Nishkian 與 Steinman 〔15—8 頁〕 等均採用之。其二,係用「梁交叉線」 (beam cross lines) 法, Strassner 〔11—33 頁〕用之,但其他少採用之者。比較言之,Mohr 與 Ostenfeld 之法,大同小異,無可軒輊,但均較 Strassner 之

法便用。

1. Mohr之法　試述 Mohr 之法。圖 13(a) 示一連續梁之任何二鄰跨,其 G_1 與 F_2 線係用方程 (43) 與 (44) 所算定。跨 1 之左定點

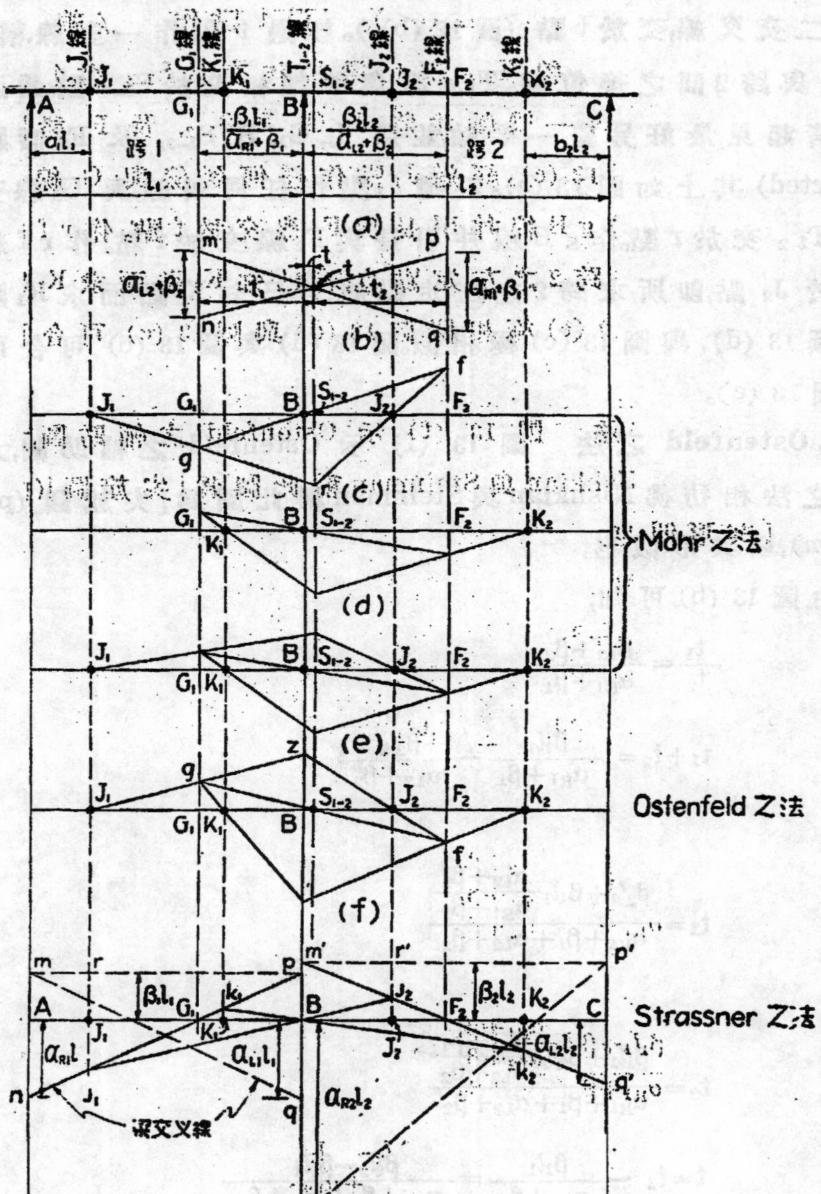

圖 (13)

J_1及跨2之右定點K_2均係已知,所須求得者,爲跨2之左定點J_2,及跨1之右定點K_1。

於G_1線上量定$mn=\alpha_{L2}+\beta_2$,於F_2線上量定$pq=\alpha_{R1}+\beta_1$,連mq與np作二交叉線,交於t點(圖12(b))。經過t點作一豎線,稱T_{1-2}線,卽跨1與跨2間之換位線。T_{1-2}線與梁軸相交於S_{1-2}點。爲避免紛亂不淸起見,最好另畫一梁軸,並將J_1, G_1, B, S_{1-2}, 及F_2諸點,投影(projected)其上,如圖13(c)。經過J_1點作任何斜線,與G_1線交於g點及T_{1-2}交於r點。作gB線并引長與F_2線交於f點。作rf線與梁軸交於J_2點,卽所求跨2之左定點也,若已知K_2點而求K_1點,其方法如圖13(d),與圖13(c)極相似。圖13(d)與圖13(c)可合而成一圖,如圖13(e)。

2. Ostenfeld之法　圖13(f)示Ostenfeld之輔助圖,大致與Mohr之法相彷彿Nishkian與Steinman稱此圖爲「尖旗圖」(pennant diagram),以其形似也。

由圖13(b)可知,

$$\frac{t_1}{t_2}=\frac{\alpha_{L2}+\beta_2}{\alpha_{R1}+\beta_1} \tag{50}$$

$$t_1+t_2=\frac{\beta_1 l_1}{\alpha_{R1}+\beta_1}+\frac{\beta_2 l_2}{\alpha_{L2}+\beta_2} \tag{51}$$

由是,

$$t_1=\frac{\beta_2 l_2+\beta_1 l_1\dfrac{\alpha_{L2}+\beta_2}{\alpha_{R1}+\beta_1}}{\alpha_{R1}+\beta_1+\alpha_{L2}+\beta_2} \tag{52}$$

與,

$$t_2=\frac{\beta_1 l_1+\beta_2 l_2\dfrac{\alpha_{R1}+\beta_1}{\alpha_{L2}+\beta_2}}{\alpha_{R1}+\beta_1+\alpha_{L2}+\beta_2} \tag{53}$$

$$t=t_1-\frac{\beta_1 l_1}{\alpha_{R1}+\beta_1}=\frac{\beta_2 l_2-\beta_1 l_1}{\alpha_{R1}+\beta_1+\alpha_{L2}+\beta_2} \tag{54}$$

3. Strassner之法　次述Strassner之法。以下法作各跨之梁交叉線,如圖 13 (g)。於經過跨 1 左支點竪線上,量 $mA=\beta l_1$, 與 $An=\alpha_{R1}l_1$。又於經過該跨右支點之竪線上,量 $pB=\beta l_1$ 與 $Bq=\alpha_{L1}l_1$ 作 mq 與 np 二線。卽跨 1 之梁交叉線也。其他跨梁交叉線之作法同此。設跨 1 之左定點 J_1 爲巳知,則跨 2 之左定點 J_2 可用梁交叉線求之。經過 J_1 線與 np 之交點 j_1 作 j_1B 線,並引長與跨 2 之 m'q' 交於 j_2 點,經過 j_2 之竪線卽爲 J_2 線,與梁軸交於 J_2 點,卽所求跨 2 左定點。若巳知 K_2 點而求 K_1 點,其方法亦示於圖 13 (g) 中,與求 J_2 點極相似。

上述求定點圖解法之正確,不難以幾何學證明之,茲試以 Ostenfeld 之法爲例。由圖 13 (f) 可知,

$$\frac{J_2F_2}{J_2B}=\frac{F_2f}{Bz}\times\frac{G_1g}{G_1g}=\frac{F_2f}{G_1g}\times\frac{G_1g}{Bz} \tag{55}$$

但,

$$\frac{F_2f}{G_1g}=\frac{\alpha_{R1}+\beta_1}{\alpha_{L2}+\beta_2}$$

$$\frac{G_1g}{BZ}=\frac{J_1G_1}{J_1B}=1-\frac{\beta_1}{(\alpha_{R1}+\beta_1)(1-a_1)}$$

$$J_2F_2=\frac{\beta_2 l_2}{\alpha_{L2}+\beta_2}-J_2B$$

代入方程 (54) 并化簡,則,

$$J_2B=\frac{\beta_2 l_2}{\alpha_{L2}+\beta_2+\alpha_{R1}-\dfrac{a_1}{1-a_1}\beta_1} \tag{56}$$

以方程 (56) 與 (48) 相比較,則,

$$J_2B=a_2 l_2$$

故 J_2 卽所求之跨 2 左定點。至 Mohr 之法,以下當以另一法證明之。

定點之圖解法,亦如用方程 (48) 與 (49) 之計算法,其左定點 J 之求法,應自最左跨起,依次推至最右跨;而右定點 K 之求法,應自最右跨起依次推至最左跨。至最左跨之 J 點與最右跨之 K 點,可依跨端之控制情形,分別用方程 (41) 與 (42) 求之。

VII. 定點圖解之另一解釋

Mohr 求定點之圖解法,尚有另一解釋。圖 14(a) 所示之梁與圖 9(a) 者大約相同。其彎矩圖(圖 14(b))可視爲正彎矩圖 ABf 與正彎矩圖 ABe 相合而成。若以該二彎矩圖各除以 EI,則依方程(19),(20),(22),與(22a),其面積及重心之位置如下(圖 14(c)):

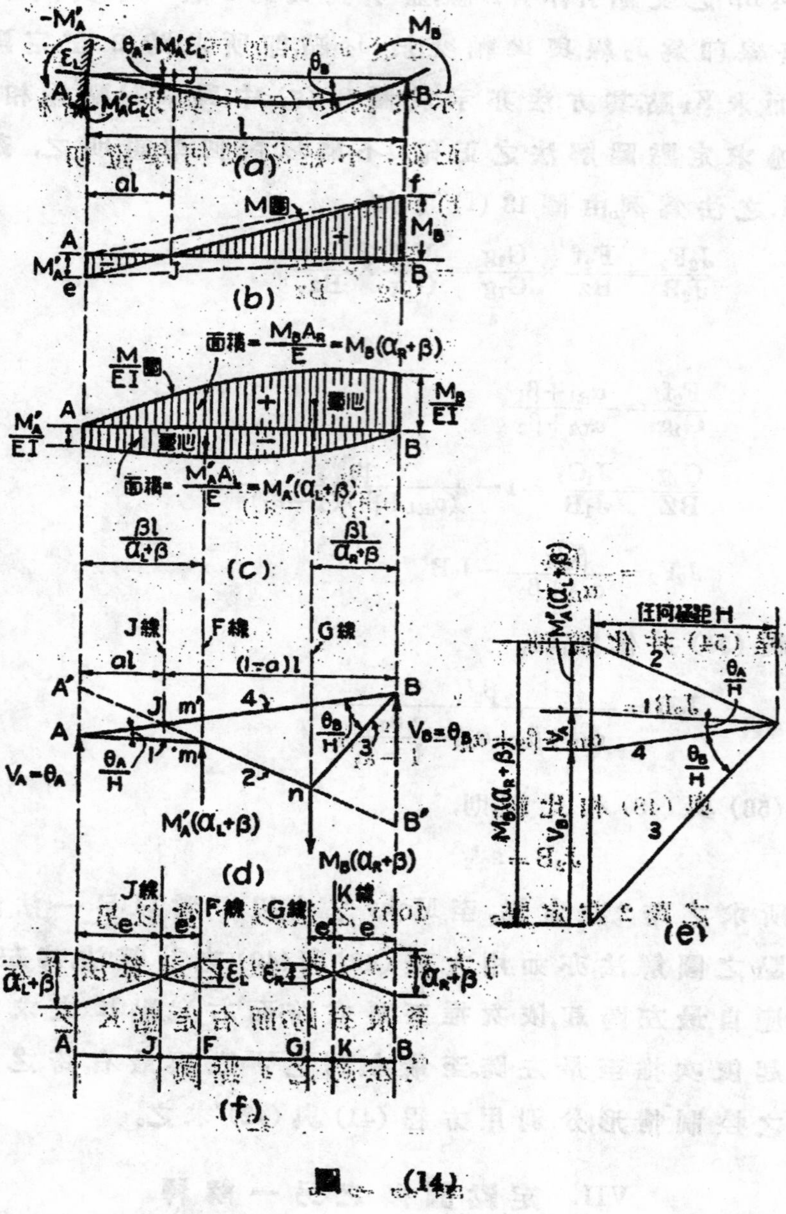

圖 (14)

	面積	重心之位置
正 $\frac{M}{EI}$ 圖	$\frac{M_B A_R}{E}=M_B(\alpha_R+\beta)$	$vl=\frac{\beta l}{\alpha_R+\beta}$
負 $\frac{M}{EI}$ 圖	$\frac{M'_A A_L}{E}=M'_A(\alpha_L+\beta)$	$ul=\frac{\beta l}{\alpha_L+\beta}$

又以該二面積,視爲各集中於其重心,成二個集中彈性載重,正者向上,負者向下。以任何「極距」(polar distance) H 與任何極點 (pole) P, 作一力多邊形 (圖 14 (e)) 及一平衡多邊形 (圖 14 (d))。依前述彎矩面積之原理,則 $V_A=\theta_A$, $V_B=\theta_B$, 故 $\angle JAm=\frac{\theta_A}{H}$, $\angle JBn=\frac{\theta_B}{H}$。若將 mn 向其兩端引長,與 AB 交於 J 點並與竪線 BB′ 交於 B′ 點, 此 J 點卽該梁之左定點。由圖 14 (d) 與 (e), 可知,

$$(1-a)\,l=\frac{BB'\times H}{V_A+M'_A(\alpha_L+\beta)} \tag{57}$$

但,

$$BB'=\frac{M_B(d_R+\beta)}{H}\times\frac{\beta l}{\alpha_R+\beta}=\frac{M_E\beta l}{H}$$

$$M'_A(\alpha_L+\beta)=M_B(\alpha_L+\beta)\left(\frac{a}{1-a}\right)$$

$$V_A=\theta_A=M'_A\,\varepsilon_L=M_B\,\varepsilon_L\left(\frac{a}{l-a}\right)$$

代入方程 (57) 中,幷化簡,得,

$$a=\frac{\beta}{\alpha_L+\beta+\varepsilon_L} \tag{41}$$

此卽證明以上法作任何平衡多邊形, mn 必經過 AB 與 J 線 (卽經過右定點 J 之竪線) 之交點 J。

由圖 14 (d), 可知,

$$\frac{AA'}{\frac{\beta l}{\alpha_L+\beta}}=\frac{M'_A(\alpha_L+\beta)}{H}$$

又,

$$\frac{\frac{mm'}{\beta l}}{\alpha_L+\beta}=\frac{V_A}{H}=\frac{\theta_A}{H}=\frac{M'_A\varepsilon_L}{H}$$

故,

$$\frac{e}{e'}=\frac{AA'}{mm'}=\frac{\alpha_L+\beta}{\varepsilon_L} \tag{58}$$

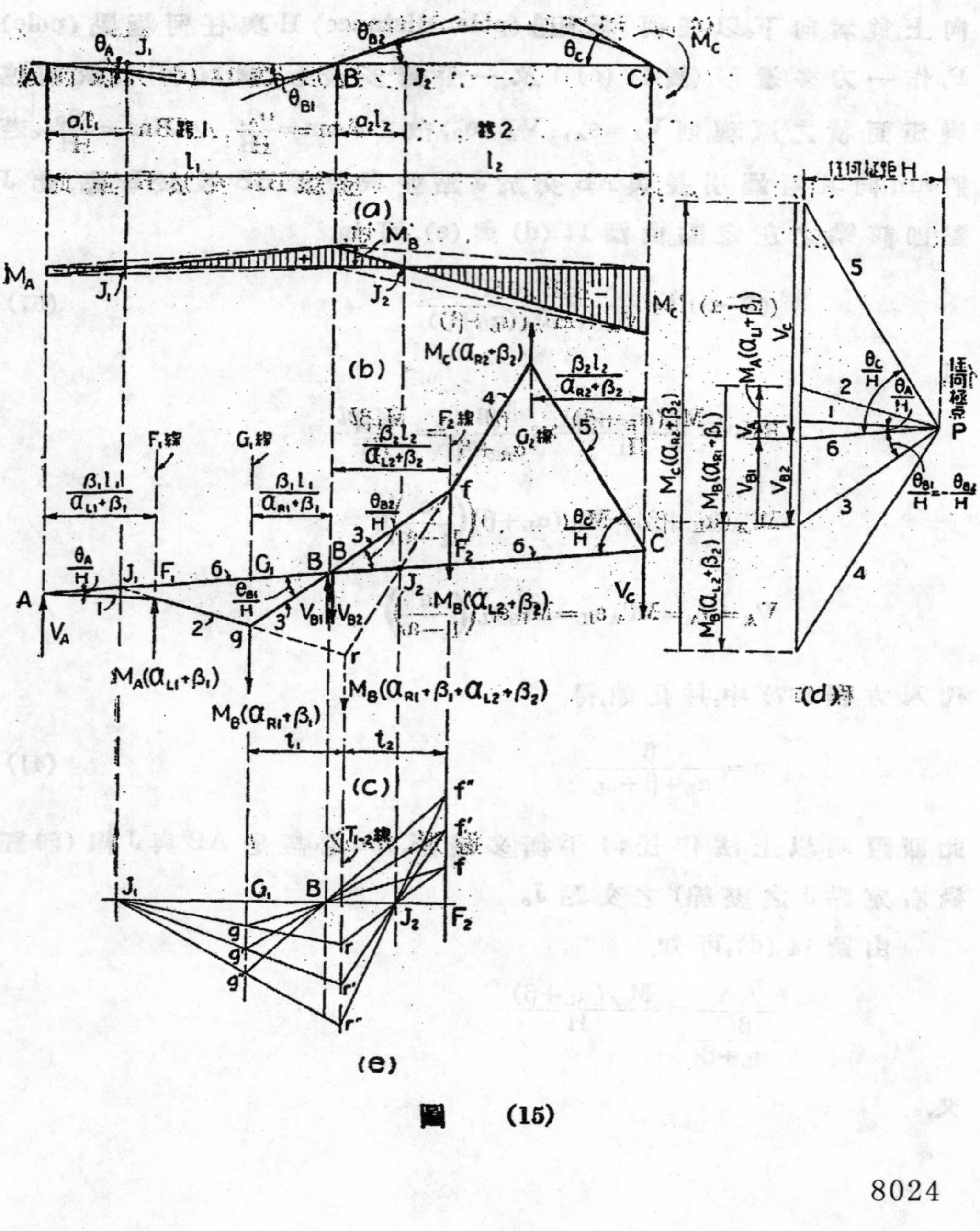

圖　(15)

由方程(58)，并可得一求左定點J之圖解法。於經過A之竪線上，量距離等於$\alpha_L+\beta$，又於F線上量距離ε_L，作二交叉線（圖14(f)），其交點必在J線上即左定點J之位置。

若欲求右定點K，則

$$\frac{e}{e'}=\frac{\alpha_R+\beta}{\varepsilon_R} \tag{58a}$$

其圖解法亦見圖14(f)。

圖15(a)與(b)示任何連續梁之兩鄰跨及其彎矩圖，與圖11(a)與(b)相似。M_C係外加之彎矩，故為已知。並將該兩連續跨視為二簡單跨，再依圖14(d)之方法，用同一極點及一極距(圖15(d))，作二簡單跨在集中彈性載重下之平衡多邊形，如圖15(c)。依該二跨之連續性，則

$$\theta_{E1}=-\theta_{E2}$$

如是，若AB與BC線(即線(string) 6)係一直線，則gB與Bf亦必係一直線。依圖15(d)，集中彈性載重$M_B(\alpha_{R1}+\beta_1)$與$M_B(\alpha_{L2}+\beta_2)$合力(resultant)之作用線(line of action)，必經過線2與線4之交點r(圖15(c))。依求合力之方法，則此合力作用線之位置如下：

$$t_1M_B(\alpha_{R1}+\beta_1+\alpha_{L2}+\beta_2)=(t_1+t_2)M_B(\alpha_{L2}+\beta_2) \tag{58}$$

由是得與方程式(50)相同之結果，

$$\frac{t_1}{t_2}=\frac{\alpha_{L2}+\beta_2}{\alpha_{R1}+\beta_1} \tag{50}$$

故前述跨1與跨2間之換位線T_{1-2}，即此合力作用線，而其位置又與M_B之值(以前所假定為已知)無關。由是可知圖15(c)之J_1grJ_2fB之尖旗形，即Mohr求定點之圖解法。故Mohr法實即圖15(c)所示平衡多邊形之一部份，但其作法可不需如圖15(d)力多邊形之輔助。而其起首之J_1gr線，亦可任意作之。圖15(e)示J_1gr線之任何三種作法，但所有之三種rf，r'f'，及r''f''線，均經過同一之J_2點，即所求右跨2之左定點也。　　(本章完全文待續)

8025

廣州市自來水工程之改進方案及其施行

金肇組

(一)弁言　筆者根據經驗,嘗謂設計新自來水廠易,謀改善舊自來水廠難,改善條理井然之舊水廠較易,而改善佈置錯誤之水廠則尤難。誠以設計新廠,祗求經費有着,苟能依照環境及學理,以爲設計根據,當無其他困難之點發生,獨於設備及佈置錯誤之舊廠,如欲施以改善,則一方面固應設法糾正其已往人事管理及工程設備之錯誤,一方面亦宜顧全社會環境,及保持輸水之工作,勿使間斷,因此在在均足以發生故障。筆者有見及此,故於訂定整理改進廣州市自來水工程計劃時,即已顧及環境事實上之影響,務求於進行時,逐步推行,庶水無停阻,事無枉費,并根據自來水工程學理,將舊日各廠中之機械佈置設備,擷擇其不合於科學學理者,從而改革之。施行以來,雖經過各種困難,及人事之反對等,然幸各節均能依照計劃實現,是以最近廣州市之水量,在增步廠方面,每日已可增加約四五百萬英加侖,而東山分廠水量方面,亦可增多至百分之七八十左右,以是本年雖屆炎夏,市中絕少感受水荒痛苦如上數年者,(因二年以前全市無日不在水荒之中今已可免。)此則筆者所自引爲欣慰者也。茲將各步改善之計劃,及辦理經過情形,略述於下,以供吾國內自來水工程界之參考焉。

(二)廣州市自來水廠概況　談改進廣州市自來水工程之計劃,當應分兩部討論,(一)現在自來水廠部份之改進問題。(二)將來增加新自來水廠之建設問題。今茲所述乃屬於第一項,即現

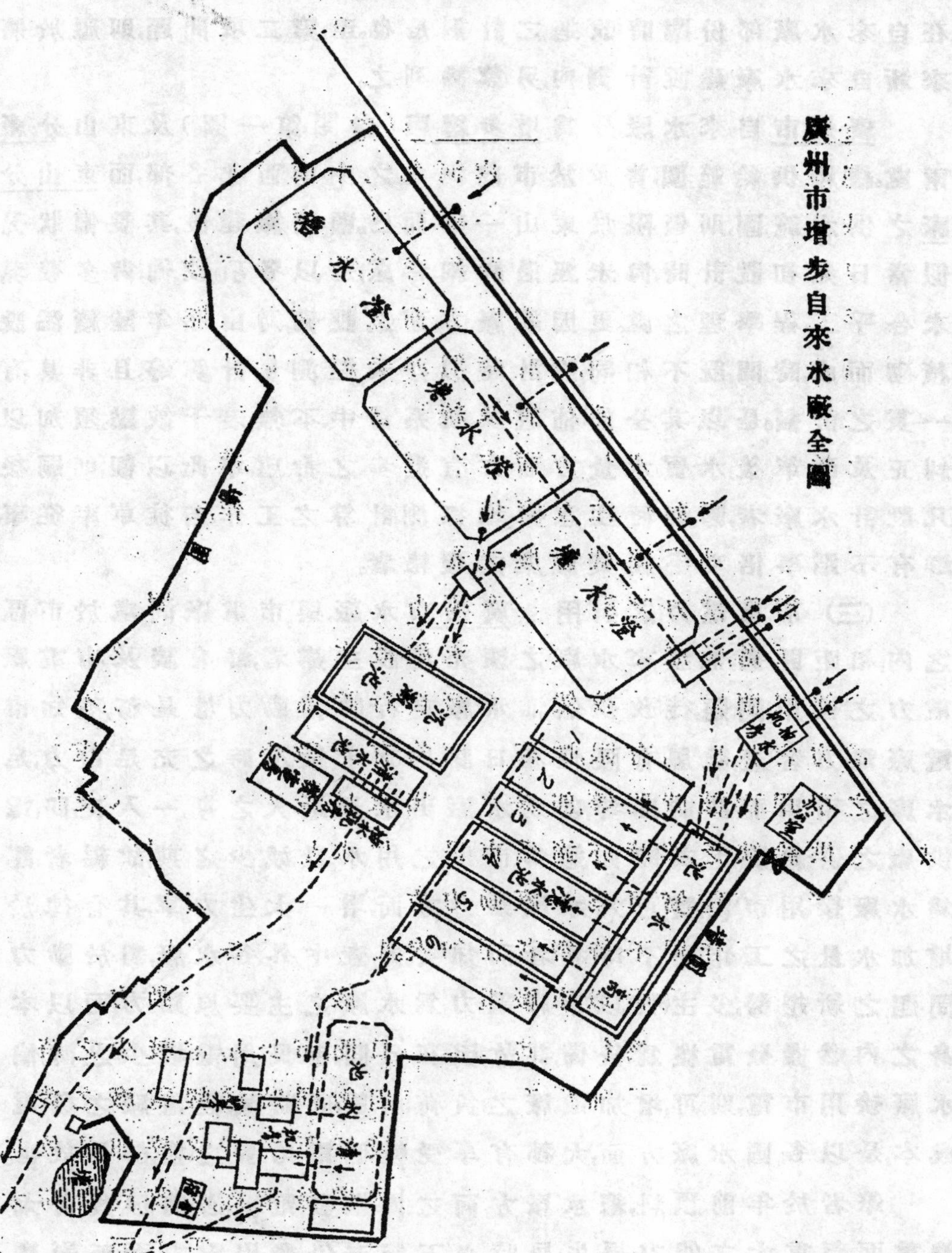

廣州市增步自來水廠全圖

第一圖

在自來水廠部份臨時改進之計劃是也。至第二項問題,則應於將來新自來水廠建設計劃內,另篇論列之。

廣州市自來水廠,分為增步總廠(參閱第一圖)及東山分廠兩處。總廠供給範圍,普及於市內河北之中南西北各部,而東山分廠之供水範圍,則僅限於東山一部而已。顧兩廠建設,其設備狀況,似當日始初設計時,尙未經過詳細考慮,是以各項設備,尙多發現未合乎工程學理之處。更因總廠方面之設備,乃由歷年陸續添設積砌而成,時間既不相同,設計時似亦未經測量計算等,且非具有一貫之計劃。是以其全部佈置及統系當中,不無若干缺點,須加以糾正及改革後,水質水量方面方有進步之希望。準此以觀,則嗣後凡設計水廠者,應如何注意實地探測計算之工作,若徒草率從事,鮮有不蹈事倍功半,經費虛糜之覆轍者。

(三) 市廠電力之引用　廣州市水廠,與市電廠同處於市區之內,相距匪遙,惟歷來水廠之擴充建設主辦者,鮮有談及市電廠電力之接用問題,徒孜孜然惟水廠自行設備動力機是務,不知市電廠電力容量,雖屬有限,惟在日間,均有十數小時之充足電力,足水廠之引用,而該時間等,卽為水廠出水量最大之期,一入夜間,電供廠之供給缺乏,其時亦適為市民之用水量減少之期,故編者認為水廠接用市電,實可為水廠動力方面,增一大生力軍,其有裨於增加水量之工作,固不待智者而知矣。更查中外各水廠,對於動力問題之新趨勢,多主張以市廠電力為水廠之主要原動力,而以本身之內燃機發電機為後備,其故因在日間,市民用電較少之時,倘水廠接用市電,則可增加電廠之負荷因數,同時減輕電廠之發電成本,是以各國水廠方面,大都有享受較低電力費之權,卽是故也。

筆者於年前預料,總水廠方面之內燃發電機,必將因負荷太繁重而蒙重大之能力損失,屆時必不能充份發出電力,而至影響及於全市水量,故曾將此項危忽情形,向當局呼籲,幸蒙採納,隨於三年前與市電廠訂立合約,各出半費,以購備由電力廠至增步水廠一段之高壓綫,及電力變壓器兩具,計全綫供電量爲五千啓維哀,一切設備約費國幣四萬六千餘元。該綫裝置完成後,開用以來,成績甚著,不特歷年不堪負重之內燃發動機,可有休養修理之機會,同時可增大水廠之抽水能力,以從事增加水量工作,惟其暫定電費,每單位爲0.043元,但吾人信不久之將來,尚可將此電價減低以利出水,現在因本市電廠新廠方面尚未竣工,故夜間水廠用電,尚有限制,即下午六時至十時共四小時期間,須自行發電應用,除此以外均可引用市電以爲動力矣。

(四)低壓抽水機室出水管方面缺點之糾正　河中混水,純賴低壓機抽起,經12英寸徑出水管兩條,分兩路送達於沉澱池之兩邊入水口處。當時設計似未曾注意水管內之磨擦阻力,故僅用12英寸管兩條,及後應用日久,有水族中微細介壳類,叢生黏附於管壁,輸水阻力因而大增,平時供水每日出水量八百至九百萬英加侖時,已感覺阻力太大,一至需要增加水量之際,常須將全部低壓抽水機械三座一齊開動,(按每部抽水機,每日應出水五百萬英加侖,水壓爲38呎。)但結果查得三部機所出水量,竟與開機兩部時相同,似此事實上已證明機房出水管之磨擦力太大,低壓抽水機原有之38呎水頭壓力不足勝任,故機械之開動雖已增加一部,而水量之輸出仍無進展。

爲挽救此失,并欲實際進行使就原有設備能增加出水量起見,決定施行下列各項工作,以資補救:

由低壓抽水機室出水口起,增加12英寸徑輸水管兩條,(每條長度均不及二百呎)連原有兩條,共成四條,分別接駁至沉澱池之兩邊,并於不礙沉澱池日常製水工作範圍內,在原有沉澱池出水口兩旁,加建新入水口兩座,分別接駁於新近增加之12英寸低壓輸水管,新入水口之位置,比舊日入水口約高一呎,使新口傾下之水,具有高屋建瓴之勢,兩入水口之水柱,互相沖激,而該處適爲礬液加入地點,更可賴此項水躉,藉收混和礬液之效,其設備狀況可參閱第二圖(甲)及(乙)。此項計劃完成後,共約需款國幣三千七百餘元,計建造新入水口費約一千二百元,裝置水管經費約二千五百元,開用以來,成效甚著,現在如開動低壓機三部,則可從容出足一千五百萬英加侖,設使他日此四管之中,有感受淤積之患,亦可從容調換清理,不致阻及出水工作。

(五)濾水率之狀況 增步新建之快濾池共有十六個單位,每單位長24呎,闊14呎,全池濾砂面積,約共為5380平方呎,其每分鐘每平方呎之濾水率為1.6美加侖,但每日如增加水量四百萬英加侖後,其時每平方呎濾水率亦不過在2.2美加侖之間,照自來水習慣評之,此項濾水率,尚在容許限度之內,是以每日增加出水五百萬英加侖之後,原有快濾池,尚可認為敷用。但沉澱池方面,沉澱時間,當然因此縮少,但此為事實所限,亦無法避免,因炎夏一屆,需水驟增,權衡輕重,總覺甯犧牲濁度,以遷就水量增加,是以原有沉澱時間,約為二小時,增加水量後,其沉澱時間,勢必縮少至一小時半上下,此為事實所不能避免者。補救之法,祗有設法對於調和礬劑,及改善激水斜格方面(Mixing baffles),加以注意,又氯氣劑等亦應調節使用,同時更將濾池冲洗次數加多,以為補救。

增步新廠部自此項增加水量設備竣工施用以來,成績尚甚良好,其經過快濾池之清水,經 Hellige 式電光濁度儀之檢定,其濁度數目,常在4—5度之間,故尚可認為滿意。

(六)新廠高壓清水抽水機錯誤之改正 增步水廠前數年所建之高壓抽水機室內,設備大抽水機六套,均為電動離心力式,每套每日可出水二百五十萬英加侖,水頭壓力前乃規定為300呎,約需用225馬力,但就實際上測探之,則由增步水廠至觀音山上平均水力塔之高度約為190呎左右,加入輸水總管磨擦力損失及各項水管配件損失等約二三十呎左右,合計亦不過220呎以下,實無應用此偌大水頭之必要,因其徒耗動力,無補於抽水工作也。

（甲）

沉澱池改建後情形

（乙）

編者視察出水

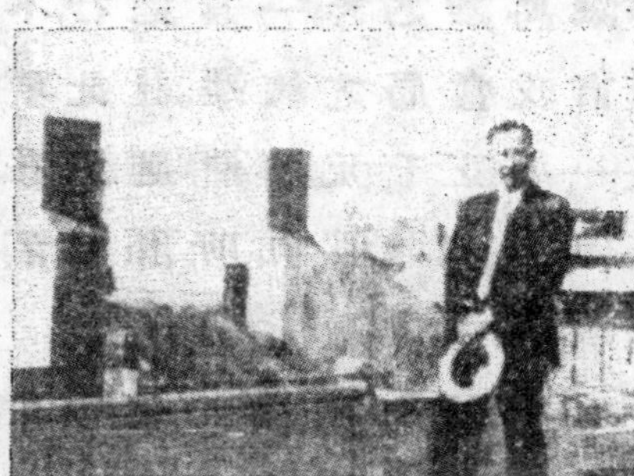

（丙）

改善用之新車頁

（丁）

以前之情形

（戊）

出水洶湧之狀況

（己）

抽換車頁時狀況

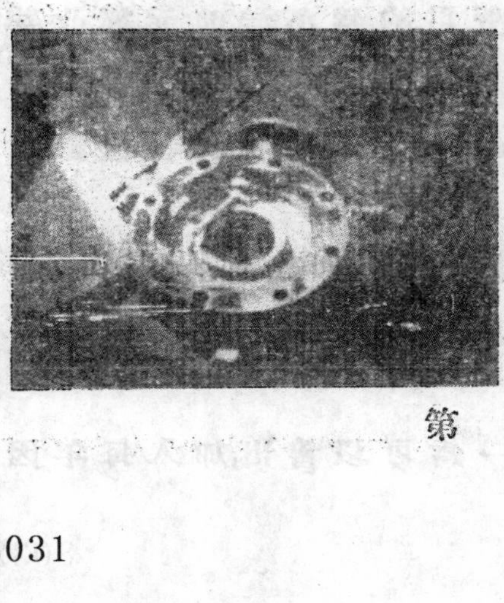

第　二　圖

在水廠日常工作當中,筆者已感覺此項鉅大抽水機工作之苦,負荷之重,出水之少,用電之靡。(每開一部機,在通常負荷時,電流表之用電流數常為600安培左右,但照技術方面計算,此項抽水機,內部如經改換,則需用電流數,可減低至450安培左右。)年中經常費之損失,應達十萬元左右,理應亟行設法補救,以挽回此意外之虛耗。其法無他,即為將此過大之水頭壓力,予以廢除,更從而改正之。其改正之法,不外將原有機械六部機身中之頁輪及出水圈(Impellers & Guide rings)全數抽出,另行製備具有220呎水頭壓力之新頁輪等即可收效。惟此項鉅大抽水機購置之費甚鉅,且習用已久,平日各方已覺需用馬力太大,常有超過負荷之虞,今若毅然提議改換頁輪以為增加水量之用,實足以引起羣疑。惟編者始終抱排除萬難之志,一意進行,不因責任之重,處境之危而退縮,是以終獲市政當局之核准。計此項改善抽水機計劃,其購置經費約為國幣一萬五千元。機件運到後,即着手逐部抽換。開用以來,成效卓著。一切計劃,均照初所預料者實現,其效果如下(參閱第二圖丙至已):

(1)前時每開機一部,須用電流600安培,每部機負荷最大量時,每日可出水二百八十萬英加侖,經改善後,每機僅用電流500安培,而每機每日出水量,則已達三百三十五萬英加侖。計每機每日增加五十萬英加侖以上。

(2)從前每百萬英加侖之抽水費用,約為小洋64元,經改善後,則減為45元。

(3)從前輸水總管之壓力,僅有44磅/平方吋,經改善後,總水管壓力,已增加至74磅/平方吋。

(4)從前廠中動力,僅足開用舊機四部,即全部最大出水量為一千萬英加侖。改善後,廠內動力已足開機五部,最大水量,可達一千五百萬英加侖以上。

(5)設以每年所增水量三份之一為可以售出,加入每年因改善而減低之出水電力費用,則全年可增加四十二萬餘元,由此觀之,則一個月所得之利益,已足將購置新頁輪之費抵銷。

上述改善情形,經已由實驗完全證明,新機試用之日,幷經廣州市市長親自監臨試車,暨各局長官蒞止參觀。開用以來,廣州市內,本年水量,頗以充裕,故改善成功之日,羣情協然,誹謗遽息。此舉雖可震駭庸俗,然推其原理,亦不過爲離心力抽水機設計中,水量(Q)及水頭(H)兩項數目之互易而已。吾人察知從前抽水機之水頭數目過大,乃將其減低,務至使其適足應用爲止,幷將其餘剩之力量,轉向水量方面增加,此凡稍習機械學者,類能道之,實無須乎高深學理也。

據此事實以觀,則後之設計水廠者,應如何審愼,以決定抽水機之水頭數目,否則空糜鉅款,貽誤事業,工程界之羞也。

(七) 舊式慢濾池之改革　增步舊廠部份,乃建於前清光緒末年,共有舊式慢性砂濾池六個,每池之濾砂面積,約爲一萬五千三百餘平方英尺,六池共有濾砂面積約二英畝。此項慢性砂濾池,自使用以來,已垂三十年,因池身構造之不良,設備之簡陋,是以經常濾水工作,不獨在管理方面,發生困難,卽所濾出水量,亦極爲缺少,水質亦感惡劣。但論者每歸咎於濾砂面積之過小,謂須擴充濾池面積,方可改良,不知此特爲皮相之見耳。

查舊砂濾池設備簡單,管理困苦,其最著者,卽缺乏出水節制器,水力損失指示器等,故日常工作,甚感困難。且歷年以來,管理舊砂池者,純賴普通人工爲理,以普通之理解,任意處理,初無具有自來水工程經驗之技術人員負責指揮,是以相沿以來,舊制既失,新法無知,其中洗砂之方法,池中各砂石層之佈置,實覺錯誤迭出,循至水質劣敗,砂石污積,而砂池本身之受患益深矣。茲略將其主因分述如下:

(1)砂石層厚度之錯誤　歐美自來水界,對於慢性砂濾池各層砂石之厚度,均有合法之規定。因各層厚度,均經各國專家,歷楚

(甲)舊沙濾池原有沙層錯誤情形

(乙)舊沙池擬行改正情形

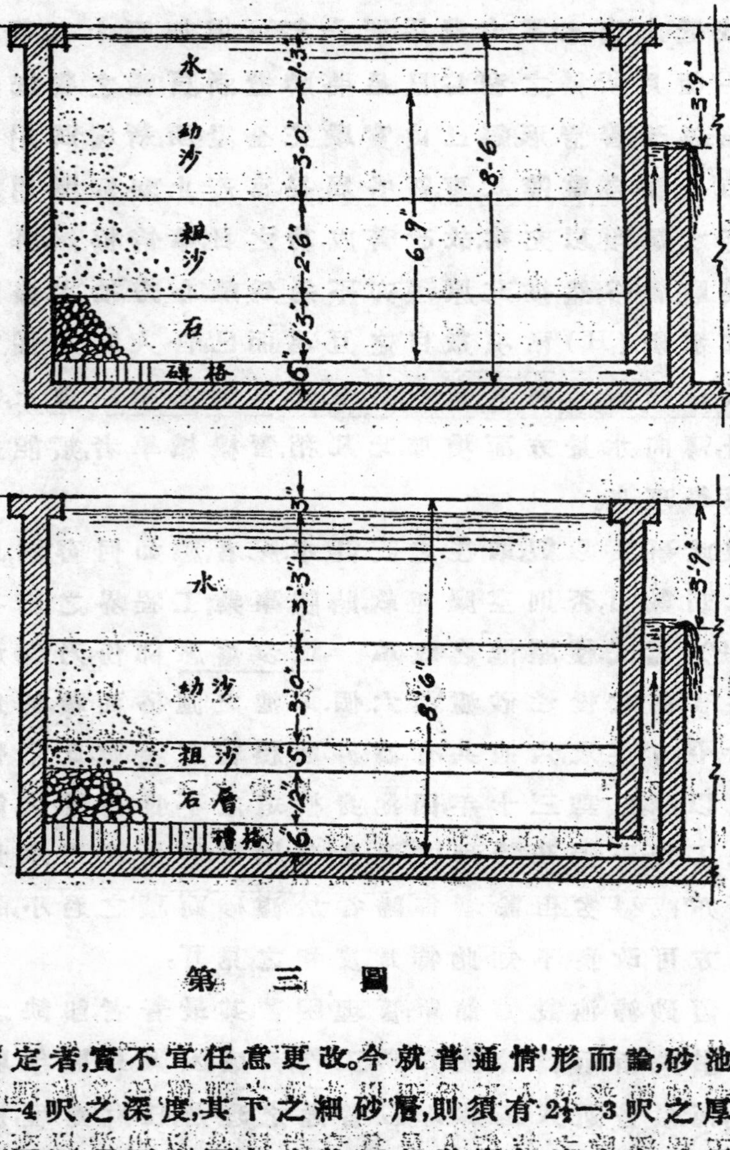

第　三　圖

許實驗而斷定者,實不宜任意更改。今就普通情形而論,砂池上面水層,須有3—4呎之深度,其下之細砂層,則須有2½—3呎之厚度,至再下之粗砂層,則屬可有可無之物,因粗砂實無濾水之功用,其任務不過祇為承托細砂,使其勿與以下之小石層直接接觸混合而已。是以普通多將該層粗砂厚度,定為1呎以下,或竟不設,以節糜費而增大池身之有效容積。今增步水廠舊砂濾池之頂面水層厚度祇為1呎有奇,而其下之細砂層厚約3呎,此則尚為適合,惟其底部尚有一粗砂層,其厚度竟達2½呎以上,更下則為1呎3吋之小石層。如此,則以區區全池之8呎深度,僅粗砂及石等巳佔去4呎深度,大足以減少上面水層之深度,其勢必至將細砂層之面層托高,因而發生砂面層之吸力水頭(Negative Head)。此項吸力水頭,最爲自來水工程界之所忌,因凡砂濾池,如有吸力水頭之存在,則水中污積必有透過細砂層之虞。今廠內慢性砂池中吸力水頭有時竟達2½呎左右,(卽細砂之頂層,高出於濾水出水口之水平線之高差數目),是以筆者認爲歷年砂濾池之受患,其最大原因卽在此。

夷考砂濾池細砂層之增高致與自來水工程習慣違背之原因,實緣歷年處理該池者未能施用科學方法,純以普通常識爲臆斷,是以負責管理之人,往往認爲將砂層加厚,可以濾清水質。此外尙雜有其他不合科學原則之理想及方法。在此十數年中,又無人以科學理論加以啓迪及糾正,是以造成今日全池污積局面,誠不幸也。

筆者鑒於上述錯誤,決計依照歐美自來水工程正當習慣,將砂濾池各層,予以改正。其法無他,卽將砂池水層,保留3呎以上之深度,其下細砂層厚度,定爲3呎,幷將粗砂層免去,僅留囘五六吋左右之厚度,以資承托,其下則爲小石層,厚約1呎,再下則爲磚格承托層,厚約6吋。各層尺寸,照此法改善,則將來之應用水頭,可以增大,更可減去危害砂池之吸力水頭,同時增厚細砂(卽濾砂),幷將無用之粗砂層除去,藉以增加濾池之濾水效用,及其服務時間。編者認爲該項砂濾池,一經照此改善,則可一洗歷年砂石層淩亂錯誤,砂層淤塞,水質混濁之患。現此項計劃,巳由市當局核准,逐步推行,但施工以來,因經費過少,而人工方面又多被廠方隨意調爲他項工作之用,是以進行頗感遲緩。其最感困難者,厥爲大量砂石之搬運及存放問題。因每池之中,貯有約一千方之砂石,於清理改善時,須行搬存他處,而池傍附近,實缺乏餘地,以堆存此項大量砂石,是以此點頗感困難。此外則清理時,濾池四週墻壁及底部之透

8035

漏水量極大,抽水工作,頗感繁重,而抽水機械,亦復缺少,現正在努力設法補充抽水機械,以促工作之進行。

現下六池之中,第一砂濾池,已將改善就緒,試水之後,如成績證明良好,則應將此法陸續推行於其他各池。

(2)剷砂方法之錯誤　查水廠內慢濾池之人工剷砂皮工作,因歷年以來,缺乏合法之指導,純由普通人工以常識之臆斷,作為指揮之標準。故所僱剷砂人工,於剷去上層汚塞砂皮之後,復用鐵鋤,向下面砂層發掘,深入地約八九吋。此法據稱乃歷年沿用為鬆鬆砂層,催促濾水之用,但筆者認此法最為錯誤,因用鋤向下深掘,則凡鐵鋤所到之處,卽為汚泥積聚之區,如此則下次剷砂,則應將此盈呎厚度之砂完全移去方可,但此為事實上所不許,是以歷年用鋤掘砂,實為汚泥深入砂層之大原因。在歐美方面,雖亦間有用此法者,名曰"Spading",但各專書均曾聲明,此法祇可於應時偶一用之,不宜經常應用,以免汚物深入下層。今增步水廠,舊砂池部份歷年均用此法,亘二三十年而不知改善,則宜乎水質之惡劣矣。至改善之法,宜以下列各條為依歸:

(甲)洗砂池時,將池水面放低,至砂層下數吋,然後剷去上層積泥之砂皮,其厚度由半吋至一吋不等。

(乙)用半吋長或一吋長之釘爬,將砂面爬鬆撥平,然後放水回池。

(丙)砂皮剷去,經過用爬爬平後,卽放回濾水。其放回方法,有放回清水,由底漲起,至高出砂面少許,然後開放濁水者,但亦有卽行放回濁水,使其澄清數小時,然後再行開擊濾水者。

(丁)細砂層經歷次剷去,至剷剩一呎厚度左右,卽不宜再剷,須待放回洗淨新砂後,方可應用。

上述各法,倘施用於已經整理完畢之砂濾池,則將來濾出之清水,對於濁度,及水中所含微菌數,必有長足之進步。惟倘施諸未經整理之砂濾池,自無若何成績之可言。因現有之各舊砂濾池,均經數十年之污積,污物已積遍全池砂石層中,即池底之磚格層,亦已充塞殆遍,非經根本清除,不足言整理矣。

（八）增步舊廠部份施行電力化計劃　增步水廠原分新廠與舊廠兩部份。新廠製水,用快濾式,舊廠則用慢濾式。舊廠部份,建於前清光緒末年,新廠部則成立於民國廿年五月。舊廠之發動機設備,在低壓抽水部份,素用煤氣發動機抽水。此項煤氣發動機其發生煤氣手續複雜,管理不易,且沿用既久,機件朽敗,效率尤差,其昔日預定出水量,每機每日約可出五百萬英加侖,兩部共出一千萬英加侖,又本市工廠自造之煤氣抽水機兩部,每部每日約可出二百萬英加侖,兩部共出四百萬英加侖,合計每日舊廠低壓機原定出水量,約爲一千四百萬英加侖,今試以七成估計,則每日低壓抽水方面,約爲一千萬英加侖。

舊廠部高壓抽水機方面,設有蒸汽渦輪發動抽水機一部,原定出水量每日應爲七百四十萬英加侖,今因日久機件損蝕,平時平均出水量祇可作六成估計,每日出水至多爲四百五十萬英加侖,又蒸汽雙汽缸抽水機四部,每日每部約可出二百萬英加侖,四部合計則爲八百萬英加侖,今以七成估計,則每日該機等出水量應爲六百萬英加侖,連上實出水量共爲一千萬至一千一百萬英加侖。吾人試思以此區區之出水量,而運用鉅大機械達五部之多,平日管理既難,燃料所費尤鉅,况各機所賴以取給之蒸汽發生爐,僅有一座,倘一旦需要修理,則除燃用極舊式之長身火管汽爐外,別無辦法。該項舊爐,發生蒸汽能力極低,故筆者認爲此項舊式抽水機械之設備,實成凌亂龐雜,能力低微,亟宜從新改善。其法爲何,即將舊廠部份抽水機械,實行逐漸電力化之設備是也。爲達到此項目的起見,擬作下列之設備:

在舊廠部之原先蒸汽透平高壓抽水機室內預留擴充地點上,增設電力開動離心力抽水機一部,其每日抽出清水量,應爲一

8037

千萬英加侖,卽每小時出水量189立方公呎,抽水壓力水頭,應作260呎估計。至斷定此項抽水壓力水頭數目,乃根據視察及實驗方法而定,因年前於安裝舊廠24吋輸水總管之范途里式水量計算儀時,曾割出大管一段,以視察該管內部銹蝕狀況,(該管曾負輸水任務達三十年之久)而研究其壓力損失情形,幷就廠方出水管首端水壓表之指數,與該大管綫末端水塔底之水壓表指數,以比較兩端水壓相差數目,而測出全管水壓損失情形。研究結果,斷定新購抽水機之水頭壓力,應爲在260呎左右,且此項水頭數目,尙須與原有之蒸汽雙缸式抽水機四部之水頭壓力配合,以便將來便於合併開動,不致有水壓差異太甚之弊。

此項大抽水機水頭壓力之估定,旣如上述,該機配用之電動馬達,應爲高壓電力者,卽2300伏,以便與前時購備之1250啓維哀變壓器接駁。抽水機之馬力,約爲670,效率應以超過80%爲宜。動力馬達方面馬力,爲700,爲三相滑環同週式,週波爲50—60,以便將來市新電廠改用五十週波時,亦可應用,同時抽水機方面,亦須置備頁輪兩個,因異日週波轉換時,機之速率更改,而出水量及水壓等,可以藉此維持不變。其餘應設備之附屬配件,如自動真空起水機,電力開關,安全設備,儀器表件閘門水管配件等,一切俱全。此項高壓抽水機電力化之設備,約值國幣一萬八千元左右。

一俟此項新機購到開用後,如需要增加出水力量,則可力開舊有之蒸汽透平離心力抽水機一部,或加開舊有蒸汽雙缸式抽水機四部。如此,則舊廠之高壓抽水方面,隨時可得一千八百萬英加侖之水量,但在平時需要較少無需增機時,則完全以電力開動高壓抽水新機械,而以蒸汽機械作爲預備,遇必要時始開用之耳。

舊廠高壓方面出水量之增加,已如上述。顧低壓方面,亦應設法增加,方可應付河水之供給。查原有之低壓抽水機房有二,一大一小。其大者內設100馬力煤氣發動離心力抽水機兩部,出水量共爲每日一千萬英加侖。此項煤氣發動機,在管理方面,雖較複雜,惟其動力成本甚廉,工作亦尙可靠,就目前現象觀之,其抽水成本,尙略較施用電力爲廉,因現在與市電廠所訂之電力價目,每度爲小洋四分三厘,故暫擬將該室機械設備,一仍其舊,至必要時,方將該煤氣發動機拆除,改裝2300伏100馬力之電力發動馬達以代之。至低壓抽水機房之小者,乃一頗舊之建築物(稱小舊煤氣機房),內設舊式煤氣發動離心力抽水機四部。該項機械,多由舊日在市內之鐵工廠自行製造,使用既久,能力損耗,每機每日究能出若干水量,均無可考。惟此種機械本身雖已殘廢,但其建築物及設備之一部份,尙可利用,如安裝抽水機之機穽,出入水之12吋徑生鐵管及其節制閘門等,均可沿用以免更張。其需要增加機械方面,爲用電力發動直接聯合之離心力式低壓抽水機兩部,每部每日出水量爲四百萬英加侖,水頭定爲450呎,電力馬達馬力爲60,形式爲松鼠籠同週式,2300伏,50—60週波,以便將來市電週波變易時之用。又抽水機之車頁,亦須配備不同速率者各一以爲預備。又因抽水穽中,往往有潮濕之患,故一切抽水電機內部線球之構造,以能防護潮濕及水漬爲合。又機械本身,一切零件,均應配備齊全。預計此項低壓抽水機械購置費,約値國幣一萬三千元左右,倘連水管零件電纜等合計之,則約需國幣三萬五千元。裝置之法,可就原有機穽,將舊煤氣機兩部抽出拆除,并將機躉加寬改建,以備裝入新機,更查年前置備之13200/2300變壓器一具,其容量爲1250啓維亞,以之供給此項高低壓抽水機電力,自覺綽有餘裕。將來新機開動後,舊廠機械方面,已經大半電力化,無論何時,高壓低壓兩方面,均可出足每日一千八百萬英加侖水量,較之現下該廠部之抽水量,實已增加百份之八十。目下此項計劃已得市政當局核准,正在辦理招標訂購中。

(九)舊廠沉澱池之增改計劃 查舊廠部濾水方法,乃適用慢濾砂池,故向無沉澱池之設備。河水直接由河中入水口,流入澄清池三口,再經低壓抽水機之抽吸,輸水達於高出水廠地面約8

呎之高架分水池,河水卽由此池,分配於慢性砂濾池六個。惟査近日因出水量加大,此兩重經過天然澄淸之手續,對於減少水中泥份,均不見有若何效力,一遇雨季,江河之水,挾泥特重,砂池濾水,逐感困難,更或逢苔菌滋生之候,濾砂面層,受患尤重。是以慢性砂池之濾水率,受此限制,水量祇有減少,無法擴增。若上述之高低壓抽水機械設備,一旦擴大能力,而不於同時將灌入慢性砂池之水,設法將濁度減輕,則每日濾出之淸水量,亦屬無法加大。爲挽救計,宜將此高架分水池一座,施以改造,使其於池之入水一端,建有混和槽(Mixing Channel),於槽內妥建格板(Baffles),以混和礬液,并於池之他端,建淸水集水槽,以收集經過沉澱作用之水,隨將該水導流分配於慢性砂濾池六個。如此,則注入砂濾池之水,因已經過沉澱作用,約二小時以內,對於水中挾持之泥質苔類,均可作大量之減輕,不致充塞於砂層之面,將來每砂濾池之濾水率,可因此而增大。往日每英畝濾砂面積,每日僅能濾出淸水五百萬英加侖以下者,如一經改善,當可望增加至八百萬英加侖之數。

因該高架分水池高出地面8呎,故在池底(8呎深度)裝設簡單之排除泥渣設備,亦非困難之事。預計全池改裝間格設備,及排泥管等,約需國幣一萬五千元左右。現此項計劃雖已擬妥,尙未實行。

總計上述設備,其關於舊廠部之增加水量方面者,厥爲舊廠之電力化設備,及沉澱池之增改計劃兩項,約計兩項所需應爲國幣六萬餘元,計因此而增加之水量,每日約爲六百萬英加侖。更査前次增步建成一千萬英加侖之新快濾池時,其所費爲毫銀一百五十餘萬元,今茲約費國幣六萬元之款,則可多得每日五六百萬英加侖水量,其成效何若,甯非淺顯易知耶。

(十)東山分廠機械錯誤之糾正及其出水量之增大 東山水廠,當建設時,僅具雛形,故一切根本原則之設備,均多缺乏。例如水源地之錯擇,水質之汚濁,水源地建壩計劃之奇特,沉澱池之缺之,抽水機水頭壓力計算之錯誤等,在在均足制該廠之死命。是以民國二十二年時,東山居民年中無日不感受水荒之苦。筆者曾經一年餘之慘淡經督,設法挽救。時至今日,各部工作,幸已逐步完成。東山一市,自來水水量及水壓方面,已有極大之猛進。昔日每逢夏季凡居住二樓之住戶,多難謀涓滴之水者,今則四五樓住戶均無缺水之虞。至水質及臭味方面,亦多所改進。茲將所施用各方法,分述於下:

(1) 水源地點之改善 夷考前時建廠之際,斷河建閘,其意殆欲攔河蓄水。惟因設計不良,横河之閘墻,祗能塞水,而不能洩水。因其洩水閘門極小,對於年中山洪流量,并未加以估計,因此山洪一至,横溢蕩決,附近園地,被其冲陷者不可勝計,於是祗餘孤墻一度,屹立河中,空有阻水之功,而無蓄水之用。既無來水可供抽吸,而鄉民失地,時相訴辟。筆者默察其致病之由,實爲山洪流量太大,洩水閘門太小,兩傍堤岸太低,閘墻兩頭未加保護,是以一遇水溢過閘,卽成災患。遂施用極經濟而簡單之法,從事補苴。其法爲打樁築板,建造臨時護岸,并加用木斜撑,以資保固决口處岸土之崩陷,同時施用石壓護蓆,以防止岸底下部水溜之冲刷,建造木石潛壩,以便堵塞决口,并利用之以爲儲蓄水量,藉供抽吸之用,并修補從前設計未善之水泥斜坡護岸,隨時隨地,加用石壓護蓆。工作完畢後,其局乃定,岸不崩落,河慶安瀾。又恐日後積沙淤河,有妨舊日入水口處,將來或竟爲沙阻塞,故復在廠前河邊,加造簡單之岸邊入水口一個,以爲緩衝救濟。嗣後東山廠河水水源,始得免枯竭之患。

(2) 沉澱池氣化池等之加設 東山水源,當日選定時,毫無技術眼光,只爲相傳「沙河水可製沙河粉」一語所誤,故其水源之水質,既濁且污,須設沉澱池以除其泥,并建空氣噴化池以袪其味。其餘一切製煉水質之手續,均照世界水廠普通應用之方法辦理。如沉澱方面,利用加灰及加礬法,由格槽式混和 (Baffle mixing) 混和水質後,使其在沉澱池中,經過四小時之沉澱,方注入壓力快濾缸(Pressure filters)。至氣化方面,則用螺旋噴射嘴(Spray nozzles),將水份噴成細點,使與空氣接觸,而收袪除臭味之功。

(3)機械錯誤之改正及水量之增大：原日廠內機械之設備實未經過技術設計,純爲當時負責者隨意斷定,是以抽水機之馬力及水頭等,均不合於實際應用。當日採用之水頭,竟高至328呎,而實用之水頭壓力,至多不過爲220呎左右,是以無用之水頭太多,因而馬力方面之虛耗,幾達50%以上。今改善之換機計劃,即爲設法利用此虛耗之馬力,使其變成可以實行抽水之馬力。其法將新機之水頭,減至220呎,而水量可由每分鐘340加侖,增至560加侖。又因舊日機械能力已失,故每日兩機出水量,最多亦不過七十萬美加侖左右,今茲換機以後,則每日兩機抽水能力,已可達一百六十萬美加侖。至於換機特殊之點,更在馬力不至增加,使原有之電力發動機可足應付(原有電動機馬力爲60),不必另購新機。合計兩抽水機所費,不過港幣二千八百餘元,如將多出之水可以售出之部份估計,則每月亦可多出一萬元之水費(僅按出水量一部份估計)。故抽換舊機,在經濟方面,暨工程方面,均可稱爲合理化之改革。

此項機械錯誤,已奉准依法改革。新機裝妥後,出水量方面已根本加增,現在水量每日已出至一百一十餘萬美加侖,大管中壓力,亦已較前提高至每方英吋110磅左右。現在東山全部飲水,已感充足,絕無從前水荒之患,即居住四五樓之居民用戶,亦不患飲水缺乏矣。

當筆者提議抽換舊機之際,一般人等大都認此舉爲輕率狂妄。及機械運到安設以後,一切水量水力,均如所期,即水量增加,水力加大,而需用電力度數,反僅及前時用電數目之一部份,於是誹議始息。惟此舉雖可震駭庸俗,但在學理上,則僅爲抽水機中水量水壓數目之調換而已,毫無其他若何深奧學理存乎其中。特當日設計者,對於機械選擇方法,多未明瞭率爾設計,致鑄成大錯耳。

(4)祛除臭味之辦法　查最近歐美各國最新式水廠,對於排除水質中不良之味及臭,極爲注重。此項改良味臭方法,吾國水廠已有舉行,如上海水廠是。本市東山水源,既屬污濁,則其濾出之水,挾帶臭味,自不能免,用戶方面亦多深感不便。爲救濟此項缺點起見,已不能專賴氯化之作用,必須加用他法,以補救之。至最新方法,則爲施用氯氫合加法(Chloramine Process)及施用活炭粉(Activated Carbon)法之兩種,尤以後法最有效驗。是以年前在東山廠方面,曾幾度施用氯氫法,以爲殺菌及去臭味之劑。當日因無流質氫氣,故代以硫酸錏粉(其能力約等於液體氫氣四分之一),結果倘稱滿意,迄今仍暫時沿用此法,一俟向國外購到活炭粉後,即將改用活炭去臭味法,屆時或藉氯氫劑爲殺菌之用,而對於排除水質內臭味方面,則專賴活炭粉之效用。其施用數量根據試驗所得,約爲在每百萬美加侖水量中,加入活炭粉30磅左右。

(十一)全市道路水管網之補充及改善計劃　歷查從前市內感受水荒,其原因半由於水廠出水量缺乏,半由於輸水管網之裝設未能普遍,是以市內倘有若干寬大道路,未設大水管,祗用12英寸小管,展轉引長,勉强接駁,故即使有水,亦無從輸達於樓宇。爲挽救計,前曾擬具三期裝管計劃,從事補裝各道路6吋生鐵管,以資各道路之給水。計此項添裝管線,共分二十路線,計長約四萬餘英尺,現已陸續裝設完竣,水量水力方面,均大有增加,市內用戶稱便。尤以東山一帶,曾加入8吋徑生鐵輸水管約七千四百餘呎,於是東山新河浦一帶之水壓,竟由每方吋5磅,增至六十餘磅。由此可知水管輸水量之足以影響市民用水者,甚爲重大。考之美國近年,多採用雙管制(Double Main System)者非無故矣。

上述補充添設街管網工作,已經辦妥一部份,市內主要區域,給水狀况已大感進步,此外應更作更進一步之改善計劃。市區內現倘查得應裝設6吋水管之街道,約有廿六線,共長六萬呎,需費約十五萬元,一俟經費籌妥,工作核准,即可陸續興裝矣。

（十二）市內內街舊水管之裂漏及其補救方法 美國大都市之自來水管理當局，對於搜求水管網隱藏之裂漏加以修理之工作，背願費去大量薪額，容納多數員工，以求整理裂漏。例如芝加高一市，對於搜漏工隊之組織，常設工程師二十餘人，工人數百人，修理機車十數輛，每年需費鉅萬，人員不分日夜，常川巡視，以事搜求，而其結果，則所得恢復之水量，其價値竟若干倍於所費之人工款項。搜求水管裂漏工作之重要，於此可見。廣州市水廠成立於前清光緒末年，迄今已達三十載，從前市內未建馬路，一切大小水管，均埋置於內街渠邊石底，水管與渠道幾聯成一氣，日受渠中污水浸潤，達數十載。査溝渠之水，侵蝕能力甚烈，生鐵水管，防腐之力，尙屬強大，惟接駁食水之小管，爲白鉎鐵所製，壽命極短，一遇污水接觸，不數年間，卽已穿漏，而此項穿漏之水，因在街石石板下方，隨漏隨流去渠中，不致向街路面噴出，是以無從察覺。據筆者估計市內舊街石底渠邊，隱藏未能發現之裂漏地點，當在數千以上，是以水廠所出水量，雖在夜深用戶休息之時，總水管計水量儀器，所指之出水量數目，仍與日間無大差別，此項情形，實爲中外各城市所無。此項損失大約可及每日出水量三份之一，假若長此不加救濟，則市區之內，無論將來新建水廠，設備如何偉大，而其所出水量大部份亦將循此大量之裂漏水管以俱去，因全市水管，彼此連貫，不易劃分也。

挽救之法，目前亟宜於深夜派出特別組織之搜漏隊，利用更深人靜，萬籟俱寂之時，分段巡行，各內街橫巷，按聲尋視，幷加用各項聽漏聲器，以資輔助。以目下情況而論，因未有固定預算，故祇能組成一隊，計工目一人，工人二人，每日工作自深夜二時起，至翌晨五時止。每夜約可發現裂漏十數處，均分別登記，以便翌日派工修理。惟經費缺少，不能擴充組織，祇此一隊，收效未宏，不過聊樹風聲而已。

8044

電解河東鹽製造苛性鈉

陳倘文

(一) 緒言

製鹼工業為化學工業之基礎,其發達與否,於國家工業盛衰有莫大之關係,故文明諸國莫不盡全力以求斯項事業之發展。我國科學落後,斯項事業興辦者少。以我國產鹽之多,列全世界第五位,[1]如山西安邑縣運城有河東大鹽池,沿中條山北麓,東西長51里,南北闊7里,循其廣袤而計之,周160里。[2]有如此廣大天然之產,而不知利用,其為遺憾,莫此為甚!曩者曾用此鹽為原料,製造苛性鈉,試驗結果,品質絕佳。

現今各國因人造絹絲業發達之故,苛性鈉需量激增,惟以規格甚嚴,不用汞極法,其製品絕難適用。

山西當局,努力與辦各項工業,如製紙,窯業,皮革,毛織,煉焦等廠,均已相繼成立,其他化學工廠,亦在積極建設中。最近之將來,苛性鈉,漂白粉,鹽酸等之用途日必增加,故由河東鹽之試驗結果為本源,設計適於目下各項工業用之製品工廠,日產苛性鈉兩噸,漂白粉兩噸,鹽酸兩噸,由隔膜法電解,槽係用Billiter Siemens式。

按此項工業不但為極重要化學工業,且同時為最極重要之國防工業,各種毒瓦斯之製造,莫不以此為基礎。故各國電解食鹽工廠,嚴守秘密,由軍部監視,以防洩漏。現在國際風雲日緊一日,我

(1) 日本工業化學雜誌三六編,一六八〇頁,一千九百三十三年。

(2) 勅修河東鹽法誌一頁。

國處此漩渦,不可不亟事準備,以爲未雨綢繆之計也。

(二) 關於電解槽之考察

電解槽之種類甚多,專利者約百餘種,其中主要者有二十餘種,卽鐘極法三種,隔膜法十四種,銾極法五種,熔融法二種,玆舉例以明之:

實際作業上最重要之事,爲電力効率。用隔膜法流出之苛性鈉液,其濃度與電流效率有密切關係,[3]如第一表。

第一表

電解液之NaOH 濃度	g/L	60	80	100	120	140	160
電流效率	%	75	70.6	65	60	55	50

故各電解槽之効率,[4] Billiter Siemens, Finlay, Basle, Townsend, Gibbs等最爲良好, Nelson, Allen Moore稍次, Griesheim 最差。若使電力効率增高,則苛性鈉之濃度自然減低,惟其濃縮所需之燃料甚多,故不得不依燃料價值以爲支配。Townsend 式製得之苛性鈉,甚爲濃厚,但電力消費頗大。Finlay 式所得之苛性鈉,濃度甚薄,故電力消費則較少,此式適於製紙廠之用,尤專以製氯氣爲目的。銾極法因所需之固定資本較高,且電力消費亦多,然可得純粹之製品,且濃度甚厚,適於特種之用途。電解槽床面之大小,亦爲工業上重大問題。此種銾極法與水平隔膜法所佔面積較大,不若用直立隔膜法爲有利,更以Wheeler, Voree, Gibbs 等圓筒型式及Nelson式之U字型陰極式,槽床之面積甚小。Townsend 式與電流密度同型之式大,而槽床面積小。

陽極與隔膜之更換,於工作上亦有重大影響。其更換時之難易,由電解槽之構造各有不同,如 Townsend and Allen moore 式更換

(3)　A. J. Allmand (The Principles of Applied Electro-chemistry, 1924, 453)

(4)　日本曹達工業史四二頁電解槽一覽表。

時手續較易,可以用薄石綿布。

Billiter Siemens 式不易更換。為避免麻煩計,用厚石綿布,上面塗以 $BaSO_4$ 及石綿絲之混合物,以增加其耐久性;陽極亦然。除數種電流能率不良之電槽外,各槽各具特點,其優劣頗難判定。關於現在使用之各種電槽,究以何種最為有利一問題,據 J. Billiter[5] 謂現在電解食鹽工業所使用之總電力為十四萬馬力,其電解槽順序分別如第二表。

第二表

Billiter Siemens	32%	Allen moore	13%
Greesheim	20%	Nelson	
銾極式	18%	Townsend	11%

歐戰前使用之總電力為七萬八千馬力,Griesheim 38%,銾極法 32%, Billiter Siemens 16%。現在所用之馬力約增加一倍之多,但 Billiter Siemens 式最為發達,又最古之 Griesheim 式現尚廣為採用。除前述電槽中之數種外,其電流効率類皆良好,其優劣與工廠地價,電力燃料之價格以及成品銷售情形等有關,非可概括加以評判也。

曩者曾用河東鹽加少量錳鹽為結晶助成劑以再製之鹽,及河東鹽(硫酸根之含量比海鹽多)直接精製,以作電解之原料,採用水平隔膜法之 Billiter Siemens 槽,實驗製造苛性鈉。

(三) 實驗準備

(甲) 原料　食鹽之純度,達 95% 內外者,即可供電解之用。若用純度更佳之原料,其價格必大,生產費甚不合算。日本山崎貫五郎氏用關東鹽溶液,使用苛性鈉精製處理後,上澄液所含不純物之分析,如第三表。[6]

(5) Die technische Chloralkali-Elektrolyse, 1924; Rudolf Meingast, Chem. Ztg., 1925, 586。

(6) 日本東京工業試驗所第十回。

第三表

闞東鹽之成分	水分	不溶解分	NaCl	$CaSO_4$	$MgSO_4$	$MgCl_2$
	5.35	1.26	90.1	1.06	0.08	1.12
苛性鈉處理後不純物				Ca	Mg	SO_3
				0.10	0.10	0.80

據日人山崎眞五郎氏之法,將河東鹽以苛性鈉處理後,上澄液之不純物分析,如第四表。[7]

第四表

含有物質%	NaCl	KCl	Na_2SO_4	$MgSO_4$	$CaSO_4$	不溶解物	水
河東鹽之分析	87.946	4.615	2.351	2.574	0.102	1.500	0.330[8]

成分 (%)	SO_4	Mg	Ca
河東鹽之不純物	3.72	0.52	0.03
苛性鈉液之處理後	3.02	0.09	0.01

觀第四表,可知河東鹽以苛性鈉處理後,其不純物中之鎂鈣可得精製之,但硫酸根用此法不能除去。若將含硫酸根太多之食鹽溶液電解之,因硫酸游子放電之故,陽極就發生氧氣所生之氯氣得率低下,同時生成遊離硫酸,使溶液呈酸性,則陰極生成物之得率亦形減少。雖電解液之成分,與電流作業能率變化之關係尙未明晰,但一般電解食鹽工廠所用食鹽溶液,若硫酸根之含量大,則氯氣發生之能率低,且石墨陽極之消費亦大,則爲周知之事實。

基於以上理由,食鹽溶液中之硫酸根,在可能範圍內,務以除去爲是。欲完全除去硫酸根,以使用氯化鋇最爲良好,惟若硫酸根,含量甚多,則以精製所用之氯化鋇需量過多,經濟上殊不合算。

本精製法以工廠經濟之立場,由河東鹽溶液中用氯化鈣(與日本西村虎吉氏[8]除去苦汁中之硫酸根方法同)將大部分之硫酸

(7)　日本東京工業試驗所分析室所分析之結果。

(8)　日本工業化學雜誌第二二編,一千九百十八年。

根除去後,所殘餘之硫酸根,再加氯化鋇以除去之。至其過剩之鈣鹽,鋇鹽,及食鹽液中之鎂,鐵,鋁等,則如 G. Stella[9] 或日人中譯良夫氏[10]之報告,用苛性鈉及炭酸鈉之混合液,使鋇鈣成炭酸鋇炭酸鈣,鎂鐵鋁成氫氧化之沈澱物。又食鹽液中過剩之炭酸鈉及苛性鈉,用鹽酸中和後,將此溶液作電解用之。

再將河東鹽依日人丸澤常哉氏之報告[11],當鹹水中加以少量錳鹽,用天日製鹽法再製之,其成分如第五表。

第五表

含有物質%	NaCl	$MgSO_4$	$CaSO_4$	Na_2SO_4	水
河東鹽加氯化鎂再製鹽	96.71	0.11	0.36	0.22	2.60

覩其成分,迨與塘沽鹽加錳所製之鹽[12]一致。

此再製鹽精,用氯化鋇及苛性鈉加之,則 $BaSO_4$, $Mg(OH)_2$, $Ca(OH)_2$ 沈澱,此時鹼性過剩,以鹽酸中和之後,作電解用之食鹽溶液。

(乙) 溶液之濃度　電解用之食鹽液,務使濃厚(但Gibbs電解槽之食鹽溶液之濃度爲25%)[13]。A. H. Hooker[14]供給懸垂狀態之固體鹽於陽極室之溶液中,俾常得飽和狀態,對作用上最爲有利 J. Billiter[15]。但如用Townsend式槽,電流密度極大,而用食鹽溶液量亦大,尤爲適當。蓋前者每因固體食鹽積塞隔膜之弊得以免除。

本實驗所用之食鹽溶液照前章所述兩法調製之,其濃度如下。

(9) G. Stella Koll Z. 40. 112. 1926.

(10) 日本大阪工業試驗所報告第十四回第九號一千九百三十三年。

(11) 日本工業化學雜誌三四編六〇九頁。

(12) 黃海化學工業研究社第五號十二頁民國二十三年二月

(13) Tacoma Electro-chemical Co.

(14) Chem. Met. Eng., 1920. 961.

(15) Die Technische Chloralkali-Elektrolyse 75. 1924.

a液 以河東鹽之再製鹽,精製之,作25%之溶液。

b液 以河東鹽直接精製之,作25%之溶液。

(丙) 陽極之選擇 陽極材料除Greisheim電解槽之爲酸化鐵外,多用人造石墨。最要之點爲其表面之孔度(Porosity)。孔度若大,則電流効率低下,故表面常塗焦油(Tar),蠟油,胰子等以塡充之。關於此項研究,據U. Pomilio[16]氏試驗之結果,ClO_3, SO_4'',等之游子多時,則不能順利進行。或食鹽溶液不純之時,塗布劑卽可奏効。普通工作良好時,其効果甚小。現用之河東鹽含SO_4量甚多。以除去時消費甚大,故用塗布劑實爲適宜。又據E. Schlumberger[17]氏,石墨電極面不加塗布劑,而常使新鮮食鹽溶解接觸,則可減少電極之消耗。因此電極有特別之孔,及有作成中空者,由此將食鹽溶液(或稀薄鹽酸)全部或一部注入。惟此種辦法能否順利,尙屬問題。

此外陽極,C. G. Fink and L. C. Pan兩[18]氏尙用鉛銀之合金(61%之銀) Siemens CO. 架於水泥石膏粘土砂等所做成有孔支持體之上。又有面上塗以二氧化錳更加氧化鉛。或以磁胎上覆貴金屬等種種陽極,惟其應用能否推廣,尙係疑問。

本實驗所使用之陽極爲Japan Carbon CO.之人造石墨板,浸以溫蠟者。

(丁) 隔膜之選擇 隔膜法除Greisheim電解槽者用水泥製造外,多用石綿紙及布以增加耐久能力。所用之塗布劑,如Billiter Siemens式爲硫酸鋇及石綿絲之混合物,Townsend式使用石綿絲與特種三氧化二鐵之混合物。此外如氟化鈣或滑石,及醋酸錳,醋酸鋁,Ti Oxalate,二氧化鎂,二氧化硅,鹼性土(Alkali earth)等膠質,均可做塗布劑之用。又石綿可代以玻璃絲做成水平隔膜。細網上塗布有孔性之物質,其孔內夾金屬細板等,雖各有可能,惟除石綿紙

(16) Giorn. Chim. Ind. ed appl. 7, 63; Chem, Ztg., 9 Mai, 1928.

(17) Chem.-Techn. Ubers, 1927, 10; Chem. Ztg., 9 Mai, 1928.

(18) Trans. Amer. Electrochem. Soc. 1924, 129. 1926. 183.

8050

及特製布以外之隔膜,皆不適於應用。H. K. Moore 氏[19] Allen Moore 式電槽之工作詳細報告,謂隔膜連續可用三十日。工作中止後,洗滌二十四小時再用,則電壓可以下降,效率甚好,頗堪注意。

關於銾極法, E. Muller and A. Riedel 兩氏[20]於鈉銾合金 (Amalgam) 分解時,使用鐵合金(Ferro alloy) (M O. W. V. and Cr) 電極,以促進其分解。蓋以此等金屬溶解於溶液中,復析現於銾面,以致過電壓低下之故也。

以上爲技術方面主要之研究,於實際上甚有價值。

本實驗係用 Billiter Siemens 電槽。其塗布劑爲氟化鈣,硫酸鋇等。在鹼性溶液中甚爲堅固,以其極微粉末狀之物,拔出於石綿布也。大粒則凝結而成不透性之物。若不凝結時,透過性太大,於氫氣上昇頗有影響。但如此等不溶性物質與石綿絲混合適當,則無上述之弊。使用後一星期至二星期,乃至數年間,其有孔性亦可均一維持。又硫酸鋇粉末及石綿絲之比例,其關係應如第六表。

第六表

		I	II	III
陰極濃度(NaOH)		8—13%	13—18%	18%以上
對百C.M.平方	$BaSO_4$	190公份	275公份	350公份
	石綿絲	3—6公份	3—10公份	15公份

本實驗之隔膜塗布劑按第六表之I調合而成。

(四) 裝置

本實驗之電解槽爲鐵板製,長 27 公分,寬 17 公分,深 11.4 公分。內側壁厚1.6 公分,以水泥製成 (B)。其面積約有 344 平方公分。離底面 1.2 公分之上,有鐵絲網,爲陰極 (K)。陰極上層蓋有石綿布 (T)。更上爲前章 (I) 種之隔膜用塗布劑之泥狀體。置於半公分厚布上隔膜上方 2.5 公分之處安置三片水平石墨陽極 (A)。每片長 10

(19)　Chem. Met. Eng. 1920. 1011.

(20)　Ztschr. Electrochem. 1920. 104.

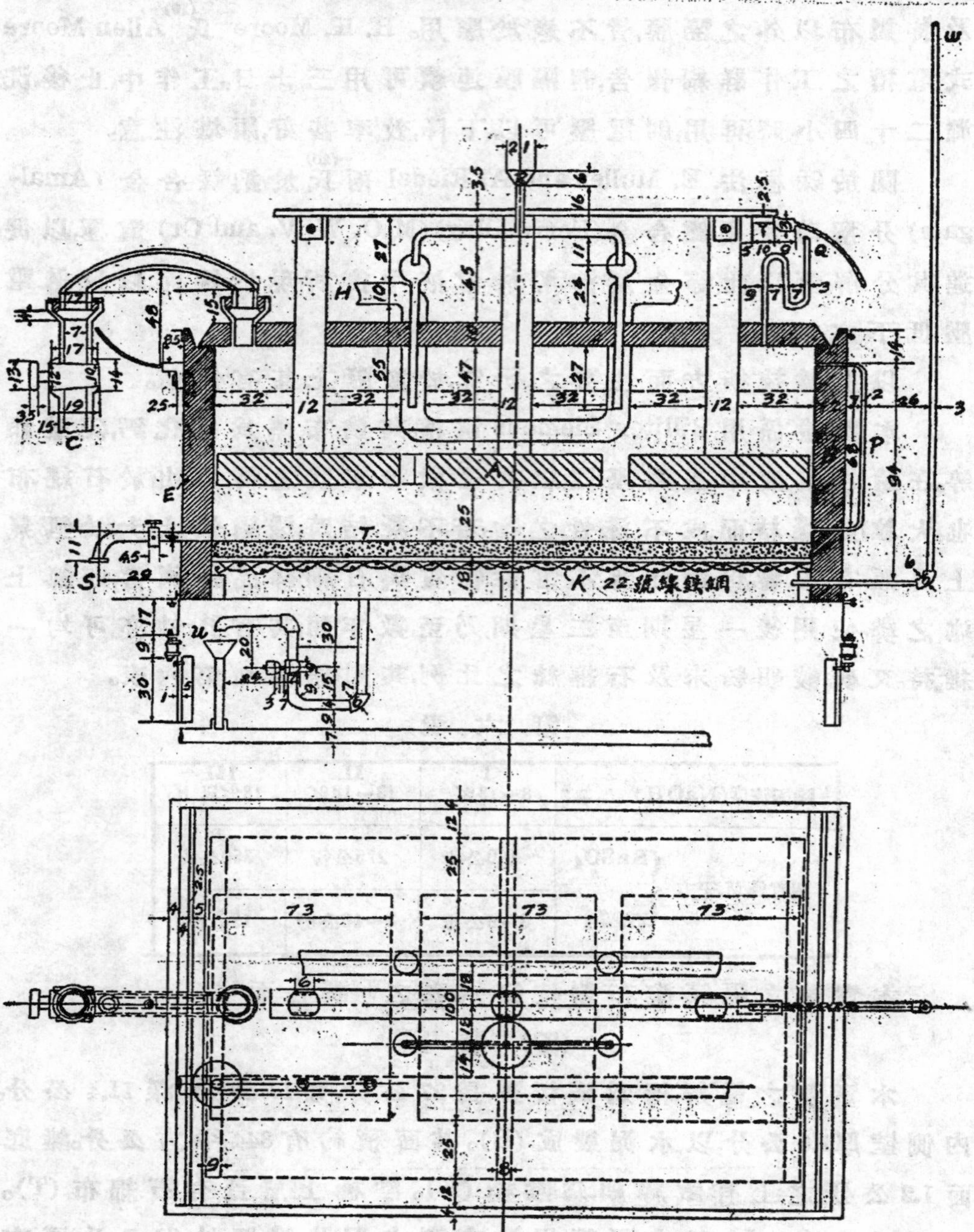

圖中尺寸係以公釐為單位

第一圖 Billiter Siemans式電槽

第二圖

第三圖

公分,寬7公分,厚1.3公分。電解蓋(厚0.6公分)至陽極室間食鹽溶液中,設置玻璃管(H)。通以水蒸氣,以備食鹽液加溫(攝氏三十度至七十度)之用,電解液則由槽底流出(u)。氫氣由(W)管放出。氯氣由電槽上方(C)管放出,而後通過吸收瓶,以備定量氯氣之用(參閱第一至第三圖)。

(五) 試驗

(甲) 第一次　將前(三)節所述之(a)食鹽溶液,加入電槽,使溫度上昇適可後,通以電流。然後測定電解液之鹼性濃度並量電流消耗計算電流能率。結果如第七表。

據第七表,電解河東再製鹽溶液,經過六小時,可得苛性鈉含量至12%後,將食鹽液注入速度加以調節。至12小時後,苛性鈉方達預定之濃度。又理論之電流效率為一百,電壓為23弗打,消費電力為1.54[21]。本實驗之電流能率為93%,電壓為3.93弗打,消費電力為3。

(乙) 第二次　將前(三)節所述之(b)食鹽溶液,注入電槽。加溫30乃至70度。電流密度為10amp/dm² 內外。每兩點鐘測定苛性鈉之濃度。結果如第八表。

(21)　C. Elliott chem. Trade. Journ. 1924 212—213.

8053

（但電流效率$=\frac{1\ 安塔時之電解量}{1\ 安塔時之理論量}\times 100$）

第七表

經過時間	陽極液溫度	兩極間電壓	平均電壓	電流	平均電流	滴定酸量	濃度	電解液容積	電解量	電解電量	電解電力	電解率	消費電力	電流效率
(H)	C°	V	V	A	A	$\frac{\frac{N}{10}H_2SO_4}{10}$	$\frac{gNaOH}{L}$	C.C.	gNaOH	A.H	W.H	$\frac{gNaOH}{AH}$	$\frac{WH}{gNaOH}$	%
0	58	4.1	—	16.5	—	—	—	—	—	—	—	—	—	—
1	69	3.9	—	19.0	—	—	—	—	—	—	—	—	—	—
2	69	4.0	—	21.0	—	—	—	—	—	—	—	—	—	—
3	69	3.95	3.99	21.0	19.4	18	72	1045	75.24	582	232.22	1.2927	3.24	86.5
4	69	3.95	—	21.0	—	—	—	—	—	—	—	—	—	—
5	68	4.1	—	20.5	—	—	—	—	—	—	—	—	—	—
6	65	4.0	4.0	20.0	20.6	31.5	126	660	83.16	61.8	247.2	1.346	297	90.1
7	66	3.9	—	20.0	—	—	—	—	—	—	—	—	—	—
8	71	3.9	—	20.0	—	—	—	—	—	—	—	—	—	—
9	63	4.0	3.95	20.0	20.0	32.5	130	630	81.90	60	237	1.365	2.893	91.4
10	66	4.1	—	20.0	—	—	—	—	—	—	—	—	—	—
11	66	4.1	—	20.0	—	—	—	—	—	—	—	—	—	—
12	64	4.05	4.06	19.0	19.8	34.0	136	613	83.34	59.4	241.16	1.4029	2.894	93.9
13	66	4.1	—	19.5	—	—	—	—	—	—	—	—	—	—
14	66	4.1	—	19.0	—	—	—	—	—	—	—	—	—	—
15	67	4.0	4.06	18.0	18.9	35.0	140	564	78.96	56.7	230.2	1.3925	2.938	93.2

觀第八表，可知河東鹽直接精製，及再製鹽用水平隔膜法Billiter Siemens之電解，其極間之電壓約需4.2弗打。電流效率達93%，苛性鈉之濃度至12%，則其爲絕佳之電解原料可知。

本實驗係以製苛性鈉爲目的，氯及氫之利用，暫不試驗。

（六）苛性鈉之製造

除用銾極法者外，所得電解液中皆含食鹽甚多。例如Gibbs電

第　八　表

經過時間	陽極液溫度	両極間電壓	平均電壓	電流	平均電流	滴酸定量	濃度	電解量容積	電解量	電解電量	電解電力	電解率	消費電力	電流效率
H	C°	V	V	A	A	$\frac{N}{10}H_2SO_4 / 10$	$\frac{gNaOH}{L}$	C.C.	gNaOH	A.H	W.H	$\frac{gNaOH}{A.H.}$	$\frac{W.H}{gNaOH}$	%
0	45	4.25		17										
1	59	4.20		19										
2	63	4.20	4.217	20	18.67	25.6	102.4	428	43.83	37.33	157.44	1.174	3.592	78.6
3	68	4.20		19										
4	7	4.25	4.217	19	19.33	29.6	118.4	422	49.96	38.66	163.03	1.2922	3.263	86.5
5	72	4.15		19										
6	68	4.20	4 2	19	19	30.2	120.8	393	47.47	38.00	159.6	1.2492	3.362	83.6
7	68	4.20		19										
8	68	4.20	4.2	19	19	30.5	122	424	51.73	38.00	159.6	1.3612	3.085	91.1
9	68	4.20		18.5										
10	68	4.25	4.217	18.0	18.5	30.1	120.4	417	50.21	37.00	156.03	1.357	3.107	90.8
11	70	4.3		18.0										
12	69	4.3	4.28	18.0	18.0	29.7	118.8	408	48.47	36.00	154.08	1.3463	3.179	90.1
13	64	4.35		18.0										
14	58	4.35	4.33	18.5	18.17	29.6	118.4	417	49.37	36.34	157.35	1.3613	3.187	91.1
15	59	4.40		18.5										
16	68	4.28	4.34	19.0	18.67	29.6	118.4	426	50.44	37.34	162.55	1.3508	3.213	90.4
17	66	4.35		19.0										
18	68	4.45	4.36	19.0	19.0	29.6	118.4	441	52.21	38.00	165.68	1.374	3.173	92.0
19	73	4.40		19.0										
20	68	4.30	4.38	19.5	19.17	29.5	118.0	444	52.39	38.34	167.93	1.3665	3.147	91.5
21	65	4.45		19.0										
22	65	4.45	4.40	18.0	18.8	29.5	118.0	438	51.68	37.6	165.44	1.3745	3.201	92.0

23	65	4.25		17.0										
24	63	4.45	4.38	16.0	17 0	29.7	118.8	398	47.28	34.0	148.92	1.3906	3.15	93.1
25	63	4.3		16.5										
26	56.5	4.25	4.33	16.0	16.17	29.5	118.0	381	44.96	32.34	140.03	1.3902	3.115	93.0
27	52	4.35		16.0										
28	68	4.40	4.33	16.0	16.0	29.4	117.6	375	44.10	32.00	138.56	1.3781	3.142	92.2
29	62	4.30		16.0										
30	69	4.30	4.33	16.0	16.0	29.2	116.9	370	43.25	32.00	138.56	1.3416	3.204	89.8
31	63	4.55		19.5										
32	70	4.35	4.40	19.5	18.33	29.5	118.0	430	50.74	36.66	161.30	1.384	3.179	92.6
33	65	4.40		19.5										
34	62	4.50	4.42	19.5	19.5	29.6	118.4	447	52.92	39.00	172.38	1.3569	3.257	90.8
35	65	4.40		20.0										
36	66	4.45	4.45	20.0	19.8	29.6	118.4	456	54.00	39.6	176.22	1.3636	3.263	91.3
37	59	4.55		19.5										
38	71	4.45	4.48	19.5	19.67	29.4	117.6	456	53.63	39.34	176.24	1.3625	3.286	91.2
39	64	4.35		20.0										
40	73	4.35	4.38	20.0	19.8	29.2	116.8	466	54.43	39.6	173.45	1.3744	3.187	92.0
41	64	4.50		19.5										
42	66	4.45	4.43	20.0	19.8	29.2	116.8	470	54.89	39.6	175.43	1.3862	3.196	92.8
43	74	4.15		20.0										
44	68	4.30	4.30	20.0	20.0	29.2	116.8	476	55.59	40.00	172	1.3899	3.094	93.0
45	68	4.45		20.0										
46	65	4.40	4.38	19.5	19.8	29.3	117.2	476	55.79	39.6	173.45	1.4087	3.109	94.3
47	68	4.40		19.5										
48	66	4.50	4.43	19.0	19.3	29.4	117.6	458	53.86	38.6	170.99	1.3953	3.179	93.4
49	71	4.50		21.0										
50	67	4.15	4.38	17.0	19.0	29.6	118.4	452	53.52	38.0	166.44	1.4083	3.11	94.3

槽流出之電解液,其苛性鈉佔10%,未分解之殘鹽有15%,[22]如將此溶液濃縮,則食鹽漸次成爲結晶。濃縮之工作普通分爲兩段。初用多效式眞空蒸發罐。其苛性鈉之濃度可達波美表(Be) 45度至50度(苛性鈉佔75%左右)。在此濃度下,食鹽之溶解量極少,其大部即行分離而出,可再用作調製食鹽溶液之用。食鹽全部分出之後,餘液用鐵鎳合金製之鑄鍋加火熱之。水分蒸發既盡,則成融熔狀態(溫度450度至500度)。放冷而固體苛性鈉成矣。

如欲苛性鈉色彩優良,可加入少量之硫黃,則成品變白色,[23]以其能漂白雜質及少量之鐵質也。

前述兩次實驗,均依此法製成固體苛性鈉,其結果如第九表。

第九表

	電解液		分出食鹽		固體苛性鈉
	NaOH g/L	NaCl g/L	NaOH %	NaCl %	NaOH %
a	115	135	6.3	93.7	93
b	118	132	4.8	95.2	95

觀第九表,電解河東鹽所製成之苛性鈉可達95%之成績。

(七) 電解食鹽工廠之設計及說明

電解食鹽工業之發展,要爲氯氣之利用情形所左右,此毋需贅言者。製造費中最大一項爲電力。次爲食鹽原料。依前實驗結果,河東鹽電解所得之電流效率爲93%,電壓爲4.2弗打。故每製造千磅苛性鈉,所需之電力(交流)如下:

$$P=\frac{1}{1494}\times\frac{NaOH\times V}{h\ E\ ena}$$

P.爲總電力量(K.W.H),但以交流供給之者。

NaOH.苛性鈉每小時產量(以公份計)　　1000磅

(22)　J. H. Baker. Chem. Met. Eng. 1933. 177

(23)　日本曹達工業史第四三頁

8057

E. 爲電流能率(電解河東鹽之電流能率)　93%(見第六節)

ena. 爲食鹽之精製率(河東鹽精製率)　97%(見第三節)

h. 變流能率(同轉變流機之交流變直流之能率) 90%

V. 電解槽一個之電壓　4.2 Volts(見第六節)

但苛性鈉之理論的產量,用 1000 amp. 時,爲 1494 公份。

故 P=1558 K.W.H.

由此氯氣之計算如下,

$$Cl_2=\frac{1322}{V}P.E.h.$$

但氯氣理論的產量,用 1000 amp. 時,爲 1322 公份。

故 Cl_2=410462 公份,即 912 磅。

由此計算氫氣如下,

$$H=\frac{37.6}{V}P.E.h.$$

但氫氣理論的產量,用 1000 amp. 時,爲 37.6 公份,

故 H=11.674 公份,即 26 磅。

據此計算,製造苛性鈉千磅,需用電力 1558 K.W.H., 發生氯氣 912 磅,氫氣爲 26 磅。此外加算動力及電燈等約所用電力百分之五,爲 78 K.W.H., 合計 1636 K.W.H.。次爲用河東鹽爲原料時,當計入其純度爲百分之 87.946 (見第四表),又溶解及精製時之損失爲百分之三,則每製苛性鈉千磅所用食鹽爲 1650 磅。

如每 K.W.H. 電力之成本爲一分,則製造千磅苛性鈉之成本(原料及消耗費)爲 45.02 元,共需 61 元。若苛性鈉居其中百分之四十,氯氣居百分之五十五,氫氣居百分之五,則氯氣之成本爲二十八元三角,即每磅之價約三分。現在各方面多力求氯氣成本之減低,故電解食鹽事業之盛衰,又將爲氯氣利用情形所左右。

氯之利用於工業方面者,已有漂白粉,鹽酸,氯化硫黃,毒瓦斯,液體氯及其他氯化合物。氫氣則多用以製硬化油,航空船用,高熱發生,其最堪注意者爲合成亞母尼亞爲工業原料之用。故建設電解食鹽工廠之先,尤須研究氯氣及氫氣之處理問題。

電解食鹽工廠重要設備及製造程序如第四圖。

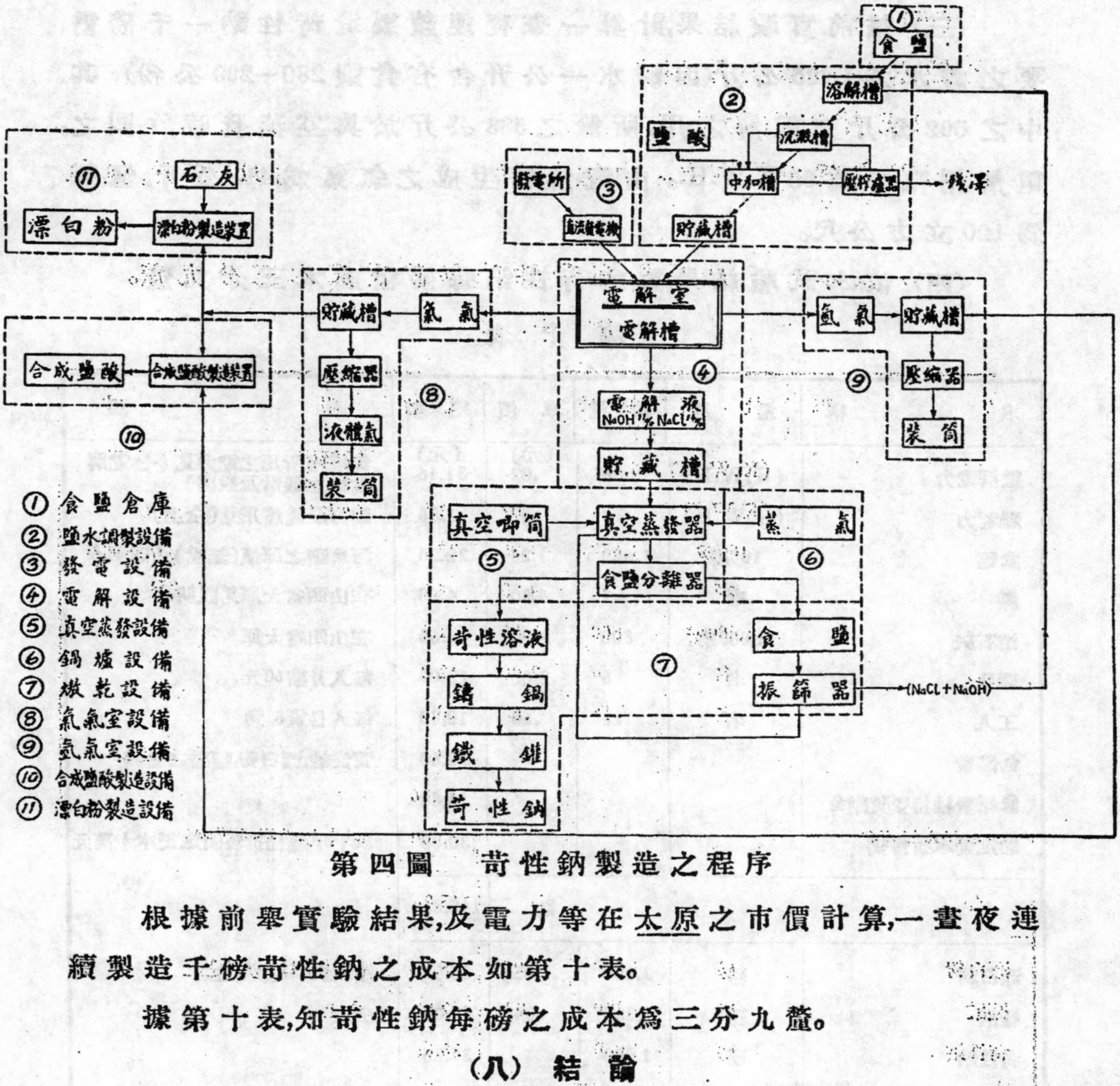

第四圖　苛性鈉製造之程序

根據前舉實驗結果,及電力等在太原之市價計算,一晝夜連續製造千磅苛性鈉之成本如第十表。

據第十表,知苛性鈉每磅之成本為三分九釐。

(八) 結論

(一) 以山西安邑縣運城河東鹽湖產出之食鹽為原料,用少量氯化錳為結晶促成劑製成之鹽,直接加氯化鈣,先除去一部分之硫酸根,其餘可用氯化鋇,如此精製之鹽,可充電解之用。

(二) 電解槽用水平隔膜法 Billiter Siemens 式,按前實驗方法電解之。其電流效率為93%,電解液中苛性鈉之濃度達12%。以此液製得之苛性鈉,純度可至95%。

(三) 據前實驗結果,計算一晝夜連續製造苛性鈉一千磅需要之鹹水為1.225公斤(因鹹水一公升含有食鹽280—290公份),其中之692公斤充電解之用。所餘之533公斤於眞空蒸發時收回之。電解用電力為65 K.W.H.。由電解槽生成之氯氣為411公斤,氫氣為120立方公尺。

(四) 依本試驗結果,製造苛性鈉每磅需成本三分九釐。

第十表

名　　稱	量別	數量	單價	總額	附　　註
			(元)	(元)	
電解電力	(K.W.H)	1.558	.02	31.16	電解槽所用之電力見(七·電解食鹽之設計及說明)
雜電力	(K.W.H)	78	.02	1.56	動力及電燈用見(仝上)
食鹽	100磅	1.650	1.35	22.28	河東鹽之原價(無稅)見說明A
煤	噸	1	4.00	4.00	在山西省太原見說明B
消石灰	1,000磅	800	2.00	1.60	在山西省太原
職員	名	6	2.00	12.00	每人月薪60元
工人	名	18	.60	10.80	每人日資6角
包裝費				13.60	苛性鈉,漂白粉,鹽酸之包裝
修繕費維持費獎勵金				18.86	
固定資本折舊費				30.00	以十年攤提折舊固定資本十萬元
合			計	145.86	
漂白粉	磅	1.100	.05	55.00	按氯氣456磅製造之
鹽酸	磅	1.300	.04	52.00	仝上
苛性鈉	磅	1.000		38.86	
合			計	145.86	

〔說明〕　A. 河東鹽原價(根據西北實業公司特產組之調查,卽在河東鹽湖生產費)每百斤為五角,至太原之運費為一元三角,共計一元八角。

B. 製造一噸苛性鈉所需之煤為2—2.3噸。

8060

工程譯叢

用水泥比水率決定混凝土強度之新說

趙國華譯述

自昔以為混凝土之強度與混合用水量有密切之關係。故自Abrams氏之水比水泥(Water-cement ratio)學說發表以來,愈以為混凝土之強度,配合比,與可工性(Workable)俱受一定水泥量用多寡之水分,為之支配。此種理論,風行全球,已閱十餘年。但混凝土之強度,對於混合用之水泥量無關一層,Abrams氏之學說不免有可議之點。最近理海(Lehigh)大學之蘭斯(Lyse)教授,關於此點,曾將施工上所需之各種可工度(Workability),分別用一定之水量,使水泥用量加以變化,與Abrams之說適相反,以求水泥比水(Cement water ratio)與強度間之關係,已得到一合理的結果。茲就該大學研究所之Wernisch氏之記述,轉為介紹,以供參考。

水泥比水之方法 理海大學研究所認以前所用水比水泥法為無大成效,且理由不甚充分,故將其放棄,另用水泥比水法設計。此法在混凝土配合之設計上,因簡單適用,效果又大,可廣推行。

自昔以為水量,為決定混凝土强度之要素,故Abrams氏卽從一定之水泥量,變動其用水量,導出水與水泥比與强度間之理論的關係。反之,若將水量設為一定,而變其水泥用量,亦何獨不可。

Lyse教授之理論 Inge Lyse教授以為決定混凝土强度之要素非水而為水泥。若用水量為一定,(卽保持同一之稠度Consistancy),則混凝土之强度與水泥與水之比率(C/W)間成直線的變化。不論欲達何種塌度時應用之水量爲若干,所得之强度恆可一定,此點最堪注目。此種設計方法,乃爲合理的,且因適用簡易而正確。最大利益,則在C/W比與强度間之關係殆爲一直線。已知其一,即可簡單的推算其他,不消在試驗室內逐一實驗求出。

Lyse 氏對於此種新法有次列之說明。就同類混合材之各種配合,使純水量(指單位混凝土容量而言)保持一定,依C/W比可以決定水泥用量爲純水量之若干倍。而對於配合肥瘠(Mix richness)之變化,每水泥量增減1%時,混合材依同樣配合之比例損益0.85%即可。

在設計時使用新說之方法如次。

(1) 求出單位容積重量最大時之粗細混合材之配合比例。凡混合材空隙最小時之重量爲最大,而空隙最小所需之膠泥量亦最小。

(2) 定出所需之稠度(Consistancy)。

今假定最經濟設計應用之粗細混凝材之配合比爲3:2。先依乾燥狀態時水泥及細粗混合材之重量比依1:2:3之比例而配合之。加水之量,以達到所需之塌度(Slump)爲度。如嫌過軟,則依上列之比例,將各材混合,加入拌和,直至所需之稠度爲止。惟需注意,不宜採用較規定稠度所需之水分相差過巨。次將混合材之吸水率加以訂正,乃得配合用之純C/W比。再由此比例而得純水量。此種配合稱曰基準配合(Basic Mix)。

(3) 在規定塌度之下,用一定混合材之粒度(Gradation),與用水量,所得之混凝土亦爲一定。如在基準配合中,將水泥量加以增減,例將水泥量增加x%時,則混合材依基準配合比扣除0.85x%。同樣水泥用量較基準配合所用者省出x%時,則混合材中依基準配合比增加0.85x%。至於0.85值之由來,則根據

混合材之比重爲2.65;水泥之比重爲3.10;2.65÷3.10=0.85。

8062

塌度6″之混凝土所用之基準配合比(依重量)如下:

(水泥) 2270gr:(沙) 4540gr:(碎石) 6810gr=1:2:3。(水量) 1424gr。

假定吸水量爲1%,則

$$純水量=1424-(4540+6810)\frac{1}{100}=1310gr。$$

計算例:(1) 設 C/W=1.2, C=1.2W=1.2×1310=1572 gr.

(2) 2270-1572=+698 gr.

卽C/W爲1.2時,水泥用量較基準配合少用 698gr.。故應在基準配合中所需之水泥量,減去 698gr. 同時混合材應另增加 .85×698=592gr. (細粗比爲2:3)。結果所得之容積仍爲一定。

3. 細混合材之增加量　　592×0.4=237gr.

粗混合材之增加量　　592×0.6=355gr.

4. 新配合比用水泥量爲　　1572gr.

細混合材重量爲　　4540+237=4777gr.

粗混合材重量爲　　6810+355=7165gr.

結果新配合比例改爲

(水泥) 1572:(砂) 3777:(碎石) 7165=1:3.04:4.56。

$$C/W=1.2,\ 水=\frac{C}{1.2}+(1\%\ 吸水量)=\frac{1572}{13}+\frac{1}{100}(4777+7165)$$

$$\fallingdotseq 1463gr.$$

曲線之作成　依上述之方法,將各種配合之比例決定後,造成若干試驗體,並經適宜之保養,然後試驗其壓縮强度,分別依縱橫軸距點出强度與C/W間之軌跡,其結果殆成一直線(見附圖)。

C/W與强度間之軌跡一度造成後,對於其他各種塌度所需之配合比亦容易求得。例如求塌度4吋時之配合比,先依1:2:3(2270:4540:6810)之配合比混和後,增加水量至所要塌度爲止,再算出其純水量。此種設計,只需重覆數次,卽可定出。其法先將所要塌度之用水量假定一適當之數量,起先一次混和後,在必要時加以訂正,並不困難。

假定4"塌度用純水量爲1200gr,所要之强度爲3500#/□"(七日),求混凝土之配合比。

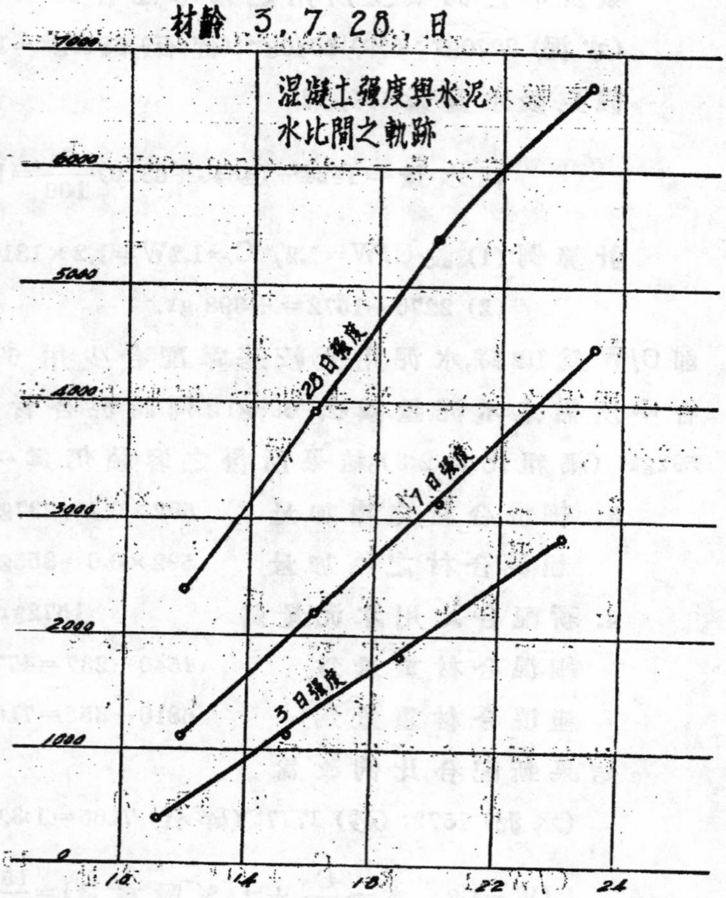

先從圖上定出 C/W=2.12

∴ C=2.12×1200

=2545gr.

較前述基準配合比所需之水泥量增加 2545−2270

=275gr.

因增加水泥量而減少之混合材爲 2750×0.85=234gr.

細混合材爲 234×0.4=94gr.

粗混合材爲 234×0.6=140gr.

新的配合比應改爲

(水泥) 2545 gr:(砂) 4446gr:(石子) 6670gr.=1:1.70:2.62.

=(4540−94)　　=(6810−140)

純水量爲 $\frac{C}{2.12}$+(1%之吸水率)=1200+111.2=1311.2gr.

配合比設計之槪要　用C/W比以設計混凝土之配合,其方法頗爲簡單。苟混合材之形狀,及粒度與單位容積內所用之水量,如爲一定,不論配合之肥瘠,混凝土之稠度殆爲一定。

（2）實際C/W值之範圍常在1.25至2.25之間,殆無越出此種範圍者。故上述之理論,可以成立。水泥量如有增減之必要者,則在混合材內依0.85倍之重量損益之。因C/W比強度間之軌跡殆為一直綫,故較W/C比與强度間之軌跡成曲綫為簡單。且强度依水泥量之多寡而定,較强度依用水量而決定之學說為可信。軌跡為一直綫,故應用便利而簡單。欲求預定所需之强度,僅將配合施以肥瘠之調劑,不必將單位容積所用之水量加以增減。此為本法之特長。

炸彈破壞力之算法

趙國華譯述

炸彈之破壞力,至今尚在充分研究之中。即就理論之立場,尚有不少相關之因子,需待實驗求得者,又屬不易。本篇僅就炸彈落在土內及混凝土面上發生爆炸時,由於直接衝擊力所起之破壞程度之算法,加以說明,藉作設計防空工程時之一種概略參考。至於被炸體所起之種種現象,及炸彈發生之破壞作用,如披靡作用,炸壓作用,碎片作用(炸彈炸後之碎片所起之副作用),破片作用(被炸體炸後之破片所起之作用),以及鄰地震盪之作用等等,未加說明。本文之主要參考書為:

Julins Meyer; "Die Grundlagen der Luftschutz".

Hans Schaszberger; "Bautechnischer Luftschutz".

炸彈自空中某種高度投下時,所起之速度與被炸體相衝突,繼則侵入體內,信管着火,傳着火藥而炸彈爆發。

先求爆炸時炸彈侵入體內之深度。

設E為直擊力(T.m)(直接衝擊力之縮語)。由勢力不滅定理得

$$E=\frac{mv^2}{2} \qquad (1)$$

m為炸彈之重量(Kg),v為炸彈着地前之速度(m/sec)。

由於上述之直擊力,使炸彈侵入被炸體内之深度h(m),可用

8065

次式求之: $$h=\frac{E}{\pi\left(\frac{D}{2}\right)^2}\omega。\quad (2)$$

上式中之D爲炸彈自體之最大直徑(cm)。

ω爲被炸體之抵抗係數(Widerstandsbeiwert der Baustoffes)

E值乃由(1)式得來,D值可依炸彈之重量而推定。大體如下表所示:

重量 (Kg)	12	50	100	300	1000
直徑 (cm)	9	18	25	36	50

ω值視各種被炸體之材料而異,其值大體如下:

材別	土	混凝土	鋼筋混凝土	鋼
ω	1/150	1/750～1/1200	1/1,500 1/2,250	1/150,000

炸彈侵入被炸體而爆發時,其破壞所及之範圍依 Perres 氏之公式爲 $$r=\sqrt[3]{\frac{L\cdot d}{c}}\quad (3)$$

上式中之r爲破壞半徑(cm)。

L爲炸彈內炸藥之重量(Kg)。

d爲被炸體之阻止係數(Verdämmungsfactor)。

c爲被炸體之材料係數(Beiwert des materials)。

各材料之材料係數,土爲0.7,混凝土爲3,鋼筋混凝土爲6。

各材料之阻止係數如次:

炸彈重量	300～1000Kg	100Kg
土	0.66	0.4
混凝土	0.25～0.4	0.175～0.275

被炸體爲土,炸彈侵入後達到充分深度而開始爆炸者,L之值約等於炸彈中之全炸藥量,或炸彈重量之一半爲有效。被炸體

爲混凝土者,侵入之深度較淺,炸彈體之大部在外部爆炸,此時 L 之值僅爲全炸藥量五分之一。

c 值與第二式中之 ω 值有相互之關係。各種材料之 c 與 ω 之積約爲 0.004。

實際破壞所及之範圍,恆依侵入深度及爆炸之破壞半徑,被炸體之性質而異。混凝土與土,各不相同,其理由如下。

設被炸體爲土,則炸彈必穿入土內而後炸,被炸體爲混凝土,則炸彈之頭部一着混凝土表面後立即爆炸。

依以上之說法,又可分成兩種方法以求完全破壞所及之深度。

(1) 被炸體爲土時。全破壞之深度爲

$$H=h-\frac{B}{2}+r \qquad (4)$$

H 爲全破壞之深度 (m)。

h 爲侵入之深度 (由 (2) 式得來)。(m)

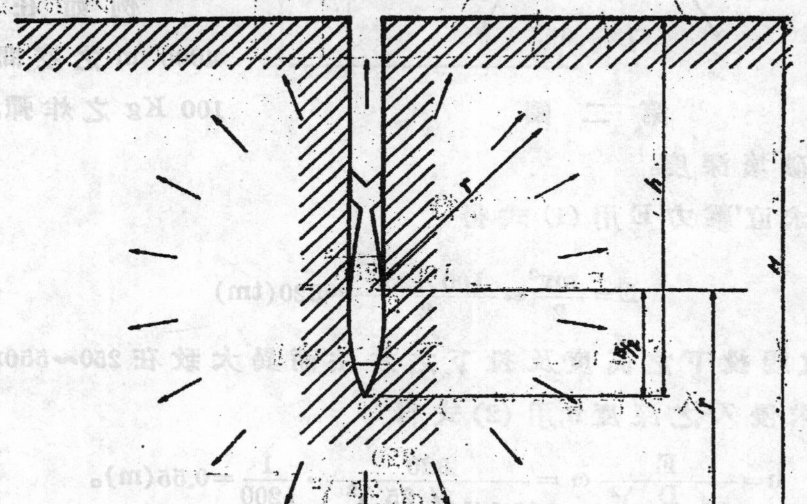

第一圖

r 爲破壞半徑 (由 (3) 式得來)。(m)

B 爲炸彈之長度 (約爲直徑之 6 倍)。

上式成立之理由,可參閱第一圖所示極易了解。此時爆炸之中心在$\frac{B}{2}$之位置。

（2）被炸體爲混凝土時。全破壞之深度爲

$$H'=\frac{h-F}{2}+r。\qquad (4')$$

H′爲全破壞之深度(m), h, r 與上述同。

F 爲炸彈之延期信管及補强裝置之長度,（約等於炸彈之直徑)。(m)

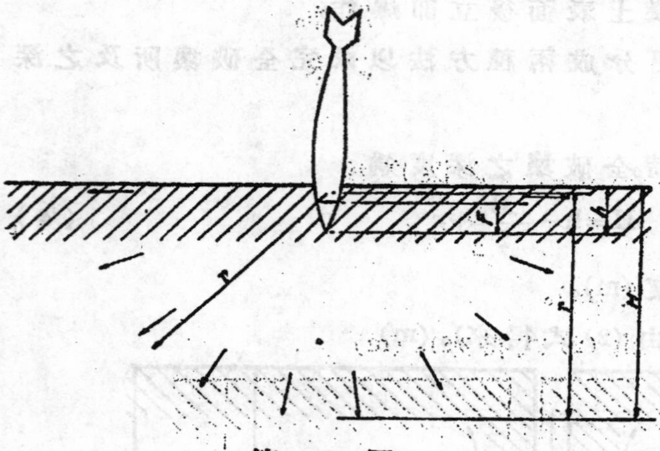

第二圖

上式成立之理由,參閱第二圖極易了解。此時爆炸之中心,爲炸彈穿入混凝土深度除去彈頭金屬補强裝置之長度外之一段之中心距。

例如在高度 4000 m 之空間投下 100 Kg 之炸彈,求混凝土之破壞深度。

先求直擊力 E 用 (1) 式得

$$E=\frac{mv^2}{2}=\frac{\frac{100}{g}\times 250^2}{2}=320(tm)$$

v 値視投下之高度及投下之方法而異大致在 250～550m/sec 之間。次求侵入之深度 h,用 (2) 式得

$$h=\frac{E}{\pi\left(\frac{D}{2}\right)^2}\omega=\frac{320}{3.1416\left(\frac{25}{2}\right)^2}\cdot\frac{1}{1200}=0.55(m)。$$

破壞半徑 r, 用 (3) 式得

$$r=\sqrt[3]{\frac{L\cdot d}{c}}=\sqrt[3]{\frac{10\times 0.175}{3}}=0.83(m)。$$

普通炸彈內之炸藥量約爲全重二分之一,被炸體爲混凝土時,僅得五分之一之有效破壞作用,故L爲炸彈重量(100 Kg)之十分之一,即10 Kg。

結果全破壞之深度H,用(4')式得

$$H'=\frac{h-F}{2}+r=\frac{0.55-0.25}{2}+0.83\doteqdot0.97\text{m}。$$

苟有敵軍編成轟炸機隊,攜帶100 Kg重之炸彈,在高空4000m以上之空中連續不斷拋下時,此種情況,實際定有此事。則此後對於城市及一切建築物之防空構造,應如何措施之處,讀此篇已可明瞭其大概矣。

十五年來德國鋼鐵工業技術上之演進

邵象華節譯

德國鋼鐵工業發達,十餘年來技術上尤有長足之進步,本文節譯德冶金專家Fritz Springorum在英國鋼鐵學會(Iron and Steel Institute),二十五年秋在德多塞道夫城(Düsseldorf)舉行年會中之演講稿。原稿已在1936年九月份"Stahl und Eisen"發表。將近年來德國於擴張軍備壓力下鋼鐵冶金之改進各點,備述無遺。譯者以時間限制,已將較不重要之處刪去。

譯者誌,廿六年十二月,倫敦。

凡百工業技術改進之方向,莫不爲所在地之特殊環境所影響,鋼鐵業亦然。其中最要者爲原料供給情形,舉例言之,美國礦產豐富,煤鐵二礦,取之不盡,用之不竭,國內鋼鐵消費量極大,言技術改進者,多偏重關於逐漸膨漲中之產量調節及處理問題,以及代替昂貴人工之極度機械化問題。德國雖亦以機械化及增大工廠單位以減低出產成本爲目標,但在此方面所成就者,遠不能與新大陸相較。蓋以原料之缺乏,其最要之目的,在求原料之經濟利用,以及出品質地之改良。

(一)工作經濟化

欲求減低成本,必須有嚴格精確之工廠管理,及關於生產方面之充分研究工作。研究工作之結果,能指示方法上可以改良之處。鋼鐵廠十餘年來關於工作經濟化方面之改進各點,其最重要者,有如下述:

1. 動力(Power)之統制 德國燃料來源不富,十五年前,曾因燃料缺乏而鋼鐵產量大受限制。當時燃料之精密管理,爲絕對必要。此爲特殊情形,但即使燃料供給不若是貧乏,其經濟利用,亦爲至要,蓋鋼鐵出產全部成本約四分之一,係消費於動力之產生及輸送(包括煤,燃氣,蒸汽,電力,壓縮空氣等項),每一細小改良,常能節省極大耗費。德國鋼鐵學會 (verein deutscher Eisenhüttenleute) 有鑒於此,特於當時組織一專門委員會,與全國鋼鐵廠合作,研究動力問題,該委員會出版報告書多件。其第一步工作,在各種動力之精確測量,以及原料,助料(Auxiliary Materials), 半成品,及已成品等往來確實數量之求得。各項數字均逐日記載,積年經月,乃可自所得記錄,計算全廠動力消費量與產量之關係,以及核造調制成本所必需之動力分配表。動力分配之主要目標,在使煉焦爐 (Coke-ovens) 與鼓風爐 (Blast furnaces) 所產生之熱力,與煉鋼及輾鋼廠 (Rolling mill)在不同情形下之需要量相吻合。各部不再單獨處理本部之動力供給及支配,而全廠設一動力管理總機關,支配各部所產動力之全部。此種動力統制之實行,有時需要長距離之燃氣輸送,以求得動力供求平衡。此項經長距輸運之燃氣,在一九二四年中不過240,000,000立方公尺,至一九三五年,已增達2,400,000,000立方公尺。計十倍,統制動力在德國十年來發展之程度,由此可測。由於動力統制之採用,據專家估計,每年已節省煤之消費約10,000,000噸,新式鋼鐵廠中,其煉焦及煉鐵(鼓風爐)二部之副產燃氣,非但足夠全廠所需熱力,且有剩餘,可供廠外利用。

2. 物料(Materials)之支配 由原料至成品,經過步驟至爲繁複,其中每步與他步之關係,往往極難明確認識,此種困難,因生產手續上時間有伸縮性,更爲加甚。但根據已往所得知識,可推測此方面之將來工作,有極大之可能性。

3. 時間研究(Time Study) 以上二項,均關係全廠之管理。除此以外,廠中各部工作之時間研究,精確行之,常能指示增加利用廠中設備之效率(Efficiency),縮短生產時間,以及調節時間等等之途徑。

以下將鋼鐵廠各部份技術上之改進各點,分別言之:

煉焦廠

近年各鋼鐵廠爲減低出產成本起見,多努力於廠中各單位之擴充。但煉焦部則在多數廠家,並不作與其他各部相當之增廣。蓋近年因欲減低煉焦成本,及根據熱力管理上之需要,煉焦已漸趨集中化。大規模之煉焦廠,建於煤礦所在地,供給大量焦炭。

煉焦廠本身之改良,則如下述:煉焦爐之壽命,因矽砂磚(silica bricks)之採用,已增長不少。煉焦時之損耗(Losses),因利用自封爐門(Self-sealing Doors)而減低。同時煤氣自爐頂抽出,副產物之產量隨之而增。二者使煉焦爐工作加速。由於已知各種煤之可煉焦性(Coking Properties),吾人已能隨意改變所成焦炭之性質,例如焦炭之可燃性(Combustibility),由混合適量不同之煤而採用適當之方法,已大有改良。

煉焦爐之寬度,對煉焦所需時間,及所成焦炭之物理的及化學的性質,有至大關係。近時趨勢,爲採用高而狹之爐身。例如在35—40公分寬,350—450公分高之爐中所需煉焦時間,僅及在50公分寬250公分高爐中所需之半。前者每二十四小時可煉焦25噸,後者則不過12噸。

煉鐵廠

煉鐵廠十五年來有一顯著之改變,爲礦石預備手續(Ore Dressing)之加精。鐵礦之濕裝整(Wet Dressing),乾炒(Roasting)及磁力檢礦法(Magnetic Sorting),均已有多種。各法雖尚未能適用於大規模煉鐵廠,但在研究經過中,吾人已得有關於鐵礦可煉性(Reductibility)及其他物理性之重要知識,用以判斷鐵礦,實際上已證明有甚大用途。

鐵礦石在飼入鼓風爐前之預備手續,如軋碎等,往往產生多量之極細粉末,不適宜於鼓風爐之運用。此項粉末,必需先經燒凝(Sintering),方可與塊狀礦石同時飼入鼓風爐,在德國習用之燒凝方法,為利用華得勞特 (Dwight-Lloyd) 設備,旋轉圓筩爐 (Rotating Cylindrical Furnace)之應用,最近在試驗中。此法同時並有若干還原作用(Reduction)。

由於上述礦石之適當準備,鼓風爐之生鐵產量及焦炭之消費量,近年已有顯著之進步。同時由爐頂吹出之細粒所生之損耗,亦大為減低。鼓風爐本身構造,近年來並無基本之變化,有之不過為使其運用更趨平穩,以及節省人工,劃整各部排列等而已。

近代之鼓風爐飼料(Charging),已盡量機械化。普通以斜滑梯吊車 (Inclined Track Skip) 為最佳,亦有用懸架起重機 (Overhung Crane) 者。再有一法,則用豎式吊車,而於爐頂平台 (Charging Platform)上置一起重機,將原料運至爐頂,此法用於數爐列成一直綫時,較他法為簡便。

增加鼓風爐產量之一要點,為原料存儲及供給機械之改良,使原料供給,迅速而準確。煉鐵廠之無自設煉焦廠,或有而所產焦炭不足,似需添用外來焦炭者,則鼓風爐與煉焦廠之間,必築特別鐵軌以利運輸。

最近有數家煉鐵廠建造新爐,其爐底各部,以及爐身下部之尖形段 (Bosh) 不用火磚砌成,而改用含炭黏性材料,全個壓成,根據已往經驗,此種新法,結果甚屬良好。

鼓風爐之產量增大,例如自每日六百加至一千噸,爐之本身加大不多,但吹入空氣體積,則必須依比例增加。根據在變動情形下各種壓氣機適合性之研究結果,汽輪吹風機(Turboblower)之採用與日俱增。無論建造新廠或改造舊廠,多已裝置此機。其效力之宏偉,可自下述一例推知:下萊茵河某廠,二鼓風爐日出生鐵千四百噸,產比 (Yield) 45%, 同由一汽輪吹風機供給空氣,每分鐘達 2,300 立方公尺(氣壓 60 公分水銀柱)。

空氣預熱塔 (Hot Blast Stoves) 之構造,亦有變更。其目的在減少塔數,使每鼓風爐祇需二塔。現時空氣預熱度已增至 900°C 以上,同時每分鐘所用空氣體積,又因增加產量而大增,有如前述,故非獨塔中之燃燒器(Burners)構造需加改良,整個塔內之磚格架(Brick Chequerwork),亦需改造。現時空心曲面磚(Hollow Corrugated Bricks)之應用,使塔內溫度之變更加速。新式預熱塔之運用,因半自動式遠距節制法(Semi-Automatic Remote Control) 之採用,已較舊式者簡便而可靠。

鼓風爐產鐵之鑄模,亦已簡單化。數年前鑄槽 (Pig bed) 上所需人工,今已爲起重機及附屬機械所替代,因特製之鑄模機(Casting Machine),已取得鑄槽之地位而代之,其運用簡潔可靠。鼓風爐出口(Taphole)之開啓,亦已廢除人力,而以壓縮空氣錘 (Compressed Air Hammer) 及養氣爲之。其封閉則以遠距節制之壓縮空氣炮(Compressed Air Gun),以免除熔鐵他排對工人身體所生之危險。

鼓風爐氣(Blast Furnace Gas)之清潔 (Cleaning),亦已有極大改進,除原有乾濕各法外,今更有大規模可靠之電力濾氣機(Electro-filter)。

爐渣(Slag)爲煉鐵廠之副產物,利用已數十年,但其有計劃的利用,則爲最近數年間事,除用以製造普通爐渣水泥外,由於適當之飼料成份比例,吾人已可得具有特種水力學的性質之爐渣水泥,或利用特殊方法,而將爐渣凝成與浮石相仿之物質,在輕建築上爲用甚大。其他利用之途,如作爲混凝土之成份,汽車路鐵路路基建築,石灰肥料成份,以及爐渣絲綿(Slag Wool)(用作聲或熱之隔絕物)之製造等,均不容忽視。

8073

煉鋼廠

煉鋼廠之變遷,除電力煉鋼爐之加大外,並不顯著。其情形如下:

一.馬丁法煉鋼廠 (Open Hearth Steel Works) 因欲節省燃料,關於馬丁法之改良目標,大都注重於爐之本身構造。大規模之精密研究,已指出普通由散熱(Radiation),漏氣 (Leakage) 等所生之熱力損耗之比例。此種損耗,祇須對隔熱(Heat Insulation)及啓閉爐門等點加以注意,即可減少。再有一問題已受人注意,即一爐之產量,當可由熱能傳達(Heat Transmission)之改良而增加。此爲一基本問題,但高溫傳熱現象之確實情形,吾人知之尙少,此方面之工作頗感困難,將有賴於以後之研究。吾人對空氣及燃氣之預熱,爐中之燃燒溫度,及爐焰之明亮度 (Luminosity) 等諸問題,已有相當之探討,當更進而研究蓄熱間(Regenerator) 中熱力對換之現象,以求得計算最佳蓄熱間尺寸及構造所需要之知識。

由一切觀察及探求之結果,近時馬丁鋼廠之燃料,已大爲增廣範圍。除原有發生爐煤氣(Producer Gas)(或單獨,或與煉焦爐煤氣或鼓風爐氣相混合)外,更有煉焦爐煤氣與鼓風爐氣之混合燃氣,潔淨而未重熱之煉焦爐煤氣,以及由褐煤糕 (Lignite Briquette) 所製之燃氣等,均已被大規模利用。多數廠中,由於他種燃氣之代用,已將原有煤氣發生爐根本拆除矣。但關於此點有須注意者,爲每種燃料,需要一與之相適之爐子構造,方能得最經濟之熱力利用。

以上所述,不過改良方法及減低成本中之小焉者。其他自熔鋼起至鋼錠 (Steel Ingots) 之鑄模止,其中重要問題,多不勝舉,但一切方法,包括

(1) 生鐵及礦石法 (Pig and Ore Process),或用有預先清潔作用之混合爐(Mixer),或不用。

(2) 生鐵及廢鋼法 (Pig and Scrap Process),所用生鐵,或爲固體,或係經混合爐存儲之液體。

二類,均依局部情形而有改良,漸入至善至美之境。最近尤有廢鋼加炭法(Carburisation of Scrap Steel)之發明,其原料純為廢鋼,絕不需要生鐵。除此以外,雙重法(Double Process)之重要性,亦與日俱增,先用鹼性別色麻爐(Basic Bessemer Converter),繼以馬丁爐或電爐。

馬丁爐中之化學作用,由於理論化學上原理之應用,可以設法節制至相當程度。例如錳之最經濟利用,可由適當溫度,或適當原料成份,爐渣成份之選擇而求得。但化學作用之管理,為一極大問題,吾人在此方面之進展,不過登堂尚未入室也。煉鋼時除金屬試樣之吊取外,有若干廠已增加爐渣試樣,爐內某一時間之確實情形,因而更加清晰。

鋼之鑄錠,為增加產量及改良貨質起見,亦有多數改善之處。例如由於鑄錠溫度之節制,錠模(Ingot Mould)式樣及尺寸之選擇,特種處置鋼錠空心(Piping)方法之採用,以及用電力加熱模頂等等,便需要重熔之次貨鋼錠數目,大為減低。

二.鹼性別式麻法煉鋼廠(Basic Bessemer Steelworks)

鹼性別式麻煉鋼法近年之演進,似不若前述馬丁法之千頭萬緒。除容量加大外,別式麻爐之構造,無甚大變遷。現時30至50噸之爐已甚多。50噸爐之尺寸,高約8公尺,寬約5公尺,其吹風時間,平均15分鐘。採用大爐之利益,非獨產量增大,其運用亦較小爐準確優良。小容量爐之運用,亦已稍有改良。

由於別式麻鐵(用以煉別式麻鋼之生鐵)物理及化學性之認識,煉鋼廠已注意所用生鐵性質之均等,便無隨時變更之弊,為欲達此目的,混合爐(Mixer)之運用,已有改進。如適當之加熱等。若是可使星期日之鐵,儲至星期一鋼廠開工時應用,仍無不良影響。

爐中空氣流綫研究結果之利用,亦使別式麻爐之生產量增大。根據各種爐之尺寸及產量比較的研究,爐身形狀略有變動。爐內之襯料(Lining),尤其爐底襯料之壽命,已增長不少。

在各種不同情形下,別式麻爐內大規模冶金學的研究,以及由此所得之知識,例如生鐵中錳之含量對煉鋼損耗之關係,使鹼性別式麻廠之工作,更趨完善。尤其重要者,此種知識,使吾人在若干情形下,昔日之不得不用馬丁法者,今已可以別式麻法代之。例如用製壓成螺母(Pressed Nuts)或製管條(Tube Strip)之鋼,以及易車鋼(Free-Cutting Steel)等,出自別式麻法者,反在馬丁鋼之上。

別式麻爐渣,爲有價値之副產物,可供農用。關於爐渣之礦物學的組織,及其因不同加入物所生之變化,均已有相當研究,以求增進其効用。

三.電爐法煉鋼廠 (Electric Steelworks) 電力煉鋼之改進,亦可自多方面言之。低頻率感應爐 (Low-frequency Induction Furnace) 已遭摒棄,但弧光電爐(Arc Furnace)仍應用極廣。由於德國各電氣煉鋼廠之共同改進,弧光爐之運用已較前經濟不少,蓋關於各種問題,如爐之効率(Efficiency),熔鋼時之電消費量,最佳之變壓機(Transformer)尺寸等,均已加以深究,而得有結果。弧光爐運用之經濟化,更由自動升降電極(Electrodes)之採用,飼料方法之簡單化,以及冶金學的改良而增進。所謂冶金學的改良,指外加金屬(Alloying Metal)損耗之減低等。

弧光電爐應用極廣,已如上述,但因無心感應爐 (Coreless Induction Furnace)之採用,使之在電氣鋼鐵工業中,不能獨步一時。新式感應爐之容量,已由 200—300 公斤增至5噸。其用途已不再僅爲熔鋼,而由於不絕之研究改進,吾人已用以舉行除炭,除磷,及除硫 (De-carburising, De-phosphorising, De-sulphurising) 諸化學作用。無心感應爐在冶金上之應用,前途至爲遠大,現尚在初創時期。

輾鋼廠 (Rolling Mill)

輾鋼廠之工作經濟化,非由於何種根本之改良,而係注意細節以及利用已得關於機件構造及工作情形之觀察之結果。工作情形之觀察,當遍及輾鋼廠各部,除輾鋼機本身外,更包括加熱爐,剪鋼機(Shear),輾筒(Rolls)工場,以及原料供給等各單位。輾鋼廠之產量,往往為某一單位之產量所限制,由精細之觀察,可發覺廠中有無此種過小之單位,有之則在何處,然後擴充該一單位,毋須牽動全廠,而出產速度可增。一小部份之改建,輾機排列之變更,回復軌(Repeaters)之加增,加熱爐構造之改良等,均為其例。

此類局部改良增加全廠効率,以輾鋼條(Rods),薄片(Strips),細小之其他形狀(Small Sections),以及鋼片廠(Sheetmill)等為尤著。例如在小型廠中,以前因用捲條機(Reels)而時感阻塞不暢,今則改用冷却槽(Cooling Beds),而以適當機械,使鋼條各別排出,不相牽制。與此點相關者,飛剪(Flying Shear)之功用尤不可忽視。(按飛剪為截斷正在急速流出中之鋼條之設備)。飛剪之設計已甚多,其節制或以停止閘(Stops),或以"電眼"("Electric Eye"),將輾成鋼條自動切成一定長度,其功用非獨使工作加速,且使全廠產量大增。為欲達到同樣目的,輾徑(Roll Passes)設計之加精,使輾成鋼條表面完整無損。除原有形狀外,今更有八角式(Octagonal)以及「橢圓—橢圓」式(Oval-Oval)輾徑,可供選用。輾徑設計求精尚有另一重要目的,為求動力消費之減省。關於此點,吾人已知悉,在粗輾(Cogging)時滾輾之次數,愈少愈佳。惟須注意鋼之性質,不能減少過度耳。

軸承(Bearing)與動力消費之關係,吾人已深知。在此方面之注意,例如採用壓力油潤(Forced Lubrication)等,使吾人得到頗為可觀之動力節省。木質軸承以及人造樹脂(Synthetic Resin)軸承,已有多次證明,結果佳良。尤以後者,倘裝置得法,可得驚人成績。在新輾鋼廠之設計中,滾柱軸承(Roller Bearing)已逐漸獲得注意。

電動滾子(Electric Roller)用之者已極多,使鋼條搬動自由,絕無阻塞遲誤之弊。同時因隨時可換用備件(Spare Parts),其工作至為可靠。彈性聯軸節(Elastic Coupling)之採用,亦有極大之益處。

薄條(Strip)滾輾之發展,尚在創始時期。現有數廠正在建築中,但吾人已可察知鍍錫鋼條(Tin Strip)之製造,實較鍍錫鋼片(Tin Sheet)為易。

鋼管之製造,亦日新而月異。連續之對頭熔接 (Butt Welding) 製管法,已大有進步。同時無縫鋼管 (Seamless Tube) 之製造,或空心滾輾,或用逐進機 (Pilger Mill),或縮小,各種技術,均較前進步。在逐進機中,吾人已可造製直徑65公分,壁厚10公厘之鋼管,直徑6公分,壁厚1.5公厘之無縫合金鋼管,亦已輾成,在最新廠中,自66公厘輾至21公厘,或自60公厘輾至17公厘,均已不足為奇。

尤有進者,薄壁鋼管,大至直徑150公分者,亦可在膨漲機 (Expanding Mill)或壓機 (Press) 中製成。至薄壁而直徑較小者,則以擠出法(Extrusion)為合算。

專造厚壁鋼管,直徑60公分或更大者,亦有多廠。此種巨大之圓形鋼筒,可以替代鍜接 (Welded) 或煆成 (Forged) 之機件。鍜接與煆鋼,在德國亦已大有改良,包括水煤氣(Watergas) 鍜接及電力鍜接各法,以及碩大無朋15,000噸壓機之運用等。為作汽鍋(Boiler) 或其他化學工業之用,此種大空心鋼件,有時需要摺緣 (Flange),有時則需局部縮小(Necking)。

鋼片樁(Sheet Steel Piling) 因銷路通暢,年來產量大增,至其他熱輾各品,則無甚顯著增加。關於鍜接及冷鍜 (Cold Working) 各法,如圓緣(Beading),擊端(Braking),壓抽(Press-drawing) 及其類似者,以及大鋼板,通用鋼板鋼片 (Universal Plate and Strip) 等之製造,均已吸收注意,且在擴充之中。　　(待續)

水底隧道管應力之計算*

Anatol A. Eremin 著　　謝臨深譯

此式隧道之應用甚廣,其形式亦多。各種形式之特徵,隨水底泥土之性質及管之位置而異。有用鋼筋混凝土建造者,有用鑄鐵

*本篇原文載 Proceedings—American Society of Civil Enginees Dec. 1936 P. 1519—1526。

管連接而成者。其應力計算基於 Maxwell 之互變形定理(theorem of reciprocal displacements)。下列各節之公式,係屬於混凝土造成之管,亦可應用於鑄鐵管,祗須變換彈性係數即得。圖(一)示一有道路通行之隧道管,其天花板上部空隙中,有若干排氣管,道路下部之空隙中,有引入新鮮空氣之通風管,天花板層裏及路層裏,均有水平

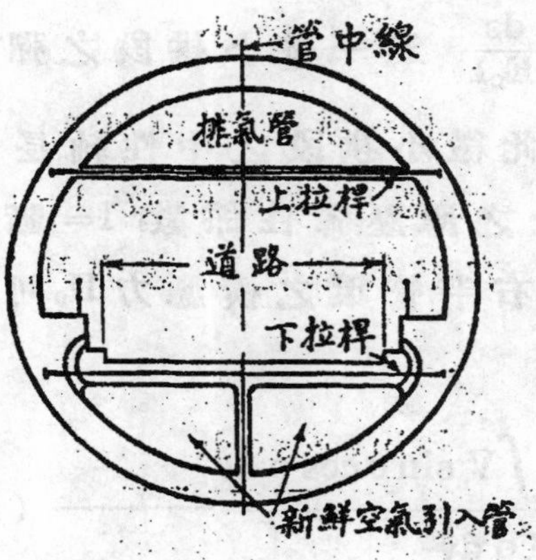

圖(一)　水底隧道管之一般斷面式樣

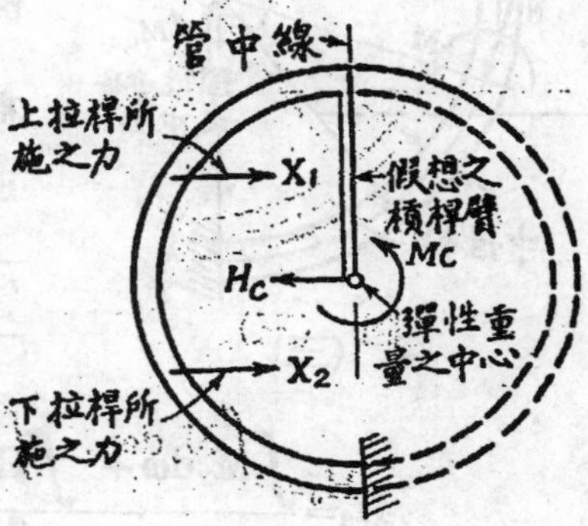

圖(二)　力之分佈

鐵桿,以支持泥土壓力及水壓力,今名之曰上拉桿及下拉桿。因有此類拉桿之故,此式隧道管之計算遂與普通混凝土管不同。

隧道管所承受之外力,計有泥土壓力,水壓力,管及管中構造物之重量,路面之活荷重及浮力等。管環及管上之外力,對於管之斷面垂直中心軸,均爲對稱(symmetrical)。故管中之內力,對於此軸亦爲對稱。且管環上下二頂點上之剪力爲零。圖(二)示內力分配情形,水平力 H_c 及力矩 M_c 表示右半斷面之反應力。此式彈性管用靜力學計算,尙缺四個方程式,但管受下列三條件之束縛:(一)因對稱關係,垂直軸之位置可視爲固定不變者,(二)頂斷面(crown section)之水平移動及旋轉移動,均等於零,(三)拉桿與管環接觸點之變形,等於拉桿之變形。

(I)無拉桿之隧道管　兩端固定之彈性肋拱(elastic rib

arch)之應力計算公式,可應用於此式隧道管。彈性中心與上頂點之距離 y_c 可由下式定之:

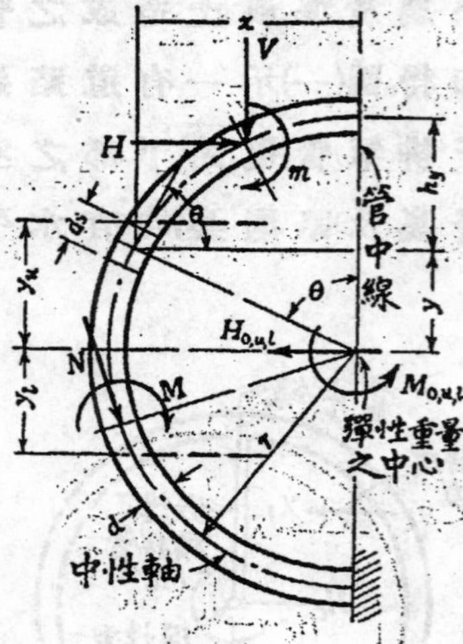

圖 (三)

$$y_c=\frac{\int h_y d\omega}{\int d\omega} \quad \cdots\cdots\cdots (1)$$

h_y= 環上任何點 (x, y) 與頂點之距離圖(三); $d\omega=\frac{ds}{E_c I}$ 爲一微小拱段之彈性荷重; ds 爲此微小拱段之中性軸長度; E_c =混凝土之應壓彈性係數; I= 斷面之慣性率。右半管環之橫應力 H_0 可由下式定之:

$$H_0=\frac{\int M_y d\omega+\int H\cos^2\theta\, dv+\int V\sin\theta\cos\theta\, dv}{\int y^2 d\omega+\int \cos^2\theta\, dv} \quad \cdots\cdots\cdots (2)$$

M= 中性軸任何一點上之彎曲能率,此能率係作用於頂點及此點間之外力所生; H 及 V 表示作用於此點及頂點間外力之合力的水平分力及垂直分力; $dv=\frac{ds}{E_c A}$; A=每英尺管長之縱斷面積; θ 乃 (x,y) 點對於垂直軸之角距離(以反時計方向計算之),在彈性中心,半個管環移動時發生之力矩 M_0 由下式定之:

$$M_0=\frac{\int M d\omega}{\int d\omega} \quad \cdots\cdots\cdots (3)$$

(x, y) 點之水平變形爲(閱圖四):

$$\Delta_{ou}=\int My\, d\omega+\int H\cos^2\theta\, dv+\int V\sin\theta\cos\theta\, dv$$

$$-H_0\left(\int y^2 d\omega+\int \cos^2\theta\, dv\right)-M_0\int y\, d\omega \quad \cdots\cdots\cdots (4)$$

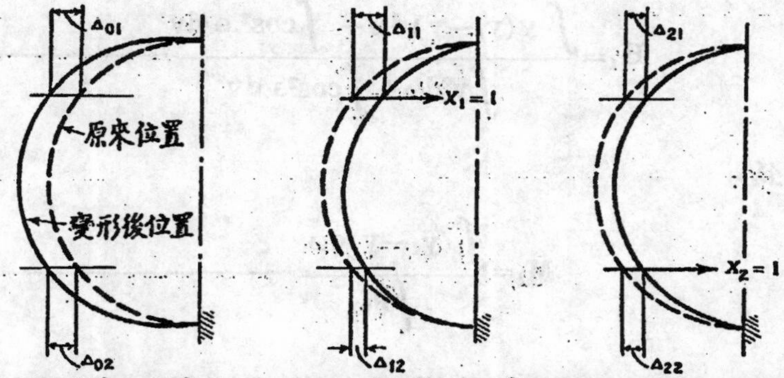

(甲)因外力之變形　(乙)因上桿單位力之變形　(丙)因下桿單位力之變形

圖(四)　水平方向之變形

積分之界限爲固定點至(x, y)點。當作用於上拉桿之外力爲單位力時，H=1, V=0，中心軸上，上拉桿下(x, y)點之能率爲

$$M=y_u-y \tag{5}$$

y_u表示上拉桿軸線至彈性中心之距離。因之，由方程式(2)，得單位力在上拉桿上所生之橫反應力H_u:

$$H_u=\frac{\int y(y_u-y)\,d\omega+\int \cos^2\theta\,dv}{\int y^2 d\omega+\int \cos^2\theta\,dv} \tag{6}$$

由方程式(3)得彎曲能率M_u:

$$M_u=\frac{\int (y_u-y)\,d\omega}{\int d\omega} \tag{7}$$

由方程式(5)得變形:

$$\Delta_{1u}=\int y(y_u-y)\,d\omega+\int \cos^2\theta\,dv$$

$$-H_u\left(\int y^2 d\omega+\int \cos^2\theta\,dv\right)-M_u\int y\,d\omega \tag{8}$$

同理，設有單位水平力作用於下拉桿，y_l表示下拉桿軸線至彈性中心之距離，則彈性中心之水平應力爲:

8081

$$H_l=\frac{\int y(y_l-y)d\omega+\int \cos^2\theta\, dv}{\int y^2 d\omega+\int \cos^2\theta\, dv} \quad (9)$$

彎曲力矩為:

$$M_l=\frac{\int (y_l-y)d\omega}{\int d\omega} \quad (10)$$

公式(6)(7)(9)(10)之積分界限為軸線底點與拉桿接觸點;至於公式(8)之積分界限則為軸線底點與變形所在點。

(II) 有拉桿之隧道管 在此式管中反應力仍可用公式(2)及(3)計算之。拉桿之應力須用Maxwell定理計算之。

上下兩拉桿之變形為Δ_{0u}及Δ_{0l}此變形在桿中形起抗拉應力。設上桿之力為X_u,下桿之力為X_l,則上桿接觸點之總變形為$X_u\Delta_{1u}+X_l\Delta_{1l}+\Delta_{0u}$

上桿接觸點環之變形為:

$$\Delta_1=\frac{X_u L_u}{2E_s A_u} \quad (11)$$

由Maxwell定理得上桿變形之公式:

$$\frac{X_u L_u}{2E_s A_u}=X_u\Delta_{1u}+X_l\Delta_{1l}+\Delta_{0u} \quad (12)$$

同理下桿變形之公式:

$$\frac{X_l L_l}{2E_s A_l}=X_l\Delta_{2l}+X_u\Delta_{2u}+\Delta_{0l} \quad (13)$$

上兩公式中L_u, L_l為上下兩桿之長度;A_u, A_l為上下兩桿之斷面積。由Maxwell定理得$\Delta_{1l}=\Delta_{2u}$。故解(12)(13)兩聯立方程式,得未知數X_u及X_l。

此式管中彈性中心點之水平應力與彎曲力矩由下式計之:

$$H_c=H_0+X_u H_u+X_l H_l \quad (14)$$

8082

$$M_{\varphi}=M_{\theta}+X_uM_u+X_lM_l \quad\text{(15)}$$

在管之水平直徑及上拉桿接觸點間之點上,有彎曲力矩M_q及垂直內力N,其計算公式如下:

$$M_q=-M_o+H_oy+M+X_u(y_u-y) \quad\text{(16)}$$

$$N=H_{\theta}\cos\theta-H\cos\theta+V\sin\theta-X_u\cos\theta \quad\text{(17)}$$

此外尚有溫度變更時應力計算之方法及例題等,茲從略。

普通溫度對於混凝土凝結之影響*

謝臨深譯

吾人皆知冰凍氣候對於混凝土之凝結,極不適宜,故於嚴寒天氣,不進行任何三和土工程。不得已時,則或於三和土物上,鋪以蔴袋及乾草,或於拌合所用之水中,加以氯化鈣等降低冰點之化學藥品,以免發生冰凍,而妨礙及混凝土之凝結。至於冰點以上之普通低溫度,對於三和土凝結之影響,以前尚乏精確之研究。但此類溫度,確係實際上所常遇到者。茲將試驗結果,記述如下。溫度爲兩段:其一自攝氏0°至10°,其二自試驗時最高溫度至50°,所用水泥係兩種凝結情形極不相同之水泥:一爲波特蘭普通人造水泥(cement Portland artificiel),一爲萊佛祺溶化急硬水泥(cement fondu Lafarge)。

0°至10°三和土凝結之影響——爲求與實際應用上符合起見,試體係10公分邊長之立方形三和土塊,其混合成分爲水泥300公斤,0.5—2公釐砂粒400公升,2—15公厘石子800公升。

水泥量與拌合所用之水之比,普通水泥爲1.5,急硬水泥爲1.66。普通水泥試驗之結果,悉依Bolomey公式(載Bulletin de la Suisse Romande, 1925, R爲抗壓强度公斤/平方公分,C爲水泥量公斤,E爲拌合所用水量公升,K爲一常數):

---

*譯自 Génie Civil, 6. Mars, 1937。

8083

$$R=K\left(\frac{C}{E}-0.5\right)$$

折合爲設水泥與水之比1.66 所應得之數字,俾與急硬水泥試驗之結果,互相比較。

每種試驗又分兩組,一組儲藏於常溫度18°之濕砂中,一組置所欲試驗之溫度中。

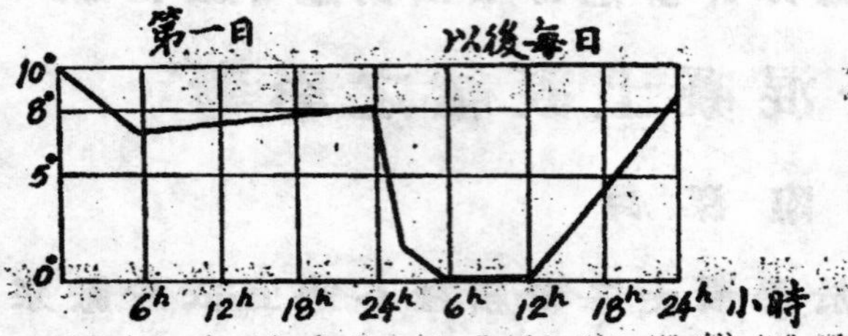

圖(一) 第一日及以後每日溫度之變更

溫度若過低,三和土之凝結不能開始。爲避免此弊起見,第一日所受溫度,令在7°至10°之間(閱圖一)。此後置於箱中,每日溫度變更爲0°至8°,令其變更情形,一如冬日一日間之氣候:擬及0°者六小時,(卽冬日夜間之溫度),其後在十二小時中,由0°升至8°(卽黎明至午後之溫度),最後在六小時中,由8°仍降爲0°(卽午後之夜間之溫度),如是每日同樣變更者14日。

圖(二)及圖(三)示試驗之結果。

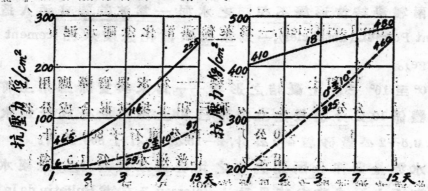

圖(二) 普通水泥

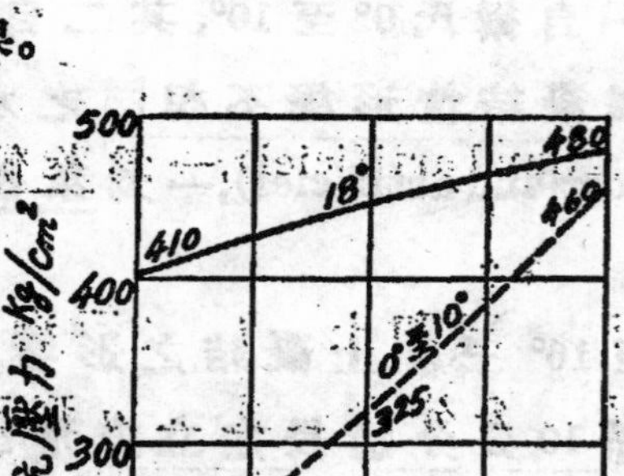

圖(三) 急硬水泥

照例在常溫度18°中,三和土抗力須達築後三十日應有抗力之三分之二,吾人方能拆卸板型。通常每於三和土築後一日,七日及廿八日測驗其抗力,故祗須視抗力達在常溫度18°中廿八日應有抗力之三分之二,便可卸型。

普通水泥試體,在常溫度 18° 中廿八日所達抗壓力爲 290 kg/cm²。故若抗壓力達 $\frac{290\times2}{3}=194$ kg/cm² 時,便可卸型。此抗力在 18° 時七日可達。

對於急硬水泥,則廿四小時後其抗力早已超過此數。(任何水泥達此抗力,便可卸型,固不論其爲何種水泥也。)故18°急硬水泥卸型之期,最遲至廿四小時。

在0°至10°溫度中,由試驗結果吾人知:

1) 普通水泥,在十五日中尙未達卸型應有抗力之半數。在此溫度下,由線形測知須五星期方可卸型。試驗並未做至五星期之久,因實際上普通地帶,决無五星期之長期嚴寒,而溫度不稍升高者。溫度一高,凝結便大爲容易。故無論如何,五星期之期可無危險矣。由此可見冬日三和土卸型時期之重要也。

2) 至於急硬水泥,雖在0°至10°中,廿四小時後其抗力亦早巳超過195 kg/cm²。故冬日若用此種水泥,工程方面可毋須停頓,但其價格,較普通者昂過四倍。

50°以內三和土凝結之影響,——試體所用水泥與以上所用者相同。水泥與水之比爲1.8,材料配合爲普通水泥400公斤,0.2—2粍砂粒500公升,2—15粍石子700公升;急硬水泥與同量砂石配合,但其水泥量爲350公斤。

混合之前,砂,石,水泥與水,以及混合用之器具,均使達試驗所定之溫度。混合後,令就模,置於充滿水分之空氣室中。

試體尺寸爲7×7×20公分,使受抗彎試驗,試驗所餘之半截材料,再作抗壓試驗。兩種試驗之結果,極爲相似。此間僅示抗壓試驗之結果。(圖四及圖五)

普通水泥試體在溫度40°以上配合及凝結者,抗力大減。在多數地帶,夏日常達40°,故此種情形,頗堪注意。

8085

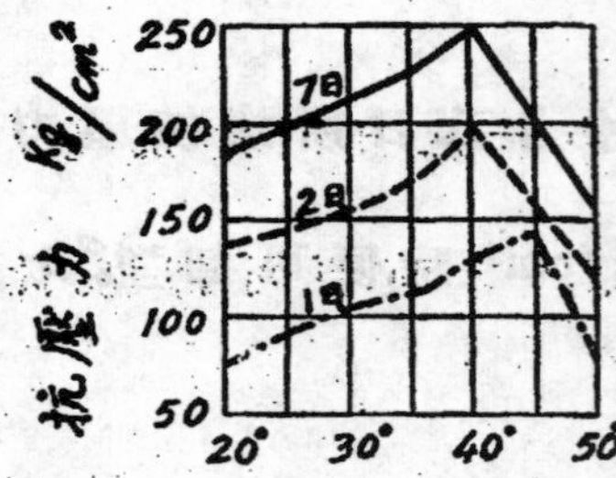

圖(四) 普通水泥

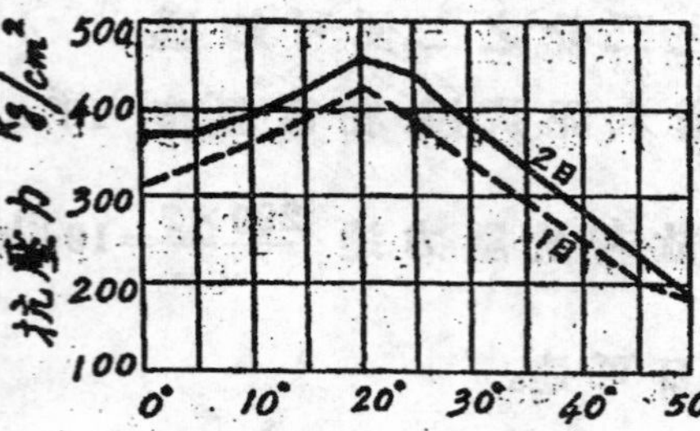

圖(五) 急硬水泥

同樣,急硬水泥在溫度20°以上配合者,抗力亦銳減。此結果與Plougastel橋基試驗之結果相同。在氣候與法國相同之地帶,此點亦爲重要。又急硬水泥在50°溫度凝結者,抗力仍較普通水泥爲高。

鋪裝路面之新材料—氯化鈣*

謝臨深譯

(一) 氯化鈣有替代柏油之趨勢 人皆知用柏油建造路面,因其堅固而不生塵土;但建造之費用甚大,使用時更須相當技術,所成黑色路面又不美觀。若用氯化鈣,則凡此缺點,均可避免。

在歐美用氯化鈣鋪裝路面,已爲極通行之事實。其消滅塵土之功效,可與柏油並駕齊驅,而使用方法之簡單,尤爲柏油所不及。無論在馬克達路,煤屑路,一切質地細密而尚未加不透層之地面上,祗須以鏟或散佈肥料之機器,將片狀氯化鈣散鋪之,便無塵土之患,而路面原有顏色,並不稍損。在美國及北歐,此法業已盛行;南歐如法國比國等,亦均羣起採用。美國每年需十萬公噸,用於二萬公里之路上,北歐亦年有數萬公里道路用氯化鈣修理者。

在南歐最初採用者,爲1935年比國博覽會。該會開幕前,場內各廣場,馬路及人行道上,均未有防止塵灰之鋪設。開幕後,忽狂風大作,乃以氯化鈣散鋪地面上,數日內會場全部卒免塵灰之災;諸大集會之交通,未受絲毫阻礙。氯化鈣之功用,遂爲南歐人士所公

*譯自"La nature" 15, Jan., 1937。

認,故此後羣起採用也。

(二) 氯化鈣對於地面之作用　舖路所用氯化鈣,與實驗室中用以吸收氣體中水分者無異,但係片狀而非塊狀者耳。在美國該物爲溴工業之副產品,在歐洲則大抵爲炭酸鈉工業之副產品,二者均係塊狀物,經過特製機器中,乃成角帶大小之片狀物,含百分之七十五之氯化鈣,其餘爲結晶水,其化學公式爲 Cl^2Ca2H^2O。

片狀氯化鈣吸收水分之力量極大,能溶於水,其溶解性隨溫度而異。空氣含水分頗多,散舖地面之氯化鈣立即吸收之,而氯化鈣本身亦即溶於吸收之水分中(此作用物理學上謂之潮解 deliquescence)。溶液之濃淡,隨空氣之濕度而異,空氣愈濕,溶液愈淡。

路面如以上所述,隨時皆爲空氣中水分所滋潤,不致龜裂,更無塵灰可生。路面滋潤,乃絕大優點,其故如下:泥土之各細粒,因滋潤之故,得以互相黏聚,一如兩片爲水黏住之玻璃然(此種黏力名曰濕黏力 Cohesion d'humidite)。同時亦如此黏住玻璃片,一極微推力,足以使之互相滑動,受滋潤之土粒,受一輕微壓力時(如路上經過車輛所生之壓力　),可抵極好之抛擊,而成堅實土塊。由此可見散舖氯化鈣於路面有兩種作用:(一)使路面柔軟,不生塵土,(二)完成土粒之聚密,路面得以堅固。

在美國及北歐頗多以碎石,黏土及沙混合築成之道路。此混合物材料混合之原理,除與普通三和土相同外,若在其面上加以氯化鈣,則得相當硬度,色澤且與普通三和土相彷。强度來由,頗難以上述方法解釋之,其眞實理由,尙不得知,要之必有其他作用在耳。

(三) 在何種地帶及何種土質上氯化鈣最爲適宜　氯化鈣之作用既基於其吸水能力,則凡在空氣含有相當水分之地帶,均爲相宜。歐洲無氯化鈣不潮解之地方。

附圖中ABCD曲線示以溫度爲函數,空氣之濕度。凡屬於此曲線下之地帶,氯化鈣不能潮解,故不能適用。曲線示溫度愈高,平衡濕度愈低,此氯化鈣溶性隨溫度增加之故也。

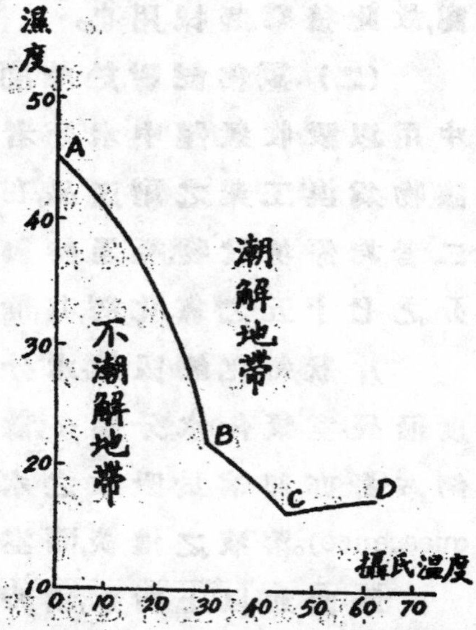

最適合用氯化鈣之土質,莫如用沙土或黏土築成之馬克達路面。通常每平方公尺用四百公份之氯化鈣,便得良好結果,如阿及爾 Bouzaréa 及比國 Limbourg 之道路是也。(按據最近化學工程雜誌載氯化鈣每桶價廿三元則四百公份之價不及大洋一角)。

若以消除塵灰作用論,氯化鈣在煤屑,槌擊土面,磚路等一切質地細密而非不透水之地面上,均獲良好結果。對於混凝土及塗柏油等不透水路面,則不適用。透水過易之地面,如純沙上,亦無功效,因氯化鈣溶解後,即爲濾去之水所帶走也。

(四) 氯化鈣之其他優點 除使用簡單外,其他優點有 (一) 對於橡皮不起作用,於車胎不致損傷,(二) 獸皮及獸趾上,亦不生作用,故賽馬場,運動場可用之,(三) 可使水之凝點降低,土地不易冰凍,故於冬季運動場更爲相宜,例如馬賽每年地面爲小冰塊及泥漿所困者,須歷三月,某網球場因用氯化鈣之故,得以倖免。

自燃料分析求燃燒熱量*

J. R. Darnell 著 顯 譯

當算燃燒損失之時,如無極限分析(Ultimate Analysis)可用,則可自表格取一與近似分析 (Proximate Analysis)類似之基本分析。

然當需要之時,極限分析可自近似分析算出。此等公式,凡關於燃燒問題,動力廠實際問題等書內皆有之,但多不甚準確可靠。

*譯自"Power Plant Engineering", Oct. 1936, p. 580-581。

在煤中之硫,常增加蒸發物質之數量,而使求得炭素之數量不確。

如已知極限分析之各數量,而尚未知其熱量。則可用杜朗氏(Dulong)公式求得之。

$$熱量\ Btu.=14550\ C+62000\left(H-\frac{0}{8}\right)+4050\ S$$

C為炭, H為氫, O為氧, S為硫。

含氧份甚多之燃料如褐炭(Lignite),次烟煤(Sub-bitumenous coals),木屑等,不適用此公式,其他尚稱準確。

乾燥烟突氣體失熱　如已知極限分析中之炭之數量,及殘餘中炭之數量,又知烟突氣體分析(Flue gas analysis),則乾燥氣體失熱可自下列公式求得

$$每磅燃料所生乾燥氣體磅數=\frac{4CO_2+O_2+700}{3(CO_2+CO)}\times\left(C-Cr+\frac{S}{1.83}\right)$$

C卽燃料中炭量, Cr每磅燃料中殘餘之炭量, S燃料中硫量。

每磅燃料失熱。Btu.$=W\times 0.24(Tg-Ta)$

W=每磅燃料所生乾燥氣體。

Tg=烟突中氣體溫度。

Ta=空氣之溫度。

0.24=空氣之比熱。

潮濕及輕氣之失熱　因水份及輕氣之失熱,常同時求算之,卽將水份分為輕氣及氧二部,惟極限分析必須準確。因水份及氫之失熱: $Btu=9H[(212-t)+970.4+0.46(T-212)]$, H卽極限分析中氫氣量, t為室內溫度, T為烟突氣體之溫度。

因殘餘中炭質之失熱可自下公式求得:失熱 $Btu.=\frac{C\times A}{1-C}\times 14600$, C為殘餘中炭量, A為燃料之炭量,皆根據乾燥基律(Dry basis)。因不完全燃燒之失熱,為量甚微,普通情形,皆可略而不計。

下圖曲線表示各種燃燒設備,最佳運用情形下平均需要過

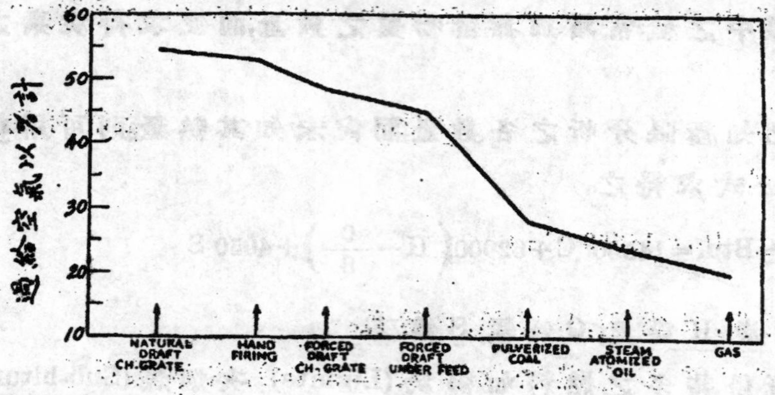

給空氣(Excess air)量。

火焰溫度及各氣重量之計算 假定欲求伊利諾(Illinois)產煤,燃燒後所產生各氣之重量,其火焰溫度為華氏2400°,並假設完全燃燒,無輻射失熱,無分離(dissociation)。每磅燃料燃燒後產物可自下式求之:

$$\frac{\text{Btu.}}{T \times H}=1.0$$ T＝火焰溫度,華氏度數。

H＝每磅燃料燃燒產物在燃料及空氣溫度與火焰溫度間之熱量。Btu.＝燃料燃燒時之熱量,英國熱力單位。假定伊利諾煤燃燒後之分析如附表,則每磅燃料所生氣體磅數,可以正誤法(trial & error method)檢定之,如下:

$$\frac{10960}{2400 \times H}=1.0,$$ H＝燃燒後所產物體之重乘平均比熱。

表(一) 燃料燃燒後之分析

	近似分析(%)				極限分析(%)					Btu/#
	水份	揮發燃燒物	固定灰質	灰	C	H	O	N	S	
燃油	—	—	—	—	84.0	12.7	1.2	1.7	0.4	18700
東部烟煤	3.2	21.0	69.3	6.5	79.9	4.9	6.7	1.3	0.7	14300
疋剌堡烟煤	1.8	31.0	57.2	10.0	74.0	5.2	8.0	1.4	1.4	13400
伊利諾烟煤	10.0	34.8	42.0	13.2	52.8	5.8	23.9	0.9	3.4	10960
木屑	46.1	—	—	0.2	27.2	8.5	64.2	—	—	4940
來斯白煤	4.6	3.7	71.7	20.0	70.2	1.9	6.8	0.2	0.9	11650
精煉瓦斯	—	—	—	—	77.6	19.0	0.6	2.8	—	22100
天然瓦斯	—	—	—	—	67.5	22.2	—	5.8	—	21340

各燃燒後產物之平均比熱,僅能假定一定量之過份空氣熱後求得之。再代入上列公式。

在上例中,假定6.5%二氧化炭,180%過份空氣。

自60°F至2400°F間各氣體之平均比熱,爲

CO_2 0.2338, O_2 0.2270, N_2 0.2472, H_2O 0.4840。

全氣體之平均比熱,可自各氣體重量及各氣體平均比熱及各氣體熱量求得之。

	各氣體重		平均比熱		熱量
CO_2	1.759	×	0.2338	=	0.411 Btu.
H_2O	0.518	×	0.4840	=	0.251
O_2	1.803	×	0.2270	=	0.410
N_2	14.545	×	0.2472	=	3.600
全氣體	18.327 磅				4.672 Btu.

$$\text{全氣體之平均比熱} = \frac{4.672}{18.327} = 0.255$$

設擬定過份空氣與燃燒後氣體之重量準確,則公式近乎平衡,如不能平均,可另加減過份空氣之擬定重量。如此數大於1,過份空氣之重量擬定太低,如小於1,則過份空氣重量,擬定太高。

表(二)　假定伊利諾煤之分析如下

	近似分析 照紀錄	近似分析 乾燥		極限分析 照紀錄	極限分析 乾燥
水份	9.95	0.00	炭	52.8	58.6
可蒸發燃燒物	34.76	38.55	氫	5.75	5.15
固定炭質	42.07	46.75	氧	23.88	16.72
灰	13.22	14.70	氮	0.92	1.02
	100.00	100.00	硫	3.43	3.81
Btu.	10,960	12,150	灰	13.22	14.70
				100.00	100.00

照上例: $\frac{10960}{2400 \times 4.672} = 0.975$　此即 $2400 \times 0.975 = 2340°$

此即每磅煤燃燒後得18.33磅之氣體溫度爲2340°。實際應用上,已

8091

夠準確,如須更精確之計算,可假定另一數如 7% CO_2 及其氣體重量。再照前法計算。結果此數大於1,可知確數必在7%與6.5% CO_2之間。但實際上,平常水奧塞特儀(Water Orast apparatus)不能讀至½%,故第一次之假定每磅煤生18.3磅氣體已與實際數相近矣。

鍋爐給水之處理*

Charles E. Joos著 顒 譯

鍋爐給水問題,常爲一活動之問題。從前150磅/方英寸卽視爲高壓之時,其目標僅在維持蒸發面之清潔,可以免除清理手續,及增加鍋爐效率。現在給水問題之化學方面之智識漸爲昌明,各種節省用煤之方法,多屬過份之要求,且亦不被重視。鍋爐結石(Scale)阻礙熱之傳遞,與所燒煤量亦有關係,以前以爲能有極大節省,實係言過其辭。實際調整(Conditioning)給水問題之目的,除可避免清潔水管,又可免鍋爐在高壓,高率數(high ratings)運用時之水管損失(tube loss)。

近代高壓高率數運用下之鍋爐,水管須傳熱甚大,蒸發面上雖極薄之結石(Scale)亦不能有。如近代鍋爐之每方尺蒸發面每小時產生汽量,相當厚之結石(Scale)能使管之溫度增加,結果水管損壞。汽壓與能允許之溫度差(水管及管中之水之溫度差)如第一圖:採自美國密西根大學工程報告第十五號「鍋爐結石之性質及成因」,Partridge氏所作。

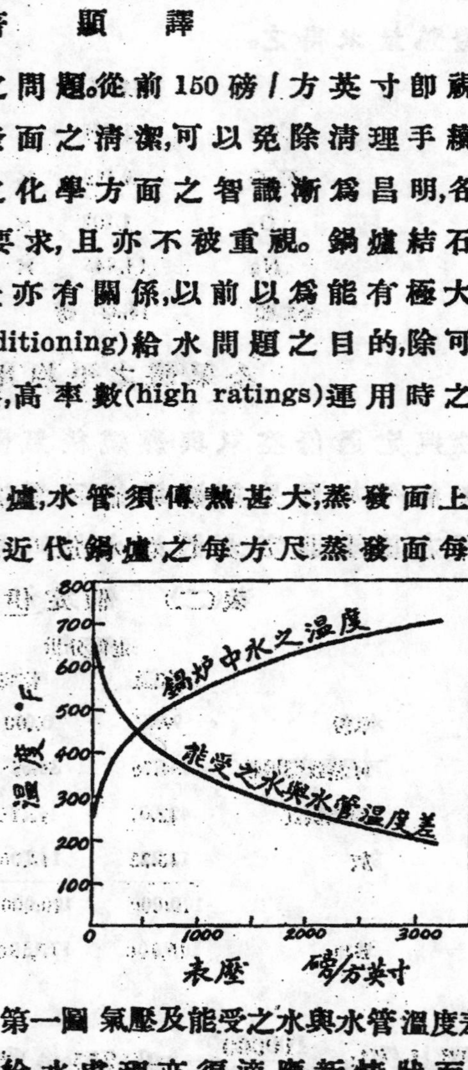

第一圖 氣壓及能受之水與水管溫度差

自圖顯見高汽壓較低壓須較潔之蒸發面。給水之處理影響於高率數高汽壓之鍋爐更大,因之給水處理亦須適應新情狀。而

*譯自"PowerPlant Engineering" Oct. 1986 p. 582。

近代高容量高汽壓鍋爐之結構複雜,亦使動力廠計畫家,不能不解決給水問題也。

給水之處理,係一調整問題(Conditioning)並非單為軟化問題(Softening),解決處理方法必須將所選水源之各種問題,皆須一一考慮。例如美國俄亥俄州(Ohio)有一動力廠,有四鍋爐,給水帶有硬性,未加處理,結果鍋爐水管,結石甚多。但此廠僅須相當時期常加清刮,仍能運用自如。後營業擴充,加裝新鍋爐四只,同時附設有給水軟化器。但軟化之方法不適合,結果竟使四新鍋爐於十六個月內,發生裂痕,而舊鍋爐則依然如故。因用曾經軟化之給水,蒸發面因之清潔,以致接縫被腐蝕而生裂痕。而舊鍋爐因有結石之故,得以避免侵蝕。後將給水調整制度另用他法,合於美國機械工程師學會之防裂方法,又經五年,未見任何不合之現象。發生裂痕之鍋爐,亦未更換他種,仍用同廠出品之同樣鍋爐。此事之經驗,可謂有二種教訓,(一)維持清潔之蒸發面,能發生新問題。(二)給水處置方法必須注意選擇。換言之,給水調整問題必須整個處理,防止結石不過僅問題之一部耳。

給水問題,完全解決,此種給水謂之「已平衡」(Balanced)。此種給水之處理,須合下列各基本條件。

1. 維持蒸發面之清潔。

減少溶化水內之鈣鹽(Calcium salts)及鎂鹽(Magnesium salts)至最低限度。

防止鍋爐黏附泥污及結石。

2. 保護節省器(Economizer)及鍋爐,免被侵蝕。

維持適當之p-H數,及勿多含養氣。

3. 防止水份超越(Carry-over)入汽管。

減少固體物及控制鹼性,使發沫(foaming)及發霧(Priming)趨勢極微。

4. 防止裂痕。

維持適當硫酸化合物及炭酸化合物(Sulphate & carbonate)間之比例,如美國機械工程師學會之規定。

5. 費用低廉。

建設費用及運用費用之低廉。

上列條件,有多種方法可達到之。本文目的在論如何作一合理之選擇。現僅考慮鍋爐外給水處理之問題。

鍋爐外給水處理約有三法。

一.用蒸發器

二.熱法石灰蘇打軟化器(Hot process lime & soda softener)。

a. 用石灰及蘇打灰(lime & soda ash)

b. 石灰蘇打灰及磷酸化合物於鍋爐內,作輔助之用。

c. 用磷酸化合物於鍋爐外軟化之。

d. 用石灰蘇打作初步處理,次用磷酸化合物,於各別沈澱池內爲之。

三.用齊華來特(Zeolite)。

a. 用齊華來特前後,均不另處理。

b. 先用石灰作初步處理。

c. 用齊華來特後再用酸處理。

蒸 發 器

實業工廠中多不用蒸發器,因初次建設成本較高。運用時又損失熱力,因之運用費用亦高。運用蒸發器損失熱力之情形參閱第二圖,即可明瞭。實業工廠中用之幾壓器式之蒸發器,

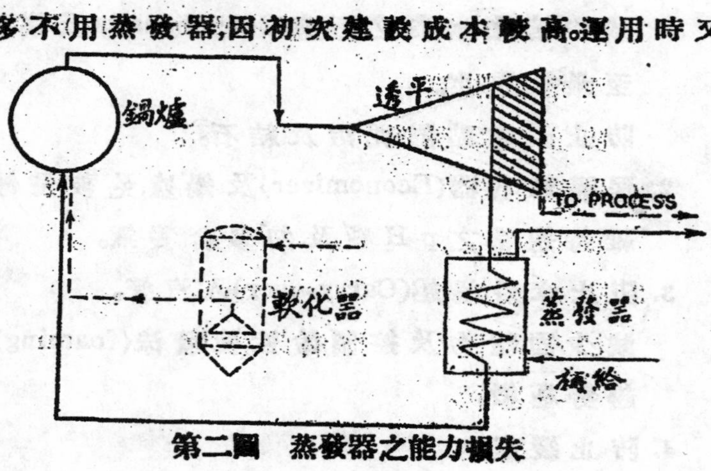

第二圖 蒸發器之能力損失

用高壓汽產生低壓之用汽(Process steam)。例如有某紙廠需用30磅汽壓之蒸氣。蒸發器以機器之大小程式不同,受50,60,70或100磅/方英寸之蒸氣。亦卽因鍋爐給水爲純蒸溜水之故,而須將透平機100磅/方英寸之蒸氣放出(bleed)一部,以得50磅/方英寸之氣(vapor)。蒸氣自100磅/方英寸膨脹至50磅/方英寸之能力,均屬損失,如第二圖中之陰影部份。

第三圖示蒸發器入口與出口各種不同之汽壓差,與能力損失之大小。此種月積日累之能力損失,使實業上多不裝用蒸發器。

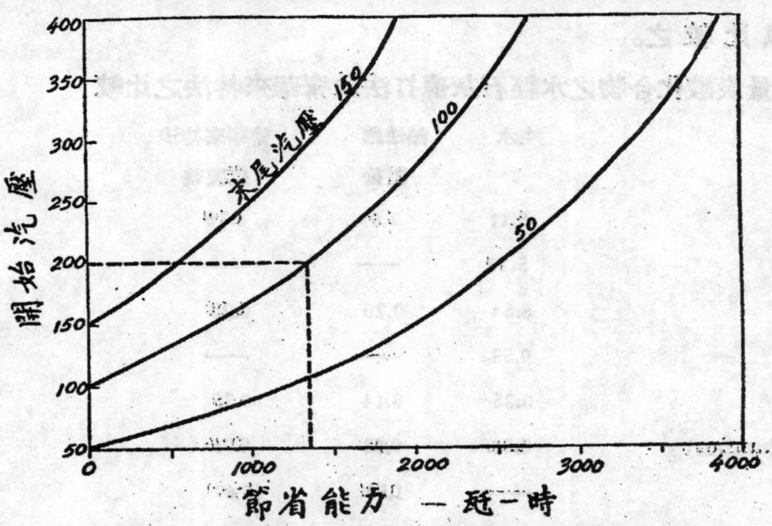

第三圖　每小時100,000磅蒸氣膨脹後所得之能力

在軟化器問世能供實用之前,蒸發器裝用於極高汽壓工廠者,如非力浦卡萊工業製造公司,福特汽車公司,迪特羅處分廠,沸亞司東橡皮及車胎公司。此等工廠之計劃者,亦知不甚經濟,但取其給水純良而已。現代實際上應用軟化給水爲補充之用,化除一切對軟化給水是否合用之疑慮。上述各廠之設備,用曾軟化之水以代蒸溜水作補充給水之用,可使計劃者採用600磅或800磅壓力之鍋爐以代較高汽壓鍋爐之用,設備費用可以減低。如韋而登鋼鐵廠,卽用熱法軟化器兼用燐酸化合物作輔助,以供給900磅汽壓鍋爐之補充給水。高汽壓動力廠之計劃者,可對軟化給水加以注意,損失熱力之患可免。

補充需要僅佔百分之一二之處,熱力經濟之減少,較之全廠運用費用,微乎其微,如中央動力站,蒸發器仍爲良好之處理方法。但實業方面之需要,常用下列二法。(1)齊華來特(Zeolite)法及(2)熱石灰及蘇打法。欲決定採用何法,必須先研究水源之化學成分及物理性質。水源可分爲(一)污濁,(二)清淨,(三)高硬度,(a)含多量炭酸化合物,(b)含少量炭酸化合物,(四)低硬度,(a)含少量炭酸化合物,(b)含多量炭酸化合物。

試以高硬度含多量炭酸化合物之水爲例,分析已用二法處置後之水,列表以比較之。

第十一表　含多量炭酸化合物之水經石灰蘇打法及齊華來特法之比較

	生水	熱法處匭後	齊華來特法處匭後
炭酸鈣	8.11	1.0	0.30
硫酸鈣	5.19	——	——
炭酸鎂	5.54	0.20	0.20
氯化鎂	0.53	——	——
養化矽(Silica)	0.35	0.14	0.35
養化鐵養化鋁(alumina)	0.06	0.02	0.06
炭酸鈉	——	1.50	15.60
硫酸鈉	——	5.43	5.43
氯化鈉	1.92	2.45	2.45
蒸發物及有機體	1.81	0.72	1.81
固體物	23.51	11.46	26.20
pH數	7.5	9.6	7.5
硫酸鈉與炭酸鈉之比		3.62/1.00	1.00/2.87
吹下(Blowdown)		7.6%	17.5%
處理給水1000加侖之費用		3.63 cts.	7.3 cts.

自第一表可知用熱法石灰蘇打軟化器可得「平衡處理」硬度,雖不如用齊華來特法,但已降至甚低。用熱法軟化器,硬度依過量炭酸鈉而定。增加炭酸鈉之分量可減低硬度。易裂比率(Embrittlement Ratio)亦尙適當,鹹性亦較低,固體物亦形減少,換言之,適當

處理給水之條件皆已適合。用齊華來法固體物亦有增無減,礆性亦較高,易裂比率亦不適當,且處理用費亦較高。故此種性質之水,擇熱法軟化器,實較優勝。

用齊華來特法欲得平衡之處理,必須預先用石灰處理之,或經齊華來特法再以硫酸處理之。如第四圖即用一冷法軟化器沉澱池,再經過濾,及加酸,中和其一部份礆性,再經齊華來特法軟化之及驅除炭酸氣 (deaeration)。

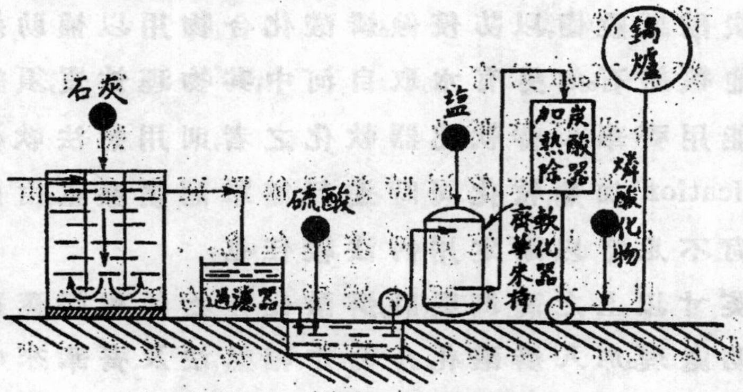

第四圖　石灰—齊華來特軟化法

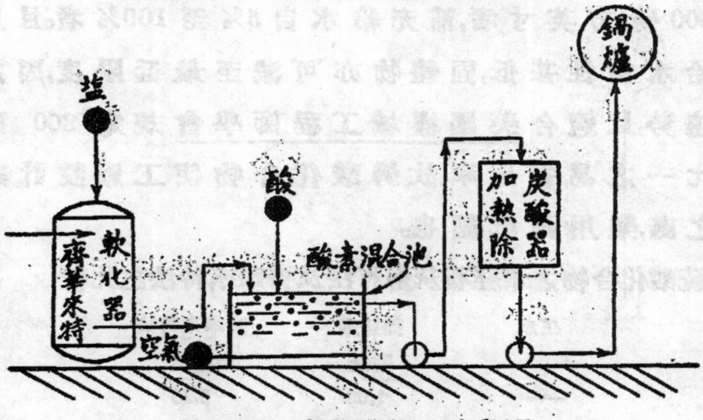

第五圖　齊華來特—酸素法

加酸之意,係用以減低,經石灰軟化後,水之礆性,藉以保護齊華來特礦石者。第五圖示如何單用硫酸以補救其缺點。

但此法不如先用石灰,作預先處理者爲佳,因水中固體物不減反增也。加酸之後侵蝕較大,或將侵蝕給水加熱器,給水管,及鍋爐。但用此法而感覺滿意者亦有數廠。

如此等性質之水源,用熱法軟化器顯見係以最簡單之方法,最經濟之設備運用費用,得「平衡處理」。

再舉一例,設有硬度高而礆性低之水。各種分析如第二表。齊華來特法實較佳。不僅運用用費較省,即設備用費亦較省,如需處理之水已甚爲淨潔。

此種性質之水,經過濾之後,專家之意,多贊成用膏華來特法軟化之並加驅除炭酸氣設備,以防侵蝕。燐酸化合物用以補助避免矽酸化合物及他類結石。如另有水,取自河中,其物理性質,須經一番手續,然後始能用膏華來特軟化器軟化之者,則用熱法軟化較佳,因澄淸(Clarification)加熱,軟化同時進行,簡單而價廉也。由此可知僅化學性質尙不足恃以斷定用何法較佳也。

用 250 磅/方英寸以上之高汽壓時,燐酸化合物係維持蒸發面淸潔之重要輔助處理。加入燐酸化合物作輔熱法及膏華來特法軟化器之輔助劑,1916 年即已應用,迄今達數百處,成績皆完美。工廠汽壓有高至 800 磅/方英寸者,補充給水自 5% 至 100% 者。且用燐酸化合物,鍋爐給水鹼性甚低,固體物亦可減至最低限度,因之減少發沫發霧之趨勢,且適合美國機械工程師學會規定 800 磅汽壓時所需之三比一之易裂比率。故燐酸化合物使工廠設計家於無需蒸發補充之處,樂用高汽壓也。

第二表 含多量硫酸化合物之水經石灰蘇打法及膏華來特法之比較

	生水	熱法處理後	膏華來特法處理後
炭酸鈣	—	1.00	0.30
硫酸鈣	6.30	—	—
炭酸鎂	0.87	0.20	0.20
硫酸鎂	0.41	—	—
養化矽	0.12	0.05	0.12
養化鐵及養化鋁	0.12	0.02	0.12
炭酸鈉	—	1.50	1.08
硫酸鈉	0.47	7.50	7.50
氯化鈉	1.46	1.46	1.46
蒸發物及有機物	2.80	1.12	2.80
固體物	12.55	12.85	13.58

pH數	6.8	9.6	6.8
硫酸鈉比炭酸鈉		5:1	6.95:1
吹下(Blowdown required)		8.5%	9.0%
處理給水1000加侖之費用		3.34分	2.28分

自上列各例觀之,可知處理給水,須注意各點。如第一表所示性質之水如用齊華來特法軟化之,雖能不於鍋爐內沉積結石,但費多而設備煩。故給水之平衡亦不可過於重視。

正誤

「泰爾鮑脫螺形曲線」(載在本刊第十二卷第二號)篇作者函請更正如下:—

頁	行	誤	正
235	5	352.20	382.02
237	15	L_1	L'
237	22	始點線	始點切線
238	公式(4)	$y=\frac{214.1}{(a)^{\frac{1}{2}}}\left(\frac{1}{3}\Delta^{\frac{2}{3}}-\frac{1}{42}\Delta^{\frac{5}{2}}+\frac{1}{1320}\Delta^{\frac{11}{2}}-\cdots\right)$	$y=\frac{214.1}{(a)^{\frac{1}{2}}}\left(\frac{3}{1}\Delta^{\frac{3}{2}}-\frac{1}{42}\Delta^{\frac{7}{2}}+\frac{1}{1320}\Delta^{\frac{11}{2}}-\cdots\right)$
239	22	公式(B)	公式(13)
242	7	$_{1c}S$	S_{1c}

工程新聞

國內之部

蘇省導淮入海工程經過實況

江蘇省政府主辦之導淮入海初步工程,業已全部告成,不久將舉行放水典禮。按淮水原獨流入海,自古與河同爲四瀆之一。自南宋河奪淮而淮始病,迄清末河棄淮而淮始涸,從此七千萬畝之長淮流域,常多水旱之災。蘇北適處淮水尾閭,受害尤甚。八十年來,蘇地大小淮災,連續達六十餘次。自陳果夫氏以導淮委員會副委員長之職,兼主蘇政,始毅然決定施工導淮入海。顧及經費,先辦初步。自民國二十三年十一月一日動工以還,以迄於成,綜計歷時二年五個月,耗金一千一百餘萬元,動員十二縣工佚十餘萬人,共做四千餘萬工,全長167公里,出土六千萬公方,從此蘇北可免淮禍,導淮全部工程,可循序漸進。玆將初步工程實況,簡述如下:

導淮近史 民十四,全國水利局發表治淮計劃,自洪澤河起至廢黃河出海止,合蘇皖豫三省,估費二萬萬元。民十七,建設委員會成整理導淮圖案報告。民十八一月,導淮委員會成立,派委員二十人,蔣介石氏爲委員長,陳果夫氏爲副,分設工務處於清江浦,組織測量隊,實測入江入海各路河線,並聘德國方修斯教授爲顧問工程師,親歷江淮運沂沭汶泗及黃河各處查勘。至此淮河形勢與洪澤湖水利悉明。民二十年四月,公佈導淮工程計劃,預定三期,第一期分五年施工,估費五千萬元。其綱要有三:(一)開闢淮河主要瀉洪河,(二)修建蔣壩及洪澤河活動壩,(三)以洪澤河爲停蓄之所。九月導淮會討論導淮路線,決定由張福河經廢黃河至套子口入海。二十二年春,導淮會興挑張福引河。是年公佈導淮工程入海計劃,大挑廢黃河,自楊莊至七套以下,又闢新道至套子口,是即導淮入海初步工程也。當時估工費七百萬元,預定兩年完成。

初步工程 導淮會計劃,需費孔多,蘇省府不易籌措,乃決分期實施。其初步工程,除河底寬度由120公尺減為35公尺外,一切仍照原計劃.但仍須六百萬元。乃採用徵工辦法,以減工費,始定為七百萬元。路線循廢黃河舊槽而行,略較紆迴,計共長 168.59 公里。水面比降為0.000068, 洪澤湖水位在15公尺時,流量每秒455立方公尺,在大水未發以前,入海水道自可先行儘量下洩。估計開挖土方六千六百萬公方,築堤土方五百零三萬六千公方。所有堤工一律利用挖土堆築,暫不加砌。河底寬度暫定為35公尺。河坡一律為1:1.5。兩岸堤距規定350公尺。堤坡一律為1:3·4。開挖土方暫以每公方八分計算。全部經費統計6,813,415元。楊莊及周門兩處各建活動壩一座,約共需一百零六萬元,由導淮會建築。

工程組織 蘇省導淮入海工程處於民二十三年九月由省府派許心武為處長,陳和甫為副處長,戈涵樓為總工程師,戈氏於二十五年四月積勞病故,四月省府派王元頤代理總工程師,並聘導淮會總工程師須愷為顧問工程師,在淮陰正式成立。編制分工務,財務,總務三組。工務組設測繪,材料,設計,考核,排水五股。財務組設會計,稽核,出納三股。總務組設文書,事務二股。先後增設糧食管理室,巡迴醫藥隊,巡迴演講隊,編輯委員會等。為工程進行便利起見,全工分為淮陰,泗,江,泰,高寶,淮安,漣鹽,興東阜西段,興東阜東段等十段,段設段長,由工程處工程師兼任,段事務所下分設監工處,全工十段,共三十四處。每處指定工程員一人為主任,另各段設總隊長一人,隊長,分隊長各若干人。

測量工程 測量隊由導淮會派員組織成立,全隊分定線,水準,測角,地形,剖面,繪算,事務,看樁等八班。隊長一,隊員十八,另雇測工五十一,小工二十,看樁工人十一,全隊共一百零一人。二十三年七月二十日開始測量,十月二十六日完全告成。蓋趕十一月一日起施工也。所有全部土方表,分別製就,分發各段應用。

工程實施 全線自淮陰楊莊至阜甯七套,大都利用廢黃河舊槽,加以裁灣取直,七套以下,完全另闢新河,以達套子口入海。河底寬35公尺,兩岸距離230公尺,平均距離爲122公尺,較原計劃短33%。二十四年冬復以黃河决口,决定提前完成,乃將全部河床一律保留一公尺半,暫緩開挖,計九百五十二萬九千餘公方,俟通流後,利用水力冲刷,機力助之,俾收事半功倍之利。

徵工辦法 最初擬全用徵工辦法,規定十六萬工伕,由十二縣推派。俟因各縣未能踴躍,乃於二十四年一月决定徵伕,徵金,工金並用原則。卽徵伕者徵伕,不徵伕者徵金,超額徵伕者加給工金。於是各縣徵工人數爲十萬人,僱工六萬人,仍供十六萬人。二十五年春,復令各縣徵足二十四萬人,到工趕做,以至於今。工伕計分三類:(一)徵工,由縣長兼徵工委員,負徵發之責。(二)僱工,由工程處僱用。(三)兵工,由二十七師一旅及三十二師之二營担任,計五千人。以上徵工僱工兵工之累積人數,截至二十五年底止,爲三千四百六十三萬八千餘人。

土方工價 原計劃土方費每公方八分。惟出土高低懸殊,因依上中下三級計算,上層每公方七分,中層每公方八分,下層每公方九分。三層平均仍各爲八分,不致超出預算。至各縣之額外津貼,大約上層每方四分,中層五分,下層六分,平均每方五分。合併計算工伕每方代價爲一角三分。此外總隊長每月四十元,隊長二十七元,分隊長十元。但隊長及分隊長依工作勤惰,酌量有所上下,然仍依原預算數爲根據。

排水工程 計分兩期:第一期,全河167公里,分設排水站二十處,平均每8公里設一站,每站裝16馬力引擎抽水機一架,原有黃河老堤間距平均約爲230公尺,設每次雨量爲15公分,則每8公里積水爲27600立方公尺,16馬力抽水機在6公尺高度時,出水量每小時爲600立方公尺。其在4公尺以上之積水,計9600立方公尺,則雨後16小時內,可以抽盡。各排水站由工程處派佐理工程師一人負責,監工十人;第二期,施工地位愈低,積水愈增,故排水方法增為三種:人工排除,虹吸管,機力抽戽。排水站增至五十處,抽水機增至33架。

沂沭尾閭　蘇北重要水道為淮,運,沂,沭各河,互漲互犯,倘沂沭並漲,勢成中滿,下游宣洩不及,侵及,中運,淮亦受患。故必須淮,運,沂,沭四河分治,俾各河獨流入海,不相侵犯。蘇省府乃飭導淮工程處兼辦沂沭尾閭工程,暢其宣洩,而後徐圖上游工事。經於二十四年間,先後疏浚六塘,柴米,後沭,燒香諸河,各段工程,歷時三四月不等。

施工設備　工伕衆多,時間久長,關係施工設備,各方均在顧及。玆可分四方面敘述:(一)糧食,工伕每日少者十餘萬人,多者二十餘萬人,工程處決定辦法三項:(甲)責成沿淮各縣政府,自行供給本縣工伕之食糧,(乙)鼓勵商人向工段運銷,(丙)由本處儲備糧食,統籌給養。此外工伕密集地點,設糧食站,計總站四處,分站七處,分銷處四處。(二)飲料,西段水涸,東段水滷,工程處對此問題,先用開渠引水法,繼用雇車運水法,但事實上每日需水五十萬加侖,前者求過於供,後者太不經濟,故最後決定自三叉股以下至海口,22公里間,鑿井七口,深者五百餘呎,淺者四百餘呎,每井之旁,建一蓄水池,容量18立方尺。(三)醫藥,有巡迴醫藥隊分段巡廻,復添設診療所六處。兩年受診人凡七萬餘。(四)交通,(甲)道路,將漣水,淮安,阜甯三縣之廢黃河堤修平,以駛汽車,計六十餘公里。工程處方面有交通隊,以汽車担任工事上之運輸。(乙)電台,由省府將淮陰電台調歸工程處專用,並於各段中心地點,設小型電台一座,於是全工程無線電報網完成。(丙)電話除長途電話外,工程處自行擴充路線,計144公里,通話地點三十處。(丁)通信隊,凡一切轉存之文件,圖表,由信差五名,逐日往來遞送。(五)苗圃,堤岸須植樹,工程處成立苗圃兩處,每處佔地60市畝,其中植杞柳,楓楊,白楊等苗。預計三年後足敷全堤之用,每年經費五千元。

經費總額　初步工程原預算為六百八十一萬元,繼增為八百餘萬元連各縣代金三百零四萬餘元,預算總額為一千一百一十萬六千餘元。現在決算尚未結出,大約應為一千二百萬元左右。

功效利益　初步工程之效益,可分四類說明:(一)避免洪水。裏下河農田五千萬畝,屢遭洪災,今一部洪潦可入海,下游歸江引河既已疏浚,則入江水量增加,裏下河災情當可減少。至於皖淮方面,則下游出路增加,上游屯水減少,受惠亦多。(二)增加航線。裏運中運兩河淤淺,淮陰以上,本來斷航,今則可常年通達至安徽,而淮河流域之農產品,可由揚子江輸送上海。(三)灌溉農田。裏運河以東,及沿通揚運河農田,約一千四百萬畝,其中四分之一之灌溉,仰給於裏運河,凡遇旱災,每年損失八百萬元,今則不僅四分之一農田可免旱災,全部咸可沾潤淮水。(四)涸出公地。高寶湖原有公地五十三萬畝,原價每畝四十元,初步工程完成,可值五十元,增出地價五十萬元。廢黃河經過之十三縣,涸出公地七十六萬畝,收入地價當在二千萬元以上。故導淮計劃,除初步工程須款興辦外,嗣後如整理得法,本身收益,足敷其他工程之需。

此後工作　按導淮原計劃為江海分疏。其原則:(一)整理入江水道,長153公里,由洪澤湖至三江灣入江,需費三千三百五十萬元。(二)開闢入海水道,長167公里,由張福河經廢黃河至套子口入海,需費三千四百三十萬元,及其他工程,共需一萬萬元以上。入海工程,不過導淮工程之一部分,初步入海工程,又為入海工程之三分之一,與導淮全工程相較,相差尚遠。即初步入海工程尚有不少工作,若(一)活動壩管理之研究,(二)河床之養護,(三)護岸工程,(四)防汛工作,(五)河灘地之禁種,(六)堤岸造林,(七)河漕浚深,(八)海口疏浚,(九)灌溉渠閘之建築,(十)洩水涵洞之建築,(十一)楊莊及周門活動壩之兩船閘,及新運河交叉處之活動壩,均待建築,(十二)沿淮橋樑之興建。凡此皆有待於續進行者也。

二十五年全國公路建設進展情形

全國經濟委員會辦理公路建設,先開始督造蘇,浙,皖,三省聯絡公路,次及於蘇,浙,皖,贛,鄂,湘,豫七省聯絡公路,再須次擴展至陝,甘,閩,青各省曁贛,粵,閩邊各重要路線,並又直接修築西蘭,西漢兩路,迄廿五年底止,大部巳告完成,因此,吾國中部,曁東南,西北各省,凡鐵路航路,經行不及之重要地點,均有公路可通,玆將上年內辦理公路建設情形,分誌如下。

聯絡公路　經委會於督造蘇,浙,皖。三省聯絡公路之始,曾規定由各省負實施工程之責,由會方規定路線,厘訂工程及預算標準,並撥借公路基金,以助各省經費不足,一面並規定公路工程督察辦法,隨時派遣技術人員,前往督察協助,依此進行,頗爲順利,迨督造蘇,浙,皖,贛,鄂,湘,豫七省聯絡公路,仍照前項辦法辦理並對於各省聯絡公路系統,復經通盤籌劃,嗣後陝甘閩青等省,各重要公路,亦陸續列入督造範圍,於是全部督造路線里程,增至二萬九千餘公里,截至廿四年十二月底止,各省完成通車之聯絡公路,共達二萬零八百六十四公里,廿五年起,對於巳成公路,側重於鋪築路面,及加固橋涵,對於未完成之各重要幹線,如京滬,京閩,滬桂,京魯,京黔,京川,汴粵,京陝,洛韶等線,則繼續督造完成,而對於邊區公路,更積極邁進,不遺餘力,所有陝,甘,甯,青,等省之重要路線,如漢甯,漢白,甘新,甘青,甯平等線,均分別督促興修,並以邊區各省經濟困難,情形特殊,由會撥借全部或大部份之工程經費,以速其成,除漢白,甘新,甘青三線外,其餘二線,巳完成通車,溯自經委會督造公路之始,七省可通車之公路,僅有七千七百餘公里,經督造以來,截至廿五年十二月底止,各省巳成聯絡公路,計達二萬三千八百餘公里,因此全國得互通之公路,可達十萬公里,至於歷年撥借各省公路基金,截至廿五年十二月止,共計一千一百七十八萬餘元。

西北公路 經委會,鑒於西北各省交通閉塞,亟有開發之必要,除酌量撥款督造陝,甘,青,寧等省一部份重要公路外,並擇定西蘭,西漢,兩主要幹線,由會擔負全部經費,直接實施工程,以樹立西北公路之骨幹。

(一) 西蘭公路 該路起自西安,迄於蘭州,長約七百餘公里,昔爲陝甘兩省驛道,曾加局部修築,試行汽車,惟以路線綿長,經費有限,工程不免簡陋,復經廿二年山洪冲毁,交通因之中斷,經委會爰於廿三年三月,籌款直接興築,至廿四年五月,將全路完成土路通車,共計支出工程管理各費九十三萬餘元,廿四年秋,沿路洪水爲災,路基橋涵,頗多損毁,廿五年以來,復舉辦各項改善工程,共計支出十餘萬元,至於該路路面工程,因沿線缺乏石料,建築費用頗鉅,尙待籌款興築。

(二) 西漢公路 該路起自西安,迄於漢中,爲川陝交通要道,除西安至寶鷄間,係已成土路,勉可通車外,寶鷄至漢中一段,長二百五十四公里,爲古昔之北棧道,崎嶇險峻,行旅苦之,亟待開闢,經委會爰於廿三年夏間,派隊測量,撥款興築,惟因路線所經,大都爲崇山峻嶺,施工運料,倍感困難,加以地方不靖,工程迭遭停頓,迄廿四年十二月下旬,始將全路打通,廿五年以來,仍積極繼續趕辦未完工程及整理工作,一面並擇要加舖路面,現該路各項工程,均告完竣,祇餘鷄頭關鋼架大橋一座,尙在建築中,又該路鳳翔至寶鷄一段,原係利用舊驛道,勉行汽車,廿五年間以隴海鐵路西展,每與驛道路線交叉,行車殊欠安全,乃另測正式路線,於六月間,開始興築,全線共長三十六公里,業於十月間完成,總計西漢路寶漢鳳寶兩段,工程管理各費,共支約二百四十餘萬元。

南昌中正大橋完成

南昌中正大橋,已於元旦通車,一月九日正式開放,茲將詳情分誌如次。

建築緣起　贛江橫亘南昌與牛行之間，江面遼闊，匯贛水，撫河，信河諸水，流入鄱湖，每當春夏之際，各河水漲，鄱湖容受有限，此時贛江泛濫，波濤洶湧，舟楫難渡，不特行旅視爲畏途，即在文化，經濟，軍事上言，亦俱受極大影響，南昌牛行間之溝通，實有迫切之需要，廿三年蔣委員長駐節贛垣時，有鑒及此，乃諭贛主席熊式輝，迅在該江興建大橋，由行營撥款二十萬元，以助其成，熊主席奉諭後當即着手籌劃進行，並請鐵道部派員蒞贛設計，並爲紀蔣委長起見，乃定名中正橋。

設計標準　該橋設計之標準爲（一）因經費不甚充裕，暫以修築公路式橋樑較爲適合實際，如將來浙贛鐵路須與南潯鐵路啣接，則可改建鐵路公路混合式橋樑，（二）就現時所擇橋基之江面寬度，及兩岸情形，確定全橋長度爲三千五百三十餘呎，因兩岸水淺，施工較易，又於東西兩端設置跨度較窄之引橋，藉以節省經費，（三）橋面中間爲汽車道，兩旁爲人行道，車道寬度，須能容車輛交錯，（四）橋樑爲固定式，其距離最低水位，須有十六呎之淨空，以利航運，（五）橋樑載重，須能行駛十噸之重汽車，人行道須顧及人羣密集之重量。

橋墩工程　計劃定妥，乃於二十三年十二月三十日正式開工，初施打護橋樁時，地層忽發生異態，原擬採用之鐵筋混凝土樁，因不易直接打入，於是乃變更計劃，關於施工步驟及各部結構，均重行厘定，其時因值夏汛，江水泛濫，迄至二十四年十一月始行興築正橋橋墩，每墩施工步驟，係先裝置木櫃設法沉下，每隔六呎，計設一層，及降至江底，再插入鋼板樁，以圍繞木櫃，每檔約需鋼板八十塊，旋用約三噸半重之打樁錘，將鋼板逐一打入江底硬層，作成圍檔，然後安設馬達幫浦，將圍檔內江水抽盡，同時挖掘泥沙，並加裝木櫃，以支撐圍檔，使風力水力不致推動，迨泥沙掘盡，即於硬層上鑿成寬七呎，長十一呎，深八呎之深坑，隨將橋柱安妥，灌搗洋灰混凝土,及至硬層以上,混泥土之面積,則卽縮小,僅將鋼樁四週包裹半呎左右,使其外表類似橢圓,藉以減少水之衝擊力,每墩混凝土填築地位,皆至於水平高一百十八呎爲止,四柱安設後,方開始裝置拉撐,惟橋墩工程進行中遇有不少困難,如橋基硬層,發現巨大石罅,並有多量江水噴出,將所灌下之洋灰,盡行浮起,又如挖掘圍樁內之泥沙時,卵石受水壓冲動,樁外江水,洶湧而入,江底工作人員,設趨避稍遲,立有滅頂之虞,凡此工程上之困難,頗足供建築橋樑者之參考也。

橋身工程 橋墩旣逐步完竣後,卽開始安裝橋身,其步驟由桁樑,而橫樑,而直樑,依次以達於橋面欄杆等,桁樑之安裝,係將每孔鋼料分兩邊鉚接,用氣動鐵鎚鉚好,橫樑置於桁樑每節上弦所備三角鋼板之間,橫墊木安於引橋橋墩之上,各用螺絲旋緊,伸出桁樑及樁頂之外,以供人行道及裝設欄杆之用,橫樑及墊木以上,架設直樑,樑間加設斜交支撐,藉資鞏固,橫直樑安裝後,卽進行鋪築橋面,裝置欄杆燈柱等項工程。

該橋計全長三千五百三十五呎六吋半,正橋共念八孔,每孔跨度一百零六呎,橋墩共念九座,引橋念七孔,每孔跨度二十呎,橋墩念九座,全橋建築經費,原定國幣六十五萬三千六百四十四元,嗣以工程計劃變更,建築各項經費增至國幣九十六萬一千九百六十元,除行營補助二十萬元外,餘由鐵道部南潯鐵路管理局及江西公路處分別負擔云。

植物油代汽油之試驗

近來國人雖有木炭酒精等代替汽油的倣造,但結果多因馬力不足,障故復多,很難實用,現有德國瑪彩黛本士汽車製造廠柴油車任主任工程師馮格騰氏,因擔任中國汽車製造廠技術顧問,在二十四年冬受聘來華,曾至內地各處考察,鑒於我國農產物品的豐富,植物油類產量尤多,其中如花生油,桐油,芝蔴油,豆油,棉花油,茶油,菜油等,隨處皆有,生產殊爲普遍。該種植物油類除供給人民日常食用及點燈用途之外,過剩頗多。西安蘭州等地,棉子油市價低廉,與上海市價比較,僅及三分之一。如能將我國出產過剩諸植物油類,設法煉製,就地行駛汽車,對於形成崩潰中之農村經濟,以及內地交通,國防原料等一切困難問題,均可因此而獲得一正當解決辦法。

中國汽車製造公司總工程師張世綱氏對馮氏擬議,亦極表贊同。商量結果,即開始合作,共同研究,一方面即利用中國汽車製造公司決定做造之瑪彩黛本士柴油汽車,作爲試驗車輛;同時並決定不變更車上的任何機件,並以車主使用便利爲原則。費時半年,實地試驗不下數百次,根據每次試驗結果,以謀逐次改進,最近已告成功。茲將最近試車詳情記錄於後。

(甲)試驗日期:二十五年底。(乙)試驗地點:上海城內市街,及滬杭,滬錫公路,共駛里程計四百公里。(丙)試驗車輛:瑪彩黛本士二噸柴油汽車架,車上載有廢鐵重二噸半。柴油發動機爲四只汽缸,直徑一百公厘,活塞行程一百二十公厘,汽油容量三〇七七公升。在每分鐘二十轉時,實際馬力五十五。柴油噴射,係用瑪彩黛本士預燃實式,而噴射管壓力爲八十五氣壓。試驗時車上機件組織,均不變動,只將排氣管另分一支管,在存油箱內通過,以便開車後增加燃料箱中熱力。因植物油燃料較柴油粘度爲大,須加攝氏三十五度至五十度的溫度,始能與柴油粘度符合,在噴射管中不至發生阻礙。其他另加容量半加崙之小存油箱一只,內儲柴油,以爲開車時數分鐘應用。(丁)試驗燃料:爲極易購買之棉子油,上海市價每百斤二十四元,在西安每百斤八元,每百斤計合一五,七美加崙。(戊)開車手續:初次開車,先用小油箱內之柴油,約五分半鐘之久,則燃料箱內之棉子油即達攝氏三十五度之熱度,以後即改用棉子油,無論中途停車再開,雖時間稍久,在兩小時以內,亦係直接使用棉子油,踏動馬達四五秒鐘,即可開動,每日祇在初次開車時使用少許柴油,以後,即無須再用小油箱內之柴油。(己)行駛速率:使用棉子油時,馬力並不絲毫減少,反較用柴油時增加少許,故速率每小時三十五英里,與用柴油同,中途亦未發生任何障故。(庚)消耗油量:油箱內共盛入棉子油一担,計一五,七美加崙,共駛行四百公里時油盡,統計每加崙可行二五,五公里,若按英制計算,每美加崙可行一七英里,按該車駛用柴油時每美加崙為十六英里。(辛)排氣情形:柴油汽車正當之排氣,色為淺藍,稍有異臭,使用棉子油時,其色亦為淺藍,惟氣味與吾人在廚房中所聞者相同。(壬)卸拆檢查:次日曾將發動機汽缸蓋拆開檢視,汽缸頭,預燃定號及噴油嘴等,均乾潔無灰,與使用柴油完全相同,未發現任何異狀。(癸)結論:照以上試車情形,排氣管在燃料箱中通過,及增加小柴油箱,所費每車不過十餘元,而所用燃料,並不限於棉子油一種,任何植物油,均可應用,因地制宜,極為便利。又植物油類價值雖較汽油為昂,而行駛里數則較汽油為多。查同式汽油汽車,每美加崙汽油,價值一元,僅能行駛十英里;棉子油每美加崙約一元五角,而行駛十七英里,故二者相較,植物油之價值,尤較汽油低廉。如以西安棉子油市價每十五.〇七美加崙八元計算,則較汽油低廉達三四倍以上,故植物油代替汽油試驗之成功,對於我國交通及經濟各方面之前途,關係殊為重大。

湘川公路通車

湘川公路,動工於民國二十五年三月十五日,現已大功告成,共計歷時為八閱月,在四川方面,已於二月一日,舉行通車典禮,湖南方面,亦於二月十五日,正式通車。該路分為五大段,以湘西沅陵之三角坪為起點,經瀘溪乾城永綏,至四川之茶洞為終點,總長為六百餘華里。五段工程,同時開工,以八個月來之努力,乃宣告完成,其工程中之最艱險者,則爲第一段所屬之鐵山,該山位於沅陵瀘溪之間,高度達三百餘公尺,形勢既極險峻,而其前面,又隔大河,湘川公路經過該山之路線,須用五個『之』字線,方能通過,此項『之』字線之修築,需費已達十餘萬元,第二段,因係由長潭頭洞底至大陂流,以達龍灘,沿途均係山嶺重疊,怪石嶙峋,故其需用石工爲最多,其用石匠以鑿石壁,竟達四十公里,第三段,從龍灘至所里,工程尙稱平易,至第四段之工程,則爲從所里起,以達永綏,中須經過矮寨地方,而矮寨工程,較諸鐵山更險,其最高處,竟達一千五百餘公尺,該山路線,計有九道『之』字線,計需費三十萬元左右,方能將其完成,就中亦復以石工爲最多,此爲湘川公路中之第一險鉅工程,第五段,由永綏至茶洞,在工程上,無特殊之表現,總計五段全路經費,爲二百四十萬元,由中央補助三分之一,其餘三分之二,則由湘省政府負責,向銀行界舉行借款,而以將來之公路建設公債償還。

南昌水電廠開工建築

南昌水電廠工程經市政會長時間之設計,決定全部建築經費爲一百八十萬元,外加線路及用戶設備等費五十萬元,總計二百四十萬元,由官商各認半數。奈市民觀望,投資者寥寥,祇得改爲官辦。除省府設法籌撥八十萬元外,並向中國建設銀公司借到一百萬元,共一百八十萬元。去秋市政會開始在南昌師家坡地方徵用民地二十餘畝,作爲廠址,並於同年十二月一日正式興工,於本年三月舉行奠基典禮。現各項材料,已由滬上分批運贛。所有發電機,均爲最新式,亦已購買定妥,分別運省。自來水管亦已全部運到,刻正日夜加工趕建,而街巷自來水管,亦定四月一日起,開始裝設。水電廠全部工程,預計本年十月間,建築完竣,至十月底,自來水及電氣,卽可開始,日夜放送。玆將水電廠兩部之概况,分述於後。

水廠部份　關於水廠部份,每小時可出水九萬二千加侖。

水管有五百公厘,三百公厘,二百公厘,一百五十公厘,以及一百公厘等數種,其長度共有二十五公里。水源取自贛江,經過中間隔離之進水溝,由二百公厘進水管,下端裝置拒絕雜物之蓮蓬頭,用馬達拖動之離心式幫浦,將水抽上,經四百公厘出水管打至混水池,使渣滓逐漸下沉。上面較清之水,其流量每小時為三百七十立方公尺,流入和礬池,經過相當時間,行二次沉澱較清之水,導入快性沙濾池濾過,每小時每平方公尺地面可濾三十一立方公尺。繼行氯氣及亞莫尼亞等藥物消毒。消毒後之清水,用三百五十公里水管導入貯水池,其容積為二千立方公尺。出水設備,係由四座離心式幫浦,用三相感應式馬達拖動,從水管將貯水池清水吸進,打至出廠五百公厘總水管,其出水量每小時為三百七十立方公尺,至市區中心之水塔,其容積為八百五十立方公尺,由水管通至各用戶。

電廠部分 本市電燈,雖有數年之歷史,但電壓不足,明暗靡定,白天供電,常常斷絕,對於用戶,已感不便,工業方面,尤為掣肘。新電廠成立後,將大加改進,初步設備,計有鍋爐三具,受熱面積,各為二千九百六十平方英尺。汽輪發電機二座,共三千啓羅瓦特。

國內工程簡訊

上海虬江碼頭工程完竣 上海虬江碼頭位於黃浦江濱之虬江口,由中央信託局投資建築,於去年六月奠基,現碼頭工程已全部完竣。計有長180公尺,寬15公尺之碼頭,長67公尺之水泥棧房及臨時棧房各兩座及管理處,旅客休息室,旅行社,商店等建築物。

川黔鐵路成渝段開工 川黔鐵路成渝段於三月十五日在九龍舖重慶車站正式開工。該段起自成都,經簡陽,資陽,資中,內江,隆江,永川,石門以迄重慶,全長計523公里。預計明春明春全部

8112

完工。

青島市興築第一號碼頭

青島市自第三號碼頭完成後,港務日趨發達,現因船舶激增,原有碼頭仍感不敷分配,已將第一號碼頭南面亂石岸壁招標興工,計標價一百五十九萬五千元。

洛潼公路完成

洛潼公路自二十四年興築以來,各部工程現已全部完竣。該路由洛陽起,經宜陽洛甯盧氏閿鄉而達潼關,共長約六百二十餘華里。全路工程計土方一千三百餘萬公方,石工約四十餘萬公方。路基土石方用款六十餘萬元,橋梁涵洞用款百餘萬元,石子路面用款二十七萬元。沿路山嶺綿延,難工極多。十八盤山之一面上下路綫,即須盤繞五次(由山下向上相距約三百公尺),運土一筐必須百餘人轉遞。福極嶺開山工程開深至九丈以上。他如鐵板溝嶺,范地嶺等處工程亦稱困難。

川鄂公路渠萬段竣工

川鄂公路渠縣至萬縣一段,已於三月間完全竣工。全長221公里,分為六站。簡陽至渠縣一段現在補修,約六七月間可完全通車。

平漢鐵路道禹綫開工

平漢鐵路籌建之支路,有道禹,許禹,孝襄等線。道禹線已於四月十六日開工,其他各線亦將繼續興築。

桓陵渡黃河鐵橋開工

隴海,同蒲兩路合建之潼關風陵渡黃河鐵橋,於四月二十日開工,計長二華里。橋墩十四座,橋樑兩座之工程費計八十餘萬。按該橋為黃河上第四鐵橋預定明年七月完成。

隴海鐵路西寶段通車

隴海路西寶段寶雞門鷄台千公尺之隧道已於四月間完工,自五月一日起通車。該段計長180公里,工程費約一千七百萬元。

黃埔開埠工程進展情形

廣東黃埔開埠工程,進展甚速。黃埔鐵道支綫路基業已築成,現趕舖路軌,定於八月間通車。黃埔大道已興工,定年底通車。疏濬內港及各河工程,由荷蘭公司承辦,卽開工。碼頭一座約可於明春築成。各貨倉亦將着手建築。

國外之部

倫敦港之改良與擴大

倫敦港之改良及擴大工作,現正在四年計劃下(自1936年至1940年),以六千萬元經費進行之。其主要工作爲加深及加闊舊有各船塢,加建新船塢,建造碼頭及貨棧。

倫敦船塢極多,但在昔係獨立者。自1909年起,始集合而由倫敦港管理局管理之。若干船塢集於泰晤士河之灣處,對於上下游之進出均甚便利。船塢鄰近潮水漲落達20呎。退潮時水流速率爲每小時二三哩。船塢集合成區自上游起各區名稱及大小依次詳見下列表中;入口之深度係指高潮水位至塢口門檻之深度。各船塢均與鐵道及公路啣接。皇家船塢(Royal dock)附近之道路及懸橋,應汽車運輸之需要,均經重造,工程浩大,計12,000,00元,已於1935年完成,其詳情載E. N. R., July 13,1936。

倫敦各船塢之特徵

船塢羣名稱	總面積	水面積	主要入口			碼頭長度
			長度	濶度	深度	
	英畝	英畝	呎	呎	呎	哩
St. Katherine and London	123	45	350	60	28	4
Surrey Commercial	381	134	550	80	$35\frac{1}{4}$	$8\frac{3}{4}$
West India and Mill wall	467	$133\frac{1}{2}$	590	80	35	$6\frac{3}{4}$
East India	67	$31\frac{1}{2}$	300	80	31	$1\frac{3}{4}$
Royal	1103	247	800	100	45	$12\frac{3}{4}$
Tibury	725	104	1000	110	$45\frac{1}{2}$	4

疏浚泰晤士河亦爲倫敦港管理局重大工作之一(總數已達100,000,000元)。現在該河自河口至Tibury船塢上游一哩處,河

闊達1000呎,最低水位30呎;自此以上,河闊續漸降至500呎,河深降至14呎,但足數6500噸之船隻出入。37呎吃水船隻,則可用離河40哩皇家船塢區之King George V船塢。

船隻進出總數,由38,500,000噸(1909年)增至60,500,000噸(1935年)。1935年貨物起運達41,000,000噸;全年海上貿易爲2,200,000,000元;佔英國全國海上貿易總額百分之三十三。如世界貿易轉佳,則數字尚有增加之可能。

根據以往發展之經驗,倫敦港管理局遂有此番四年改良之大計劃。原有各船塢位置甚適當,故祇須加以擴大與改良,並無另造之必要。爲工作便利起見,自上游St. Katherine船塢起,分六段進行。其大要不外建造新碼頭,加闊原有碼頭,擴大舊船塢,重建貨棧,建造乾船塢,設備電力起重機以代水力起重機等云。

(E.N.R. of Jan. 14,1937) (深)

短時期內完成大批住宅

美國本薛文宜州Erie湖東南有城曰Meadville者,近年因工業發達,住宅忽大感缺乏;遂於近郊Hillcrest山麓,進行大批新住宅之建設。在八個月中,竟將荆棘滿佈的山地,一變爲包括202個住宅的新區域。工程之迅速,實堪欽佩。茲述其經過如下:

設計大綱 計劃最堪注意之點,厥爲無論在提創,經濟,設計及建築方面,均屬同一整個的計劃。先由當地熱心人士組織住宅委員會。任事人員,概不受酬。並聘商部及該城勞働協會爲顧問。建築費用之來源,計分兩部:一由該會發行股票212,000元,二以四厘利率向公家借得抵押借款800,000元,總計1,012,000元。借款分三十年攤還,由聯邦住宅管理會担保,担保率爲百分之四。在借款未償清以前,股東不取任何利益;借款拔清後,該住宅之一切便爲股東所有。

聯邦住宅管理會要求該項住宅在城區整塊地基上建造。討論結果,遂將 Hillcrest 山山南佔地43英畝之山坡全部購下,以西部11英畝贈給市府,以備建造公園。5英畝作將來擴充之用,其餘27英畝,則用以建築住宅。住宅式樣,計分八種。每宅有四間,五間或六間不等,均有浴室,租價自30元至46元,單間自7.08元至7.70元不等。除46宅自有汽車間外,其餘欲租者,須另納租金2.50元。在178個建築中,可住202家。其中48宅,係雙宅者。

建築設計　各宅均係有骨幹之三層房屋,底脚係用輕質三和土塊,置於三和土大方脚上。地室均僅足尺寸,具3吋厚三和土地板。除有小洋台及飾漆百葉窗外,外觀極平坦,無露出之簷頭水落及直下水落管。但在拋出簷頭下之地上,有12吋磚板,以承簷水。樓板擱柵,係2×8吋木板,牆筋,平頂擱柵。椽子,分間牆末筋,均係2×4吋木條,各條距離為16吋。地室高6呎10½吋,第一及第二層各高7呎4吋。板牆筋上有½吋隔離板,牆面板直釘其上。上粉刷則加於金屬條子上。亞光地板舖於副地板上。窗係雙重木框窗,藉防大風雨。門亦有風雨門為之保護。室內牆上,並貼花紙。

宅內裝置,悉依該地習慣,天然煤氣為普通燃料。150宅裝有煤氣火爐,其餘則為應付不喜煤氣火爐之租戶悉裝燃煤火爐。但各宅均無煤氣爐灶及冷藏箱之設備。洗衣處在地室內,自總管起水管皆係銅製。燈光則有自牆中放射者。

Meadville 城新住宅區全景

屋基之排列 磚舖之幹路一條,自山脚直上,將全部地基平分爲二。又有八條平行小路,横貫幹路。小路盡頭,各留空地。汽車間置於幹路及小路之交叉處,庶小路無汽車之擾亂。除24宅面向正街及11宅面向山脚下州道外大部房屋均面向小路。空地上植有樹木700株,灌木2400株。

幹路路基,係混凝土築成。路面以磚塊砌成,用地瀝青嵌縫。人行道闊4呎,人行道與幹路之間,尙有園林道。小路闊16呎,係三和土路面,無人行道。除沿州道11宅外,各宅連空地計60×80平方呎,雙宅者倍之。六條溝渠與幹路平行舖設,三條爲雨水溝渠。電桿多排,爲架設電線及電話線之用。路燈置於小路與幹路之交叉處。因有半區爲該城自來水壓頭所不及,故在山脚處,置有抽水機一架,將水打至山腰中水塔上,以供全區之用。

構架工作 構架爲該項工程中重要部分,由140名木匠,40名小工,分組數隊以從事工作。樓下地板擱柵,屋頂及牆身之構架,牆面板等均由各隊一一分工合作。內外部之修飾,地板,樓梯則亦各分專責。爲求工作迅速起見,凡從事某種工作之工匠,非惟令其專事此種工作,且使其所工作者,均屬同一式樣之房屋,故其結果,每星期能完成15宅,而全部202宅,以及其他工程總計僅需八個月也。

價格方面,據該住宅委員會中人估計,此大批建造之住宅,較普通單獨者,廉百分之廿五云。

(Engineering News-Record, January 21, 1937) (深)

蘇聯二次五年計劃全部完成

莫斯科官場頃宣稱,蘇聯工業第二屆五年計劃,原定於本年年底始行完成者,茲已於四月一日全部完成,較之原來限期,尙早九個月。又五年鐵路建設計劃,亦已於本年一月一日完成,較之原定限期,亦旱十二個月云。

伏爾加河三合土大壩閘門業已下水,河水漸儲入伏爾加蓄水湖及運河內,不久運河將開始通航。伏爾加大壩乃全運河最大壩,使伏爾加河水平加高十八公尺,匯成廣三二七方公里的大湖。此湖名爲「莫斯科海」,蓄水共一·一二〇百萬立方公尺,可供水與運河,並使伏加河上流直到加里甯城均可通航。此壩並非建於伏爾加河舊槽,而係築在舊河道附近岸上。此壩築成後,舊槽經用另一沙泥壩堵塞,迫水入新槽。此堵水之沙壩高廿三公尺,係用新法建築。法爲用極强水流冲掃岸邊泥沙,再用唧筒唧至建築地點,構成該壩。

新槽之三合土壩附近建有大水電廠,發電量爲三萬基羅華特。伏爾加河岔道間工程總共計土方一千七百萬立方公尺,三合土工程六十萬立方公尺,全部於三年內竣工。

莫斯科伏爾加運河爲世界最大水力工程。將來李賓斯克及烏格里希附近伏爾加河水壩以及伏爾加頓河運河竣工後,此莫斯科運河將使蘇聯首都與白海,波羅的海,裏海,亞索夫海及黑海貫通。運河於五年之內造成,爲第二次五年計畫最重要的建築工程之一,竣工後使莫斯科列甯格拉間水道縮短一千一百公里(由二千六百減少一千五百公里)。莫斯科高爾基間水道由九百六十減八百五十公里。河上可通三層客船及吸水至四公尺半之貨船。煤及糧食從南方,建築材料和鑛砂從北方,魚和石油從裏海均經此河運至首都,每年平均來貨或去貨將各達一千五百萬噸。

河上共有洩水道,壩,電廠,碼頭,燈塔等建築物二百四十個,沿河建有蓄水湖七處,匯湖處原有村落五百〇三處及科策伐一鎮均經遷往他地,共計家室四萬戶。

鐵路及公路經過運河處計有鐵路橋七座,公路橋十二座,在莫斯科以及伏爾加河附近公路,並用地洞穿過地底。

此運河長一二八公里,計土方工程二〇二百萬立方公尺,三合土工程三·一一二·〇〇〇立方公尺,與之比較,長二二七公里之白海波羅的運河土方工程爲二千一百萬立方公尺,三合土工程三十九萬立方公尺,又八一·三公里長之巴拿馬運河土方工程爲一六〇百萬立方公尺,三合土工程三·八六〇·〇〇〇立方公尺。

又蘇聯政府決議在伏爾加流域建築絕大水力工程計劃,名曰大伏爾加計劃,現已開始進行。其目的爲供給多量廉價電力,開浚貫通南北各海之深水道,並灌溉伏爾加附近之旱地。長一二八公里之莫斯科伏爾加運河已完成。伏爾加上流李賓斯克,烏加里企,卡瑪河拍姆附近,均在建築極大水閘水壩與水電廠。各廠總發電量爲九十五萬千華特,每年發電力三十億千華特小時。此初步大伏爾加計劃完成後,伏爾加,莫斯科河,波羅的及白海間將獲深水交通,中部及烏拉嶺工業區將增加電力來源。全部大伏爾加計劃如下:伏爾加河李賓斯克與斯丹林格拉間及卡瑪河下游,每隔四百至六百公里,即建二十至三十公尺高之水壩,使積水加深,水流減緩。壩旁建大水電廠及行船水道。此種大建築共六道。電廠總量八百萬千華特卡瑪河上電廠亦共達二百萬千華特每年共可發電一百十億千華特小時。此工程完畢後,伏爾加及卡瑪兩河全部將深達六或七公尺。北面經烏加里企壩通雪克斯納及維特格拉兩河至波羅的及白海,南面由伏爾加頓河及瑪尼企兩運河通黑海。伏爾加中下游河水將用以灌溉伏爾加草原及烏拉嶺裏海之半沙漠,面積數百萬公頃云。

國外工程簡訊

蘇聯新鐵路完工

蘇聯羅布索夫卡至里德間鐵路,已於一月間築成,長259公里。一切業務房舍,貨棧,車站,學校,機廠,住宅等,均已竣工。該鐵路爲通達里德各工廠及阿爾泰山,東卡查克斯丹等富饒農地之要道。

柏林漢諾佛間汽車大道完成

德政府在柏林與漢諾佛城間建造之汽車大道,長達225公里,爲德國境內最長之汽車專用路,已於一月間完成,開始通車。

紐約斯泰敦島自由港落成

紐約港當局在赫貞河口斯泰敦島建築之自由港,已於二月間落成。該港面積計12公頃,內有船塢六處,以供外國輪船停靠之用。凡外國輪船所載貨物在該港起卸與存棧者,概不徵稅。

西伯利亞鐵路雙軌工程將完竣

西伯利亞鐵路幹綫全綫鋪設雙軌工程,爲蘇聯第二次五年計劃中最重要之鐵道建設工作。過去三年半內,業已鋪成卡里姆斯加亞至伯力一段,計長2200公里。目前未完成者僅伯力與伏洛希羅夫間之一段,將於本年內竣工云。

伏爾加河大壩及伏爾加運河竣工

三月二十三日蘇聯伏爾加河大壩末道閘門下水實行正式封河。面積達327平方公里之伏爾加蓄水湖開始積水,積滿時水量達1,120,000,000立方公尺,以放入莫斯科伏爾加運河。該運河長128公里,闊85.50公尺,亦於四月間通航,計歷時四年餘造成該運河並供給莫斯科人飲水,使居民每人每日用水可由135公升增至600公升。

舊金山金門橋落成

四月二十八日美國舊金山金門橋行落成典禮。該橋全長8940呎,中部長4200呎,橋柱高出水面742呎,自1933年二月廿六日開工建造,至今始全部完成。

國産
地球牌
火磚
火坭
耐火高强
形式整確
耐火工業
中國窑業股份有限公司出品
廠址 上海勞勃生路二一九號
事務所 上海北京路四九二號

天源機器鑿井局

江灣水電路朱家宅二號

電話江灣七七二二九號

本局專營開鑿自流深井及探礦工程 局主 于子寬兼工程師昔從各國考察所得技術成績優異回國經營十餘載凡鑿本外埠各地工廠學校醫院住宅花園之大小各井皆堅固靈便水源暢潔適合衛生今擬擴充各埠鑿井探礦營業特添備最新式鑽洞機器山石平地皆能鑽成自流深井價格克己如蒙惠顧竭誠歡迎

最近各地鑿井成績之一斑

探礦工程

廣東韶關富國煤礦公司
廣東中山縣政府
廣東中山縣建設局
廣州長提先施公司
廣州市自來水公司

機器鑿井工程

南京上海銀行
南京市政府
南京海軍部
南京交通部
南京中央無綫電台
上海市公用局
上海市衛生局
上海市工務局
上海英商自來水公司
實業部上海漁市場
上海海港檢疫所
中央研究院
松江縣政府
大中華洋火廠
中興賽璐珞廠
海甯洋行蛋廠

屈臣氏汽水廠
天一味母廠
肇新化學廠
泰豐罐頭廠
泰康罐頭廠
瑞和磚瓦廠
順昌石粉廠
永和實業廠
中國橡膠廠
正大橡膠廠
大用橡皮廠
大達橡膠廠
永大橡皮廠
華陽染織廠
麗明染織廠
五豐染織廠
美龍酒精廠

開林公司油漆廠
永固油漆廠
國華染廠
光明染廠
協豐染廠
振華油漆廠
崇信紗廠
三友社織造廠
圓圓紡織公司
安祿棉織廠
上海印染廠
永安紗廠
達豐染織廠
永安公司
新新公司
大新公司
中英大藥房
中國實業銀行
百樂門大飯店
新亞大酒店
新惠中旅館
松江新松江社
光華大學

震旦大學
持志大學
勞働大學
同濟大學
大夏大學
復旦大學
松江省立中學
立達學校
中山路平民村
蝶來大廈
中實新村
靜園
唐園
天保里
公益里
上海畜植牛奶公司
派克牛奶房
華德牛奶場
美豐染織廠
祥昌染織廠
元通布廠
大上海染織廠
中國內衣公司
中孚絹絲廠

請聲明由中國工程師學會「工程」介紹

8126

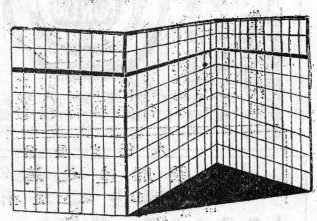

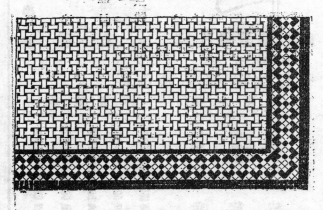

8129

8131

8132

「平面測量學」 本書係呂譿君所著，對於測量一學包羅萬有，無微不至，內容豐富，誠爲研究測量學者及實地測量者之唯一參考書，全書五百餘面，每册實價二元五角，另加寄費壹角五分。

「機車概要」 係本會會員楊毅君所編訂，楊君歷任平綏，北寧，津浦等路機務處長，廠長，段長等職，學識優良，經驗宏富，爲我鐵路機務界傑出人才，本書本其平日經驗，參酌各國最新學識，編纂而成，對於我國現在各鐵路所用機車，客貨車，管理，修理，以及裝配方法，尤爲注重，且文筆暢達，敘述簡明，所附插圖，亦清晰易讀；誠吾國工程界最新切合實用之讀物也。全書分機車及客貨車兩大篇三十二章，插圖一百餘幅，凡服務機務界同志均宜人手一册。定價每册一元五角八折，十本以上七折，五十本以上六折，外加郵費每册一角。

「機車鍋爐之保養及修理」 本書係本會會員陸增祺君所編訂，陸君歷任北寧，隴海，浙贛等路職務多年，對於機車鍋爐方面，極有研究，書中要目凡四編，無不條分縷析，闡發靡遺，卷末附以規範書，俾資考證，鐵路機務同志，不可不讀，全書平裝一册，定價壹元五角八折，十本以上七折，五十本以上六折，外加寄費每册一角。

「鋼筋混凝土學」 本書係本會會員趙福靈君所著，對於鋼筋混凝土學包羅萬有，無微不至，蓋著者參考歐美各國著述，搜集諸家學理編成是書，對於此項工程之設計足資應付裕如，毫無困難矣。全書洋裝一册共五百餘面，定價五元，外埠須加每部書郵費三角。

總發行所 上海南京路大陸商場五樓五四二號
中國工程師學會

8133

介紹夏令避暑休養勝地

莫干山鐵路旅館
青陽港鐵路花園飯店

氣候涼爽　環境清幽

房租低廉　供應週到

預定房間請向就近車站接洽

（本路除上開兩處外並無自辦之飯店旅館敬祈公衆注意）

京滬滬杭甬鐵路管理局啓

隴海鐵路簡明行車時刻表

民國二十四年十一月三日實行

上行車

站名＼車次	特別快車 1	特別快車 3	特別快車 5	混合列車 71	混合列車 73
連雲			10.00		
大浦				8.20	
新浦			11.46	9.01	
徐州	12.40		19.47	18.25	19.05
商邱	17.18				1.36
開封	21.36	14.20			7.04
鄭州南站	23.47	16.17			9.44
洛陽東站	3.51	20.23			16.33
陝州	9.20				0.09
靈寶	10.06				1.10
潼關	12.53				5.21
渭南	15.37				8.59
西安	17.55				12.15

下行車

站名＼車次	特別快車 2	特別快車 4	特別快車 6	混合列車 72	混合列車 74
西安	0.30				8.10
渭南	3.15				11.47
潼關	6.36				15.33
靈寶	9.09				18.56
陝州	10.30				20.27
洛陽東站	16.30	7.36			4.11
鄭州南站	20.50	11.51			10.27
開封	22.59	13.40			13.12
商邱	3.02				18.50
徐州	7.10		8.53	10.30	0.15
新浦			16.48	20.04	
大浦			←	20.30	
連雲			18.25		

本路73次與平漢62，72次又本路73，74次與平漢61次在鄭州聯接

本路一次特快與平漢21次又本路二次特快與平漢22次在鄭州相聯接

本路一次及二次特快與滬平通車301，302次在徐州聯接

膠濟鐵路行車時刻表 民國二十六年四月十五日改訂實行

下行列車

站名	到開	十三次各等	七五次二三等	七一次二三等	三次各等	一次各等
青島	開	六・三〇		一〇・一〇	一五・三〇	二一・〇〇
大港	開	七・三二		一〇・二三	一五・四〇	二一・一二
四方	開	七・四五		一〇・三一	一五・四八	二一・二五
沧口	開	七・五一		一〇・四〇	不停	不停
女姑口	開	八・〇〇		一〇・五一	一六・〇三	二一・四一
城陽	開	八・一〇		一一・〇四	不停	不停
南泉	開	八・二二		一一・一四	一六・二〇	二一・五九
藍村	開	八・三七		一一・三一	不停	二二・一五
李哥莊	開	八・五五		一一・四六	一六・四三	二二・三〇
膠東	開	九・〇三		一一・五七	不停	不停
膠州	到	九・一四		一二・一一	不停	不停
膠州	開	九・二六		一二・二三	一七・一〇	二二・五七
芝蘭莊	開	九・二九		一二・二七	一七・一三	二二・五九
姚哥莊	開	九・四六		一二・四五	不停	不停
高密	到	九・五五		一二・五四	不停	不停
高密	開	一〇・〇六		一三・〇五	一七・三五	二三・〇〇
蔡家莊	開	一〇・一六		一三・一六	一七・四四	二三・〇四
塔耳堡	開	一〇・二八		一三・二九	不停	不停
丈嶺	開	一〇・四〇		一三・四一	不停	不停
岞山	開	一〇・五〇		一三・五三	不停	不停
黃旗堡	開	一一・〇〇		一四・〇三	不停	不停
南流	開	一一・一九		一四・二三	一六・四一	二三・四〇
蝦蟆屯	開	一一・二八		一四・三四	不停	不停
坊子	到	一一・三六		一四・五九	不停	不停
坊子	開	一一・五一	七・四〇	一五・一一	一七・一六	一・〇九
二十里堡	開	一二・〇四	七・五四	一五・二五	一七・四一	一・二六
濰縣	到	一二・一九	八・〇四	一五・三六	一七・四〇	一・三四
濰縣	開	一二・三九	八・二〇	一五・四五	一七・五三	一・四九
大圩河	開	一二・四五	八・三八		一八・〇七	二・〇九
朱劉店	開	一三・〇一	八・五五		不停	不停
昌樂	開	一三・一二	九・〇六		不停	二・二四
堯溝	開	一三・二五	九・二〇		不停	不停
譚家坊	開	一三・四九	九・三三		不停	不停
楊家莊	開	一四・〇〇	九・四七		不停	不停
益都	到	一四・一五	九・五五		一九・〇四	二・四〇
益都	開	一四・二〇	一〇・一一		一九・〇六	二・四九
普通	開	一四・三二	一〇・二三		不停	不停
淄河店	開	一四・四五	一〇・三八		一九・三五	三・二八
辛店	開	一五・〇九	一〇・五六		不停	不停
金嶺鎮	開	一五・一八	一一・〇七		不停	不停
湖田	開	一五・二七	一一・一八		不停	不停
張店	到	一五・四五	一一・四五		二〇・〇〇	四・〇四
張店	開	一六・〇四	一二・一九		二〇・〇五	四・〇九
馬尚	開	[illegible]	[illegible]		不停	不停
周村	到	[illegible]	[illegible]		[illegible]	[illegible]

上行列車

站名	到開	十四次各等	七六次二三等	四次各等	七二次二三等	二次各等
濟南	開	七・三一		一三・四〇	九・三〇	二〇・一〇
北關	開	七・三八		不停	九・四〇	二〇・一九
黃臺橋	開	七・四六		不停	九・四八	二〇・二七
歷城	開	八・〇〇		不停	一〇・〇五	不停
郭店	開	八・一二		不停	一〇・二〇	不停
龍山	開	八・二七		不停	一〇・三八	二一・〇三
棗園	開	八・四三		一四・二五	一〇・五七	二一・一八
明水	開	八・五四		不停	一一・一〇	不停
普集	開	九・一一		不停	一一・二四	二一・四五
大臨池	開	九・二三		不停	一一・四七	不停
王村	開	九・三三		不停	一二・〇〇	不停
周村	到	九・四〇		一五・一〇	一二・二三	二二・〇六
周村	開	九・五四		一五・二〇	一二・二八	二二・一〇
馬尚	開	一〇・一一		不停	一二・四九	不停
張店	到	一〇・二九		一五・五四	一三・一八	二二・四四
張店	開	一〇・三四		一六・〇九	一三・二八	二二・四七
湖田	開	一〇・四六		不停	一三・三三	不停
金嶺鎮	開	一〇・五五		不停	一三・四四	不停
辛店	開	一一・〇九		一六・三八	一四・〇三	二三・二六
淄河店	開	一一・二二		不停	一四・一七	不停
普通	開	一一・三三		不停	一四・三三	不停
益都	到	一一・四四		一七・〇七	一四・四八	二三・五五
益都	開	一一・四八		一七・一〇	一四・五三	二三・五九
楊家莊	開	一二・〇三		不停	一五・一〇	不停
譚家坊	開	一二・二六		不停	一五・二六	不停
堯溝	開	一二・三六		不停	一五・五〇	不停
昌樂	開	一二・五一		不停	一六・〇五	〇・三〇
朱劉店	開	一三・〇三		不停	一六・一七	不停
大圩河	開	一三・二〇		一八・〇六	一六・三一	〇・四九
濰縣	到	一三・三四		一八・一八	一六・四七	一・〇四
濰縣	開	一三・三九	八・三〇	一八・二三	一六・四八	一・一九
二十里堡	開	一三・五六	八・四〇	一八・三六	一七・〇三	一・三八
坊子	到	一四・一二	八・五三	一八・四五		一・四〇
坊子	開	一四・二一	九・〇八	一八・五七		一・五七
蝦蟆屯	開	一四・二五	九・二四	不停		不停
南流	開	一四・三三	九・三九	不停		二・二二
黃旗堡	開	一四・四四	九・四七	不停		不停
岞山	開	一四・四四	九・五九	一九・三五		二・四八
丈嶺	開	一五・〇三	一〇・一八	不停		不停
塔耳堡	開	一五・一一	一〇・二八	不停		不停
蔡家莊	開	一五・二三	一〇・三九	不停		不停
高密	到	一五・三一	一〇・五七	不停		不停
高密	開	一五・四四	一一・一三	二〇・二一		三・三四
姚哥莊	開	一五・五三	一一・二〇	二〇・三一		三・四四
芝蘭莊	開	一六・〇四	一一・二六	不停		不停
膠州	到	一六・一五	一一・四五	不停		不停
膠州	開	一六・三〇	一一・五六	二一・〇四		四・〇六

正太鐵路簡明行車時刻表

民國25年3月28日實行

石家莊至各站距離公里	石家莊至各站三等票價	101 榆太區間各等客車	7 石太混合三等客車	3 石太普通膳車各等	241 石獲區間二三等車	1 石太快車膳車各等	261 石獲區間二三等車	站名	238 獲石區間二三等車	4 太石普通膳車各等	256 獲石區間二三等車	8 太石混合三等客車	102 太榆區間各等客車	6 太石普通膳臥各等	太原至各站三等票價	太原至各站距離公里
0	0		7.26	8.03	8.34	11.27	15.00	石家莊	14.27	16.03	21.05	22.02		7.26	3.65	243
17	0.30		8.10	8.33	9.07	11.50	15.36	獲鹿縣	13.57	15.37	20.33	21.33		6.54	3.45	227
44	0.70		9.48	9.36		12.35		南河頭		14.44		20.08		5.24	3.00	199
57	0.90		10.51	10.04		12.58		井陘縣		14.24		19.38		4.54	2.80	186
74	1.15		12.08	10.56		13.48		娘子關		13.45		18.45		3.56	2.55	169
121	1.85		16.08	12.48		15.30		陽泉		12.08		16.41		1.57	1.85	122
161	2.45		19.03	14.46		17.25		壽陽縣		10.42		13.54		0.13	1.25	83
218	3.30	13.01	21.13	16.37		19.06		榆次縣		8.30		10.50	16.26	21.18	0.40	26
243	3.65	13.42	22.00	17.18		19.38		太原		7.45		9.52	15.45	20.16	0	0

榆谷支線

距離公里	2001 混合各等	2003 混合各等	2005 混合各等	站名	2002 混合各等	2004 混合各等	2006 混合各等	三等票價
36	8.40	16.46	21.20	榆次縣	8.20	12.40	20.50	0.55
	9.45	17.51	22.25	太谷縣	7.12	11.32	19.42	

時刻係廿四小時制，除終點站外，均爲開行時刻

注意

各等票價比例	臥車床位票價
二等票價係三等票價之二倍	頭等每夜下舖 4.50元
頭等票價係三等票價之三倍	二等每夜 { 下舖 3.00元；上舖 2.50元

8138

工 THE JOURNAL OF THE CHINESE INSTITUTE OF ENGINEERS 程

FOUNDED MARCH 1926—PUBLISHED BI-MONTHLY

OFFICE: Continental Emporium, Room No. 542. Nanking Road, Shanghai.

中華民國二十六年六月一日出版
工程第十二卷第三號

編輯人 沈怡

發行人 裘燮鈞

發行所 中國工程師學會 上海南京路大陸商場五四二號 電話九二五八二號

印刷者 中國科學公司 上海[illegible]路六四九號 電話七四五七七號

分售處 上海福州路生活書店 上海愛多亞路大公報代辦部 上海[illegible]新書社 上海福州路作者書社 上海四馬路上海雜誌公司 南京正中書局南京發行所 濟南芙蓉街教育圖書社 南昌民德路科學儀器館南昌發行所 南昌 南昌書店 重慶今日出版合作社 成都開明書店 長沙金城圖書公司

定報處 上海南京路大陸商場五四二號 中國工程師學會會刊經理處

收稿處 上海本會編輯部

會員及定戶通訊 凡會員或定戶更改地址或有寄報遺失等情請即函知上海本會

交換書報 凡欲與本刊交換者請向上海本會圖書室接洽並請先寄樣本交換書報概請逕寄上海本會圖書室收

本刊價目表

全年六冊零售每冊定價四角

每冊郵費 本埠二分 國內五分 國外四角

預定	冊數	書價連郵費 本埠	國內	國外
半年	三冊	一元一角	一元二角	二元三角
全年	六冊	二元一角	二元二角	四元四角

新疆蒙古及日本照國內　香港澳門照國外

廣告價目表

ADVERTISING RATES PER ISSUE

地位 POSITION	全面每期 Full Page	半面每期 Half Page
底封面外面 Outside back cover	六十元 $60.00	
封面及底面之裏面 Inside front & backcouers	四十元 $40.00	
普通地位 Ordinary Page	三十元 $30.00	二十元 $20.00

廣告概用白紙。繪圖刻圖工價另議。連登多期價目從廉。欲知詳細情形。請逕函本會接洽。

8140

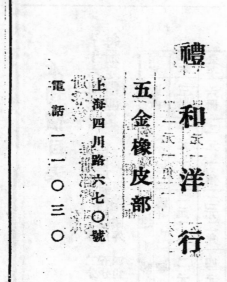

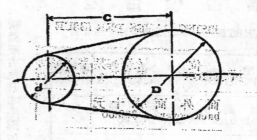

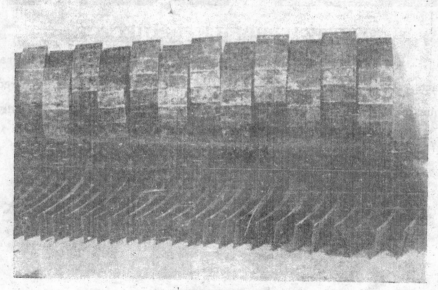